U0239851

labuladong 的
算法笔记

何东来（@labuladong）著

電子工業出版社·
Publishing House of Electronics Industry
北京·BEIJING

内 容 简 介

本书专攻算法刷题，训练算法思维，应对算法笔试，注重用套路和框架思维解决问题，以不变应万变。

第1章列举了几个最常见的算法类型及对应的解题框架思路，包括双指针、滑动窗口等算法技巧，并把动态规划、回溯算法、广度优先搜索等技巧的核心抽象为二叉树的两种问题形式。

第2章介绍了基础数据结构相关的算法，包括数组链表的常见技巧汇总和数据结构设计的经典例题。

第3章从二叉树的几种解题思路开始，尝试从二叉树的视角理解快速排序和归并排序，进一步讲解回溯、DFS、BFS等暴力搜索算法。

第4章具体介绍了动态规划相关的技巧，例如如何确定base case，如何写状态转移方程，如何进行状态压缩等技巧，并用动态规划的通用思路框架解决了十几道经典的动态规划问题。

第5章讲解了一些高频面试/笔试题目，每道题目可能会结合之前章节讲过的多种算法思路，也可能有多种解法。读完这一章，你就可以独自遨游题海啦！

图书在版编目（CIP）数据

labuladong的算法笔记 / 付东来著. —北京：电子工业出版社，2023.8

ISBN 978-7-121-45782-1

Ⅰ.①l… Ⅱ.①付… Ⅲ.①计算机算法 Ⅳ.①TP301.6

中国国家版本馆CIP数据核字（2023）第106262号

责任编辑：张月萍
印　　刷：山东华立印务有限公司
装　　订：山东华立印务有限公司
出版发行：电子工业出版社
　　　　　北京市海淀区万寿路173信箱　　　　　邮编：100036
开　　本：720×1000　1/16　　印张：32.25　　字数：700千字
版　　次：2023年8月第1版
印　　次：2025年3月第4次印刷
定　　价：119.00元

凡所购买电子工业出版社图书有缺损问题，请向购买书店调换。若书店售缺，请与本社发行部联系，联系及邮购电话：（010）88254888，88258888。

质量投诉请发邮件至zlts@phei.com.cn，盗版侵权举报请发邮件至dbqq@phei.com.cn。

本书咨询联系方式：010-51260888-819，faq@phei.com.cn。

前　言

数据结构和算法在计算机知识体系中有着举足轻重的作用，这块知识也有非常经典的教材供我们学习。但是，我们刷的算法题往往会在经典的算法思想之上套层皮，所以很容易让人产生这种感觉：我以前的数据结构和算法学得挺好的，为什么这些算法题我完全没思路呢？

面对这种疑惑，可能就会有人摆出好几本算法相关的大部头，建议你去进修。

有些书确实很经典，但我觉得咱们应该搞清楚自己的目的是什么。如果你是学生，对算法有浓厚的兴趣，甚至说以后准备搞这方面的研究，那我觉得你可以去啃一啃大部头；但事实是，大部分人学习算法是为了应对考试，这种情况去啃大部头的性价比就比较低了，更高效的方法是直接刷题。

但是，刷题也是有技巧的，刷题平台动辄几千道题，难道你全刷完吗？最高效的刷题方式是边刷边归纳总结，抽象出每种题型的套路框架，以不变应万变。我个人还是挺喜欢刷题的，经过长时间的积累总结，沉淀出了这本书，希望能给你带来思路上的启发和指导。

解算法题的核心只有一个，那就是穷举。不同的算法，无非就是聪明的穷举和笨一点儿的穷举而已，真的没什么高深莫测的，读完本书，你就会有深刻的体会。

本书特色

本书的最大功效是手把手带你刷算法题，不过分拘泥于具体的细节，而是为你指明各种算法题型的共通之处，并总结出套路和框架，助你快速掌握算法思维，应对算法面试。

读者对象

这不是一本数据结构和算法的入门书，而是一本刷算法题的参考书。

本书的目的是手把手带你刷题，每看完一节内容，都可以去刷几道题，知其然，也知其所以然，即学即用，相信本书会让你一读就停不下来。

配套插件

很多读过我的微信公众号文章的读者向我反映，跟着文章可以理解算法技巧，一次解决好几道题目，但是自己去做题时就很难把这些技巧运用出来。这个问题也很好解释，因为你亲自下场练习的题目还是太少呀！算法框架并没有真正融合成你的知识体系的一部分。解决方法也很简单，多练。

为了帮助大家更好地练习本书讲解的算法技巧，我开发了一套刷题插件。插件手把手带你实践、运用本书总结的算法框架，可以解决力扣上近 700 道题目。插件支持在浏览器、Visual Studio Code 和 Jetbrain IDE 几个平台安装使用，具体安装使用指南请扫码查看：

或者访问我的主页也可以查看：https://labuladong.github.io/algo/。

勘误和支持

由于作者的水平有限，书中难免存在一些错误或者不准确的地方，恳请广大读者批评指正。

我在微信公众号"labuladong"上添加了一个新的菜单入口，专门用于展示书中的"bug"。读者在阅读过程中产生了疑问或者发现了 bug，欢迎发送到我的邮箱 labuladong@foxmail.com，我确认后会修正并更新到勘误列表中。

致谢

感谢微信公众号"labuladong"的读者们，要不是有你们的关注和支持，我很难坚持整理和输出这些内容。

感谢领扣网络（上海）有限公司授权本书使用力扣（LeetCode）平台上面的题目。感谢成都道然科技有限责任公司的姚新军老师，他在写作方向、设计优化和稿件审核方面做出了非常大的努力，是非常可靠的合作伙伴。

力扣官网题号及名称

/

 扫码获取力扣 LeetCode 平台配套在线题单，边看边练，提升学习效率。

（特别说明：此在线题单和图书为两个独立产品，如遇问题请咨询 LeetCode 平台）

目　　录

本书约定

/

一、本书适合谁

本书的最大功效是，手把手教你刷算法题，教你各种算法题型的套路和框架，快速掌握算法思维，应对大型互联网公司的笔试／面试算法题。

本书并不适合纯小白来看，如果你对基本的数据结构还一窍不通，那么你需要先花几天时间看一本基础的数据结构书籍去了解诸如队列、栈、数组、链表等基本数据结构。不需要多精通，只要大致了解它们的特点和用法即可，我想如果大学时期学过数据结构的课程，这些基础都没问题。

如果你学过数据结构，由于种种现实原因开始在刷题平台刷题，却又觉得无从下手、心乱如麻，本书可以帮你解燃眉之急。当然，如果你是单纯地算法爱好者，以刷题为乐，本书也会给你不少启发，让你的算法功力更上一层楼。

本书的几乎所有题目都选自 LeetCode（力扣）这个刷题平台，解法代码形式也是按照该平台的标准，相关的解法代码都可以在该平台上提交通过。所以如果你有在力扣平台刷算法题的经历，那么阅读本书会更游刃有余。当然，如果你没有在该平台刷过题也无妨，因为算法套路都是通用的。

为什么我选择力扣呢，因为这个平台的判题形式是对刷题者最友好的，不用你动手处理输入和输出，甚至连头文件、包导入都不需要你来做，常用的头文件、包、命名空间都给你安排好了，这样你可以把精力全部投入到对算法的思考和理解上，而不需要处理过多细节问题。

书中列举的题目都是高质量的经典题目，你可以一边读本书一边在平台上刷题练习，"纸上得来终觉浅，绝知此事要躬行"嘛。

二、代码约定

首先，作为一本通用的算法书，本书会避开编程语言层面的语言特性或语法糖。本书中的代码以 Java 语言为主，有少部分章节会使用 C++，后文会介绍这两种语言的基本语法。另外，良好的代码可读性是本书代码的第一标准，书中给出的解法并不追求过分简洁和性能，甚至有些解法可能为了突出思路而使用一些多余的代码。你可以在理解算法思路后按照自己的喜好对代码进行优化。

接下来说一下本书对"区间"的表示方法。对于数字区间，沿用数学上的表示方法，[x, y] 表示两端都闭的区间，即大于或等于 x 且小于或等于 y，[x, y) 表示左闭右开的区间，即大于或等于 x 且小于 y，以此类推；对于子数组 / 子串的区间，本书会用 nums[i..j] 的形式来表示 nums[i], nums[i+1], ..., nums[j-1], nums[j] 这些元素构成的子数组，用 nums[i..end] 表示从 nums[i] 开始一直到数组末尾的子数组。

最后，因为本书中大部分章节都是基于力扣平台的题目来写的，而且都可以提交通过，所以会用到一些力扣的默认类。如果你经常在力扣刷题应该对它们不陌生，不过我还是在这里统一说明一下这些类的结构，后文都默认读者已经知道这些类型的结构，不会再单独说明。

TreeNode 是二叉树节点类型，其结构如下：

```java
public class TreeNode {
    int val;          // 节点存储的值
    TreeNode left;    // 指向左侧子节点的指针
    TreeNode right;   // 指向右侧子节点的指针

    // 构造函数
    TreeNode(int val) {
        this.val = val;
        this.left = null;
        this.right = null;
    }
}
```

一般的使用方法是：

```java
// 新建二叉树节点
TreeNode node1 = new TreeNode(2);
TreeNode node2 = new TreeNode(4);
TreeNode node3 = new TreeNode(6);

// 修改节点的值
node1.val = 10;

// 连接子树节点
```

```
node1.left = node2;
node1.right = node3;
```

ListNode 是单链表节点类型，其结构如下：

```
class ListNode {
    int val;        // 节点存储的值
    ListNode next;  // 指向下一个节点的指针

    ListNode(int val) {
        this.val = val;
        this.next = null;
    }
}
```

一般的使用方法是：

```
// 新建单链表节点
ListNode node1 = new ListNode(1);
ListNode node2 = new ListNode(3);
ListNode node3 = new ListNode(5);

// 修改节点的值
node1.val = 9;

// 连接节点
node2.next = node3;
node1.next = node2;
```

另外，力扣平台一般会要你把解法写到一个 **Solution** 类里面，比如下面这样：

```
class Solution {
    public int solutionFunc(String text1, String text2) {
        // 把你的解法代码写在这里
    }
}
```

本书为了节约代码篇幅，便于读者理解算法逻辑，不会写 **Solution** 类，而是直接写解法函数。对于 Java/C++ 中 **public**、**private** 之类的关键词，在算法代码中没有什么意义，也全都会被省略，所以本书中的代码大概是这样的：

```
// Java 语言
int solutionFunc(String text1, String text2) {
    // 解法代码写在这里
}
```

读者在刷题的过程中需要按照刷题平台约定的代码形式来提交，所以可能需要对本书代码的一些语言细节略微进行修改。

编程语言基础

/

本书会使用到的数据结构非常简单，大致可以分为数组（array）、列表（list）、映射（map）、堆栈（stack）、队列（queue）几种。本书主要用 Java 语言实现，主要有以下几个原因：

1. Java 是强类型语言。因为本书中要和各种数据结构和算法打交道，所以清楚地知道每个变量是什么类型非常重要，方便你 debug，也方便 IDE 进行语法检查。如果是 Python 这样的动态语言，每个变量的类型不明显，可能有碍大家的理解。

2. Java 这种语言中规中矩，没有什么语法糖，甚至有时候写起来比较啰嗦。不过这些特性换个角度来说其实是优点，因为即便你之前没学过 Java 语言，单看代码也能比较容易地理解逻辑。如果你有其他比较熟悉的语言，完全可以根据本书给出的代码用自己的语言实现。

除了 Java，本书还会出现少量 C++ 语言代码，因为 Java 语言在处理字符串、原始数组和容器之间的转换时有些麻烦，此时使用 C++ 来写解法代码。

本书的重点不是编程语言，所以下面我简单讲讲本书涉及的 Java 和 C++ 的几个标准库容器，便于初学者理解本书的内容。

本书所需的 Java 基础

1. 数组

初始化方法：

```
int m = 5, n = 10;

// 初始化一个大小为 10 的 int 数组
// 其中的值默认初始化为 0
int[] nums = new int[n]

// 初始化一个 m * n 的二维布尔数组
// 其中的元素默认初始化为 false
boolean[][] visited = new boolean[m][n];
```

Java 的这种数组类似 C 语言中的数组，在有的题目中会以函数参数的形式传入，一般来说要在函数开头做一个非空检查，然后用索引下标访问其中的元素即可：

```
if (nums.length == 0) {
    return;
}

for (int i = 0; i < nums.length; i++) {
    // 访问 nums[i]
}
```

2. 字符串 String

Java 的字符串处理起来挺麻烦的，因为它不支持用 **[]** 直接访问其中的字符，而且不能直接修改，要转化成 **char[]** 类型才能修改。

下面主要说下 **String** 在本书中会用到的一些特性：

```
String s1 = "hello world";
char c = s1.charAt(2); // 获取 s1[2] 那个字符

char[] chars = s1.toCharArray();
chars[1] = 'a';
String s2 = new String(chars);
System.out.println(s2); // 输出: hallo world

// 注意，一定要用 equals 方法判断字符串是否相同
if (s1.equals(s2)) {
    // s1 和 s2 相同
} else {
    // s1 和 s2 不相同
}

// 字符串可以用加号进行拼接
String s3 = s1 + "!";
// 输出: hello world!
```

```
System.out.println(s3);
```

Java 的字符串不能直接修改，要用 **toCharArray** 转化成 **char[]** 的数组进行修改，然后再转换回 **String** 类型。

注意字符串的相等性比较，这个问题涉及 Java 语言特性，简单说就是一定要用字符串的 **equals** 方法比较两个字符串是否相同，不要用 **==** 比较，否则可能出现不易察觉的 bug。

另外，虽然字符串支持用 **+** 进行拼接，但是效率并不高，并不建议在 for 循环中使用。如果需要进行频繁的字符串拼接，推荐使用 **StringBuilder**：

```
StringBuilder sb = new StringBuilder();

for (char c = 'a'; c <= 'f'; c++) {
    sb.append(c);
}

// append 方法支持拼接字符、字符串、数字等类型
sb.append('g').append("hij").append(123);

String res = sb.toString();
// 输出：abcdefghij123
System.out.println(res);
```

3. 动态数组 ArrayList

ArrayList 相当于把 Java 内置的数组类型做了包装，初始化方法如下：

```
// 初始化一个存储 String 类型的动态数组
ArrayList<String> nums = new ArrayList<>();

// 初始化一个存储 int 类型的动态数组
ArrayList<Integer> strings = new ArrayList<>();
```

常用的方法如下（**E** 代表元素类型）：

```
boolean isEmpty() // 判断数组是否为空

int size() // 返回数组的元素个数

E get(int index) // 返回索引 index 的元素

boolean add(E e) // 在数组尾部添加元素 e
```

本书只会用到这些最简单的方法，你应该看一眼就能明白。

4. 双链表 LinkedList

ArrayList 列表底层是用数组实现的，而 **LinkedList** 底层是用双链表实现的，初始化方法也是类似的：

```java
// 初始化一个存储 int 类型的双链表
LinkedList<Integer> nums = new LinkedList<>();

// 初始化一个存储 String 类型的双链表
LinkedList<String> strings = new LinkedList<>();
```

本书中会用到的方法如下（**E** 代表元素类型）：

```java
boolean isEmpty() // 判断链表是否为空

int size() // 返回链表的元素个数

// 判断链表中是否存在元素 o
boolean contains(Object o)

// 在链表尾部添加元素 e
boolean add(E e)

// 在链表尾部添加元素 e
void addLast(E e)

// 在链表头部添加元素 e
void addFirst(E e)

// 删除链表头部第一个元素
E removeFirst()

// 删除链表尾部最后一个元素
E removeLast()
```

本书用到的这些，也都是最简单的方法，和 **ArrayList** 不同的是，如果需要对头部元素进行操作，我们要使用 **LinkedList**，因为底层数据结构为链表，直接操作头部的元素效率较高。其中只有 **contains** 方法的时间复杂度是 $O(N)$，因为必须遍历整个链表才能判断元素是否存在。

另外，经常有题目要求函数的返回值是 **List** 类型，**ArrayList** 和 **LinkedList**

都是 `List` 类型的子类，所以我们只要根据数据结构的特性决定使用数组还是链表，最后直接返回就行了。

5. 哈希表 `HashMap`

初始化方法如下：

```java
// 整数映射到字符串的哈希表
HashMap<Integer, String> map = new HashMap<>();

// 字符串映射到数组的哈希表
HashMap<String, int[]> map = new HashMap<>();
```

本书中会用到的方法如下（ **K** 代表键的类型， **V** 代表值的类型）：

```java
// 判断哈希表中是否存在键 key
boolean containsKey(Object key)

// 获得键 key 对应的值，若 key 不存在，则返回 null
V get(Object key)

// 将 key, value 键值对存入哈希表
V put(K key, V value)

// 如果 key 存在，删除 key 并返回对应的值
V remove(Object key)

// 获得 key 的值，如果 key 不存在，则返回 defaultValue
V getOrDefault(Object key, V defaultValue)

// 获得哈希表中的所有 key
Set<K> keySet()

// 如果 key 不存在，则将键值对 key, value 存入哈希表
// 如果 key 存在，则什么都不做
V putIfAbsent(K key, V value)
```

6. 哈希集合 `HashSet`

初始化方法：

```java
// 新建一个存储 String 的哈希集合
Set<String> set = new HashSet<>();
```

本书中用到的方法如下（ **E** 代表元素类型）：

```
// 如果 e 不存在，则将 e 添加到哈希集合
boolean add(E e)

// 判断元素 o 是否存在于哈希集合中
boolean contains(Object o)

// 如果元素 o 存在，在删除元素 o
boolean remove(Object o)
```

7. 队列 Queue

与之前的数据结构不同，**Queue** 是一个接口（Interface），所以它的初始化方法有些特别，本书一般会采用如下方式：

```
// 新建一个存储 String 的队列
Queue<String> q = new LinkedList<>();
```

本书会用到的方法如下（**E** 代表元素类型）：

```
boolean isEmpty() // 判断队列是否为空

int size() // 返回队列中元素的个数

E peek() // 返回队头的元素

E poll() // 删除并返回队头的元素

boolean offer(E e) // 将元素 e 插入队尾
```

8. 堆栈 Stack

初始化方法：

```
Stack<Integer> s = new Stack<>();
```

本书会用到的方法如下（**E** 代表元素类型）：

```
boolean isEmpty() // 判断堆栈是否为空

int size() // 返回堆栈中元素的个数

E push(E item) // 将元素压入栈顶

E peek() // 返回栈顶元素
```

```
E pop() // 删除并返回栈顶元素
```

本书所需的 C++ 基础

首先说一个容易被忽视的问题，C++ 的函数参数是默认传值的，所以如果使用数组之类的容器作为参数，我们一般都会加上 **&** 符号表示传引用。这一点要注意，如果你忘记加 **&** 符号就是传值，会涉及数据复制，尤其是在递归函数中，每次递归都复制一遍容器，会非常耗时。

1. 动态数组类型 `vector`

所谓动态数组，就是由标准库封装的数组容器，可以自动扩容缩容，类似 Java 的 `ArrayList`。

本书建议大家都使用标准库封装的高级容器，不要使用 C 语言的底层数组 `int[]`，也不要用 `malloc` 这类函数自己去管理内存。虽然手动分配内存会给算法的效率带来一定的提升，但是你要搞清楚自己的诉求，把精力更多地集中在算法思维上性价比比较高。

`vector` 的初始化方法如下：

```cpp
int n = 7, m = 8;

// 初始化一个 int 型的空数组 nums
vector<int> nums;

// 初始化一个大小为 n 的数组 nums，数组中的值默认都为 0
vector<int> nums(n);

// 初始化一个元素为 1, 3, 5 的数组 nums
vector<int> nums{1, 3, 5};

// 初始化一个大小为 n 的数组 nums，其值全都为 2
vector<int> nums(n, 2);

// 初始化一个二维 int 数组 dp
vector<vector<int>> dp;

// 初始化一个大小为 m * n 的布尔数组 dp,
// 其中的值都初始化为 true
vector<vector<bool>> dp(m, vector<bool>(n, true));
```

本书中会用到的成员函数如下：

```
// 返回数组是否为空
bool empty()

// 返回数组的元素个数
size_type size();

// 返回数组最后一个元素的引用
reference back();

// 在数组尾部插入一个元素 val
void push_back (const value_type& val);

// 删除数组尾部的那个元素
void pop_back();
```

下面举几个例子：

```
int n = 10;
// 数组大小为 10，元素值都为 0
vector<int> nums(n);
// 输出：false
cout << nums.empty();
// 输出：10
cout << nums.size();

// 可以通过方括号直接取值或修改
int a = nums[4];
nums[0] = 11;

// 在数组尾部插入一个元素 20
nums.push_back(20);
// 输出：11
cout << nums.size();

// 得到数组最后一个元素的引用
int b = nums.back();
// 输出：20
cout << b;

// 删除数组的最后一个元素（无返回值）
nums.pop_back();
// 输出：10
cout << nums.size();

// 交换 nums[0] 和 nums[1]
swap(nums[0], nums[1]);
```

以上就是 C++ `vector` 在本书中的常用方法，无非就是用索引取元素以及 `push_back, pop_back` 方法，就刷算法题而言，这些就够了。

因为根据"数组"的特性，利用索引访问元素很高效，从尾部增删元素也是很高效的；而从中间或头部增删元素要涉及搬移数据，很低效，所以这些操作我们都会从思路层面避免。

2. 字符串 `string`

只需要记住下面两种初始化方法即可：

```cpp
// s 是一个空字符串 ""
string s;
// s 是字符串 "abc"
string s = "abc";
```

本书中会用到的成员函数如下：

```cpp
// 返回字符串的长度
size_t size();

// 判断字符串是否为空
bool empty();

// 在字符串尾部插入一个字符 c
void push_back(char c);

// 删除字符串尾部的那个字符
void pop_back();

// 返回从索引 pos 开始，长度为 len 的子串
string substr (size_t pos, size_t len);
```

下面举几个例子：

```cpp
string s; // s 是一个空串
s = "abcd"; // 给 s 赋值为 "abcd"
cout << s[2]; // 输出：c
s[2] = 'z'; // 可以通过方括号直接取值或修改
cout << s; // 输出：abzd
s.push_back('e'); // 在 s 尾部插入字符 'e'
cout << s; // 输出：abzde
cout << s.substr(2, 3); // 输出：zde
s += "xyz"; // 在 s 尾部拼接字符串 "xyz"
cout << s; // 输出：abzdexyz
```

字符串 **string** 的很多操作和动态数组 **vector** 比较相似。另外，在 C++ 中两个字符串的相等性可以直接用等号判断 **if (s1 == s2)**。

3. 哈希表 unordered_map

初始化方法如下：

```
// 初始化一个 key 为 int，value 为 int 的哈希表
unordered_map<int, int> mapping;

// 初始化一个 key 为 string，value 为 int 数组的哈希表
unordered_map<string, vector<int>> mapping;
```

值得一提的是，哈希表的值可以是任意类型，但并不是任意类型都可以作为哈希表的键，在我们刷算法题时，用 **int** 或 **string** 类型作为哈希表的键是比较常见的。

本书中会用到的成员函数如下：

```
// 返回哈希表的键值对个数
size_type size();

// 返回哈希表是否为空
bool empty();

// 返回哈希表中 key 出现的次数
// 因为哈希表不会出现重复的键，所以该函数只可能返回 0 或 1
// count 方法常用于判断键 key 是否存在于哈希表中
size_type count (const key_type& key);

// 通过 key 清除哈希表中的键值对
size_type erase (const key_type& key);
```

unordered_map 的常见用法：

```
vector<int> nums{1,1,3,4,5,3,6};
// 计数器
unordered_map<int, int> counter;
for (int num : nums) {
    // 可以用中括号直接访问或修改对应的键
    counter[num]++;
}

// 遍历哈希表中的键值对
for (auto& it : counter) {
    int key = it.first;
    int val = it.second;
```

```
    cout << key << ": " << val << endl;
}
```

和 Java 的 **HashMap** 相比，**unordered_map** 的一个行为需要注意：用方括号 **[]** 访问其中的键 **key** 时，如果 **key** 不存在，则会自动创建 **key**，对应的值为值类型的默认值。

比如上面的例子中，**count[num]++** 这句代码实际上是如下语句：

```
for (int num : nums) {
    if (!counter.count(num)) {
        // 新增一个键值对 num -> 0
        counter[num] = 0;
    }
    counter[num]++;
}
```

在计数器这个例子中，直接使用 **counter[num]++** 是一个比较方便的写法，但是要注意 C++ 会自动创建不存在的键的这个特性，有的时候我们可能需要先显式使用 **count** 方法来判断键是否存在。

以上就是本书中会用到的全部语言基础，如果你在学习过程中遇到语言层面的问题，可以再回头看本章，或者去搜索引擎查询相关的资料。

第 1 章
/
核心框架篇

很多读者跟我反馈，题目刷完就忘，再遇到原题都不一定能做出来。对于初学者来说这些问题是难免的，但如果学了很久算法还有这种问题，那大概率是方法有问题了。好的学习方法应该能够做到刷一道题懂十道题，举一反十，不然现在力扣有两千多道题，难道要全刷完不成？

所以在算法教学过程中，我着重强调框架思维，就是帮助读者培养举一反三的能力。题目做对做错不重要，重要的是你能否跳出细节，抽象出各种技巧的底层逻辑。这样的话，下一次肯定能做对，而且再把题目变十个花样，你还是能做对，爽不爽？

本章讲解学习算法的心法和最常用的算法的底层原理，把变化万千的算法题目抽象成统一的模型，并给每个算法模型总结出一套实用简洁的代码模板。

刚开始，模板能够帮助你规避复杂的边界细节，顺畅地将解法思路实现成无 bug 的代码。随着你对算法原理的进一步理解，模板就能逐渐内化于心，助你随心所欲地组合各种算法技巧来解决复杂的算法问题。

全书的内容都是围绕本章的核心框架所展开的，如果之前的算法功力比较薄弱，那么第一次阅读本章可能会略感吃力，但这是好事，说明你在跳出舒适区，挑战原有的知识边界，学习新的思维方法。等学了后面的章节之后，可以时常回来翻翻这一章，相信你就能理解本章放在全书开头的用意了。

1.1　学习数据结构和算法的框架思维

这节希望帮读者对数据结构和算法建立一个框架性的认识，从整体到细节、自顶向下、从抽象到具体的框架思维是通用的，不只对学习数据结构和算法，对学习其他任何知识都是高效的。

1.1.1 数据结构的存储方式

数据结构的存储方式只有两种：数组（顺序存储）和链表（链式存储）。

这句话怎么理解呢，不是还有哈希表、栈、队列、堆、树、图等各种数据结构吗？

我们分析问题时，一定要有递归的思想，自顶向下，从抽象到具体。你上来就列出这么多，那些都属于"上层建筑"，而数组和链表才是"结构基础"。因为那些多样化的数据结构，究其源头，都是在链表或者数组上的特殊操作，API 不同而已。

比如，"队列""栈"这两种数据结构既可以使用链表也可以使用数组实现。用数组实现，就要处理扩容缩容的问题；用链表实现，没有这个问题，但需要更多的内存空间存储节点指针。

"图"的两种表示方法，邻接表就是链表，邻接矩阵就是二维数组。邻接矩阵判断连通性迅速，并可以进行矩阵运算解决一些问题，但是如果图比较稀疏的话很耗费空间。邻接表比较节省空间，但是很多操作在效率上肯定比不过邻接矩阵。

"哈希表"就是通过哈希函数把键映射到一个大数组里。而且对于解决哈希冲突的方法，拉链法需要链表特性，操作简单，但需要额外的空间存储指针；线性探查法就需要数组特性，以便连续寻址，不需要指针的存储空间，但操作稍微复杂些。

"树"，用数组实现就是"堆"，因为"堆"是一个完全二叉树，用数组存储不需要节点指针，操作也比较简单；用链表实现就是很常见的那种"树"，因为不一定是完全二叉树，所以不适合用数组存储。为此，在这种链表"树"结构之上，又衍生出各种巧妙的设计，比如二叉搜索树、AVL 树、红黑树、区间树、B 树等，以应对不同的问题。

了解 Redis 数据库的朋友可能也知道，Redis 提供列表、字符串、集合等几种常用数据结构，但对于每种数据结构，底层的存储方式都至少有两种，以便于根据存储数据的实际情况使用合适的存储方式。

综上所述，数据结构种类很多，甚至你也可以发明自己的数据结构，但是底层存储无非数组或者链表，**二者的优缺点如下：**

数组由于是紧凑连续存储，因此可以随机访问，通过索引快速找到对应元素，而且相对节约存储空间。但正因为连续存储，内存空间必须一次性分配够，所以说数组如果要扩容，需要重新分配一块更大的空间，再把数据全部复制过去，时间复杂度是 $O(N)$；而且你如果想在数组中间进行插入和删除操作，每次必须搬移后面的所有数据以保持连续，时间复杂度是 $O(N)$。

链表因为元素不连续，而是靠指针指向下一个元素的位置，所以不存在数组的扩容问题；如果知道某一元素的前驱和后继，操作指针即可删除该元素或者插入新元素，时间复杂度是 $O(1)$。但是正因为存储空间不连续，你无法根据一个索引算出对应元素的地址，所以不能随机访问；而且由于每个元素必须存储指向前后元素位置的指针，因此会消耗相对更多的存储空间。

1.1.2　数据结构的基本操作

对于任何数据结构，其基本操作无非遍历 + 访问，再具体一点就是：增删查改。

数据结构种类很多，但它们存在的目的都是在不同的应用场景，尽可能高效地增删查改。这不就是数据结构的使命吗？

如何对数据结构进行遍历和访问呢？我们仍然从最高层来看，各种数据结构的遍历和访问无非两种形式：线性的和非线性的。

线性形式就是以 for/while 迭代为代表，非线性形式就是以递归为代表。再具体一点，无非以下几种框架。

数组遍历框架，是典型的线性迭代结构：

```
void traverse(int[] arr) {
    for (int i = 0; i < arr.length; i++) {
        // 迭代访问 arr[i]
    }
}
```

链表遍历框架，兼具迭代和递归结构：

```
/* 基本的单链表节点 */
class ListNode {
    int val;
    ListNode next;
}

void traverse(ListNode head) {
    for (ListNode p = head; p != null; p = p.next) {
        // 迭代访问 p.val
    }
}

void traverse(ListNode head) {
    // 递归访问 head.val
```

```
    traverse(head.next);
}
```

二叉树遍历框架，是典型的非线性递归遍历结构：

```
/* 基本的二叉树节点 */
class TreeNode {
    int val;
    TreeNode left, right;
}

void traverse(TreeNode root) {
    traverse(root.left);
    traverse(root.right);
}
```

你看二叉树的递归遍历方式和链表的递归遍历方式，相似不？再看看二叉树结构和单链表结构，相似不？如果再多几条叉，N 叉树你会不会遍历？

二叉树遍历框架可以扩展为 N 叉树的遍历框架：

```
/*. 基本的 N 叉树节点 */
class TreeNode {
    int val;
    TreeNode[] children;
}

void traverse(TreeNode root) {
    for (TreeNode child : root.children)
        traverse(child);
}
```

N 叉树的遍历又可以扩展为图的遍历，因为图就是好几个 N 叉棵树的结合体。你说图是可能出现环的？这个很好办，用布尔数组 visited 做标记就行了，这里就不写代码了。

所谓框架，就是套路。不管增删查改，这些代码都是永远无法脱离的结构，你可以把这个结构作为大纲，根据具体问题在框架上添加代码就行了，下面会具体举例。

1.1.3 算法刷题指南

首先要明确的是，数据结构是工具，算法是通过合适的工具解决特定问题的方法。也就是说，学习算法之前，最起码要了解那些常用的数据结构，了解它们的特性和缺陷。

所以我建议的刷题顺序是：

1. **先学习像数组、链表这种基本数据结构的常用算法，**比如单链表翻转、前缀和数组、二分搜索等。

   因为这些算法属于会者不难难者不会的类型，难度不大，学习它们不会花费太多时间。而且这些小而美的算法经常让你大呼精妙，能够有效培养你对算法的兴趣。

2. **学会基础算法之后，不要急着上来就刷回溯算法、动态规划这类笔试常考题，而应该"先刷二叉树""先刷二叉树""先刷二叉树"，**重要的事情说三遍。这是我刷题多年的亲身体会，下图是我刚开始学算法的提交截图：

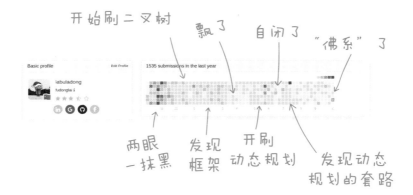

据我观察，大部分人对与数据结构相关的算法文章不感兴趣，而是更关心动态规划、回溯、分治等技巧。为什么要先刷二叉树呢，**因为二叉树是最容易培养框架思维的，而且大部分算法技巧，本质上都是树的遍历问题。**

刷二叉树看到题目没思路？根据很多读者的问题分析，其实大家不是没思路，只是没有理解我们说的"框架"是什么。

不要小看这几行破代码，几乎所有二叉树的题目都是一套这个框架就出来了：

```java
void traverse(TreeNode root) {
    // 前序位置
    traverse(root.left);
    // 中序位置
    traverse(root.right);
    // 后序位置
}
```

比如我随便拿几道题的解法出来，不用管具体的代码逻辑，只要看看框架在其中是如何发挥作用的就行。

比如力扣第 124 题，难度困难（hard），求二叉树中的最大路径和，主要代码如下：

```java
int res = Integer.MIN_VALUE;
int oneSideMax(TreeNode root) {
    if (root == null) return 0;
    // 遍历框架
    int left = max(0, oneSideMax(root.left));
    int right = max(0, oneSideMax(root.right));
    // 后序位置
    res = Math.max(res, left + right + root.val);
    return Math.max(left, right) + root.val;
}
```

注意递归函数的位置，这就是后序遍历嘛，无非就是把 traverse 函数名字改成 oneSideMax 了。

力扣第 105 题，难度中等，根据前序遍历和中序遍历的结果还原一棵二叉树，很经典的问题吧，主要代码如下：

```java
TreeNode build(int[] preorder, int preStart, int preEnd,
               int[] inorder, int inStart, int inEnd) {
    // 前序位置，寻找左右子树的索引
    if (preStart > preEnd) {
        return null;
    }
    int rootVal = preorder[preStart];
    int index = 0;
    for (int i = inStart; i <= inEnd; i++) {
        if (inorder[i] == rootVal) {
            index = i;
            break;
        }
    }
    int leftSize = index - inStart;
    TreeNode root = new TreeNode(rootVal);

    // 遍历框架，递归构造左右子树
    root.left = build(preorder, preStart + 1, preStart + leftSize,
                      inorder, inStart, index - 1);
    root.right = build(preorder, preStart + leftSize + 1, preEnd,
                       inorder, index + 1, inEnd);
    return root;
}
```

不要看这个函数的参数很多，它们只是为了控制数组索引而已。注意找递归函数 build 的位置，本质上该算法也就是一个前序遍历，因为它在前序遍历的位置加了一块代码逻辑。

力扣第 230 题，难度中等，寻找二叉搜索树中的第 **k** 小的元素，主要代码如下：

```java
int res = 0;
int rank = 0;
void traverse(TreeNode root, int k) {
    if (root == null) {
        return;
    }
    traverse(root.left, k);
    /* 中序遍历代码位置 */
    rank++;
    if (k == rank) {
        res = root.val;
        return;
    }
    /*****************/
    traverse(root.right, k);
}
```

这不就是中序遍历嘛，对于一棵二叉搜索树中序遍历意味着什么，应该不需要解释了吧。

你看，二叉树的题目不过如此，只要把框架写出来，然后往相应的位置加代码就行了，这不就是思路嘛！

对于一个理解二叉树的人来说，刷一道二叉树的题目花不了多长时间。那么如果你对刷题无从下手或者有畏惧心理，不妨从二叉树下手，前 10 道也许有点难受；结合框架再做 20 道，也许你就有点自己的理解了；刷完整个专题，再去做什么回溯、动态规划、分治专题，**你就会发现只要是涉及递归的问题，都是树的问题。**

再举一些例子吧，说几道后面会讲到的问题。

1.3 动态规划解题套路框架将介绍凑零钱问题，暴力解法就是遍历一棵 N 叉树：

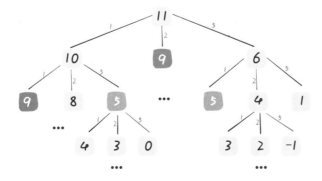

```java
int dp(int[] coins, int amount) {
    // base case
    if (amount == 0) return 0;
    if (amount < 0) return -1;

    int res = Integer.MAX_VALUE;
    for (int coin : coins) {
        int subProblem = dp(coins, amount - coin);
        // 子问题无解则跳过
        if (subProblem == -1) continue;
        // 在子问题中选择最优解，然后加 1
        res = Math.min(res, subProblem + 1);
    }
    return res == Integer.MAX_VALUE ? -1 : res;
}
```

这么多代码看不懂怎么办？直接提取出框架，就能看出核心思路了：

```java
# 不过是一个 N 叉树的遍历问题
int dp(int amount) {
    for (int coin : coins) {
        dp(amount - coin);
    }
}
```

其实很多动态规划问题就是在遍历一棵树，你如果对树的遍历操作烂熟于心，那么起码知道怎么把思路转化成代码，也知道如何提取别人解法的核心思路。

再看看回溯算法，将在 1.4 回溯算法解题套路框架中干脆直接说，回溯算法就是个 N 叉树的前后序遍历问题，没有例外。

比如全排列问题，本质上全排列就是在遍历下面这棵树，到叶子节点的路径就是一个全排列：

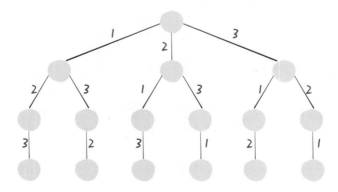

全排列算法的主要代码如下：

```java
void backtrack(int[] nums, LinkedList<Integer> track) {
    if (track.size() == nums.length) {
        res.add(new LinkedList(track));
        return;
    }

    for (int i = 0; i < nums.length; i++) {
        if (track.contains(nums[i]))
            continue;
        track.add(nums[i]);
        // 进入下一层决策树
        backtrack(nums, track);
        track.removeLast();
    }
}
```

看不懂？没关系，把其中的递归部分提取出来：

```java
/* 提取出 N 叉树遍历框架 */
void backtrack(int[] nums, LinkedList<Integer> track) {
    for (int i = 0; i < nums.length; i++) {
        backtrack(nums, track);
    }
}
```

N 叉树的遍历框架，找出来了吧？你说，树这种结构重不重要？

综上所述，对于畏惧算法的读者来说，可以先刷树的相关题目，试着从框架上看问题，而不要纠结于细节。

所谓纠结细节，就比如纠结 i 到底应该加到 n 还是加到 n - 1，这个数组的大小到底应该开 n 还是 n + 1？

从框架看问题，就是像我们这样基于框架进行抽取和扩展，既可以在看别人解法时快速理解核心逻辑，也有助于我们找到自己写解法时的思路方向。

当然，如果细节出错，你将得不到正确的答案，但是只要有框架，再错也错不到哪儿去，因为你的方向是对的。

但是，你要是心中没有框架，那么解题只能靠死记硬背，甚至给了你答案，也不会发现这就是树的遍历问题。

这就是框架的力量，能够保证你在思路不那么清晰的时候，依然能写出正确的程序。

本节的最后，总结一下吧：

数据结构的基本存储方式就是链式和顺序两种，基本操作就是增删查改，遍历方式无非迭代和递归。

学完基本算法之后，建议从"二叉树"系列问题开始刷，结合框架思维，把树结构理解到位，然后再去看回溯、动态规划、分治等算法专题，对思路的理解就会更加深刻。

1.2 计算机算法的本质

本节主要有两部分，一是谈我对算法本质的理解，二是概括各种常用的算法。整个这节没有什么硬核的代码，都是我的经验之谈，也许没有多么"高大上"，但能帮你少走弯路，更透彻地理解和掌握算法。

因为这是一节总结性质的内容，会包含一些对后文的引用，旨在提前帮助读者对算法有个正确的认识，所以如果在本节中遇到不理解的地方大可跳过，看完对应的章节回头再看本节，就可以明白我想表达的意思了。

1.2.1 算法的本质

如果要让用我一句话总结，我想说算法的本质就是"穷举"。

这么说肯定有人要反驳了，真的所有算法问题的本质都是穷举吗？没有例外吗？例外肯定是有的，比如有的算法题目类似脑筋急转弯，都是通过观察，发现规律，然后找到最优解法。再比如，密码学相关的算法、机器学习相关的算法，本质上都是数学推论，然后用编程的形式表现出来，但这些算法的本质是数学，不应该算作计算机算法。

顺便提一下，"算法工程师"做的这个"算法"，和"数据结构和算法"中的这个"算法"完全是两码事。

对前者来说，重点在数学建模和调参经验，计算机真就只是拿来做计算的工具而已；而后者的重点是计算机思维，需要你能够站在计算机的角度，抽象、简化实际问题，然后用合理的数据结构去解决问题。

所以，你千万别以为学好了数据结构和算法就能去做算法工程师，也不要以为只要不做算法工程师就不需要学习数据结构和算法。坦白说，大部分开发岗位工作中都是基于现成的开发框架做事，不怎么会碰到底层数据结构和算法相关的问题，但另一个事实是，只要你想找技术相关的岗位，数据结构和算法的考查是绕不开的，因为这块知识点是公认的程序员基本功。

为了区分，不妨称前者为"数学算法"，后者为"计算机算法"，我写的内容主要聚焦的是"计算机算法"。

这样解释应该很清楚了吧，我猜大部分人的目标是通过算法笔试，找一份开发岗位的工作，所以你真的不需要有多少数学基础，只要学会用计算机思维解决问题就够了。

其实计算机思维也没什么高端的，你想想计算机的特点是什么？不就是快嘛，你的大脑可能一秒只能转一圈，人家 CPU 转几万圈无压力。所以计算机解决问题的方式大道至简，就是穷举。

我记得自己刚入门的时候，也觉得计算机算法很"高大上"，每见到一道题，就想着能不能推导出一个什么数学公式，啪的一下就能把答案算出来。比如你和一个没学过计算机算法的人说你写了一个计算排列组合的算法，他大概以为你发明了一个公式，可以直接算出所有排列组合。但实际上呢？没什么"高大上"的公式，3.4.1 回溯算法解决子集、排列、组合问题 中写了，其实就是把排列组合问题抽象成一棵多叉树结构，然后用回溯算法去暴力穷举。

大家对计算机算法的误解也许是以前学数学留下的"后遗症"，数学题一般都是你仔细观察，找几何关系，列方程，然后算出答案。如果说你需要进行大规模穷举来寻找答案，那大概率是你的解题思路出问题了。

而计算机解决问题的思维恰恰相反：有没有什么数学公式就交给你们人类去推导吧，如果能找到一些巧妙的定理那最好，但如果找不到，那就穷举呗，反正只要复杂度允许，没有什么答案是穷举不出来的，理论上讲只要不断随机打乱一个数组，总有一天能得到有序的结果呢！当然，这绝不是一个好算法，因为鬼知道它要运行多久才有结果。

技术岗笔试 / 面试考的那些算法题，求最大值最小值之类的，你怎么求？必须要把所有可行解穷举出来才能找到最值对吧，说白了不就这么点事儿嘛。

但是，你千万不要觉得穷举这个事儿很简单，穷举有两个关键难点：无遗漏、无冗余。

遗漏，会直接导致答案出错；冗余，会拖慢算法的运行速度。所以，当你看到一道算法题，可以从这两个维度去思考：

1. **如何穷举**？即无遗漏地穷举所有可能解。

2. **如何聪明地穷举**？即避免所有冗余的计算，消耗尽可能少的资源求出答案。

不同类型的题目，难点是不同的，有的题目难在"如何穷举"，有的题目难在"如何聪明地穷举"。

什么算法的难点在"如何穷举"呢？一般是递归类问题，最典型的就是动态规划系列问题。

1.3 动态规划解题套路框架 阐述了动态规划系列问题的核心原理，无非就是先写出暴力穷举解法（状态转移方程），加个备忘录就成自顶向下的递归解法了，再改一改就成自底向上的递推迭代解法了，4.1.4 动态规划的降维打击：空间压缩技巧里也讲过如何分析优化动态规划算法的空间复杂度。

上述过程就是在不断优化算法的时间、空间复杂度，也就是所谓"如何聪明地穷举"。这些技巧一听就会了，但很多读者说明白了这些原理，遇到动态规划题目还是不会做，因为想不出状态转移方程，第一步的暴力解都写不出来。

这很正常，因为动态规划类型的题目可以千奇百怪，找状态转移方程才是难点，所以才有了 4.2.1 动态规划设计：最长递增子序列，告诉你递归穷举的核心是数学归纳法，明确函数的定义，然后利用这个定义写递归函数，就可以穷举出所有可行解。

什么算法的难点在"如何聪明地穷举"呢？一些耳熟能详的非递归算法技巧，都可以归在这一类。

比如 3.3.2 Union–Find 算法详解 告诉你一种高效计算连通分量的技巧，理论上说，想判断两个节点是否连通，我用 DFS/BFS 暴力搜索（穷举）肯定可以做到，但人家 Union Find 算法硬是用数组模拟树结构，给你把连通性相关的操作复杂度干到 $O(1)$ 了。

这就属于聪明的穷举，大佬们把这些技巧发明出来，你学过就会用，没学过恐怕很难想出这种思路。

下面概括性地列举一些常见的算法技巧，供大家学习参考。

1.2.2　数组 / 单链表系列算法

单链表常考的技巧就是双指针，2.1.1 单链表的六大解题套路 全给你总结好了，这些技巧就是会者不难，难者不会。

比如判断单链表是否成环，拍脑袋的暴力解是什么？就是用一个 HashSet 之类的数据结构来缓存走过的节点，遇到重复的就说明有环对吧，但我们用快慢指针可以避免使用额外的空间，这就是聪明的穷举嘛。

当然，对于找链表中点这种问题，使用双指针技巧只是显示你学过这个技巧，和遍历两次链表的常规解法从时间空间复杂度的角度来说都是差不多的。

数组常用的技巧有很大一部分还是双指针相关的技巧，说白了是教你如何聪明地进行穷举。

首先说二分搜索技巧，可以归为两端向中心的双指针。如果让你在数组中搜索元素，一个 for 循环穷举肯定能搞定对吧，但如果数组是有序的，二分搜索不就是一种更聪明的搜索方式嘛。

1.7 我写了首诗，保你闭着眼睛都能写出二分搜索算法 给你总结了二分搜索代码模板，保证不会出现搜索边界的问题。这一节总结了二分搜索相关题目的共性以及如何将二分搜索思想运用到实际算法中。

类似的两端向中心的双指针技巧还有力扣上的 N 数之和系列问题，5.7 一个函数解决 nSum 问题 讲了这些题目的共性，甭管几数之和，解法肯定要穷举所有的数字组合，然后看看哪个数字组合的和等于目标和。比较聪明的方式是先排序，利用双指针技巧快速计算结果。

再说说滑动窗口算法技巧，典型的快慢双指针，快慢指针中间就是滑动的"窗口"，主要用于解决子串问题。

1.8 我写了一个模板，把滑动窗口算法变成了默写题中最小覆盖子串这道题，让你寻找包含特定字符的最短子串，常规拍脑袋解法是什么？那肯定是类似字符串暴力匹配算法，用嵌套 for 循环穷举呗，平方级的复杂度。而滑动窗口技巧告诉你不用这么麻烦，可以用快慢指针遍历一次就求出答案，这就是教你聪明的穷举技巧。

但是，就像二分搜索只能运用在有序数组上一样，滑动窗口也是有限制的，就是你必须明确地知道什么时候应该扩大窗口，什么时候该收缩窗口。比如，我们潜意识地假设扩大窗口会让窗口内元素之和变大，反之则变小，以此构建滑动窗口算法。但要注意这个假设的前提是数组元素都是非负数，如果存在负数，那么这个假设就不成立，也就无法确定滑动窗口的扩大和缩小的时机。

还有回文串相关技巧，如果判断一个串是否是回文串，使用双指针从两端向中心检查，如果寻找回文子串，就从中心向两端扩散。2.1.2 数组双指针的解题套路 使用了一种技巧同时处理了回文串长度为奇数或偶数的情况。

当然，寻找最长回文子串可以有更精妙的马拉车算法（Manacher 算法），不过，学习这个算法的性价比不高，没什么必要掌握。

最后说说前缀和技巧和差分数组技巧。

如果频繁地让你计算子数组的和，每次用 for 循环去遍历肯定没问题，但前缀和技巧预计算一个 preSum 数组，就可以避免循环。类似的，如果频繁地让你对子数组进行增减操作，也可以每次用 for 循环去操作，但差分数组技巧维护一个 `diff` 数组，也可以避免循环。

数组链表的技巧差不多就这些了，都比较固定，只要你都见过，运用出来的难度不算大，下面来说一说稍微有些难度的算法。

1.2.3 二叉树系列算法

老读者都知道，二叉树的重要性我之前说了无数次，因为二叉树模型几乎是所有高级算法的基础，尤其是那么多人说对递归的理解不到位，更应该好好刷二叉树相关题目。

1.6 手把手带你刷二叉树（纲领）将介绍，**二叉树题目的递归解法可以分两类思路，第一类是遍历一遍二叉树得出答案，第二类是通过分解问题计算出答案，这两类思路分别对应着** 1.4 回溯算法解题套路框架**和** 1.3 动态规划解题套路框架。

什么叫通过遍历一遍二叉树得出答案？

就比如计算二叉树最大深度这个问题让你实现 `maxDepth` 这个函数，你这样写代码完全没问题：

```java
// 记录最大深度
int res = 0;
int depth = 0;

// 主函数
int maxDepth(TreeNode root) {
    traverse(root);
    return res;
}

// 二叉树遍历框架
void traverse(TreeNode root) {
    if (root == null) {
        // 到达叶子节点
        res= Math.max(res, depth);
        return;
    }
    // 前序遍历位置
    depth++;
    traverse(root.left);
    traverse(root.right);
    // 后序遍历位置
    depth--;
}
```

这个逻辑就是用 **traverse** 函数遍历了一遍二叉树的所有节点，维护 **depth** 变量，在叶子节点的时候更新最大深度。

你看这段代码，有没有觉得很熟悉？能不能和回溯算法的代码模板对应上？不信你照着 1.4 回溯算法解题套路框架中全排列问题的代码对比下：

```
// 记录所有全排列
List<List<Integer>> res = new LinkedList<>();
LinkedList<Integer> track = new LinkedList<>();

/* 主函数，输入一组不重复的数字，返回它们的全排列 */
List<List<Integer>> permute(int[] nums) {
    backtrack(nums);
    return res;
}

// 回溯算法框架
void backtrack(int[] nums) {
    if (track.size() == nums.length) {
        // 穷举完一个全排列
        res.add(new LinkedList(track));
        return;
    }

    for (int i = 0; i < nums.length; i++) {
        if (track.contains(nums[i]))
            continue;
        // 前序遍历位置做选择
        track.add(nums[i]);
        backtrack(nums);
        // 后序遍历位置取消选择
        track.removeLast();
    }
}
```

前文讲回溯算法的时候就告诉你回溯算法本质就是遍历一棵多叉树，连代码实现都如出一辙。而且我之前经常说，回溯算法虽然简单粗暴效率低，但特别有用，因为如果你对一道题无计可施，回溯算法起码能帮你写一个暴力解捞点分对吧。

那什么叫通过分解问题计算答案？

同样是计算二叉树最大深度这个问题，你也可以写出下面这样的解法：

```
// 定义：输入根节点，返回这棵二叉树的最大深度
int maxDepth(TreeNode root) {
```

```
    if (root == null) {
        return 0;
    }
    // 递归计算左右子树的最大深度
    int leftMax = maxDepth(root.left);
    int rightMax = maxDepth(root.right);
    // 整棵树的最大深度
    int res = Math.max(leftMax, rightMax) + 1;

    return res;
}
```

你看这段代码，有没有觉得很熟悉？有没有觉得有点动态规划解法代码的形式？不信你看 1.3 动态规划解题套路框架中凑零钱问题的暴力穷举解法：

```
// 定义：输入金额 amount，返回凑出 amount 的最少硬币个数
int coinChange(int[] coins, int amount) {
    // base case
    if (amount == 0) return 0;
    if (amount < 0) return -1;

    int res = Integer.MAX_VALUE;
    for (int coin : coins) {
        // 递归计算凑出 amount - coin 的最少硬币个数
        int subProblem = coinChange(coins, amount - coin);
        if (subProblem == -1) continue;
        // 凑出 amount 的最少硬币个数
        res = Math.min(res, subProblem + 1);
    }

    return res == Integer.MAX_VALUE ? -1 : res;
}
```

这个暴力解加个 memo 备忘录就是自顶向下的动态规划解法，你对照二叉树最大深度的解法代码，有没有发现很像？

如果你感受到最大深度这个问题两种解法的区别，那就趁热打铁，我问你，二叉树的前序遍历怎么写？

我相信大家都会对这个问题嗤之以鼻，毫不犹豫就可以写出下面这段代码：

```
List<Integer> res = new LinkedList<>();

// 返回前序遍历结果
List<Integer> preorder(TreeNode root) {
```

```
    traverse(root);
    return res;
}

// 二叉树遍历函数
void traverse(TreeNode root) {
    if (root == null) {
        return;
    }
    // 前序遍历位置
    res.add(root.val);
    traverse(root.left);
    traverse(root.right);
}
```

但是，你结合上面说到的两种不同的思维模式，二叉树的遍历是否也可以通过分解问题的思路解决呢？

3.1.2 手把手带你刷二叉树（构造篇）讲介绍前、中、后序遍历结果的特点：

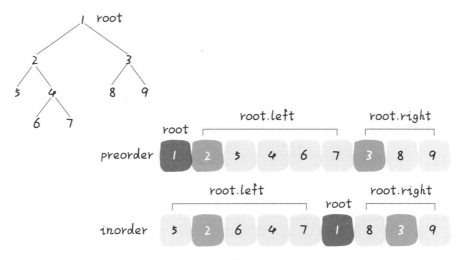

你注意前序遍历的结果，根节点的值在第一位，后面接着左子树的前序遍历结果，最后接着右子树的前序遍历结果。

有没有体会出点什么来？其实完全可以重写前序遍历代码，用分解问题的形式写出来，避免外部变量和辅助函数：

```
// 定义：输入一棵二叉树的根节点，返回这棵树的前序遍历结果
List<Integer> preorder(TreeNode root) {
    List<Integer> res = new LinkedList<>();
```

```
    if (root == null) {
        return res;
    }
    // 前序遍历的结果，root.val 在第一个
    res.add(root.val);
    // 后面接着左子树的前序遍历结果
    res.addAll(preorder(root.left));
    // 最后接着右子树的前序遍历结果
    res.addAll(preorder(root.right));
    return res;
}
```

你看，这就是用分解问题的思维模式写二叉树的前序遍历，如果写中序和后序遍历也是类似的。

当然，动态规划系列问题有"最优子结构"和"重叠子问题"两个特性，而且大多是让你求最值的。很多算法虽然不属于动态规划，但也符合分解问题的思维模式。

另外，除了动态规划、回溯（DFS）、分治，还有一个常用算法就是 BFS，1.5 BFS 算法解题套路框架就是根据下面这段二叉树的层序遍历代码改装出来的：

```
// 输入一棵二叉树的根节点，层序遍历这棵二叉树
void levelTraverse(TreeNode root) {
    if (root == null) return 0;
    Queue<TreeNode> q = new LinkedList<>();
    q.offer(root);

    int depth = 1;
    // 从上到下遍历二叉树的每一层
    while (!q.isEmpty()) {
        int sz = q.size();
        // 从左到右遍历每一层的每个节点
        for (int i = 0; i < sz; i++) {
            TreeNode cur = q.poll();

            if (cur.left != null) {
                q.offer(cur.left);
            }
            if (cur.right != null) {
                q.offer(cur.right);
            }
        }
        depth++;
    }
}
```

更进一步，图论相关的算法也是二叉树算法的延续。

比如 3.3.1 图论算法基础就把多叉树的遍历扩展到了图的遍历；再比如 3.3.3 最小生成树之 Kruskal 算法，就是并查集算法的应用。

好了，说得差不多了，上述这些算法的本质都是穷举二（多）叉树，有机会的话通过剪枝或者备忘录的方式减少冗余计算，提高效率，就这么点事儿。

1.2.4　最后总结

经常有读者问我什么刷题方式是正确的，我的看法是：正确的刷题方式应该是刷一道题能获得刷十道题的效果，不然力扣现在 2000 道题目，你都打算刷完吗？

那么怎么做到呢？首先要有框架思维，学会提炼重点，一个算法技巧可以包装出一百道题，如果你能一眼看穿它的本质，那就没必要浪费时间刷了嘛。

同时，在做题的时候要思考，联想，进而培养举一反三的能力，这也是本书希望帮读者培养的能力。本书中会讲解很多的算法模板和框架，但并不是真的是让你去死记硬背代码模板，不然的话直接甩出来那一段代码就行了，干嘛配那么多文字和图片的解析呢？

说到底我还是希望爱思考的读者能培养出成体系的算法思维，最好能爱上算法，而不是单纯地看题解去做题，授人以鱼不如授人以渔嘛。本节就到这里吧，算法真的没啥难的，只要有心，谁都可以学好。

1.3　动态规划解题套路框架

读完本节，你不仅学到算法套路，还可以顺便解决如下题目：

509. 斐波那契数（简单）	322. 零钱兑换（中等）

动态规划问题（Dynamic Programming）应该是很多读者头疼的问题，不过这类问题也是最具技巧性，最有意思的。本书使用了整整一个章节专门来写这个算法，动态规划问题的重要性也可见一斑，希望本节成为解决动态规划的"指导方针"。

本节解决几个问题：

动态规划是什么？解决动态规划问题有什么技巧？如何学习动态规划？

刷题刷多了就会发现，算法技巧就那几个套路，后续的动态规划相关章节，都在使用本节的解题思维框架，如果你心里有数，就会轻松很多。所以本节放在第1章，形成一套解决这类问题的思维框架，希望能够成为解决动态规划问题的一部指导方针。下面就来讲解该算法的基本套路框架。

首先，**动态规划问题的一般形式就是求最值**。动态规划其实是运筹学的一种最优化方法，只不过在计算机问题上应用比较多，比如求最长递增子序列、最小编辑距离，等等。

既然要求最值，核心问题是什么呢？**求解动态规划的核心问题是穷举**。因为要求最值，肯定要把所有可行的答案穷举出来，然后在其中找最值。

"动态规划这么简单，穷举就完事了？我看到的动态规划问题都很难啊！"肯定有很多读者有这样的想法。

首先，虽然动态规划的核心思想就是穷举求最值，但是问题可以千变万化，穷举所有可行解其实并不是一件容易的事，需要你熟练掌握递归思维，只有列出**正确的"状态转移方程"**，才能正确地穷举。而且，你需要判断算法问题是否**具备"最优子结构"**，是否能够通过子问题的最值得到原问题的最值。另外，动态规划问题**存在"重叠子问题"**，如果用暴力解，效率会很低，所以需要使用"备忘录"或者"DP table"来优化穷举过程，避免不必要的计算。

以上提到的重叠子问题、最优子结构、状态转移方程就是动态规划三要素，具体什么意思后面会举例详解，但是在实际的算法问题中，写出状态转移方程是最困难的，这也就是为什么很多朋友觉得动态规划问题困难的原因，我来提供我总结的一个思维框架，辅助你思考状态转移方程：

明确 base case –> 明确"状态"–> 明确"选择" –> 定义 dp 数组 / 函数的含义。

按上面的套路走，最后的解法代码就会是如下的框架：

```
# 自顶向下递归的动态规划
def dp( 状态 1, 状态 2, ...):
    for 选择 in 所有可能的选择:
        # 此时的状态已经因为做了选择而改变
        result = 求最值 (result, dp( 状态 1, 状态 2, ...))
    return result


# 自底向上迭代的动态规划
# 初始化 base case
dp[0][0][...] = base case
# 进行状态转移
for 状态 1 in 状态 1 的所有取值:
    for 状态 2 in 状态 2 的所有取值:
        for ...
            dp[ 状态 1][ 状态 2][...] = 求最值 ( 选择 1, 选择 2, ...)
```

下面通过斐波那契数列问题和凑零钱问题来详解动态规划的基本原理。前者主要是让你明白什么是重叠子问题（斐波那契数列没有求最值，所以严格来说不是动态规划问题），后者主要专注于如何列出状态转移方程。

1.3.1　斐波那契数列

力扣第 509 题"斐波那契数"就是这个问题，请不要嫌弃这个例子简单，**只有简单的例子才能让你把精力充分集中在算法背后的通用思想和技巧上，而不会被那些隐晦的细节问题搞得莫名其妙**。想要困难的例子，接下来的动态规划系列里有很多。

1. 暴力递归

斐波那契数列的数学形式就是递归的，写成代码就是这样：

```
int fib(int N) {
    if (N == 1 || N == 2) return 1;
    return fib(N - 1) + fib(N - 2);
}
```

这就不用多说了，学校老师讲递归的时候似乎都是拿这个举例的。我们也知道这样写代码虽然简洁易懂，但十分低效，低效在哪里？假设 `n = 20`，请画出递归树：

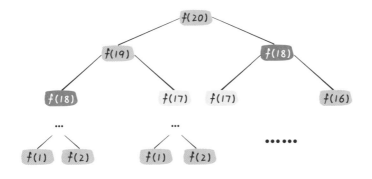

> 注意：但凡遇到需要递归的问题，最好都画出递归树，这对分析算法的复杂度、寻找算法低效的原因都有巨大帮助。

这个递归树怎么理解呢？就是说想要计算原问题 `f(20)`，就要先计算出子问题 `f(19)` 和 `f(18)`；然后要计算 `f(19)`，就要先算出子问题 `f(18)` 和 `f(17)`，以此类推。最后遇到 `f(1)` 或者 `f(2)` 的时候，结果已知，就能直接返回结果，递归树不再向下生长了。

递归算法的时间复杂度怎么计算？就是用子问题个数乘以解决一个子问题需要的时间。

首先计算子问题个数，即递归树中节点的总数。显然二叉树节点总数为指数级别，所以子问题个数为 $O(2^N)$。

然后计算解决一个子问题的时间，在本算法中，没有循环，只有 `f(N-1) + f(N-2)` 一个加法操作，时间为 $O(1)$。

所以，这个算法的时间复杂度为二者相乘，即 $O(2^N)$，指数级别，效率会非常差。

观察递归树，可以很明显地发现算法低效的原因：存在大量重复计算，比如 `f(18)` 被计算了两次，而且你可以看到，以 `f(18)` 为根的这个递归树体量巨大，多算一遍，会耗费巨多的时间。更何况还不止 `f(18)` 这一个节点被重复计算，所以这个算法极其低效。

这就是动态规划问题的第一个性质：**重叠子问题**。下面，我们想办法解决这个问题。

2. 带"备忘录"的递归解法

明确了问题，其实就已经把问题解决了一半。既然耗时的原因是重复计算，那么我们可以造一个"备忘录"，每次算出某个子问题的答案后别急着返回，先将其记到"备忘录"里再返回；每次遇到一个子问题先去"备忘录"里查一查，如果发现之前已经解决过这个问题，直接把答案拿出来用，不要再耗时去计算了。

一般使用一个数组充当这个"备忘录"，当然也可以使用哈希表（字典），思想都是一样的。

```
int fib(int N) {
    // 备忘录全初始化为 0
    int[] memo = new int[N + 1];
    // 进行带备忘录的递归
    return helper(memo, N);
}

int helper(int[] memo, int n) {
    // base case
    if (n == 0 || n == 1) return n;
    // 已经计算过，不用再计算了
    if (memo[n] != 0) return memo[n];
    memo[n] = helper(memo, n - 1) + helper(memo, n - 2);
    return memo[n];
}
```

现在，画出递归树，你就知道"备忘录"到底做了什么。

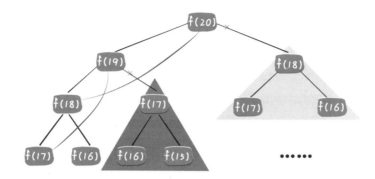

实际上，带"备忘录"的递归算法，就是把一棵存在巨量冗余的递归树通过"剪枝"，改造成了一幅不存在冗余的递归图，极大减少了子问题（即递归图中节点）的个数：

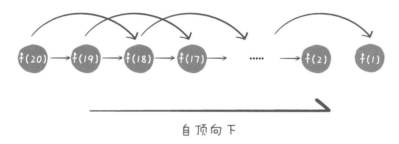

自顶向下

前面讲过递归算法的时间复杂度的计算就是用子问题个数乘以解决一个子问题需要的时间。

子问题个数，即图中节点的总数，由于本算法不存在冗余计算，子问题就是 `f(1)`, `f(2)`, `f(3)`, …, `f(20)`，数量和输入规模 $N = 20$ 成正比，所以子问题个数为 $O(N)$。

解决一个子问题的时间，和之前一样，没有什么循环，时间为 $O(1)$。

所以，本算法的时间复杂度是 $O(N)$，比起暴力算法，这算得上降维打击。

至此，带备忘录的递归解法的效率已经和迭代的动态规划解法一样了。实际上，这种解法和常见的动态规划解法已经差不多了，只不过这种解法是"自顶向下"进行"递归"求解，我们更常见的动态规划代码是"自底向上"进行"递推"求解。

啥叫"自顶向下"？注意我们刚才画的递归树（或者说图），是从上向下延伸，都是从一个规模较大的原问题比如 `f(20)`，向下逐渐分解规模，直到 `f(1)` 和 `f(2)` 这两个 base case，然后逐层返回答案，这就叫"自顶向下"。

啥叫"自底向上"？反过来，我们直接从最底下、最简单、问题规模最小、已知结

果的 **f(1)** 和 **f(2)**（base case）开始往上推，直到推到我们想要的答案 **f(20)**。这就是"递推"的思路，这也是动态规划一般都脱离了递归，而是由循环迭代完成计算的原因。

3. dp 数组的迭代（递推）解法

有了上一步"备忘录"的启发，我们可以把这个"备忘录"独立出来成为一张表，通常叫作 DP table，在这张表上完成"自底向上"的推算岂不美哉！

```java
int fib(int N) {
    if (N == 0) return 0;
    int[] dp = new int[N + 1];
    // base case
    dp[0] = 0; dp[1] = 1;
    // 状态转移
    for (int i = 2; i <= N; i++) {
        dp[i] = dp[i - 1] + dp[i - 2];
    }

    return dp[N];
}
```

画个图就很好理解了，而且你会发现这个 DP table 特别像之前那个"剪枝"后的结果，只是反过来算而已。实际上，带备忘录的递归解法中的"备忘录"，最终完成后就是这个 DP table，所以说这两种解法其实是差不多的，在大部分情况下，效率也基本相同。

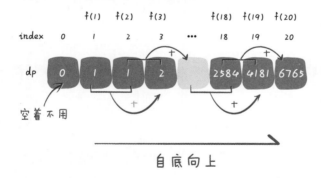

这里，引出"状态转移方程"这个名词，实际上就是描述问题结构的数学形式：

$$f(n) = \begin{cases} 1, & n=1,2 \\ f(n-1)+f(n-2), & n>2 \end{cases}$$

为什么叫"状态转移方程"？其实就是为了听起来高端。

f(n) 的函数参数会不断变化，所以你把参数 **n** 想作一个状态，这个状态 **n** 是由状态

n - 1 和状态 n - 2 转移（相加）而来，这就叫状态转移，仅此而已。

你会发现，上面的几种解法中的所有操作，例如 return f(n - 1) + f(n - 2)，dp[i] = dp[i - 1] + dp[i - 2]，以及对"备忘录"或 DP table 的初始化操作，都是围绕这个方程式的不同表现形式。

可见列出"状态转移方程"的重要性，它是解决问题的核心，而且很容易发现，其实状态转移方程直接代表着暴力解。

千万不要看不起暴力解，动态规划问题最困难的就是写出这个暴力解，即状态转移方程。

只要写出暴力解，优化方法无非是用"备忘录"或者 DP table，再无奥妙可言。

在这个例子的最后，讲一个细节的优化。

细心的读者会发现，根据斐波那契数列的状态转移方程，当前状态只和之前的两个状态有关，其实并不需要那么长的一个 DP table 来存储所有的状态，只要想办法存储之前的两个状态就行了。

所以，可以进一步优化，把空间复杂度降为 $O(1)$。这也就是我们最常见的计算斐波那契数列的算法：

```
int fib(int n) {
    if (n == 0 || n == 1) {
        // base case
        return n;
    }
    // 分别代表 dp[i - 1] 和 dp[i - 2]
    int dp_i_1 = 1, dp_i_2 = 0;
    for (int i = 2; i <= n; i++) {
        // dp[i] = dp[i - 1] + dp[i - 2];
        int dp_i = dp_i_1 + dp_i_2;
        // 滚动更新
        dp_i_2 = dp_i_1;
        dp_i_1 = dp_i;
    }
    return dp_i_1;
}
```

这一般是动态规划问题的最后一步优化，如果我们发现每次状态转移只需要 DP table 中的一部分，那么可以尝试缩小 DP table 的大小，只记录必要的数据，从而降低空间复杂度。

上述例子就相当于把 DP table 的大小从 N 缩小到 2。后续的动态规划章节中我们还会看到这样的例子，一般来说是把一个二维的 DP table 压缩成一维，即把空间复杂度从 $O(N^2)$ 压缩到 $O(N)$。

有人会问，怎么没有涉及动态规划的另一个重要特性"最优子结构"？下面会涉及。斐波那契数列的例子严格来说不算动态规划，因为没有涉及求最值，以上旨在说明重叠子问题的消除方法，演示得到最优解法逐步求精的过程。下面来看第二个例子，凑零钱问题。

1.3.2 凑零钱问题

这是力扣第 322 题"零钱兑换"：

给你 k 种面值的硬币，面值分别为 `c1, c2, ..., ck`，每种硬币的数量无限，再给一个总金额 `amount`，问你**最少**需要几枚硬币凑出这个金额，如果不可能凑出，算法返回 -1。算法的函数签名如下：

```
// coins 中是可选硬币面值，amount 是目标金额
int coinChange(int[] coins, int amount);
```

比如 `k = 3`，面值分别为 1，2，5，总金额 `amount = 11`，那么最少需要 3 枚硬币凑出，即 $11 = 5 + 5 + 1$。

你认为计算机应该如何解决这个问题？显然，就是把所有可能的凑硬币方法都穷举出来，然后找找看最少需要多少枚硬币。

1. 暴力递归

首先，这个问题是动态规划问题，因为它具有"最优子结构"。**要符合"最优子结构"，子问题间必须互相独立。**什么叫相互独立？你肯定不想看数学证明，我用一个直观的例子来讲解。

比如，假设考试的每个科目的成绩是互相独立的。你的原问题是考出最高的总成绩，那么你的子问题就是要把语文考到最高，数学考到最高……为了每个科目考到最高，你要把每个科目相应的选择题分数拿到最高，填空题分数拿到最高……当然，最终就是你每个科目都是满分，这就是最高的总成绩。

现在得到了正确的结果：最高的总成绩就是总分。因为这个过程符合最优子结构，"每个科目考到最高"这些子问题是互相独立，互不干扰的。

但是，如果加一个条件：你的语文成绩和数学成绩会互相制约，不能同时达到满分，数学分数高，语文分数就会降低，反之亦然。

这样的话，显然你能考到的最高总成绩就达不到总分了，按刚才那个思路就会得到错误的结果。因为"每个科目考到最高"的子问题并不独立，语文数学成绩互相影响，无法同时最优，所以最优子结构被破坏。

回到凑零钱问题，为什么说它符合最优子结构呢？假设你有面值为 **1, 2, 5** 的硬币，你想求 **amount = 11** 时的最少硬币数（原问题），如果你知道凑出 **amount = 10, 9, 6** 的最少硬币数（子问题），只需要把子问题的答案加一（再选一枚面值为 **1, 2, 5** 的硬币），求出最小值，就是原问题的答案。因为硬币的数量是没有限制的，所以子问题之间没有相互制约，是互相独立的。

> 注意：关于最优子结构的问题，4.1.2 最优子结构和 dp 数组的遍历方向怎么定还会再举例探讨。

那么，既然知道了这是一个动态规划问题，就要思考如何列出正确的状态转移方程。

1. 确定 base case，这很简单，显然目标金额 **amount** 为 0 时算法返回 0，因为不需要任何硬币就已经凑出目标金额了。

2. 确定"状态"，也就是原问题和子问题中会变化的变量。你假想一下这个凑钱的过程，假设目标金额是 11 元，选择一枚面额为 5 元的硬币，那么你现在的目标金额就变成了 6 元。因为硬币数量无限，硬币的面额也是题目给定的，只有目标金额会不断地向 base case 靠近，所以唯一的"状态"就是目标金额 **amount**。

3. 确定"选择"，也就是导致"状态"产生变化的行为。目标金额为什么变化呢，因为你在选择硬币，每选择一枚硬币，就相当于减少了目标金额。所以说所有硬币的面值，就是你的"选择"。

4. 明确 **dp** 函数/数组的定义。我们这里讲的是自顶向下的解法，所以会有一个递归的 **dp** 函数，一般来说函数的参数就是状态转移中会变化的量，也就是上面说到的"状态"；函数的返回值就是题目要求我们计算的量。就本题来说，状态只有一个，即"目标金额"，题目要求我们计算凑出目标金额所需的最少硬币数量。

所以我们可以这样定义 dp 函数：dp(n) 表示，输入一个目标金额 n，返回凑出目标金额 n 所需的最少硬币数量。

搞清楚上面这几个关键点，解法的伪码就可以写出来了：

```
// 伪码框架
int coinChange(int[] coins, int amount) {
    // 题目要求的最终结果是 dp(amount)
    return dp(coins, amount)
}
```

```
// 定义：要凑出金额 n，至少要 dp(coins, n) 个硬币
int dp(int[] coins, int n) {
    // 做选择，选择需要硬币最少的那个结果
    for (int coin : coins) {
        res = min(res, 1 + dp(n - coin))
    }
    return res
}
```

根据伪码，我们加上 base case 即可得到最终的答案。显然目标金额为 0 时，所需硬币数量为 0；当目标金额小于 0 时，无解，返回 -1：

```
int coinChange(int[] coins, int amount) {
    // 题目要求的最终结果是 dp(amount)
    return dp(coins, amount)
}

// 定义：要凑出金额 n，至少要 dp(coins, n) 个硬币
int dp(int[] coins, int amount) {
    // base case
    if (amount == 0) return 0;
    if (amount < 0) return -1;

    int res = Integer.MAX_VALUE;
    for (int coin : coins) {
        // 计算子问题的结果
        int subProblem = dp(coins, amount - coin);
        // 子问题无解则跳过
        if (subProblem == -1) continue;
        // 在子问题中选择最优解，然后加 1
        res = Math.min(res, subProblem + 1);
    }

    return res == Integer.MAX_VALUE ? -1 : res;
}
```

注意：这里 **coinChange** 和 **dp** 函数的签名完全一样，所以理论上不需要额外写一个 **dp** 函数。但为了后文讲解方便，这里还是另写一个 **dp** 函数来实现主要逻辑。

另外，我经常看到有人问，子问题的结果为什么要加 1（**subProblem + 1**），而不是加硬币金额之类的。在这里提示一下，动态规划问题的关键是 **dp** 函数/数组的定义，你这个函数的返回值代表什么？回过头去搞清楚这一点，就知道为什么要给子问题的返回值加 1 了。

至此，状态转移方程其实已经完成了，以上算法已经是暴力解了，以上代码的数学形式就是状态转移方程：

$$dp(n) = \begin{cases} 0, n = 0 \\ -1, n < 0 \\ min\{dp(n - coin) + 1 | coin \in coins\}, n > 0 \end{cases}$$

至此，这个问题其实就解决了，只不过需要消除重叠子问题，比如 `amount = 11,` `coins = {1,2,5}` 时画出递归树看看：

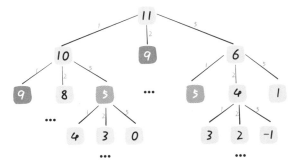

递归算法的时间复杂度分析：子问题总数 × 解决每个子问题所需的时间

子问题总数为递归树的节点个数，但算法会进行剪枝，剪枝的时机和题目给定的具体硬币面额有关，所以可以想象，这棵树生长得并不规则，确切算出树上有多少节点是比较困难的。对于这种情况，我们一般的做法是按照最坏的情况估算一个时间复杂度的上界。

假设目标金额为 N，给定的硬币个数为 k，那么递归树最坏情况下高度为 N（全用面额为 1 的硬币），然后再假设这是一棵满 k 叉树，则节点的总数在 $O(k^N)$ 这个数量级。

接下来看每个子问题的复杂度，由于每次递归包含一个 for 循环，复杂度为 $O(k)$，相乘得到总时间复杂度为 $O(k^{N+1})$，指数级别。

2. 带"备忘录"的递归

类似之前斐波那契数列的例子，只需要稍加修改，就可以通过"备忘录"消除子问题：

```
int[] memo;

int coinChange(int[] coins, int amount) {
    memo = new int[amount + 1];
    // "备忘录"初始化为一个不会被取到的特殊值，代表还未被计算
```

```
        Arrays.fill(memo, -666);

        return dp(coins, amount);
}

int dp(int[] coins, int amount) {
    if (amount == 0) return 0;
    if (amount < 0) return -1;
    // 查"备忘录"，防止重复计算
    if (memo[amount] != -666)
        return memo[amount];

    int res = Integer.MAX_VALUE;
    for (int coin : coins) {
        // 计算子问题的结果
        int subProblem = dp(coins, amount - coin);
        // 子问题无解则跳过
        if (subProblem == -1) continue;
        // 在子问题中选择最优解，然后加 1
        res = Math.min(res, subProblem + 1);
    }
    // 把计算结果存入备忘录
    memo[amount] = (res == Integer.MAX_VALUE) ? -1 : res;
    return memo[amount];
}
```

此处不画图了，很显然"备忘录"大大减小了子问题数目，完全消除了子问题的冗余，所以子问题总数不会超过金额数 N，即子问题数目为 $O(N)$。处理一个子问题的时间不变，仍是 $O(k)$，所以总的时间复杂度是 $O(k \times N)$。

3. dp 数组的迭代解法

当然，也可以自底向上使用 DP table 来消除重叠子问题，关于"状态""选择"和 base case 与之前没有区别，dp 数组的定义和前面的 dp 函数类似，也是把"状态"，也就是目标金额作为变量。不过 dp 函数体现在函数参数，而 dp 数组体现在数组索引。

dp 数组的定义：当目标金额为 **i** 时，至少需要 **dp[i]** 枚硬币凑出目标金额。

根据前面给出的动态规划代码框架可以写出如下解法：

```
int coinChange(int[] coins, int amount) {
    int[] dp = new int[amount + 1];
    // 数组大小为 amount + 1，初始值也为 amount + 1
    Arrays.fill(dp, amount + 1);
```

```
    // base case
    dp[0] = 0;
    // 外层 for 循环在遍历所有状态的所有取值
    for (int i = 0; i < dp.length; i++) {
        // 内层 for 循环在求所有选择的最小值
        for (int coin : coins) {
            // 子问题无解，跳过
            if (i - coin < 0) {
                continue;
            }
            dp[i] = Math.min(dp[i], 1 + dp[i - coin]);
        }
    }
    return (dp[amount] == amount + 1) ? -1 : dp[amount];
}
```

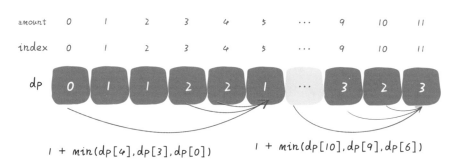

注意：为什么 dp 数组中的值都初始化为 amount + 1 呢？因为凑成 amount 金额的硬币数最多只可能等于 amount（全用 1 元面值的硬币），所以初始化为 amount + 1 就相当于初始化为正无穷，便于后续取最小值。为什么不直接初始化为 int 型的最大值 Integer.MAX_VALUE 呢？因为后面有 dp[i - coin] + 1，这就会导致整型溢出。

1.3.3 最后总结

第一个斐波那契数列的问题，解释了如何通过"备忘录"或者"DP table"的方法来优化递归树，并且明确了这两种方法本质上是一样的，只是自顶向下和自底向上的不同而已。

第二个凑零钱的问题，展示了如何流程化确定"状态转移方程"，只要通过状态转移方程写出暴力递归解，剩下的也就是优化递归树，消除重叠子问题而已。

如果你不太了解动态规划，还能看到这里，真得给你鼓掌，相信你已经掌握了这个算法的设计技巧了。

计算机解决问题其实没有什么特殊技巧，它唯一的解决办法就是穷举，穷举所有可能性。算法设计无非就是先思考"如何穷举"，然后再追求"聪明地穷举"。

列出状态转移方程，就是在解决"如何穷举"的问题。之所以说它难，一是因为很多穷举需要递归实现，二是因为有的问题本身的解空间复杂，不那么容易穷举完整。

"备忘录"、DP table 就是在追求"聪明地穷举"。用空间换时间的思路，是降低时间复杂度的不二法门，除此之外，试问，还能玩出啥花样？

如果遇到任何问题都可以随时回来重读本节内容，希望读者在阅读每个题目和解法时，多往"状态"和"选择"上靠，才能对这套框架产生自己的理解，运用自如。

1.4 回溯算法解题套路框架

读完本节，你不仅学到算法套路，还可以顺便解决如下题目：

46. 全排列（中等）	51. N 皇后（困难）

本节解决几个问题：

回溯算法是什么？解决回溯算法相关的问题有什么技巧？如何学习回溯算法？回溯算法代码是否有规律可循？

其实回溯算法就是我们常说的 DFS 算法，本质上就是一种暴力穷举算法，废话不多说，直接上回溯算法框架。

解决一个回溯问题，实际上就是一个决策树的遍历过程，站在回溯树的一个节点上，你只需要思考 3 个问题：

1. 路径：也就是已经做出的选择。

2. 选择列表：也就是你当前可以做的选择。

3. 结束条件：也就是到达决策树底层，无法再做选择的条件。

如果你不理解这 3 个词语的解释，没关系，后面会用"全排列"和"N 皇后问题"这两个经典的回溯算法问题来帮你理解这些词语是什么意思，现在你先有些印象即可。

代码方面，回溯算法的框架如下：

```
result = []
def backtrack( 路径 , 选择列表 ):
    if 满足结束条件 :
        result.add( 路径 )
        return

    for 选择 in 选择列表 :
        做选择
        backtrack( 路径 , 选择列表 )
        撤销选择
```

其核心就是 for 循环里面的递归，在递归调用之前"做选择"，在递归调用之后"撤销选择"，特别简单。

什么叫做选择和撤销选择呢？这个框架的底层原理是什么呢？下面就通过"全排列"问题来解开之前的疑惑，详细探究其中的奥妙！

1.4.1　全排列问题

力扣第 46 题"全排列"就是给你输入一个数组 `nums`，返回这些数字的全排列。

> 注意：我们这次讨论的全排列问题不包含重复的数字，包含重复数字的扩展场景会在 3.4.1 回溯算法秒杀子集排列组合问题中讲解。

我们在高中的时候就做过排列组合的数学题，我们也知道 **n** 个不重复的数的全排列共有 **n!** 个。那么我们当时是怎么穷举全排列的呢？

比如给你三个数 `[1,2,3]`，你肯定不会无规律地乱穷举，一般会这样做：

先固定第一位为 1，然后第二位可以是 2，那么第三位只能是 3；然后可以把第二位变成 3，第三位就只能是 2 了；现在就只能变化第一位，变成 2，然后再穷举后两位……

其实这就是回溯算法，我们高中无师自通就会用，或者有的同学直接画出如下这棵回溯树：

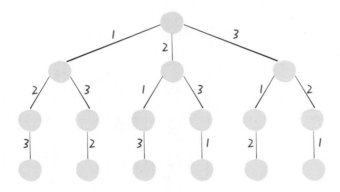

只要从根节点遍历这棵树，记录路径上的数字，其实就是所有的全排列。我们不妨把这棵树称为回溯算法的"决策树"。

为什么说这是决策树呢？因为在每个节点上其实你都在做决策。比如，你站在下图的深色节点上：

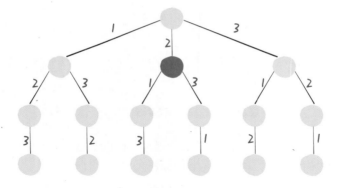

你现在就是在做决策，可以选择 1 那条树枝，也可以选择 3 那条树枝。为什么只能在 1 和 3 之中选择呢？因为 2 这条树枝在你身后，这个选择你之前做过了，而全排列是不允许重复使用数字的。

现在可以解答开头的几个名词：[2] 就是"路径"，记录已经做过的选择；[1,3]就是"选择列表"，表示当前可以做出的选择；"结束条件"就是遍历到树的底层（叶子节点），这里也就是选择列表为空的时候。

如果明白了这几个名词，就可以把"路径"和"选择"列表视作决策树上每个节点的属性，比如下图列出了几个深蓝色节点的属性：

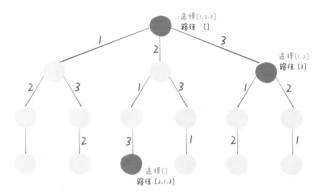

我们定义的 **backtrack** 函数其实就像一个指针，在这棵树上遍历，同时要正确维护每个节点的属性，每当走到树的底层，其"路径"就是一个全排列。

再进一步，如何遍历一棵树呢？这个应该不难吧。回忆一下之前学习数据结构的框架思维时讲过，各种搜索问题其实都是树的遍历问题，而多叉树的遍历框架就是这样的：

```java
void traverse(TreeNode root) {
    for (TreeNode child : root.childern) {
        // 前序遍历需要的操作
        traverse(child);
        // 后序遍历需要的操作
    }
}
```

而所谓的前序遍历和后序遍历，只是两个很有用的时间点，画张图你就明白了：

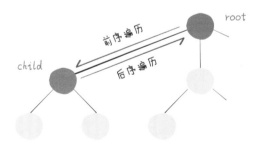

前序遍历的代码在进入某一个节点之前的那个时间点执行，后序遍历代码在离开某个节点之后的那个时间点执行。

> 提示：细心的读者肯定会有疑问，多叉树 DFS 遍历框架的前序位置和后序位置应该在 for 循环外面，并不应该在 for 循环里面呀？为什么在回溯算法中跑到 for 循环里面了？因为回溯算法和 DFS 算法略有不同，3.3.1 图论算法基础中会详细对比，这里可以暂且忽略这个问题。

回想我们刚才说的，"路径"和"选择"是每个节点的属性，函数在树上游走要正确维护节点的属性，就要在这两个特殊时间点搞点动作：

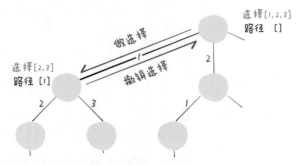

现在，你是否理解了回溯算法的这段核心框架？

```
for 选择 in 选择列表：
    # 做选择
    将该选择从选择列表移除
    路径 .add( 选择 )
    backtrack( 路径 , 选择列表 )
    # 撤销选择
    路径 .remove( 选择 )
    将该选择再加入选择列表
```

我们只要在递归之前做出选择，在递归之后撤销刚才的选择，就能正确得到每个节点的选择列表和路径。

下面，直接看全排列代码：

```java
List<List<Integer>> res = new LinkedList<>();

/* 主函数，输入一组不重复的数字，返回它们的全排列 */
List<List<Integer>> permute(int[] nums) {
    // 记录 "路径"
    LinkedList<Integer> track = new LinkedList<>();
    // "路径" 中的元素会被标记为 true，避免重复使用
    boolean[] used = new boolean[nums.length];

    backtrack(nums, track, used);
    return res;
}

// 路径：记录在 track 中
// 选择列表：nums 中不存在于 track 的那些元素（used[i] 为 false）
// 结束条件：nums 中的元素全都在 track 中出现
void backtrack(int[] nums, LinkedList<Integer> track, boolean[] used) {
```

```
    // 触发结束条件
    if (track.size() == nums.length) {
        res.add(new LinkedList(track));
        return;
    }

    for (int i = 0; i < nums.length; i++) {
        // 排除不合法的选择
        if (used[i]) {
            // nums[i] 已经在 track 中，跳过
            continue;
        }
        // 做选择
        track.add(nums[i]);
        used[i] = true;
        // 进入下一层决策树
        backtrack(nums, track, used);
        // 取消选择
        track.removeLast();
        used[i] = false;
    }
}
```

我们这里稍微做了些变通，没有显式记录"选择列表"，而是通过 `used` 数组排除已经存在 `track` 中的元素，从而推导出当前的选择列表：

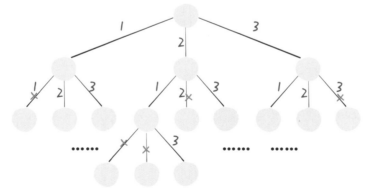

至此，我们就通过全排列问题详解了回溯算法的底层原理。当然，这个算法解决全排列问题不是最高效的，你可能看到有的解法连 `used` 数组都不用，而是通过交换元素达到目的。但是那种解法稍微难理解一些，这里就不写了，有兴趣的读者可以自行搜索。

但是必须说明的是，不管怎么优化，都符合回溯框架，而且时间复杂度都不可能低于 $O(N!)$，因为穷举整棵决策树是无法避免的。**这也是回溯算法的一个特点，不像动态规划存在重叠子问题可以优化，回溯算法就是纯暴力穷举，复杂度一般都很高。**

明白了全排列问题，就可以直接套回溯算法框架了，下面简单看看 N 皇后问题。

1.4.2 N 皇后问题

力扣第 51 题 "N 皇后" 就是这个经典问题，简单解释一下题目：给你一个 $N \times N$ 的棋盘，让你放置 N 个皇后，使得它们不能互相攻击，一个皇后可以攻击同一行、同一列，或者左上、左下、右上、右下四个方向的任意单位。

这个问题本质上和全排列问题差不多，决策树的每一层表示棋盘上的每一行；每个节点可以做出的选择是，在该行的任意一列放置一个皇后。

因为 C++ 代码对字符串的操作方便一些，所以这道题用 C++ 来写解法，直接套用回溯算法框架：

```cpp
vector<vector<string>> res;

/* 输入棋盘边长 n，返回所有合法的放置 */
vector<vector<string>> solveNQueens(int n) {
    // '.' 表示空，'Q' 表示皇后，初始化空棋盘。
    vector<string> board(n, string(n, '.'));
    backtrack(board, 0);
    return res;
}

// 路径：board 中小于 row 的那些行都已经成功放置了皇后
// 选择列表：第 row 行的所有列都是放置皇后的选择
// 结束条件：row 超过 board 的最后一行
void backtrack(vector<string>& board, int row) {
    // 触发结束条件
    if (row == board.size()) {
        res.push_back(board);
        return;
    }

    int n = board[row].size();
    for (int col = 0; col < n; col++) {
        // 排除不合法选择
        if (!isValid(board, row, col)) {
            continue;
        }
        // 做选择
        board[row][col] = 'Q';
        // 进入下一行决策
        backtrack(board, row + 1);
        // 撤销选择
```

```
        board[row][col] = '.';
    }
}
```

这部分主要代码其实和全排列问题的差不多，**isValid** 函数的实现也很简单：

```
/* 是否可以在 board[row][col] 放置皇后？ */
bool isValid(vector<string>& board, int row, int col) {
    int n = board.size();
    // 检查列是否有皇后互相冲突
    for (int i = 0; i <= row; i++) {
        if (board[i][col] == 'Q')
            return false;
    }
    // 检查右上方是否有皇后互相冲突
    for (int i = row - 1, j = col + 1;
            i >= 0 && j < n; i--, j++) {
        if (board[i][j] == 'Q')
            return false;
    }
    // 检查左上方是否有皇后互相冲突
    for (int i = row - 1, j = col - 1;
            i >= 0 && j >= 0; i--, j--) {
        if (board[i][j] == 'Q')
            return false;
    }
    return true;
}
```

肯定有读者问，按照 N 皇后问题的描述，为什么不检查左下角、右下角和下方的格子，只检查了左上角、右上角和上方的格子呢？因为是一行一行从上往下放皇后的，所以左下方、右下方和正下方不用检查（还没放皇后）；因为一行只会放一个皇后，所以每行不用检查。也就是最后只用检查上方、左上、右上三个方向。

函数 **backtrack** 依然像在决策树上游走的指针，通过 **row** 和 **col** 就可以表示函数遍历到的位置，通过 **isValid** 函数可以将不符合条件的情况剪枝：

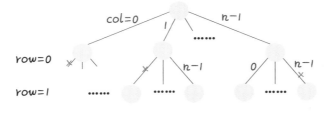

如果直接给你这么一大段解法代码,看到后你可能是蒙的。但是现在明白了回溯算法的框架套路,还有什么难理解的呢?无非是改改做选择的方式,排除不合法选择的方式而已,只要框架存于心,需要面对的只剩下一些小问题了。

当 N=8 时,就是八皇后问题,数学大佬高斯穷尽一生都没有数清八皇后问题到底有几种可能的放置方法,但是计算机采用我们的算法只需一秒就可以算出来所有可能的结果。不过真的不怪高斯,这个问题的复杂度确实非常高,我们简单估算一下复杂度:N 行棋盘中,第一行有 N 个位置可能可以放皇后,第二行有 N-1 个位置,第三行有 N-2 个位置,以此类推,再叠加每次放皇后之前 `isValid` 函数所需 $O(N)$ 的复杂度,所以总的时间复杂度上限是 $O(N! \times N)$,而且没有什么明显的冗余计算可以优化。你可以试试,N=10 的时候计算就已经很耗时了。

有的时候,我们并不想得到所有合法的答案,只想要一个答案,怎么办呢? 比如解数独的算法,找所有解法复杂度太高,只要找到一种解法就可以了。

其实特别简单,只要稍微修改一下回溯算法的代码,用一个外部变量记录是否找到答案,找到答案就停止继续递归即可:

```cpp
bool found = false;
// 函数找到一个答案后就返回 true
bool backtrack(vector<string>& board, int row) {
    if (found) {
        // 已经找到一个答案了,不用再找了
        return;
    }

    // 触发结束条件
    if (row == board.size()) {
      res.push_back(board);
        // 找到了第一个答案
        found = true;
        return;
    }

    ...
}
```

这样修改后,只要找到一个答案,后续的递归穷举都会被阻断。也许你可以在 N 皇后问题的代码框架上稍加修改,写出一个解数独的算法。

1.4.3 最后总结

回溯算法就是一个多叉树的遍历问题，关键就是在前序遍历和后序遍历的位置做一些操作，算法框架如下：

```python
def backtrack(...):
    for 选择 in 选择列表:
        做选择
        backtrack(...)
        撤销选择
```

写 `backtrack` 函数时，需要维护走过的"**路径**"和当前可以做的"**选择列表**"，当触发"**结束条件**"时，将"**路径**"记入结果集。

其实想想看，回溯算法和动态规划是不是有点像呢？需要多次强调的是，动态规划的三个需要明确的点就是"状态"、"选择"和"base case"，它们是不是就对应着走过的"路径"、当前的"选择列表"和"结束条件"？

动态规划和回溯算法的底层都是把问题抽象成树的结构，但这两种算法在思路上是完全不同的。在二叉树相关章节你将看到动态规划和回溯算法更深层次的区别和联系。

1.5 BFS 算法解题套路框架

读完本节，你不仅学到算法套路，还可以顺便解决如下题目：

111. 二叉树的最小深度（简单）	752. 打开转盘锁（中等）

读者可能经常听说 BFS 和 DFS 算法的大名，其中 DFS 算法可以被认为是回溯算法，本节就来谈谈 BFS 算法。

BFS 的核心思想应该不难理解，就是把一些问题抽象成图，从一个点开始，向四周扩散。一般来说，我们写 BFS 算法都是用"队列"这种数据结构，每次将一个节点周围的所有节点加入队列。

BFS 相对 DFS 的最主要区别是：**BFS 找到的路径一定是最短的，但代价就是空间复杂度可能比 DFS 大很多**，至于为什么，后面介绍过框架就很容易看出来了。

本节就由浅入深地讲两道 BFS 的典型题目，分别是"二叉树的最小高度"和"打开密码锁的最少步数"，手把手教你写 BFS 算法。

1.5.1 算法框架

要说框架，我们先举例 BFS 出现的常见场景。**问题的本质就是让你在一幅"图"中找到从起点 start 到终点 target 的最近距离，这个例子听起来很枯燥，但是 BFS 算法问题其实都是在做这件事，把枯燥的本质搞清楚，再去欣赏各种问题的包装才能胸有成竹嘛。**

这个广义的描述可以有各种变体，比如走迷宫，有的格子是围墙不能走，从起点到终点的最短距离是多少？如果这个迷宫带"传送门"可以瞬间传送呢？

再比如有两个单词，要求通过替换某些字母，把其中一个变成另一个，每次只能替换一个字母，最少要替换几次？

再比如连连看游戏，消除两个方块的条件不仅是图案相同，还要保证两个方块之间的最短连线不能多于两个拐点。你玩连连看，点击两个坐标，游戏程序是如何找到最短连线的？如何判断最短连线有几个拐点？

再比如……

其实，这些问题都没啥神奇的，本质上就是一幅"图"，让你从起点走到终点，问最短路径，这就是 BFS 的本质。

框架搞清楚了直接默写就好，BFS 框架如下：

```
// 计算从起点 start 到终点 target 的最近距离
int BFS(Node start, Node target) {
    Queue<Node> q; // 核心数据结构
    Set<Node> visited; // 避免走回头路

    q.offer(start); // 将起点加入队列
    visited.add(start);
    int step = 0; // 记录扩散的步数

    while (q not empty) {
        int sz = q.size();
        /* 将当前队列中的所有节点向四周扩散 */
        for (int i = 0; i < sz; i++) {
            Node cur = q.poll();
            /* 划重点：这里判断是否到达终点 */
            if (cur is target)
                return step;
            /* 将 cur 的相邻节点加入队列 */
            for (Node x : cur.adj()) {
                if (x not in visited) {
```

```
                q.offer(x);
                visited.add(x);
            }
        }
    }
    /* 划重点：更新步数在这里 */
    step++;
    }
}
```

队列 `q` 就不说了，是 BFS 的核心数据结构；`cur.adj()` 泛指与 `cur` 相邻的节点，比如二维数组中，`cur` 上下左右四面的位置就是相邻节点；`visited` 的主要作用是防止走回头路，大部分时候都是必需的，但是像一般的二叉树结构，没有子节点到父节点的指针，不会走回头路就不需要 `visited`。

1.5.2　二叉树的最小高度

先来一个简单的问题实践一下 BFS 框架吧。力扣第 111 题"二叉树的最小深度"就是一个比较简单的问题，给你输入一棵二叉树，计算它的最小深度，也就是叶子节点到根节点的最小距离。

怎么套到 BFS 的框架里呢？首先明确起点 `start` 和终点 `target` 是什么，以及怎么判断到达了终点。

显然起点就是 `root` 根节点，终点就是最靠近根节点的那个"叶子节点"，叶子节点就是两个子节点都是 `null` 的节点：

```
if (cur.left == null && cur.right == null)
    // 到达叶子节点
```

那么，按照上述框架稍加改造来写解法即可：

```
int minDepth(TreeNode root) {
    if (root == null) return 0;
    Queue<TreeNode> q = new LinkedList<>();
    q.offer(root);
    // root 本身就是一层，depth 初始化为 1
    int depth = 1;

    while (!q.isEmpty()) {
        int sz = q.size();
        /* 将当前队列中的所有节点向四周扩散 */
        for (int i = 0; i < sz; i++) {
```

```
            TreeNode cur = q.poll();
            /* 判断是否到达终点 */
            if (cur.left == null && cur.right == null)
                return depth;
            /* 将 cur 的相邻节点加入队列 */
            if (cur.left != null)
                q.offer(cur.left);
            if (cur.right != null)
                q.offer(cur.right);
        }
        /* 在这里增加步数 */
        depth++;
    }
    return depth;
}
```

这里注意 **while** 循环和 **for** 循环的配合，**while** 循环控制一层一层往下走，**for** 循环利用 **sz** 变量控制从左到右遍历每一层二叉树节点：

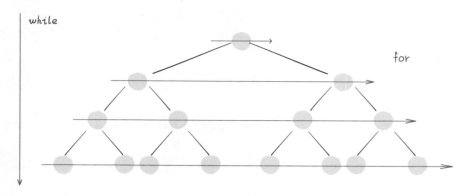

这一点很重要，这个形式在普通 BFS 问题中就很常见。当然，有些场景下所谓的"步数"并不等同于遍历的"层数"，那么可能不会包含 for 循环。

话说回来，二叉树本身是很简单的数据结构，上述代码应该可以理解吧，其实其他复杂问题都是这个框架的变形，在探讨复杂问题之前，先解答两个问题。

1. 为什么 BFS 可以找到最短距离，DFS 不行吗？

首先，你看 BFS 的逻辑，**depth** 每增加一次，队列中的所有节点都向前迈进一步，这个逻辑保证了第一次到达终点的时候，走的步数是最少的。

DFS 不能找最短路径吗？其实也是可以的，但是时间复杂度相对高很多。你想啊，DFS 实际上是靠递归的堆栈记录走过的路径，你要找到最短路径，肯定要把二叉树中所有树杈都探索完，然后才能对比出最短的路径有多长对不对？而 BFS 借助队列做到一次一步"齐头并进"，是可以在不遍历完整棵树的条件下找到最短距离的。如果情况更复杂一些，比如遍历"图"结构，遍历的过程中需要 `visited` 数组来标记已经走过的节点防止走回头路，那么用 DFS 算法寻找最短路径就更要命了。

形象点说，DFS 是线，BFS 是面；DFS 是单打独斗，BFS 是集体行动。这个应该比较容易理解吧。

2. 既然 BFS 那么好，为什么 DFS 还要存在？

BFS 可以找到最短距离，但是一般情况下会消耗更多空间，而 DFS 消耗的空间相对会小一些，代码实现也会更简洁。

还看前面处理二叉树问题的例子，假设给你的这棵二叉树是满二叉树，节点数为 `N`，对于 DFS 算法来说，空间复杂度无非就是递归堆栈，在最坏情况下顶多就是树的高度，也就是 $O(\log N)$。但是你想想 BFS 算法，队列中每次都会存储着二叉树一层的节点，这样的话最坏情况下空间复杂度应该是树的最底层节点的数量，也就是 `N/2`，用 Big O 表示也就是 $O(N)$。

另一个主要原因是 DFS 算法的代码好写！两句递归函数就能遍历整棵二叉树，还不容易出错，如果写 BFS 算法，要写一大堆代码，看着都头疼。

由此观之，BFS 还是有代价的，一般来说在找最短路径的时候使用 BFS，其他时候还是 DFS 使用得多一些。

好了，现在你对 BFS 了解得足够多了，下面来一道难一点儿的题目，深化对框架的理解吧。

1.5.3　解开密码锁的最少次数

这是力扣第 752 题"打开转盘锁"，这个题目比较有意思：

你有一个带有四个圆形拨轮的转盘锁。每个拨轮都有 0~9 共 10 个数字。每个拨轮可以上下旋转：例如把 `"9"` 变为 `"0"`，`"0"` 变为 `"9"`，每次旋转只能将一个拨轮旋转一下。锁的四个拨轮初始都是 0，用字符串 `"0000"` 表示。现在给你输入一个列表 `deadends` 和一个字符串 `target`，其中 `target` 代表可以打开密码锁的数字，而 `deadends` 中包含了一组"死亡数字"，你要避免拨出其中的任何一个密码。

请你写一个算法，计算从初始状态 `"0000"` 拨出 `target` 的最少次数，如果永远无法拨出 `target`，则返回 -1。函数签名如下：

```
int openLock(String[] deadends, String target);
```

比如输入 `deadends = ["1234", "5678"]`, `target = "0009"`，算法应该返回 1，因为只要把最后一个转轮拨一下就得到了 `target`。

再比如输入 `deadends = ["8887","8889","8878","8898","8788","8988","7888","9888"]`, `target = "8888"`，算法应该返回 -1。因为能够拨到 `"8888"` 的所有数字都在 `deadends` 中，所以不可能拨到 `target`。

题目中描述的就是我们生活中常见的那种密码锁，如果没有任何约束，最少的拨动次数很好算，就像我们平时开密码锁那样直奔密码拨就行了。但现在的难点就在于，不能出现 `deadends`，应该如何计算出最少的转动次数呢？

第一步，我们不管所有的限制条件，不管 `deadends` 和 `target` 的限制，就思考一个问题：如果让你设计一个算法，穷举所有可能的密码组合，你将怎么做？

穷举呗，再简单一点儿，如果你只转一下锁，有几种可能？总共有 4 个位置，每个位置可以向上转，也可以向下转，也就是有 8 种可能。

比如从 `"0000"` 开始，转一次，可以穷举出 `"1000"`, `"9000"`, `"0100"`, `"0900"`…… 共 8 种密码。然后，再以这 8 种密码作为基础，对每个密码再转一下，穷举出所有可能……

仔细想想，这就可以抽象成一幅图，每个节点有 8 个相邻的节点，又让你求最短距离，这不就是典型的 BFS 嘛，这时框架就可以派上用场了，先写出一个"简陋"的 BFS 框架代码：

```java
// 将 s[j] 向上拨动一次
String plusOne(String s, int j) {
    char[] ch = s.toCharArray();
    if (ch[j] == '9')
        ch[j] = '0';
    else
        ch[j] += 1;
    return new String(ch);
}
// 将 s[j] 向下拨动一次
String minusOne(String s, int j) {
    char[] ch = s.toCharArray();
    if (ch[j] == '0')
        ch[j] = '9';
    else
        ch[j] -= 1;
    return new String(ch);
}
```

```
// BFS 框架，打印出所有可能的密码
void BFS(String target) {
    Queue<String> q = new LinkedList<>();
    q.offer("0000");

    while (!q.isEmpty()) {
        int sz = q.size();
        /* 将当前队列中的所有节点向周围扩散 */
        for (int i = 0; i < sz; i++) {
            String cur = q.poll();
            /* 判断是否到达终点 */
            System.out.println(cur);

            /* 将一个节点的相邻节点加入队列 */
            for (int j = 0; j < 4; j++) {
                String up = plusOne(cur, j);
                String down = minusOne(cur, j);
                q.offer(up);
                q.offer(down);
            }
        }
        /* 在这里增加步数 */
    }
    return;
}
```

这段 BFS 代码已经能够穷举所有可能的密码组合了，但是显然不能完成题目，有如下问题需要解决：

1. 会走回头路。比如从 **"0000"** 拨到 **"1000"**，但是等从队列拿出 **"1000"** 时，还会拨出一个 **"0000"**，这样会产生死循环。

2. 没有终止条件，按照题目要求，我们找到 **target** 就应该结束并返回拨动的次数。

3. 没有对 **deadends** 的处理，按道理这些"死亡密码"是不能出现的，也就是说你遇到这些密码的时候需要跳过。

如果你能够看懂上面那段代码，真得给你鼓掌，只要按照 BFS 框架在对应的位置稍作修改即可修复这些问题：

```
int openLock(String[] deadends, String target) {
    // 记录需要跳过的死亡密码
    Set<String> deads = new HashSet<>();
    for (String s : deadends) deads.add(s);
    // 记录已经穷举过的密码，防止走回头路
```

```java
Set<String> visited = new HashSet<>();
Queue<String> q = new LinkedList<>();
// 从起点开始启动广度优先搜索
int step = 0;
q.offer("0000");
visited.add("0000");

while (!q.isEmpty()) {
    int sz = q.size();
    /* 将当前队列中的所有节点向周围扩散 */
    for (int i = 0; i < sz; i++) {
        String cur = q.poll();

        /* 判断是否到达终点 */
        if (deads.contains(cur))
            continue;
        if (cur.equals(target))
            return step;

        /* 将一个节点的未遍历相邻节点加入队列 */
        for (int j = 0; j < 4; j++) {
            String up = plusOne(cur, j);
            if (!visited.contains(up)) {
                q.offer(up);
                visited.add(up);
            }
            String down = minusOne(cur, j);
            if (!visited.contains(down)) {
                q.offer(down);
                visited.add(down);
            }
        }
    }
    /* 在这里增加步数 */
    step++;
}
// 如果穷举完都没找到目标密码，那就是找不到了
return -1;
}
```

至此，我们就解决这道题目了。还有一个比较小的优化：可以不需要 dead 这个哈希集合，直接将这些元素初始化到 visited 集合中，效果是一样的，这样可能更优雅一些。

1.5.4 双向 BFS 优化

你以为到这里 BFS 算法就结束了？恰恰相反。BFS 算法还有一种稍微高级一点儿的

优化思路：双向 BFS，可以进一步提高算法的效率。

篇幅所限，这里仅提一下区别：**传统的 BFS 框架就是从起点开始向四周扩散，遇到终点时停止；而双向 BFS 则是从起点和终点同时开始扩散，当两边有交集的时候停止。**

为什么这样能够提升效率呢？其实从 Big O 表示法分析算法复杂度的话，它俩的最坏复杂度都是 $O(N)$，但是实际上双向BFS确实会快一些，我给你画两张图看一眼就明白了：

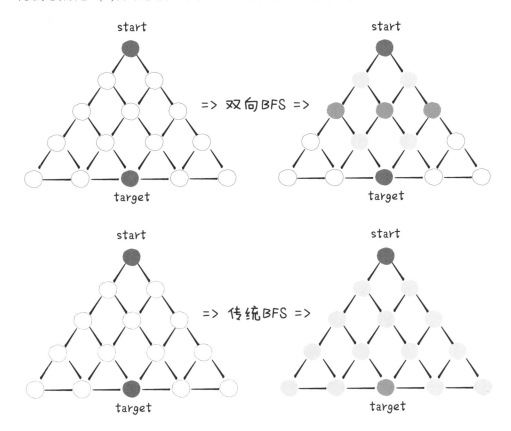

图中的树形结构，如果终点在最底部，按照传统 BFS 算法的策略，会把整棵树的节点都搜索一遍，最后找到 target；而双向 BFS 其实只遍历了半棵树就出现了交集，也就是找到了最短距离。从这个例子可以直观地感受到，双向 BFS 是要比传统 BFS 高效的。

不过，双向 BFS 也有局限，因为你必须知道终点在哪里。比如前面讨论的二叉树最小高度的问题，你一开始根本就不知道终点在哪里，也就无法使用双向 BFS；但是第二个密码锁的问题，是可以使用双向 BFS 算法来提高效率的，代码稍加修改即可：

```
int openLock(String[] deadends, String target) {
```

```java
Set<String> deads = new HashSet<>();
for (String s : deadends) deads.add(s);
// 用集合不用队列，可以快速判断元素是否存在
Set<String> q1 = new HashSet<>();
Set<String> q2 = new HashSet<>();
Set<String> visited = new HashSet<>();

int step = 0;
q1.add("0000");
q2.add(target);

while (!q1.isEmpty() && !q2.isEmpty()) {
    // 哈希集合在遍历的过程中不能修改，用 temp 存储扩散结果
    Set<String> temp = new HashSet<>();

    /* 将 q1 中的所有节点向周围扩散 */
    for (String cur : q1) {
        /* 判断是否到达终点 */
        if (deads.contains(cur))
            continue;
        if (q2.contains(cur))
            return step;

        visited.add(cur);

        /* 将一个节点的未遍历相邻节点加入集合 */
        for (int j = 0; j < 4; j++) {
            String up = plusOne(cur, j);
            if (!visited.contains(up))
                temp.add(up);
            String down = minusOne(cur, j);
            if (!visited.contains(down))
                temp.add(down);
        }
    }
    /* 在这里增加步数 */
    step++;
    // temp 相当于 q1
    // 在这里交换 q1 和 q2，下一轮 while 会扩散 q2
    q1 = q2;
    q2 = temp;
}
return -1;
}
```

双向 BFS 还是会遵循 BFS 算法框架的，只是**不再使用队列，而是使用 HashSet 方便、**

快速地判断两个集合是否有交集。

另一个技巧点就是 while 循环的最后交换 **q1** 和 **q2** 的内容，所以只要默认扩散 **q1** 就相当于轮流扩散 **q1** 和 **q2**。

其实双向 BFS 还有一个优化，就是在 while 循环开始时做了一个判断：

```
// ...
while (!q1.isEmpty() && !q2.isEmpty()) {
    if (q1.size() > q2.size()) {
        // 交换 q1 和 q2
        temp = q1;
        q1 = q2;
        q2 = temp;
    }
    // ...
```

为什么这是一个优化呢？

因为按照 BFS 的逻辑，队列（集合）中的元素越多，扩散之后新的队列（集合）中的元素就越多；在双向 BFS 算法中，如果我们每次都选择一个较小的集合进行扩散，那么占用的空间增长速度就会慢一些，效率就会高一些。

不过话说回来，**无论传统 FS 还是双向 BFS，无论做不做优化，从 Big O 衡量标准来看，时间复杂度都是一样的**，只能说双向 BFS 是一种技巧，算法运行的速度会相对快一点儿，掌握不掌握其实都无所谓。最关键的是把 BFS 通用框架记下来，反正所有 BFS 算法都可以用它套出解法。

1.6 手把手带你刷二叉树（纲领）

读完本节，你不仅学到算法套路，还可以顺便解决如下题目：

104. 二叉树的最大深度（简单）	543. 二叉树的直径（简单）
144. 二叉树的前序遍历（简单）	

本书的整个脉络都是按照 1.1 学习数据结构和算法的框架思维提出的框架来构建的，其中着重强调了二叉树题目的重要性。

我刷了这么多年题，浓缩了二叉树算法的一个总纲放在这里，也许用词不是特别专业，但目前各个刷题平台的题库，几乎所有二叉树题目都没跳出本节划定的框架。如果你能发现一道题目和本节给出的框架不兼容，请告知我。

先在开头总结一下，二叉树解题的思维模式分两类：

1. **是否可以通过遍历一遍二叉树得到答案**？如果可以，用一个 `traverse` 函数配合外部变量来实现，这叫"遍历"的思维模式。

2. **是否可以定义一个递归函数，通过子问题（子树）的答案推导出原问题的答案**？如果可以，写出这个递归函数的定义，并充分利用这个函数的返回值，这叫"分解问题"的思维模式。

无论使用哪种思维模式，你都需要思考：

如果单独抽出一个二叉树节点，需要它做什么事情？需要在什么时候（前/中/后序位置）做？其他的节点不用你操心，递归函数会帮你在所有节点上执行相同的操作。

本节会用题目来举例，但都是最最简单的题目，所以不用担心自己看不懂，我可以帮你从最简单的问题中提炼出二叉树题目的共性，并将二叉树中蕴含的思维进行升华，随后用到**动态规划、回溯算法、分治算法和图论算法**中去，这也是我一直强调框架思维的原因。

首先，我还是要不厌其烦地强调二叉树这种数据结构及相关算法的重要性。

1.6.1　二叉树的重要性

举个例子，比如两个经典排序算法 3.2.3 快速排序详解及运用和 3.1.4 归并排序详解及运用，对于这两个，你是怎么理解的？

如果你告诉我，快速排序就是一个二叉树的前序遍历，归并排序就是一个二叉树的后序遍历，那么可以说你是一个算法高手了。为什么快速排序和归并排序能和二叉树扯上关系？我们来简单分析一下它们的算法思想和代码框架。

快速排序的逻辑是，若要对 `nums[lo..hi]` 进行排序，我们先找一个切分点 `p`，通过交换元素使得 `nums[lo..p-1]` 都小于或等于 `nums[p]`，且 `nums[p+1..hi]` 都大于 `nums[p]`，然后递归地去 `nums[lo..p-1]` 和 `nums[p+1..hi]` 中寻找新的切分点，最后整个数组就被排序了。

快速排序的代码框架如下：

```
void sort(int[] nums, int lo, int hi) {
    /****** 前序遍历位置 ******/
    // 通过交换元素构建切分点 p
    int p = partition(nums, lo, hi);
    /************************/
```

```
    sort(nums, lo, p - 1);
    sort(nums, p + 1, hi);
}
```

先构造切分点，然后去左右子数组构造切分点，你看这不就是一个二叉树的前序遍历吗？

再说说归并排序的逻辑，若要对 nums[lo..hi] 进行排序，我们先对 nums[lo..mid] 排序，再对 nums[mid+1..hi] 排序，最后把这两个有序的子数组合并，整个数组就排好序了。

归并排序的代码框架如下：

```
// 定义：排序 nums[lo..hi]
void sort(int[] nums, int lo, int hi) {
    int mid = (lo + hi) / 2;
    // 排序 nums[lo..mid]
    sort(nums, lo, mid);
    // 排序 nums[mid+1..hi]
    sort(nums, mid + 1, hi);

    /****** 后序位置 ******/
    // 合并 nums[lo..mid] 和 nums[mid+1..hi]
    merge(nums, lo, mid, hi);
    /*********************/
}
```

先对左右子数组排序，然后合并（类似合并有序链表的逻辑），你看这是不是二叉树的后序遍历框架？另外，这不就是传说中的分治算法嘛，不过如此呀。

如果你一眼就识破这些排序算法的底细，还需要背这些经典算法吗？不需要。你可以手到擒来，从二叉树遍历框架就能扩展出算法了。

说了这么多，旨在说明，二叉树的算法思想的运用广泛，甚至可以说，只要涉及递归，都可以抽象成二叉树的问题。接下来我们从二叉树的前、中、后序开始讲起，让你深刻理解这种数据结构的魅力。

1.6.2　深入理解前、中、后序

这里先甩给你几个问题，请默默思考 30 秒：

1. 你理解的二叉树的前、中、后序遍历是什么，仅仅是三个顺序不同的列表吗？

2. 请分析后序遍历有什么特殊之处?

3. 请分析为什么多叉树没有中序遍历?

如果答不上来,说明你对前、中、后序的理解仅仅局限于教科书,不过没关系,我用类比的方式解释一下我眼中的前、中、后序遍历。

首先,回顾 1.1 学习数据结构和算法的框架思维中讲到的二叉树遍历框架:

```java
void traverse(TreeNode root) {
    if (root == null) {
        return;
    }
    // 前序位置
    traverse(root.left);
    // 中序位置
    traverse(root.right);
    // 后序位置
}
```

先不管所谓的前、中、后序,单看 traverse 函数,你说它在做什么事情?其实它就是一个能够遍历二叉树所有节点的函数,和遍历数组或者链表本质上没有区别:

```java
/* 迭代遍历数组 */
void traverse(int[] arr) {
    for (int i = 0; i < arr.length; i++) {

    }
}

/* 递归遍历数组 */
void traverse(int[] arr, int i) {
    if (i == arr.length) {
        return;
    }
    // 前序位置
    traverse(arr, i + 1);
    // 后序位置
}

/* 迭代遍历单链表 */
void traverse(ListNode head) {
    for (ListNode p = head; p != null; p = p.next) {

    }
}
```

```
}

/* 递归遍历单链表 */
void traverse(ListNode head) {
    if (head == null) {
        return;
    }
    // 前序位置
    traverse(head.next);
    // 后序位置
}
```

单链表和数组的遍历可以是迭代的，也可以是递归的，**二叉树这种结构无非就是二叉链表**，由于没办法简单改写成迭代形式，所以一般说二叉树的遍历框架都是指递归的形式。

只要是递归形式的遍历，都可以有前序位置和后序位置，分别在递归之前和递归之后。**所谓前序位置就是刚进入一个节点（元素）的时候，后序位置就是即将离开一个节点（元素）的时候。**那么进一步，把代码写在不同位置，代码执行的时机也不同：

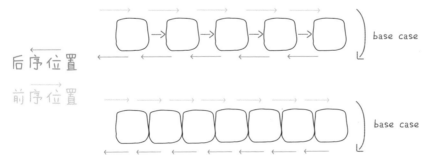

比如，如果需要**倒序打印**一条单链表上所有节点的值，你怎么搞？实现方式当然有很多，但如果你对递归的理解足够透彻，可以利用后序位置来操作：

```
/* 递归遍历单链表，倒序打印链表元素 */
void traverse(ListNode head) {
    if (head == null) {
        return;
    }
    traverse(head.next);
    // 后序位置
    print(head.val);
}
```

结合上面那张图，你应该知道为什么这段代码能够倒序打印单链表了吧，本质上是利用递归的堆栈帮你实现了倒序遍历的效果。那么再看二叉树也是一样的，只不过多了一个中序位置罢了。

教科书里只会问你二叉树的前、中、后序遍历的结果分别是什么，所以对于一个只上过大学数据结构课程的人来说，他大概以为二叉树的前、中、后序只不过对应三种顺序不同的 `List<Integer>` 列表。

但是我想说，**前、中、后序是遍历二叉树过程中处理每一个节点的三个特殊时间点，绝不仅仅是三个顺序不同的列表。**

前序位置的代码在刚刚进入一个二叉树节点的时候执行；后序位置的代码在将要离开一个二叉树节点的时候执行；中序位置的代码在一个二叉树节点左子树都遍历完，即将开始遍历右子树的时候执行。

注意这里的用词，我一直说前、中、后序"位置"，就是要和大家常说的前、中、后序"遍历"有所区别：你可以在前序位置写代码往一个列表里面塞元素，那最后得到的就是前序遍历结果，但并不是说你就不可以写更复杂的代码做更复杂的事。

画成图，前、中、后序三个位置在二叉树上是这样的：

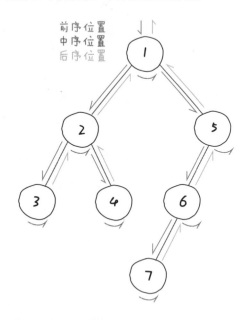

可以看到每个节点都有"唯一"属于自己的前、中、后序位置，所以我说前、中、后序遍历是遍历二叉树过程中处理每一个节点的三个特殊时间点。从而也可以理解为什

么多叉树没有中序位置，因为二叉树的每个节点只会进行唯一一次左子树切换右子树，而多叉树节点可能有很多子节点，会多次切换子树去遍历，所以多叉树节点没有"唯一"的中序遍历位置。

说了这么多基础的，就是要帮你对二叉树建立正确的认识，相信你会发现：**二叉树的所有问题，就是让你在前、中、后序位置注入巧妙的代码逻辑，去达到自己的目的，只需单独思考每一个节点应该做什么，其他的不用管，抛给二叉树遍历框架，递归会在所有节点上做相同的操作。**

在 3.3.1 图论算法基础中将会看到，二叉树的遍历框架被扩展到了图，并以遍历为基础实现了图论的各种经典算法，不过这是后话，此处就不多说了。

1.6.3　两种解题思路

在 1.2 计算机算法的本质中介绍过：**二叉树题目的递归解法可以分两类思路，第一类是遍历一遍二叉树得出答案，第二类是通过分解问题计算出答案。这两类思路分别对应** 1.4 回溯算法解题套路框架**和** 1.3 动态规划解题套路框架。

> 提示：这里说一下我的函数命名习惯，二叉树中用遍历思路解题时函数签名一般是 `void traverse(...)`，没有返回值，靠更新外部变量来计算结果，而用分解问题思路解题时函数名根据该函数的具体功能而定，而且一般会有返回值，返回值是子问题的计算结果。

与此对应的是，你会发现我在 1.4 回溯算法核心框架中给出的函数签名一般也是没有返回值的 `void backtrack(...)`，而在 1.3 动态规划核心框架 中给出的函数签名是带有返回值的 dp 函数。这也说明它俩和二叉树之间存在千丝万缕的联系。

虽然函数命名没有什么硬性的要求，但我还是建议你也遵循我的这种风格，这样更能突出函数的作用和解题的思维模式，便于你自己理解和运用。

当时我是用二叉树的最大深度这个问题来举例，重点在于把这两种思路与动态规划和回溯算法进行对比，而本节的重点在于分析这两种思路如何解决二叉树的题目。

力扣第 104 题"二叉树的最大深度"就是最大深度的题目，所谓最大深度就是根节点到"最远"叶子节点的最长路径上的节点数，比如输入这棵二叉树，算法应该返回 3：

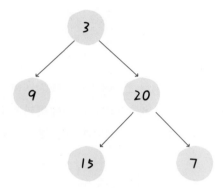

做这题的思路是什么？显然遍历一遍二叉树，用一个外部变量记录每个节点所在的深度，取最大值就可以得到最大深度，**这就是遍历二叉树计算答案的思路**。

解法代码如下：

```
// 记录最大深度
int res = 0;
// 记录遍历到的节点的深度
int depth = 0;

// 主函数
int maxDepth(TreeNode root) {
    traverse(root);
    return res;
}

// 二叉树遍历框架
void traverse(TreeNode root) {
    if (root == null) {
        // 到达叶子节点，更新最大深度
        res= Math.max(res, depth);
        return;
    }
    // 前序位置
    depth++;
    traverse(root.left);
    traverse(root.right);
    // 后序位置
    depth--;
}
```

这个解法应该很好理解，但为什么需要在前序位置增加 `depth`，在后序位置减小 `depth`？

因为前面讲了，前序位置是进入一个节点的时候，后序位置是离开一个节点的时候，`depth` 记录当前递归到的节点深度，把 `traverse` 理解成在二叉树上游走的一个指针，所以当然要这样维护。

当然，你也很容易发现一棵二叉树的最大深度可以通过子树的最大深度推导出来，**这就是分解问题计算答案的思路。**

解法代码如下：

```java
// 定义：输入根节点，返回这棵二叉树的最大深度
int maxDepth(TreeNode root) {
    if (root == null) {
        return 0;
    }
    // 利用定义，计算左右子树的最大深度
    int leftMax = maxDepth(root.left);
    int rightMax = maxDepth(root.right);
    // 整棵树的最大深度等于左右子树的最大深度取最大值，
    // 然后再加上根节点自己
    int res = Math.max(leftMax, rightMax) + 1;

    return res;
}
```

只要明确递归函数的定义，这个解法也不难理解，但为什么主要的代码逻辑集中在后序位置？

因为这个思路正确的核心在于，你确实可以通过子树的最大深度推导出原树的深度，所以当然要首先利用递归函数的定义算出左右子树的最大深度，然后推出原树的最大深度，主要逻辑自然放在后序位置。

如果理解了最大深度这个问题的两种思路，**那么再回头看看最基本的二叉树前、中、后序遍历**，就比如算前序遍历结果吧。

我们熟悉的解法就是用"遍历"的思路，这应该没什么好说的：

```java
List<Integer> res = new LinkedList<>();

// 返回前序遍历结果
List<Integer> preorderTraverse(TreeNode root) {
    traverse(root);
    return res;
}
```

```
// 二叉树遍历函数
void traverse(TreeNode root) {
    if (root == null) {
        return;
    }
    // 前序位置
    res.add(root.val);
    traverse(root.left);
    traverse(root.right);
}
```

但你是否能够用"分解问题"的思路来计算前序遍历的结果?

换句话说,不要用像 `traverse` 这样的辅助函数和任何外部变量,单纯用题目给的 `preorderTraverse` 函数递归解题,你会不会? 我们知道前序遍历的特点是,根节点的值排在首位,接着是左子树的前序遍历结果,最后是右子树的前序遍历结果:

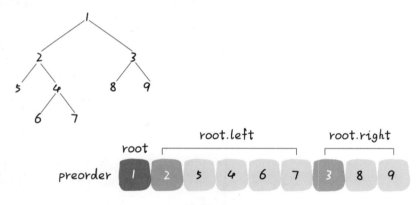

这不就可以分解问题了嘛,**一棵二叉树的前序遍历结果 = 根节点 + 左子树的前序遍历结果 + 右子树的前序遍历结果。**

所以,可以这样实现前序遍历算法:

```
// 定义: 输入一棵二叉树的根节点,返回这棵树的前序遍历结果
List<Integer> preorderTraverse(TreeNode root) {
    List<Integer> res = new LinkedList<>();
    if (root == null) {
        return res;
    }
    // 前序遍历的结果中 root.val 在第一个
    res.add(root.val);
```

```
    // 利用函数定义，后面接着左子树的前序遍历结果
    res.addAll(preorderTraverse(root.left));
    // 利用函数定义，最后接着右子树的前序遍历结果
    res.addAll(preorderTraverse(root.right));
    return res;
}
```

中序和后序遍历也是类似的，只要把 **add(root.val)** 放到中序和后序对应的位置就行了。

这个解法短小精悍，但为什么不常见呢？

一个原因是**这个算法的复杂度不好把控**，比较依赖语言特性。

Java 中无论 ArrayList 还是 LinkedList，**addAll** 方法的复杂度都是 $O(N)$，所以总体的最坏时间复杂度会达到 $O(N^2)$，除非你自己实现一个复杂度为 $O(1)$ 的 **addAll** 方法，如果底层用链表，并不是不可能。

当然，最主要的原因还是因为教科书上从来没有这么教过……

前面举了两个简单的例子，但还有不少二叉树的题目是可以同时使用两种思路来思考和求解的，这就要靠你自己多加练习和思考，不要仅满足于一种熟悉的解法思路。

综上所述，遇到一道二叉树的题目时的通用思考过程是：

1. **是否可以通过遍历一遍二叉树得到答案**？如果可以，用 **traverse** 函数配合外部变量来实现。

2. **是否可以定义一个递归函数，通过子问题（子树）的答案推导出原问题的答案**？如果可以，写出这个递归函数的定义，并充分利用这个函数的返回值。

3. **无论使用哪一种思维模式，你都要明白二叉树的每一个节点需要做什么，需要在什么时候（前、中、后序）做**。

1.6.4　后序位置的特殊之处

在谈论后序位置之前，先简单讲讲中序和前序。

中序位置主要用在 BST 场景中，完全可以把 BST 的中序遍历认为是遍历有序数组。

前序位置本身其实没有什么特别的性质，之所以你发现好像很多题都是在前序位置写代码，实际上是因为我们习惯把那些对前、中、后序位置不敏感的代码写在前序位置罢了。

你会发现,前序位置的代码执行是自顶向下的,而后序位置的代码执行是自底向上的:

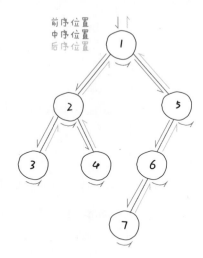

这不奇怪,因为本节开始就说了前序位置是刚刚进入节点的时刻,后序位置是即将离开节点的时刻。

但这里大有玄机,意味着前序位置的代码只能从函数参数中获取父节点传递来的数据,而后序位置的代码不仅可以获取参数数据,还可以获取到子树通过函数返回值传递回来的数据。

举个具体的例子,现在给你一棵二叉树,我问你两个简单的问题:

1. 如果把根节点看作第 1 层,如何打印出每一个节点所在的层数?

2. 如何打印出每个节点的左右子树各有多少节点?

第一个问题可以这样写代码:

```
// 二叉树遍历函数
void traverse(TreeNode root, int level) {
    if (root == null) {
        return;
    }
    // 前序位置
    printf(" 节点 %s 在第 %d 层 ", root, level);
    traverse(root.left, level + 1);
    traverse(root.right, level + 1);
}

// 这样调用
traverse(root, 1);
```

第二个问题可以这样写代码：

```
// 定义：输入一棵二叉树，返回这棵二叉树的节点总数
int count(TreeNode root) {
    if (root == null) {
        return 0;
    }
    int leftCount = count(root.left);
    int rightCount = count(root.right);
    // 后序位置
    printf(" 节点 %s 的左子树有 %d 个节点，右子树有 %d 个节点 ",
            root, leftCount, rightCount);

    return leftCount + rightCount + 1;
}
```

这两个问题的根本区别在于：一个节点在第几层，你从根节点遍历过来的过程就能顺带记录；而以一个节点为根的整棵子树有多少个节点，你需要遍历完子树之后才能数清楚。

结合这两个简单的问题，你品味一下后序位置的特点，只有后序位置才能通过返回值获取子树的信息。

那么换句话说，一旦你发现题目和子树有关，那大概率要给函数设置合理的定义和返回值，在后序位置写代码了。

接下来看看后序位置是如何在实际的题目中发挥作用的，简单谈谈力扣第 543 题"二叉树的直径"，让你计算一棵二叉树的最长"直径"。所谓二叉树的"直径"长度，就是任意两个节点之间的路径长度。最长"直径"并不一定要穿过根节点，比如下面这棵二叉树：

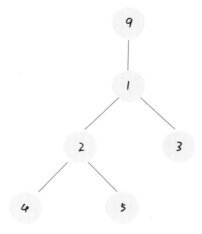

它的最长直径是3，即[4,2,1,3],[4,2,1,9]或者[5,2,1,3]这几条"直径"的长度。

解决这题的关键在于，**每一条二叉树的"直径"长度，就是一个节点的左右子树的最大深度之和**。现在让我求整棵树中的最长"直径"，那直截了当的思路就是遍历整棵树中的每个节点，然后通过每个节点的左右子树的最大深度算出每个节点的"直径"，最后把所有"直径"求最大值即可。

最大深度的算法前面实现过了，结合上述思路可以写出以下代码：

```java
// 记录最大直径的长度
int maxDiameter = 0;

public int diameterOfBinaryTree(TreeNode root) {
    // 对每个节点计算直径，求最大直径
    traverse(root);
    return maxDiameter;
}

// 遍历二叉树
void traverse(TreeNode root) {
    if (root == null) {
        return;
    }
    // 对每个节点计算直径
    int leftMax = maxDepth(root.left);
    int rightMax = maxDepth(root.right);
    int myDiameter = leftMax + rightMax;
    // 更新全局最大直径
    maxDiameter = Math.max(maxDiameter, myDiameter);

    traverse(root.left);
    traverse(root.right);
}

// 计算二叉树的最大深度
int maxDepth(TreeNode root) {
    if (root == null) {
        return 0;
    }
    int leftMax = maxDepth(root.left);
    int rightMax = maxDepth(root.right);
    return 1 + Math.max(leftMax, rightMax);
}
```

这个解法是正确的，但是运行时间很长，原因也很明显，traverse 遍历每个节点的时候还会调用递归函数 maxDepth，而 maxDepth 是要遍历子树的所有节点的，所以粗略估计最坏时间复杂度是 $O(N^2)$。

这就出现了刚才探讨的情况，**前序位置无法获取子树信息，所以只能让每个节点调用 maxDepth 函数去算子树的深度。**

该如何优化呢？我们应该把计算"直径"的逻辑放在后序位置，准确地说应该是放在 maxDepth 的后序位置，因为在 maxDepth 的后序位置是知道左右子树的最大深度的。所以，稍微改一下代码逻辑即可得到更好的解法：

```java
// 记录最大直径的长度
int maxDiameter = 0;

public int diameterOfBinaryTree(TreeNode root) {
    maxDepth(root);
    return maxDiameter;
}

int maxDepth(TreeNode root) {
    if (root == null) {
        return 0;
    }
    int leftMax = maxDepth(root.left);
    int rightMax = maxDepth(root.right);
    // 后序位置，顺便计算最大直径
    int myDiameter = leftMax + rightMax;
    maxDiameter = Math.max(maxDiameter, myDiameter);

    return 1 + Math.max(leftMax, rightMax);
}
```

这下时间复杂度只有 maxDepth 函数的 $O(N)$ 了。

讲到这里，呼应一下前文：遇到子树问题，首先想到的是给函数设置返回值，然后在后序位置做文章。反过来，如果你写出了类似一开始的那种递归套递归的解法，大概率也需要反思是不是可以通过后序遍历优化。

1.6.5　层序遍历

二叉树题型主要是用来培养递归思维的，而层序遍历属于迭代遍历，也比较简单，这里就过一下代码框架吧：

```java
// 输入一棵二叉树的根节点，层序遍历这棵二叉树
void levelTraverse(TreeNode root) {
```

```
if (root == null) return;
Queue<TreeNode> q = new LinkedList<>();
q.offer(root);

// 从上到下遍历二叉树的每一层
while (!q.isEmpty()) {
    int sz = q.size();
    // 从左到右遍历每一层的每个节点
    for (int i = 0; i < sz; i++) {
        TreeNode cur = q.poll();
        // 将下一层节点放入队列
        if (cur.left != null) {
            q.offer(cur.left);
        }
        if (cur.right != null) {
            q.offer(cur.right);
        }
    }
}
```

这里面 while 循环和 for 循环分管从上到下和从左到右遍历：

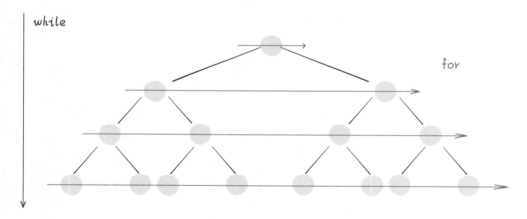

1.5 节讲过的 BFS 算法解题套路框架就是从二叉树的层序遍历扩展出来的，常用于求**无权图的最短路径**问题。当然，这个框架还可以灵活修改，题目不需要记录层数（步数）时可以去掉上述框架中的 for 循环。

值得一提的是，有些很明显需要用到层序遍历技巧的二叉树的题目，也可以用递归遍历去解决，而且技巧性会更强，非常考查你对前、中、后序的把控。

好了，本节围绕前、中、后序位置把二叉树题目里的各种套路讲透了。真正能运用多少，就需要你亲自刷题实践和思考了。希望大家能探索尽可能多的解法，只要参透二叉树这种基本数据结构的原理，就很容易在学习其他高级算法的道路上融会贯通，举一反三。

1.7　我写了首诗，保你闭着眼睛都能写出二分搜索算法

读完本节，你不仅学到算法套路，还可以顺便解决如下题目：

704. 二分搜索（简单）	34. 在排序数组中查找元素的第一个和最后一个位置（中等）

二分搜索并不简单，Knuth"大佬"（中文名高德纳，图灵奖得主，KMP 算法联合发明人）都说二分搜索：**思路很简单，细节是魔鬼**。很多人喜欢拿整型溢出的 bug 说事儿，但是二分搜索真正的"坑"根本就不是那个细节问题，而是在于到底要给 `mid` 加 1 还是减 1，while 里到底用 `<=` 还是 `<`。

要是没有正确理解这些细节，写二分搜索算法肯定就是"玄学"编程，有没有 bug 完全靠运气。我特意写了一首诗来调侃二分搜索算法，概括本节的主要内容，建议保存：

二分搜索套路歌

二分搜索不好记，左右边界让人迷。小于等于变小于，mid 加一又减一。

就算这样还没完，return 应否再减一？信心满满刷力扣，AC 比率二十一。

我本将心向明月，奈何明月照沟渠！labuladong 来帮你，一同手撕算法题。

管它左侧还右侧，搜索区间定大局。搜索一个元素时，搜索区间两端闭。

while 条件带等号，否则需要打补丁。if 相等就返回，其他的事甭操心。

mid 必须加减一，因为区间两端闭。while 结束就凉了，凄凄惨惨返 -1。

搜索左右边界时，搜索区间要阐明。左闭右开最常见，其余逻辑便自明：

while 要用小于号，这样才能不漏掉。if 相等别返回，利用 mid 锁边界。

mid 加一或减一？要看区间开或闭。while 结束不算完，因为你还没返回。

索引可能出边界，if 检查保平安。左闭右开最常见，难道常见就合理？

labuladong 不信邪，偏要改成两端闭。搜索区间记于心，或开或闭有何异？

二分搜索三变体，逻辑统一容易记。一套框架改两行，胜过千言和万语。

本节就来探究几个最常用的二分搜索场景：寻找一个数、寻找左侧边界、寻找右侧

边界。而且，我们就是要深入细节，比如不等号是否应该带等号，`mid` 是否应该加一，等等。分析这些细节的差异以及出现这些差异的原因，有助于你灵活准确地写出正确的二分搜索算法。

另外，需要声明的是，对于二分搜索的每一个场景，本节会探讨多种代码写法，目的是让你理解出现这些细微差异的本质原因，最起码在看到别人的代码时不会蒙掉。实际上这些写法没有优劣之分，喜欢哪种用哪种好了。

1.7.1 二分搜索框架

先写一下二分搜索的框架，后面的几种二分搜索的变形都是基于这个代码框架的：

```java
int binarySearch(int[] nums, int target) {
    int left = 0, right = ...;

    while(...) {
        int mid = left + (right - left) / 2;
        if (nums[mid] == target) {
            ...
        } else if (nums[mid] < target) {
            left = ...
        } else if (nums[mid] > target) {
            right = ...
        }
    }
    return ...;
}
```

分析二分搜索的一个技巧是：不要出现 else，而是把所有情况用 else if 写清楚，这样可以清楚地展现所有细节。本节都会使用 else if，旨在讲清楚，读者理解后可自行简化。

其中 `...` 标记的部分，就是可能出现细节问题的地方，当你见到一个二分搜索的代码时，首先注意这几个地方。后面用实例分析这些地方能有什么样的变化。

另外说明一下，计算 `mid` 时需要防止溢出，代码中 `left + (right - left) / 2` 就和 `(left + right) / 2` 的结果相同，但是有效防止了 `left` 和 `right` 太大，直接相加导致溢出的情况。

1.7.2 寻找一个数（基本的二分搜索）

这个场景是最简单的，可能也是大家最熟悉的，即搜索一个数，如果存在，返回其索引，

否则返回 -1。

```
int binarySearch(int[] nums, int target) {
    int left = 0;
    int right = nums.length - 1; // 注意

    while(left <= right) {
        int mid = left + (right - left) / 2;
        if(nums[mid] == target)
            return mid;
        else if (nums[mid] < target)
            left = mid + 1; // 注意
        else if (nums[mid] > target)
            right = mid - 1; // 注意
    }
    return -1;
}
```

这段代码可以解决力扣第 704 题"二分搜索"，下面深入探讨其中的细节。

1. 为什么 while 循环的条件中是 <=，而不是 <？

答：因为初始化 `right` 的赋值是 `nums.length - 1`，即最后一个元素的索引，而不是 `nums.length`。

这二者可能出现在不同功能的二分搜索中，区别是：前者相当于两端都闭区间 `[left, right]`，后者相当于左闭右开区间 `[left, right)`，因为索引大小为 `nums.length` 是越界的，所以把 `high` 这一边视为开区间。

我们这个算法中使用的是前者 `[left, right]` 两端都闭的区间。这个区间其实就是每次进行搜索的区间。

什么时候应该停止搜索呢？当然，找到了目标值的时候可以终止：

```
if(nums[mid] == target)
    return mid;
```

但如果没找到，就需要 while 循环终止，然后返回 -1。那 while 循环应该什么时候终止？**应该在搜索区间为空的时候终止**，空区间意味着你实在没得找了嘛。

`while(left <= right)` 的终止条件是 `left == right + 1`，写成区间的形式就是 `[right + 1, right]`，或者带个具体的数字进去 `[3, 2]`，可见这时候区间为空，因为没有数字既大于或等于 3，又小于或等于 2。所以这时候终止 while 循环是正确的，直接返回 -1 即可。

while(left < right) 的终止条件是 **left == right**，写成区间的形式就是 **[right, right]**，或者带个具体的数字进去，即 **[2, 2]**，这时候区间非空，还有一个数 2，但此时 while 循环终止了。也就是说区间 **[2, 2]** 被漏掉了，索引 2 没有被搜索，如果这时候直接返回 -1 就是错误的。

当然，如果你非要用 **while(left < right)** 也可以，我们已经知道了出错的原因，打个补丁好了：

```
//...
while(left < right) {
    // ...
}
return nums[left] == target ? left : -1;
```

2. 为什么 **left = mid + 1**，**right = mid - 1**？我看有的代码是 **right = mid** 或者 **left = mid**，没有这些加加减减，到底是怎么回事，怎么判断？

答：这也是二分搜索的一个难点，不过只要你能理解前面的内容，就很容易判断。

刚才明确了"搜索区间"这个概念，而且本算法的搜索区间是两端都闭的，即 **[left, right]**。那么当我们发现索引 mid 不是要找的 **target** 时，下一步应该去搜索哪里呢？

当然是去搜索区间 **[left, mid-1]** 或者区间 **[mid+1, right]** 对不对？因为 **mid** 已经**搜索过，应该从搜索区间中去除**。

3. 此算法有什么缺陷？

答：至此，你应该已经掌握了该算法的所有细节，以及这样处理的原因。但是，这个算法存在局限性。

比如提供有序数组 nums = **[1,2,2,2,3]**，target 为 2，此算法返回的索引是 2，没错。但是如果我想得到 **target** 的左侧边界，即索引 1，或者我想得到 **target** 的右侧边界，即索引 3，这样的话此算法是无法处理的。

这样的需求很常见，**你也许会说，找到一个 target，然后向左或向右线性搜索不行吗？可以，但是不好，因为这样难以保证二分搜索对数级的复杂度了。**

我们后续就来讨论这两种二分搜索的算法。

1.7.3　寻找左侧边界的二分搜索

以下是最常见的代码形式，其中的标记是需要注意的细节：

```
int left_bound(int[] nums, int target) {
    int left = 0;
    int right = nums.length; // 注意

    while (left < right) { // 注意
        int mid = left + (right - left) / 2;
        if (nums[mid] == target) {
            right = mid;
        } else if (nums[mid] < target) {
            left = mid + 1;
        } else if (nums[mid] > target) {
            right = mid; // 注意
        }
    }
    return left;
}
```

1. 为什么 while 中是 < 而不是 <=？

答：因为 `right = nums.length` 而不是 `nums.length - 1`，因此每次循环的"搜索区间"是 `[left, right)`，左闭右开。

`while(left < right)` 的终止条件是 `left == right`，此时搜索区间 `[left, left)` 为空，所以可以正确终止。

> 注意：这里先要说一个搜索左右边界和上面这个算法的区别，也是很多读者问过的问题：**前面的 `right` 不是 `nums.length - 1` 吗，为什么这里非要写成 `nums.length` 使得"搜索区间"变成左闭右开呢？**
>
> 因为对于搜索左右侧边界的二分搜索，这种写法比较普遍，我就拿这种写法举例了，保证你以后遇到这类代码时可以理解。你非要用两端都闭的写法也没问题，反而更简单，我会在后面写相关的代码，把三种二分搜索都用一种两端都闭的写法统一起来，耐心往后看就行了。

2. 为什么没有返回 −1 的操作？如果 `nums` 中不存在 `target` 这个值，怎么办？

答：其实很简单，在返回的时候额外判断 `nums[left]` 是否等于 `target` 就行了，如果不等于，就说明 `target` 不存在。

不过我们要查看 `left` 的取值范围，免得索引越界。假如输入的 `target` 非常大，那么就会一直触发 `nums[mid] < target` 的 if 条件，`left` 会一直向右侧移动，直到等于 `right`，while 循环结束。

由于这里 `right` 初始化为 `nums.length`，所以 `left` 变量的取值区间是闭区间 `[0, nums.length]`，那么在检查 `nums[left]` 之前需要额外判断一下，防止索引越界：

```
while (left < right) {
    //...
}
// 此时 target 比所有数都大，返回 -1
if (left == nums.length) return -1;
// 判断 nums[left] 是不是 target
return nums[left] == target ? left : -1;
```

3. 为什么 `left = mid + 1`，`right = mid`，和以前不一样？

答：这个很好解释，因为我们的"搜索区间"是 `[left, right)` 左闭右开，所以当 `nums[mid]` 被检测之后，下一步应该去 `mid` 的左侧或者右侧区间搜索，即 `[left, mid)` 或 `[mid + 1, right)`。

4. 为什么该算法能够搜索左侧边界？

答：关键在于对 `nums[mid] == target` 这种情况的处理：

```
if (nums[mid] == target)
    right = mid;
```

可见，找到 target 时不要立即返回，而是缩小"搜索区间"的上界 `right`，在区间 `[left, mid)` 中继续搜索，即不断向左收缩，达到锁定左侧边界的目的。

5. 为什么返回 `left` 而不是 `right`？

答：都是一样的，因为 while 的终止条件是 `left == right`。

6. 能不能想办法把 `right` 变成 `nums.length - 1`，也就是继续使用两边都闭的"搜索区间"？这样就可以和第一种二分搜索在某种程度上统一起来了。

答：当然可以，只要你明白了"搜索区间"这个概念，就能有效避免漏掉元素，随便你怎么改都行。下面严格根据逻辑来修改。

因为你非要让搜索区间两端都闭，所以 `right` 应该初始化为 `nums.length - 1`，while 的终止条件应该是 `left == right + 1`，也就是其中应该用 `<=`：

```
int left_bound(int[] nums, int target) {
```

```
    // 搜索区间为 [left, right]
    int left = 0, right = nums.length - 1;
    while (left <= right) {
        int mid = left + (right - left) / 2;
        // if else ...
    }
```

因为搜索区间是两端都闭的，且现在搜索左侧边界，所以 **left** 和 **right** 的更新逻辑如下：

```
if (nums[mid] < target) {
    // 搜索区间变为 [mid+1, right]
    left = mid + 1;
} else if (nums[mid] > target) {
    // 搜索区间变为 [left, mid-1]
    right = mid - 1;
} else if (nums[mid] == target) {
    // 收缩右侧边界
    right = mid - 1;
}
```

和刚才相同，如果想在找不到 **target** 的时候返回 -1，那么检查 **nums[left]** 和 **target** 是否相等即可：

```
// 此时 target 比所有数都大，返回 -1
if (left == nums.length) return -1;
// 判断 nums[left] 是不是 target
return nums[left] == target ? left : -1;
```

至此，整个算法就写完了，完整代码如下：

```
int left_bound(int[] nums, int target) {
    int left = 0, right = nums.length - 1;
    // 搜索区间为 [left, right]
    while (left <= right) {
        int mid = left + (right - left) / 2;
        if (nums[mid] < target) {
            // 搜索区间变为 [mid+1, right]
            left = mid + 1;
        } else if (nums[mid] > target) {
            // 搜索区间变为 [left, mid-1]
            right = mid - 1;
        } else if (nums[mid] == target) {
            // 收缩右侧边界
            right = mid - 1;
```

```
        }
    }
    // 判断 target 是否存在于 nums 中
    // 此时 target 比所有数都大，返回 -1
    if (left == nums.length) return -1;
    // 判断 nums[left] 是不是 target
    return nums[left] == target ? left : -1;
}
```

这样就和第一种二分搜索算法统一了，都是两端都闭的"搜索区间"，而且最后返回的也是 **left** 变量的值。只要把握二分搜索的逻辑，两种写法形式喜欢哪种记哪种。

1.7.4 寻找右侧边界的二分搜索

类似寻找左侧边界的算法，这里也会提供两种写法，还是先写常见的左闭右开的写法，只有两处和搜索左侧边界不同：

```
int right_bound(int[] nums, int target) {
    int left = 0, right = nums.length;

    while (left < right) {
        int mid = left + (right - left) / 2;
        if (nums[mid] == target) {
            left = mid + 1; // 注意
        } else if (nums[mid] < target) {
            left = mid + 1;
        } else if (nums[mid] > target) {
            right = mid;
        }
    }
    return left - 1; // 注意
}
```

1. 为什么这个算法能够找到右侧边界？

答：类似地，关键点还是这里：

```
if (nums[mid] == target) {
    left = mid + 1;
```

当 **nums[mid] == target** 时，不要立即返回，而是增大"搜索区间"的左边界 **left**，使得区间不断向右靠拢，达到锁定右侧边界的目的。

2. 为什么最后返回 `left - 1`，而不像左侧边界的函数返回 `left`？而且我觉得这里既然是搜索右侧边界，应该返回 `right` 才对。

答：首先，while 循环的终止条件是 `left == right`，所以 `left` 和 `right` 是一样的，你非要体现右侧的特点，返回 `right - 1` 好了。

至于为什么要减 1，这是搜索右侧边界的一个特殊点，关键在锁定右边界时的这个条件判断：

```
// 增大 left，锁定右侧边界
if (nums[mid] == target) {
    left = mid + 1;
    // 这样想：mid = left - 1
```

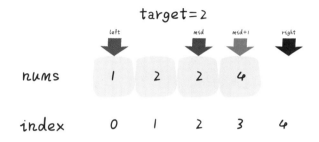

因为对 `left` 的更新必须是 `left = mid + 1`，就是说 while 循环结束时，`nums[left]` 一定不等于 `target` 了，而 `nums[left-1]` 可能是 `target`。

至于为什么 `left` 的更新必须是 `left = mid + 1`，答案当然是为了把 `nums[mid]` 排除出搜索区间，这里不再赘述。

3. 为什么没有返回 −1 的操作？如果 `nums` 中不存在 `target` 这个值，怎么办？

答：只要在最后判断 `nums[left-1]` 是不是 `target` 就行了。

类似之前的左侧边界搜索，`left` 的取值范围是 `[0, nums.length]`，但由于最后返回的是 `left - 1`，所以 `left` 取值为 0 的时候会造成索引越界，额外处理一下即可正确地返回 -1：

```
while (left < right) {
    // ...
}
// 判断 target 是否存在于 nums 中
```

```
// 此时 left - 1 索引越界
if (left - 1 < 0) return -1;
// 判断 nums[left] 是不是 target
return nums[left - 1] == target ? (left - 1) : -1;
```

4. 是否也可以把这个算法的"搜索区间"统一成两端都闭的形式呢？这样这三个写法就完全统一了，以后就可以闭着眼睛写出来了。

答：当然可以，类似搜索左侧边界的统一写法，其实只要改两个地方就行了：

```
int right_bound(int[] nums, int target) {
    int left = 0, right = nums.length - 1;
    while (left <= right) {
        int mid = left + (right - left) / 2;
        if (nums[mid] < target) {
            left = mid + 1;
        } else if (nums[mid] > target) {
            right = mid - 1;
        } else if (nums[mid] == target) {
            // 这里改成收缩左侧边界即可
            left = mid + 1;
        }
    }
    // 最后改成返回 left - 1
    if (left - 1 < 0) return -1;
    return nums[left - 1] == target ? (left - 1) : -1;
}
```

当然，由于 while 的结束条件为 `right == left - 1`，所以你把上述代码中的 `left - 1` 都改成 `right` 也没有问题，这样可能更有利于看出这是在"搜索右侧边界"。

至此，搜索右侧边界的二分搜索的两种写法也完成了，其实将"搜索区间"统一成两端都闭反而更容易记忆，你说是吧？

1.7.5 逻辑统一

有了搜索左右边界的二分搜索，可以去解决力扣第 34 题"在排序数组中查找元素的第一个和最后一个位置"。

接下来梳理一下这些细节差异的因果逻辑：

第一个，最基本的二分搜索算法：

因为初始化 `right = nums.length - 1`
所以决定了 "搜索区间" 是 `[left, right]`
所以决定了 `while (left <= right)`
同时也决定了 `left = mid+1` 和 `right = mid-1`

因为只需找到一个 `target` 的索引即可
所以当 `nums[mid] == target` 时可以立即返回

第二个，寻找左侧边界的二分搜索：

因为初始化 `right = nums.length`
所以决定了 "搜索区间" 是 `[left, right)`
所以决定了 `while (left < right)`
同时也决定了 `left = mid + 1` 和 `right = mid`

因为需找到 `target` 的最左侧索引
所以当 `nums[mid] == target` 时不要立即返回
而要收紧右侧边界以锁定左侧边界

第三个，寻找右侧边界的二分搜索：

因为初始化 `right = nums.length`
所以决定了 "搜索区间" 是 `[left, right)`
所以决定了 `while (left < right)`
同时也决定了 `left = mid + 1` 和 `right = mid`

因为需找到 `target` 的最右侧索引
所以当 `nums[mid] == target` 时不要立即返回
而要收紧左侧边界以锁定右侧边界

又因为收紧左侧边界时必须 `left = mid + 1`
所以最后无论返回 `left` 还是 `right`，必须减 1

对于寻找左右边界的二分搜索，常见的手法是使用左闭右开的 "搜索区间"，**我们还根据逻辑将 "搜索区间" 全都统一成了两端都闭，便于记忆，只要修改两处即可变化出三种写法：**

```
int binary_search(int[] nums, int target) {
    int left = 0, right = nums.length - 1;
    while(left <= right) {
        int mid = left + (right - left) / 2;
        if (nums[mid] < target) {
```

```
            left = mid + 1;
        } else if (nums[mid] > target) {
            right = mid - 1;
        } else if(nums[mid] == target) {
            // 直接返回
            return mid;
        }
    }
    // 直接返回
    return -1;
}

int left_bound(int[] nums, int target) {
    int left = 0, right = nums.length - 1;
    while (left <= right) {
        int mid = left + (right - left) / 2;
        if (nums[mid] < target) {
            left = mid + 1;
        } else if (nums[mid] > target) {
            right = mid - 1;
        } else if (nums[mid] == target) {
            // 别返回，锁定左侧边界
            right = mid - 1;
        }
    }
    // 判断 target 是否存在于 nums 中
    // 此时 target 比所有数都大，返回 -1
    if (left == nums.length) return -1;
    // 判断 nums[left] 是不是 target
    return nums[left] == target ? left : -1;
}

int right_bound(int[] nums, int target) {
    int left = 0, right = nums.length - 1;
    while (left <= right) {
        int mid = left + (right - left) / 2;
        if (nums[mid] < target) {
            left = mid + 1;
        } else if (nums[mid] > target) {
            right = mid - 1;
        } else if (nums[mid] == target) {
            // 别返回，锁定右侧边界
            left = mid + 1;
        }
    }
    // 判断 target 是否存在于 nums 中
    // if (left - 1 < 0) return -1;
```

```
    // return nums[left - 1] == target ? (left - 1) : -1;

    // 由于 while 的结束条件是 right == left - 1，且现在在求右边界
    // 所以用 right 替代 left - 1 更好记
    if (right < 0) return -1;
    return nums[right] == target ? right : -1;
}
```

如果以上内容你都能理解，那么恭喜你，二分搜索算法的细节不过如此。通过本节内容，你学会了：

1. 分析二分搜索代码时，不要使用 else，全部展开成 else if 方便理解。

2. 注意"搜索区间"和 while 的终止条件，如果存在漏掉的元素，记得在最后检查。

3. 如需定义左闭右开的"搜索区间"搜索左右边界，只要在 `nums[mid] == target` 时做修改即可，搜索右侧时结果需要减 1。

4. 如果将"搜索区间"全都统一成两端都闭，好记，只要稍微修改 `nums[mid] == target` 条件处的代码和函数返回的代码逻辑即可，推荐拿小本子记下，作为二分搜索模板。

1.8　我写了一个模板，把滑动窗口算法变成了默写题

读完本节，你不仅会学到算法套路，还可以顺便解决如下题目：

76. 最小覆盖子串（困难）	567. 字符串的排列（中等）
438. 找到字符串中所有字母异位词（中等）	3. 无重复字符的最长子串（中等）

鉴于上一节的那首《二分搜索套路歌》很受好评，并在网上广为流传，这里我再次编写一首小诗来歌颂滑动窗口算法的伟大：

链表子串数组题，用双指针别犹豫。双指针家三兄弟，各个都是万人迷。
快慢指针最神奇，链表操作无压力。归并排序找中点，链表成环搞判定。
左右指针最常见，左右两端相向行。反转数组要靠它，二分搜索是弟弟。
滑动窗口最困难，子串问题全靠它。左右指针滑窗口，一前一后齐头进。
labuladong 稳若"狗"，一套框架不翻车。一路漂移带闪电，算法变成默写题。

关于双指针的快慢指针和左右指针的用法，可以参见 2.1.2 数组双指针的解题套路，

本节仅解决一类最难掌握的双指针技巧：滑动窗口技巧。总结出一套框架，可以帮你轻松写出正确的解法。

说起滑动窗口算法，很多读者都会头疼。这个算法技巧的思路非常简单，就是维护一个窗口，不断滑动，然后更新答案。力扣（LeetCode）起码有 10 道运用滑动窗口算法的题目，难度都是中等和困难。该算法的大致逻辑如下：

```
int left = 0, right = 0;

while (right < s.size()) {
    // 增大窗口
    window.add(s[right]);
    right++;

    while (left < right && window needs shrink) {
        // 缩小窗口
        window.remove(s[left]);
        left++;
    }
}
```

这个算法技巧的时间复杂度是 $O(N)$，比字符串暴力算法要高效得多。

其实困扰大家的，不是算法的思路，而是各种细节问题。比如如何向窗口中添加新元素，如何缩小窗口，在窗口滑动的哪个阶段更新结果。即便你明白了这些细节，也容易出 bug，找 bug 还不知道怎么找，真的挺让人心烦的。

所以现在我就写一套滑动窗口算法的代码框架，我连在哪里做输出 debug 都写好了，以后遇到相关的问题，你就默写出来如下框架然后改两个地方就行，还不会出 bug：

```
/* 滑动窗口算法框架 */
void slidingWindow(string s) {
    unordered_map<char, int> window;

    int left = 0, right = 0;
    while (left < right && right < s.size()) {
        // c 是将移入窗口的字符
        char c = s[right];
        window.add(c);
        // 增大窗口
        right++;
        // 进行窗口内数据的一系列更新
        ...

        /*** debug 输出的位置 ***/
```

```
        printf("window: [%d, %d)\n", left, right);
        /*********************/

        // 判断左侧窗口是否要收缩
        while (left < right && window needs shrink) {
            // d 是将移出窗口的字符
            char d = s[left];
            window.remove(d)
            // 缩小窗口
            left++;
            // 进行窗口内数据的一系列更新
            ...
        }
    }
}
```

其中两处 ... 表示更新窗口数据的地方，具体解题写代码时直接往里面填就行了。

而且，这两处 **...** 的操作分别是扩大和缩小窗口的更新操作，稍后你会发现它们的操作是完全对称的。

另外，虽然滑动窗口代码框架中有一个嵌套的 while 循环，但算法的时间复杂度依然是 $O(N)$，其中 N 是输入字符串 / 数组的长度。

为什么呢？简单说，指针 **left, right** 不会回退（它们的值只增不减），所以字符串 / 数组中的每个元素都只会进入窗口一次，然后被移出窗口一次，不会有某些元素多次进入和离开窗口，所以算法的时间复杂度就和字符串 / 数组的长度成正比。后文 4.1.3 算**法时空复杂度分析实用指南**将具体讲解时间复杂度的估算，这里就不展开了。

说句题外话，我发现一些人喜欢执着于表象，不喜欢探求问题的本质。比如有人谈论我这个框架，说什么哈希表速度慢，不如用数组代替哈希表；还有很多人喜欢把代码写得特别短小，说我这样的代码太多余，影响编译速度，在 LeetCode 上速度不够快。

我的意见是，算法主要看的是时间复杂度，你能确保自己的时间复杂度最优就行了。至于 LeetCode 所谓的运行速度，那都是玄学，只要不是慢得离谱就没啥问题，根本不值得你从编译层面优化，不要舍本逐末……本书的重点在于算法思想，把框架思维了然于心才至关重要。

言归正传，下面就直接上四道力扣原题来套这个框架，其中第一道题会详细说明其原理，后面四道就直接给答案了。

因为滑动窗口很多时候都是用来处理字符串相关的问题，而 Java 处理字符串不方便，所以本节代码用 C++ 实现。不会用到什么编程语言层面的特殊技巧，但是还是简单介绍一下一些用到的数据结构，以免有的读者因为语言的细节问题阻碍对算法思想的理解：

unordered_map 就是哈希表（字典），相当于 Java 的 HashMap，它的一个方法 count(key) 相当于 Java 的 containsKey(key)，可以判断键 key 是否存在，可以使用方括号访问键对应的值 map[key]。**需要注意的是，如果该 key 不存在，C++ 会自动创建这个 key，并把 map[key] 赋值为 0。**所以代码中多次出现的 map[key]++ 相当于 Java 的 map.put(key, map.getOrDefault(key, 0) + 1)。

另外，Java 中的 Integer 和 String 这种包装类不能直接用 == 进行相等判断，而应该使用类的 equals 方法，这个语言特性坑了不少人，在代码部分我会给出具体提示。

1.8.1　最小覆盖子串

先来看看力扣第 76 题 "最小覆盖子串"：

给你两个字符串 S 和 T，**请你在 S 中找到包含 T 中全部字母的最短子串。**如果 S 中没有这样一个子串，则算法返回空串，如果存在这样一个子串，则可以认为答案是唯一的。比如输入 S = "ADBECFEBANC"，T = "ABC"，算法应该返回 "BANC"。

如果使用暴力解法，代码大概是这样的：

```
for (int i = 0; i < s.size(); i++)
    for (int j = i + 1; j < s.size(); j++)
        if s[i:j] 包含 t 的所有字母：
            更新答案
```

思路很直接，但是显然，这个算法的复杂度肯定大于 $O(N^2)$ 了，不好。

滑动窗口算法的思路是这样的：

1. 我们在字符串 S 中使用双指针中的左右指针技巧，初始化 left = right = 0，把索引左闭右开区间 [left, right) 称为一个 "窗口"。

   > 注意：理论上你可以设计两端都开或者两端都闭的区间，但设计为左闭右开区间是最方便处理的。因为这样初始化 left = right = 0 时，区间 [0, 0) 中没有元素，但只要让 right 向右移动（扩大）一位，区间 [0, 1) 就包含一个元素 0 了。如果设置为两端都开的区间，那么让 right 向右移动一位后开区间 (0, 1) 仍然没有元素；如果设置为两端都闭的区间，那么初始区间 [0, 0] 就包含了一个元素。这两种情况都会给边界处理带来不必要的麻烦。

2. 我们先不断地增加 right 指针扩大窗口 [left, right)，直到窗口中的字符串符合要求（包含了 T 中的所有字符）。

3. 此时，停止增加 `right`，转而不断增加 `left` 指针缩小窗口 `[left, right)`，直到窗口中的字符串不再符合要求（不包含 T 中的所有字符了）。同时，每次增加 `left`，都要更新一轮结果。

4. 重复第 2 和第 3 步，直到 `right` 到达字符串 S 的尽头。

这个思路其实也不难，**第 2 步相当于在寻找一个"可行解"，然后第 3 步在优化这个"可行解"，最终找到最优解**，也就是最短的覆盖子串。左右指针轮流前进，窗口大小增增减减，窗口不断向右滑动，这就是"滑动窗口"这个名字的来历。

下面画图理解一下这个思路。`needs` 和 `window` 相当于计数器，分别记录 T 中字符出现次数和"窗口"中的相应字符的出现次数。

初始状态：

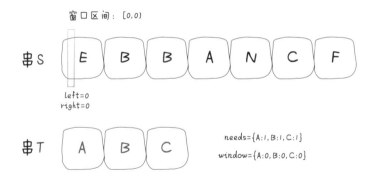

增加 `right`，直到窗口 `[left, right)` 包含了 T 中所有字符：

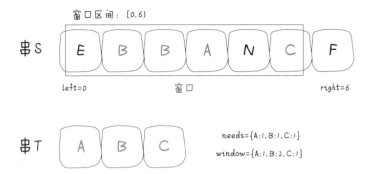

现在开始增加 `left`，缩小窗口 `[left, right)`：

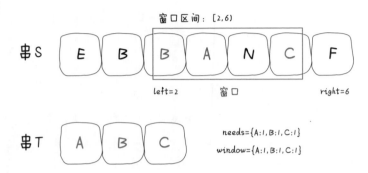

直到窗口中的字符串不再符合要求，left 不再继续移动：

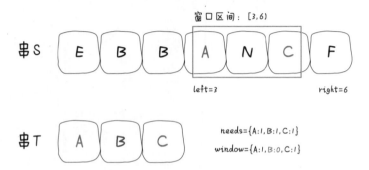

之后重复上述过程，先移动 right，再移动 left……直到 right 指针到达字符串 S 的末端，算法结束。

如果你能够理解上述过程，恭喜，你已经完全掌握了滑动窗口算法思想。**现在我们来看看这个滑动窗口代码框架怎么用。**

首先，初始化 window 和 need 两个哈希表，记录窗口中的字符和需要凑齐的字符：

```
unordered_map<char, int> need, window;
for (char c : t) need[c]++;
```

然后，使用 left 和 right 变量初始化窗口的两端，不要忘了，区间 [left, right) 是左闭右开的，所以初始情况下窗口没有包含任何元素：

```
int left = 0, right = 0;
int valid = 0;
while (right < s.size()) {
    // 开始滑动
}
```

其中 **valid** 变量表示窗口中满足 **need** 条件的字符个数，如果 **valid** 和 **need.size** 的大小相同，则说明窗口已满足条件，已经完全覆盖了串 **T**。

现在开始套模板，只需要思考以下 4 个问题：

1. 当移动 **right** 扩大窗口，即加入字符时，应该更新哪些数据？

2. 什么条件下，窗口应该暂停扩大，开始移动 **left** 缩小窗口？

3. 当移动 **left** 缩小窗口，即移出字符时，应该更新哪些数据？

4. 我们要的结果应该在扩大窗口时还是缩小窗口时进行更新？

如果一个字符进入窗口，应该增加 **window** 计数器；如果一个字符将移出窗口的时候，应该减少 **window** 计数器；当 **valid** 满足 **need** 时应该收缩窗口；在收缩窗口的时候应该更新最终结果。

下面是完整代码：

```cpp
string minWindow(string s, string t) {
    unordered_map<char, int> need, window;
    for (char c : t) need[c]++;

    int left = 0, right = 0;
    int valid = 0;
    // 记录最小覆盖子串的起始索引及长度
    int start = 0, len = INT_MAX;
    while (right < s.size()) {
        // c 是将移入窗口的字符
        char c = s[right];
        // 扩大窗口
        right++;
        // 进行窗口内数据的一系列更新
        if (need.count(c)) {
            window[c]++;
            if (window[c] == need[c])
                valid++;
        }

        // 判断左侧窗口是否要收缩
        while (valid == need.size()) {
            // 在这里更新最小覆盖子串
            if (right - left < len) {
                start = left;
                len = right - left;
            }
```

```
            // d 是将移出窗口的字符
            char d = s[left];
            // 缩小窗口
            left++;
            // 进行窗口内数据的一系列更新
            if (need.count(d)) {
                if (window[d] == need[d])
                    valid--;
                window[d]--;
            }
        }
    }
    // 返回最小覆盖子串
    return len == INT_MAX ?
        "" : s.substr(start, len);
}
```

注意：使用 Java 的读者要尤其警惕语言特性的陷阱。Java 的 Integer、String 等类型判定相等应该用 equals 方法而不能直接用等号 ==，这是 Java 包装类的一个隐晦细节。所以在缩小窗口更新数据的时候，不能直接改写为 window.get(d) == need.get(d)，而要用 window.get(d).equals(need.get(d))，之后的解法代码同理。

需要注意的是，当我们发现某个字符在 window 里的数量满足了 need 的需要，就要更新 valid，表示有一个字符已经满足要求。而且，你能发现，两次对窗口内数据的更新操作是完全对称的。

当 valid == need.size() 时，说明 T 中所有字符已经被覆盖，已经得到一个可行的覆盖子串，现在应该开始收缩窗口了，以便得到"最小覆盖子串"。

移动 left 收缩窗口时，窗口内的字符都是可行解，所以应该在收缩窗口的阶段进行最小覆盖子串的更新，以便从可行解中找到长度最短的最终结果。

至此，应该可以完全理解这套框架了，滑动窗口算法又不难，就是细节问题让人烦得很。**以后遇到滑动窗口算法，你就按照这个框架写代码，保准没有 bug，还省事**。

下面就直接利用这套框架解决几道题吧，你基本上一眼就能看出思路。

1.8.2　字符串排列

这是力扣第 567 题"字符串的排列"，难度中等：

输入两个字符串 S 和 T，请你用算法判断 S 是否包含 T 的排列。也就是要判断 S 中是否存在一个子串是 **T** 的一种全排列。

比如输入 **S** = **"helloworld"**, **T** = **"oow"**，算法返回 True，因为 **S** 包含一个子串 **"owo"**，是 **T** 的排列。注意，输入的 **s1** 是可以包含重复字符的，所以这道题难度不小。

这种题目，明显要用到滑动窗口算法：**相当于给你一个 S 和一个 T，请问 S 中是否存在一个子串，包含 T 中所有字符且不包含其他字符？**

首先，复制粘贴之前的算法框架代码，然后明确刚才提出的 4 个问题，即可写出这道题的答案：

```cpp
// 判断 s 中是否存在 t 的排列
bool checkInclusion(string t, string s) {
    unordered_map<char, int> need, window;
    for (char c : t) need[c]++;

    int left = 0, right = 0;
    int valid = 0;
    while (right < s.size()) {
        char c = s[right];
        right++;
        // 进行窗口内数据的一系列更新
        if (need.count(c)) {
            window[c]++;
            if (window[c] == need[c])
                valid++;
        }

        // 判断左侧窗口是否要收缩
        while (right - left >= t.size()) {
            // 在这里判断是否找到了合法的子串
            if (valid == need.size())
                return true;
            char d = s[left];
            left++;
            // 进行窗口内数据的一系列更新
            if (need.count(d)) {
                if (window[d] == need[d])
                    valid--;
                window[d]--;
            }
        }
    }
    // 未找到符合条件的子串
```

```
      return false;
  }
```

对于这道题的解法代码，基本上和最小覆盖子串的一模一样，只需要改变以下几个地方：

1. 本题移动 `left` 缩小窗口的时机是窗口大小大于 `t.size()` 时，因为各种排列的长度应该是一样的。

2. 当发现 `valid == need.size()` 时，说明窗口中的数据是一个合法的排列，所以立即返回 `true`。

至于如何处理窗口的扩大和缩小，和最小覆盖子串的相关处理方式完全相同。

> 注意：由于这道题中 `[left, right)` 其实维护的是一个定长的窗口，窗口大小为 `t.size()`。因为定长窗口每次向前滑动时只会移出一个字符，所以可以把内层的 while 改成 if，效果是一样的。

1.8.3 找所有字母异位词

这是力扣第 438 题 "找到字符串中所有字母异位词"，难度中等：

给定一个字符串 S 和一个非空字符串 T，找到 S 中所有是 T 的字母异位词的子串，返回这些子串的起始索引。所谓的字母异位词，其实就是全排列，原题目相当于让你找 S 中所有 T 的排列，并返回它们的起始索引。

比如输入 S = "cbaebabacd"，T = "abc"，算法返回 `[0, 6]`，因为 S 中有两个子串 "cba" 和 "abc" 是 T 的排列，它们的起始索引是 0 和 6。

这个所谓的字母异位词，不就是排列吗，搞个高端的说法就能糊弄人了吗？**相当于，输入一个串 S，一个串 T，找到 S 中所有 T 的排列，返回它们的起始索引。**

直接默写一下框架，明确前面讲的 4 个问题，即可搞定这道题：

```cpp
vector<int> findAnagrams(string s, string t) {
    unordered_map<char, int> need, window;
    for (char c : t) need[c]++;

    int left = 0, right = 0;
    int valid = 0;
    vector<int> res; // 记录结果
    while (right < s.size()) {
        char c = s[right];
```

```
        right++;
        // 进行窗口内数据的一系列更新
        if (need.count(c)) {
            window[c]++;
            if (window[c] == need[c])
                valid++;
        }
        // 判断左侧窗口是否要收缩
        while (right - left >= t.size()) {
            // 当窗口符合条件时，把起始索引加入 res
            if (valid == need.size())
                res.push_back(left);
            char d = s[left];
            left++;
            // 进行窗口内数据的一系列更新
            if (need.count(d)) {
                if (window[d] == need[d])
                    valid--;
                window[d]--;
            }
        }
    }
    return res;
}
```

和寻找字符串的排列一样，只是找到一个合法异位词（排列）之后将起始索引加入 res 即可。

1.8.4 最长无重复子串

这是力扣第 3 题"无重复字符的最长子串"，难度中等：

输入一个字符串 s，请计算 s 中不包含重复字符的最长子串长度。比如输入 s = "aabab"，算法返回 2，因为无重复的最长子串是 "ab" 或者 "ba"，长度为 2。

这道题终于有了点新意，不是一套框架就出答案，不过反而更简单了，稍微改一改框架就行：

```
int lengthOfLongestSubstring(string s) {
    unordered_map<char, int> window;

    int left = 0, right = 0;
    int res = 0; // 记录结果
    while (right < s.size()) {
```

```
    char c = s[right];
    right++;
    // 进行窗口内数据的一系列更新
    window[c]++;
    // 判断左侧窗口是否要收缩
    while (window[c] > 1) {
        char d = s[left];
        left++;
        // 进行窗口内数据的一系列更新
        window[d]--;
    }
    // 在这里更新答案
    res = max(res, right - left);
}
return res;
}
```

这就是变简单了，连 `need` 和 `valid` 都不需要，而且更新窗口内数据也只需要简单地更新计数器 `window`。

当 `window[c]` 值大于 1 时，说明窗口中存在重复字符，不符合条件，就该移动 `left` 缩小窗口了嘛。

唯一需要注意的是，在哪里更新结果 `res` 呢？我们要的是最长无重复子串，哪一个阶段可以保证窗口中的字符串是没有重复的呢？

这里和之前不一样，要在收缩窗口完成后更新 `res`，因为窗口收缩的 while 条件是存在重复元素，换句话说收缩完成后一定保证窗口中没有重复嘛。

好了，滑动窗口算法模板就讲到这里，希望大家能理解其中的思想，记住算法模板并融会贯通，以后就再也不怕子串、子数组问题了。

第 2 章
/
手把手刷数据结构

本章我们学习基本数据结构的相关算法，主要是数组、链表的算法和常见的数据结构设计思路。

数组链表的考点比较固定，应该说会者不难难者不会，本章会列举常见的数组链表算法以及适用场景，以后遇到对应题目即可手到擒来。

数据结构设计类题目主要考查你对各种数据结构的理解，需要你合理组织不同的数据结构高效地解决实际问题。我们知道每一种数据结构都有自己的优势和劣势，那么如何让多种数据结构通力合作，取长补短，就是本章后半部分的主要内容。

2.1 数组、链表

数组链表是最基本的数据结构，分别代表着顺序和链式两种基本的存储方式。我们如何充分发挥数组随机访问的优势？如何巧妙避免单链表只能单向遍历的缺陷？本节告诉你答案。

2.1.1 单链表的六大解题套路

读完本节，你不仅可以学到算法套路，还可以顺便解决如下题目：

21. 合并两个有序链表（简单）	23. 合并 k 个升序链表（困难）
141. 环形链表（简单）	142. 环形链表 II（中等）
876. 链表的中间节点（简单）	19. 删除链表的倒数第 N 个节点（中等）
160. 相交链表（简单）	

本节总结各种单链表的基本技巧，每个技巧都对应着至少一道算法题：

1. 合并两个有序链表。

2. 合并 k 个有序链表。

3. 寻找单链表的倒数第 k 个节点。

4. 寻找单链表的中点。

5. 判断单链表是否包含环并找出环起点。

6. 判断两个单链表是否相交并找出交点。

这些解法都用到了双指针技巧，所以说对于单链表相关的题目，双指针的运用是非常广泛的，下面就来一个一个看。

一、合并两个有序链表

这是最基本的链表技巧，力扣第 21 题"合并两个有序链表"就是这个问题，给你输入两个有序链表，请把它们合并成一个新的有序链表，函数签名如下：

```
ListNode mergeTwoLists(ListNode l1, ListNode l2);
```

比如题目输入 `l1 = 1->2->4,l2 = 1->3->4`，应该返回合并之后的链表 `1->1->2->3->4->4`。

这题比较简单，我们直接看解法：

```
ListNode mergeTwoLists(ListNode l1, ListNode l2) {
    // 虚拟头节点
    ListNode dummy = new ListNode(-1), p = dummy;
    ListNode p1 = l1, p2 = l2;

    while (p1 != null && p2 != null) {
        // 比较 p1 和 p2 两个指针
        // 将值较小的节点接到 p 指针
        if (p1.val > p2.val) {
            p.next = p2;
            p2 = p2.next;
        } else {
            p.next = p1;
            p1 = p1.next;
        }
        // p 指针不断前进
        p = p.next;
```

```
    }

    if (p1 != null) {
        p.next = p1;
    }

    if (p2 != null) {
        p.next = p2;
    }

    return dummy.next;
}
```

while 循环每次比较 **p1** 和 **p2** 的大小，把较小的节点接到结果链表上，看下图：

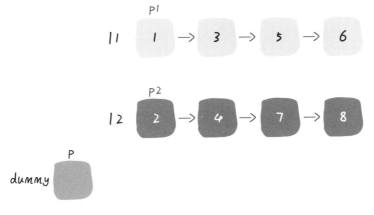

这个算法的逻辑类似于"拉拉链"，`l1`，`l2` 类似于拉链两侧的锯齿，指针 **p** 就好像拉链的拉锁，将两个有序链表合并。

代码中还用到一个链表的算法题中很常见的"虚拟头节点"技巧，也就是 `dummy` 节点。你可以试试，如果不使用 `dummy` 虚拟节点，代码会复杂很多，而有了 `dummy` 节点这个占位符，可以避免处理空指针的情况，降低代码的复杂性。

二、合并 k 个有序链表

看下力扣第 23 题"合并 k 个升序链表"：

给你输入若干条链表，每个链表都已经按升序排列，请将所有链表合并到一个升序链表中，返回合并后的链表，函数签名如下：

```
ListNode mergeKLists(ListNode[] lists);
```

比如给你输入这些链表：

```
[
  1->4->5,
  1->3->4,
  2->6
]
```

算法应该返回合并之后的有序链表 1->1->2->3->4->4->5->6。

合并 k 个有序链表的逻辑类似于合并两个有序链表，难点在于，如何快速得到 k 个节点中的最小节点，接到结果链表上。

这里我们就要用到优先级队列这种能够自动排序的数据结构，把链表节点放入一个最小堆，就可以每次获得 k 个节点中的最小节点：

```
ListNode mergeKLists(ListNode[] lists) {
    if (lists.length == 0) return null;
    // 虚拟头节点
    ListNode dummy = new ListNode(-1);
    ListNode p = dummy;
    // 优先级队列，最小堆
    PriorityQueue<ListNode> pq = new PriorityQueue<>(
        lists.length, (a, b)->(a.val - b.val));
    // 将 k 个链表的头节点加入最小堆
    for (ListNode head : lists) {
        if (head != null)
            pq.add(head);
    }

    while (!pq.isEmpty()) {
        // 获取最小节点，接到结果链表中
        ListNode node = pq.poll();
        p.next = node;
        if (node.next != null) {
            pq.add(node.next);
        }
        // p 指针不断前进
        p = p.next;
    }
    return dummy.next;
}
```

这个算法在面试中常考，它的时间复杂度是多少呢？

优先级队列 `pq` 中的元素个数最多是 `k`，所以一次 `poll` 或者 `add` 方法的时间复杂度是 $O(\log k)$；所有的链表节点都会被加入和弹出 `pq`，所以算法整体的时间复杂度是 $O(N \times \log k)$，其中 k 是链表的条数，N 是这些链表的节点总数。

三、单链表的倒数第 k 个节点

从前往后寻找单链表的第 `k` 个节点很简单，一个 for 循环遍历过去就找到了，但是如何寻找从后往前数的第 `k` 个节点呢？那你可能说，假设链表有 `n` 个节点，倒数第 `k` 个节点就是正数第 `n - k + 1` 个节点，不也是一个 for 循环的事吗？

是的，但是算法题一般只给你一个 `ListNode` 头节点代表一条单链表，你不能直接得出这条链表的长度 `n`，而需要先遍历一遍链表算出 `n` 的值，然后再遍历链表计算第 `n - k + 1` 个节点。也就是说，这个解法需要遍历两次链表才能得到倒数第 `k` 个节点。

那么，我们能不能**只遍历一次链表**，就算出倒数第 `k` 个节点？可以做到，如果是面试问到这道题，面试官肯定也是希望你给出只需遍历一次链表的解法。

这个解法就比较巧妙了，假设 `k = 2`，思路如下：

首先，我们让一个指针 `p1` 指向链表的头节点 `head`，然后走 `k` 步：

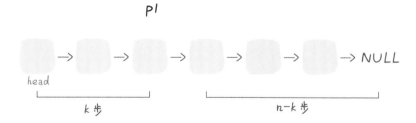

现在的 `p1`，只要再走 `n - k` 步，就能走到链表末尾的空指针了对吧？

趁这个时候，再用一个指针 `p2` 指向链表头节点 `head`：

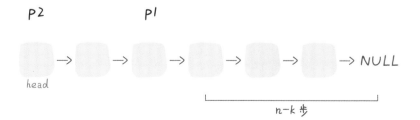

接下来就很显然了，让 p1 和 p2 同时向前走，p1 走到链表末尾的空指针时前进了 n - k 步，p2 也从 head 开始前进了 n - k 步，停留在第 n - k + 1 个节点上，即恰好停在链表的倒数第 k 个节点上：

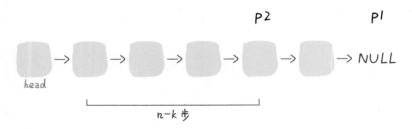

这样，只遍历了一次链表，就获得了倒数第 k 个节点 p2。

上述逻辑的代码如下：

```
// 返回链表的倒数第 k 个节点
ListNode findFromEnd(ListNode head, int k) {
    ListNode p1 = head;
    // p1 先走 k 步
    for (int i = 0; i < k; i++) {
        p1 = p1.next;
    }
    ListNode p2 = head;
    // p1 和 p2 同时走 n - k 步
    while (p1 != null) {
        p2 = p2.next;
        p1 = p1.next;
    }
    // p2 现在指向第 n - k + 1 个节点，即倒数第 k 个节点
    return p2;
}
```

当然，如果用 Big O 表示法来计算时间复杂度，无论遍历一次链表还是遍历两次链表的时间复杂度都是 $O(N)$，但上述这个算法更有技巧性。

很多链表相关的算法题都会用到这个技巧，比如力扣第 19 题 "删除链表的倒数第 N 个节点"，给你输入一个单链表的头节点和一个正整数 n，请你删掉倒数第 N 个节点。比如输入 n = 2，单链表为 1->2->3->4->5，你应该返回 1->2->3->5。

有了之前的铺垫，我们直接看解法代码：

```
// 主函数
ListNode removeNthFromEnd(ListNode head, int n) {
```

```
    // 虚拟头节点
    ListNode dummy = new ListNode(-1);
    dummy.next = head;
    // 删除倒数第 n 个，要先找倒数第 n + 1 个节点
    ListNode x = findFromEnd(dummy, n + 1);
    // 删掉倒数第 n 个节点
    x.next = x.next.next;
    return dummy.next;
}

ListNode findFromEnd(ListNode head, int k) {
    // 代码见上文
}
```

这个逻辑就很简单了，要删除倒数第 **n** 个节点，就得获得倒数第 **n + 1** 个节点的引用，可以用我们实现的 **findFromEnd** 来操作。

不过注意这里又使用了虚拟头节点的技巧，也是为了防止出现空指针的情况，比如链表总共有 5 个节点，题目就让你删除倒数第 5 个节点，也就是第 1 个节点，那按照算法逻辑，应该首先找到倒数第 6 个节点。但第一个节点前面已经没有节点了，这就会出错。

有了虚拟节点 **dummy**，就避免了这个问题，能够对这种情况进行正确的删除。

四、单链表的中点

力扣第 876 题 "链表的中间节点" 就是这个题目，问题的关键也在于我们无法直接得到单链表的长度 **n**，常规方法也是先遍历链表计算 **n**，再遍历一次得到第 **n / 2** 个节点，也就是中间节点。如果想一次遍历就得到中间节点，也需要一点技巧，使用 "快慢指针" 的技巧：

我们让两个指针 **slow** 和 **fast** 分别指向链表头节点 **head**，每当慢指针 **slow** 前进一步，快指针 **fast** 就前进两步，这样，当 **fast** 走到链表末尾时，**slow** 就指向了链表中点。

上述思路的代码实现如下：

```
ListNode middleNode(ListNode head) {
    // 快慢指针初始化指向 head
    ListNode slow = head, fast = head;
    // 快指针走到末尾时停止
    while (fast != null && fast.next != null) {
        // 慢指针走一步，快指针走两步
        slow = slow.next;
        fast = fast.next.next;
    }
```

```
    // 慢指针指向中点
    return slow;
}
```

需要注意的是，如果链表长度为偶数，也就是说中点有两个的时候，我们这个解法返回的节点是靠后的那个节点。另外，这段代码稍加修改就可以直接用到判断链表成环的算法题上。

五、判断链表是否包含环

判断链表是否包含环属于经典问题，解决方案也是用快慢指针：

每当慢指针 slow 前进一步，快指针 fast 就前进两步。如果 fast 最终遇到空指针，说明链表中没有环；如果 fast 最终和 slow 相遇，那肯定是 fast 超过了 slow 一圈，说明链表中含有环。

只需把寻找链表中点的代码稍加修改就行了：

```
boolean hasCycle(ListNode head) {
    // 快慢指针初始化指向 head
    ListNode slow = head, fast = head;
    // 快指针走到末尾时停止
    while (fast != null && fast.next != null) {
        // 慢指针走一步，快指针走两步
        slow = slow.next;
        fast = fast.next.next;
        // 快慢指针相遇，说明含有环
        if (slow == fast) {
            return true;
        }
    }
    // 不包含环
    return false;
}
```

当然，这个问题还有进阶版：如果链表中含有环，如何计算这个环的起点？直接看解法代码：

```
ListNode detectCycle(ListNode head) {
    ListNode fast, slow;
    fast = slow = head;
    while (fast != null && fast.next != null) {
```

```
        fast = fast.next.next;
        slow = slow.next;
        if (fast == slow) break;
    }
    // 上面的代码类似 hasCycle 函数
    if (fast == null || fast.next == null) {
        // fast 遇到空指针说明没有环
        return null;
    }

    // 重新指向头节点
    slow = head;
    // 快慢指针同步前进，相交点就是环起点
    while (slow != fast) {
        fast = fast.next;
        slow = slow.next;
    }
    return slow;
}
```

可以看到，当快慢指针相遇时，让其中任何一个指针指向头节点，然后让它俩以相同速度前进，再次相遇时所在的节点位置就是环开始的位置。为什么要这样呢？这里简单说一下其中的原理。

我们假设快慢指针相遇时，慢指针 slow 走了 k 步，那么快指针 fast 一定走了 2k 步：

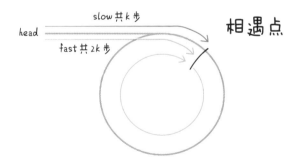

fast 一定比 slow 多走了 k 步，这多走的 k 步其实就是 fast 指针在环里转圈圈，所以 k 的值就是环长度的"整数倍"。

假设相遇点距环的起点的距离为 m，那么结合上图的 slow 指针，环的起点距头节点 head 的距离为 k - m，也就是说如果从 head 前进 k - m 步就能到达环起点。

巧的是，如果从相遇点继续前进 `k - m` 步，也恰好到达环起点。因为结合上图的 `fast` 指针，从相遇点开始走 k 步可以转回到相遇点，那走 `k - m` 步肯定就走到环起点了：

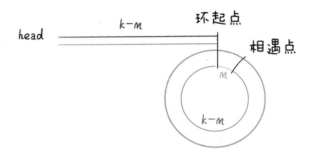

所以，只要我们把快慢指针中的任何一个重新指向 `head`，然后两个指针同速前进，`k - m` 步后一定会相遇，相遇之处就是环的起点了。

六、两个链表是否相交

这个问题有意思，也就是力扣第 160 题 "相交链表"，函数签名如下：

```
ListNode getIntersectionNode(ListNode headA, ListNode headB);
```

给你输入两个链表的头节点 **headA** 和 **headB**，这两个链表可能存在相交。如果相交，你的算法应该返回相交的那个节点；如果没相交，则返回 null。

比如题目给我们举的例子，输入的两个链表如下图：

那么我们的算法应该返回 `c1` 这个节点。

这个题直接的想法可能是用 `HashSet` 记录一个链表的所有节点，然后和另一条链表对比，但这就需要额外的空间。如果不用额外的空间，只使用两个指针，该如何做呢？

难点在于，由于两条链表的长度可能不同，两条链表之间的节点无法对应：

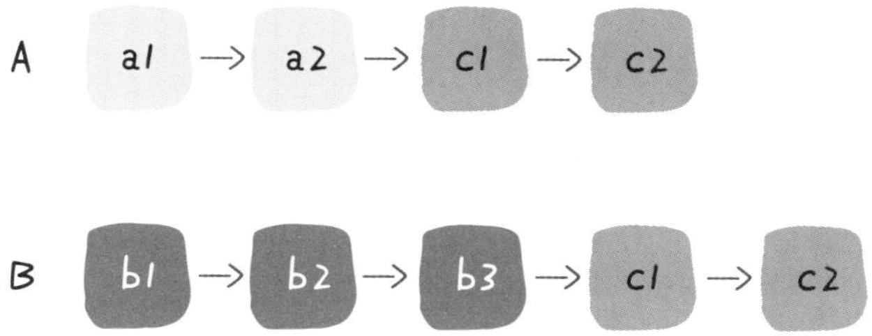

如果用两个指针 **p1** 和 **p2** 分别在两条链表上前进，并不能同时走到公共节点，也就无法得到相交节点 **c1**。

解决这个问题的关键是，通过某些方式，让 p1 和 p2 能够同时到达相交节点 c1。

所以，可以让 **p1** 遍历完链表 **A** 之后开始遍历链表 **B**，让 **p2** 遍历完链表 **B** 之后开始遍历链表 **A**，这样相当于"逻辑上"两条链表接在了一起。

如果这样进行拼接，就可以让 **p1** 和 **p2** 同时进入公共部分，也就是同时到达相交节点 **c1**：

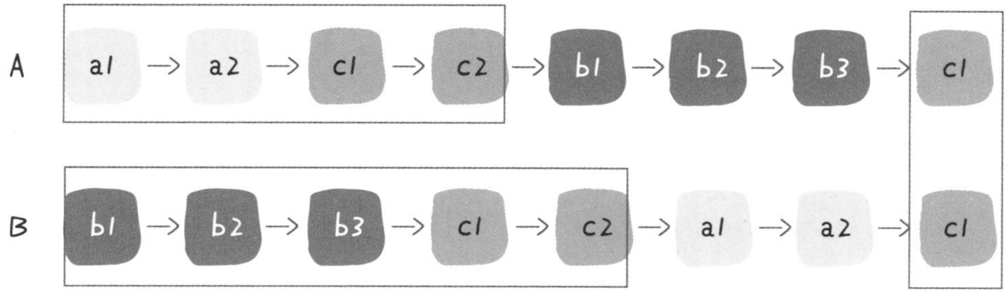

那你可能会问，如果两个链表没有相交点，是否能够正确地返回 null 呢？上述逻辑是可以覆盖这种情况的，相当于 **c1** 节点是 null 空指针，可以正确返回 null。

按照这个思路，可以写出如下代码：

```
ListNode getIntersectionNode(ListNode headA, ListNode headB) {
    // p1 指向 A 链表头节点，p2 指向 B 链表头节点
    ListNode p1 = headA, p2 = headB;
    while (p1 != p2) {
        // p1 走一步，如果走到 A 链表末尾，转到 B 链表
        if (p1 == null) p1 = headB;
        else            p1 = p1.next;
        // p2 走一步，如果走到 B 链表末尾，转到 A 链表
        if (p2 == null) p2 = headA;
        else            p2 = p2.next;
    }
```

```
    return p1;
}
```

这样，这道题就解决了，空间复杂度为 $O(1)$，时间复杂度为 $O(N)$。

以上就是单链表的所有技巧，希望对你有所启发。

2.1.2　数组双指针的解题套路

读完本节，你不仅可以学到算法套路，还可以顺便解决如下题目：

26. 删除有序数组中的重复项（简单）	83. 删除排序链表中的重复元素（简单）
27. 移除元素（简单）	283. 移动零（简单）
167. 两数之和 II - 输入有序数组（中等）	344. 反转字符串（简单）
5. 最长回文子串（中等）	

在处理数组和链表相关问题时，双指针技巧是会经常用到的，双指针技巧主要分为两类：**左右指针**和**快慢指针**。所谓左右指针，就是两个指针相向而行或者相背而行；而所谓快慢指针，就是两个指针同向而行，一快一慢。

对于单链表来说，大部分技巧属于快慢指针，我们在上一节都已经讲解了，比如链表环判断，倒数第 K 个链表节点等问题，它们都是通过一个 `fast` 快指针和一个 `slow` 慢指针配合完成任务。

在数组中并没有真正意义上的指针，但可以把索引当作数组中的指针，这样也可以在数组中施展双指针技巧，**本节主要讲数组相关的双指针算法**。

一、快慢指针技巧

数组问题中比较常见的快慢指针技巧，是让你原地修改数组。比如看下力扣第26题"删除有序数组中的重复项"：

输入一个有序的数组，你需要**原地删除**重复的元素，使得每个元素只能出现一次，返回去重后新数组的长度。

如果不是原地修改，直接新建一个 `int[]` 数组，把去重之后的元素放进这个新数组中，然后返回这个新数组即可。但是现在题目让你原地删除，不允许新建新数组，只能在原数组上操作，然后返回一个长度，这样就可以通过返回的长度和原始数组得到去重后的元素有哪些了。

比如输入 `nums = [0,1,1,2,3,3,4]`，算法应该返回 5，且 `nums` 的前 5 个元素分别为 `[0,1,2,3,4]`，至于后面的元素是什么，我们并不关心。

函数签名如下：

```
int removeDuplicates(int[] nums);
```

由于数组已经排序，所以重复的元素一定连在一起，找出它们并不难。但如果每找到一个重复元素就立即原地删除它，由于数组中删除元素涉及数据搬移，整个时间复杂度会达到 $O(N^2)$。

高效解决这道题就要用到快慢指针技巧：

让慢指针 `slow` 走在后面，快指针 `fast` 走在前面探路，找到一个不重复的元素就赋值给 `slow` 并让 `slow` 前进一步。这样，就保证了 `nums[0..slow]` 都是无重复的元素，当 `fast` 指针遍历完整个数组 `nums` 后，`nums[0..slow]` 就是整个数组去重之后的结果。

看代码：

```
int removeDuplicates(int[] nums) {
    if (nums.length == 0) {
        return 0;
    }
    int slow = 0, fast = 0;
    while (fast < nums.length) {
        if (nums[fast] != nums[slow]) {
            slow++;
            // 维护 nums[0..slow] 无重复
            nums[slow] = nums[fast];
        }
        fast++;
    }
    // 数组长度为索引 + 1
    return slow + 1;
}
```

算法执行的过程扫码观看：

再简单扩展，看看力扣第 83 题"删除排序链表中的重复元素"，如果给你一个有序的单链表，如何去重呢？

其实和数组去重几乎是一模一样的，唯一的区别是把数组赋值操作变成操作指针而已，对照着之前的代码来看：

```
ListNode deleteDuplicates(ListNode head) {
    if (head == null) return null;
    ListNode slow = head, fast = head;
    while (fast != null) {
        if (fast.val != slow.val) {
            // nums[slow] = nums[fast];
            slow.next = fast;
            // slow++;
            slow = slow.next;
        }
        // fast++
        fast = fast.next;
    }
    // 断开与后面重复元素的链接
    slow.next = null;
    return head;
}
```

算法执行的过程请看下面这张图：

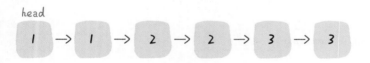

这里可能有读者会问，链表中那些重复的元素并没有被删掉，就让这些节点在链表上挂着，合适吗？

像 Java/Python 这类带有垃圾回收机制的语言，可以帮我们自动找到并回收这些"悬空"的链表节点的内存，而像 C++ 这类语言没有自动垃圾回收的机制，确实需要我们编写代码时手动释放掉这些节点的内存。

不过话说回来，就算法思维的培养来说，我们只需要知道这种快慢指针技巧即可。

除了让你在有序数组、链表中去重，题目还可能让你对数组中的某些元素进行"原地删除"。

比如力扣第 27 题"移除元素"，题目给你一个数组 `nums` 和一个值 `val`，你需要原地移除所有数值等于 `val` 的元素，并返回移除后数组的新长度，函数签名如下：

```
int removeElement(int[] nums, int val);
```

题目要求把 **nums** 中所有值为 **val** 的元素原地删除，依然需要使用快慢指针技巧：如果 **fast** 遇到值为 **val** 的元素，则直接跳过，否则就赋值给 **slow** 指针，并让 **slow** 前进一步。

这和前面说到的数组去重问题解法思路是完全一样的，就不画图了，直接看代码：

```
int removeElement(int[] nums, int val) {
    int fast = 0, slow = 0;
    while (fast < nums.length) {
        if (nums[fast] != val) {
            nums[slow] = nums[fast];
            slow++;
        }
        fast++;
    }
    return slow;
}
```

注意这里和有序数组去重的解法有一个细节差异，这里先给 **nums[slow]** 赋值，然后再执行 **slow++**，这样可以保证 **nums[0..slow-1]** 是不包含值为 **val** 的元素的，最后的结果数组长度就是 **slow**。

实现了这个 **removeElement** 函数，接下来看看力扣第 283 题"移动零"：

给你输入一个数组 **nums**，请你**原地修改**，将数组中的所有值为 0 的元素移到数组末尾，函数签名如下：

```
void moveZeroes(int[] nums);
```

比如给你输入 **nums = [0,1,4,0,2]**，你的算法没有返回值，但是会把 **nums** 数组原地修改成 **[1,4,2,0,0]**。

结合之前说到的几个题目，你是否已经有了答案呢？题目让我们将所有 0 移到最后，其实就相当于移除 **nums** 中的所有 0，然后再把后面的元素都赋值为 0 即可。

所以我们可以复用上一题的 **removeElement** 函数：

```
void moveZeroes(int[] nums) {
    // 去除 nums 中的所有 0，返回不含 0 的数组长度
    int p = removeElement(nums, 0);
    // 将 nums[p..] 的元素赋值为 0
    for (; p < nums.length; p++) {
```

```
            nums[p] = 0;
        }
    }
}

// 见上文代码实现
int removeElement(int[] nums, int val);
```

到这里，原地修改数组的这些题目就已经差不多了。

数组中另一大类快慢指针的题目就是"滑动窗口算法"，我在 1.8 我写了一个模板，把滑动窗口算法变成了默写题 给出了滑动窗口的代码框架：

```
/* 滑动窗口算法框架 */
void slidingWindow(string s, string t) {
    unordered_map<char, int> window;

    int left = 0, right = 0;
    while (right < s.size()) {
        char c = s[right];
        // 右移（增大）窗口
        right++;
        // 进行窗口内数据的一系列更新

        while (window needs shrink) {
            char d = s[left];
            // 左移（缩小）窗口
            left++;
            // 进行窗口内数据的一系列更新
        }
    }
}
```

具体的题目本节不再重复，这里只强调滑动窗口算法的快慢指针特性：

`left` 指针在后，`right` 指针在前，两个指针中间的部分就是"窗口"，算法通过扩大和缩小"窗口"来解决某些问题。

二、左右指针的常用算法

1. 二分搜索

我们在 1.7 我写了首诗，保你闭着眼睛都能写出二分搜索算法中已详细探讨二分搜索代码的细节问题，这里只写最简单的二分算法，旨在突出它的双指针特性：

```
int binarySearch(int[] nums, int target) {
    // 一左一右两个指针相向而行
```

```
    int left = 0, right = nums.length - 1;
    while(left <= right) {
        int mid = (right + left) / 2;
        if(nums[mid] == target)
            return mid;
        else if (nums[mid] < target)
            left = mid + 1;
        else if (nums[mid] > target)
            right = mid - 1;
    }
    return -1;
}
```

2. 两数之和

看下力扣第 167 题 "两数之和 II"：

输入一个**已按升序排列的有序数组** nums 和一个目标值 **target**，在 nums 中找到两个数使得它们相加之和等于 **target**，请返回这两个数的索引（可以假设这两个数一定存在，索引从 1 开始算）。

比如输入 **nums = [2,7,11,15], target = 13**，算法返回 **[1,3]**，函数签名如下：

```
int[] twoSum(int[] nums, int target);
```

只要数组有序，就应该想到双指针技巧。这道题的解法有些类似二分搜索，通过调节 **left** 和 **right** 就可以调整 **sum** 的大小：

```
int[] twoSum(int[] nums, int target) {
    // 一左一右两个指针相向而行
    int left = 0, right = nums.length - 1;
    while (left < right) {
        int sum = nums[left] + nums[right];
        if (sum == target) {
            // 题目要求的索引是从 1 开始的
            return new int[]{left + 1, right + 1};
        } else if (sum < target) {
            left++; // 让 sum 大一点儿
        } else if (sum > target) {
            right--; // 让 sum 小一点儿
        }
    }
    return new int[]{-1, -1};
}
```

我在 5.7 一个函数解决 nSum 问题中也运用类似的左右指针技巧给出了 nSum 问题的一种通用思路，这里就不做赘述了。

3. 反转数组

一般编程语言都会提供 reverse 函数，其实这个函数的原理非常简单，力扣第 344 题"反转字符串"就是类似的需求，让你反转一个 char[] 类型的字符数组，我们直接看代码吧：

```java
void reverseString(char[] s) {
    // 一左一右两个指针相向而行
    int left = 0, right = s.length - 1;
    while (left < right) {
        // 交换 s[left] 和 s[right]
        char temp = s[left];
        s[left] = s[right];
        s[right] = temp;
        left++;
        right--;
    }
}
```

4. 回文串判断

首先明确一点，回文串就是正着读和反着读都一样的字符串。比如字符串 aba 和 abba 都是回文串，因为它们对称，反过来还是和本身一样；反之，字符串 abac 就不是回文串。

现在你应该能感觉到回文串问题和左右指针肯定有密切的联系，比如让你判断一个字符串是不是回文串，你可以写出下面这段代码：

```java
boolean isPalindrome(String s) {
    // 一左一右两个指针相向而行
    int left = 0, right = s.length() - 1;
    while (left < right) {
        if (s.charAt(left) != s.charAt(right)) {
            return false;
        }
        left++;
        right--;
    }
    return true;
}
```

那接下来我提升一点儿难度，给你一个字符串，让你用双指针技巧从中找出最长的回文串，你会做吗？这就是力扣第 5 题"最长回文子串"，给你输入一个字符串 **s**，请你的算法返回这个字符串中的最长回文子串。

比如输入为 **s = acaba**，算法返回 **aca**，或者返回 **aba** 也是正确的，函数签名如下：

```
String longestPalindrome(String s);
```

找回文串的难点在于，回文串的长度可能是奇数也可能是偶数，解决该问题的核心是**从中心向两端扩散的双指针技巧**。如果回文串的长度为奇数，则它有一个中心字符；如果回文串的长度为偶数，则可以认为它有两个中心字符。

所以可以先实现这样一个函数：

```
// 在 s 中寻找以 s[left] 和 s[right] 为中心的最长回文串
String palindrome(String s, int left, int right) {
    // 防止索引越界
    while (left >= 0 && right < s.length()
            && s.charAt(left) == s.charAt(right)) {
        // 双指针，向两边展开
        left--;
        right++;
    }
    // 返回以 s[left] 和 s[right] 为中心的最长回文串
    return s.substring(left + 1, right);
}
```

这样，如果输入相同的 **l** 和 **r**，就相当于寻找长度为奇数的回文串，如果输入相邻的 **l** 和 **r**，则相当于寻找长度为偶数的回文串。

那么回到最长回文串的问题，解法的大致思路就是：

```
for 0 <= i < len(s):
    找到以 s[i] 为中心的回文串
    找到以 s[i] 和 s[i+1] 为中心的回文串
    更新答案
```

翻译成代码，就可以解决最长回文子串这个问题：

```
String longestPalindrome(String s) {
    String res = "";
    for (int i = 0; i < s.length(); i++) {
        // 以 s[i] 为中心的最长回文子串
        String s1 = palindrome(s, i, i);
        // 以 s[i] 和 s[i+1] 为中心的最长回文子串
        String s2 = palindrome(s, i, i + 1);
```

```
    // res = longest(res, s1, s2)
    res = res.length() > s1.length() ? res : s1;
    res = res.length() > s2.length() ? res : s2;
    }
    return res;
}
```

你应该能发现最长回文子串使用的左右指针和之前题目的左右指针有一些不同：之前的左右指针都是从两端向中间相向而行，而回文子串问题则是让左右指针从中心向两端扩展。不过这种情况也就回文串这类问题会遇到，所以我也把它归为左右指针了。

到这里，数组相关的双指针技巧全部讲完了，希望大家以后遇到类似的算法问题时能够活学活用，举一反三。

2.1.3 小而美的算法技巧：前缀和数组

读完本节，你将不仅学会算法套路，还可以顺便解决如下题目：

303. 区域和检索 ——数组不可变（中等）	304. 二维区域和检索—— 矩阵不可变（中等）

前缀和技巧适用于快速、频繁地计算一个索引区间内的元素之和。

一、一维数组中的前缀和

先看一道例题，力扣第 303 题 "区域和检索——数组不可变"，让你计算数组区间内元素的和，这是一道标准的前缀和问题，题目要求你实现这样一个类：

```
class NumArray {
    /* 构造函数 */
    public NumArray(int[] nums) {}

    /* 查询 nums 中闭区间 [left, right] 的累加和 */
    public int sumRange(int left, int right) {}
}
```

sumRange 函数需要计算并返回一个索引区间之内的元素和，没学过前缀和的人可能写出的代码是这样的：

```
class NumArray {

    private int[] nums;
```

```java
    public NumArray(int[] nums) {
        this.nums = nums;
    }

    public int sumRange(int left, int right) {
        int res = 0;
        for (int i = left; i <= right; i++) {
            res += nums[i];
        }
        return res;
    }
}
```

这样，可以达到效果，但是效率很差，因为 sumRange 方法会被频繁调用，而它的时间复杂度是 $O(N)$，其中 N 代表 nums 数组的长度。

这道题的最优解法是使用前缀和技巧，将 sumRange 函数的时间复杂度降为 $O(1)$，说白了就是不要在 sumRange 里面使用 for 循环，该怎么做到呢？

直接看代码实现：

```java
class NumArray {
    // 前缀和数组
    private int[] preSum;

    /* 输入一个数组，构造前缀和 */
    public NumArray(int[] nums) {
        // preSum[0] = 0, 便于计算累加和
        preSum = new int[nums.length + 1];
        // 计算 nums 的累加和
        for (int i = 1; i < preSum.length; i++) {
            preSum[i] = preSum[i - 1] + nums[i - 1];
        }
    }

    /* 查询闭区间 [left, right] 的累加和 */
    public int sumRange(int left, int right) {
        return preSum[right + 1] - preSum[left];
    }
}
```

核心思路是新建（new）一个新的数组 preSum，preSum[i] 记录 nums[0..i-1] 的累加和，看图中 10 = 3 + 5 + 2：

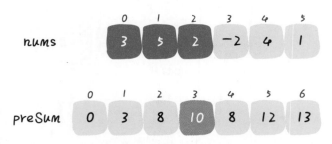

看这个 `preSum` 数组，如果想求索引区间 **[1, 4]** 内的所有元素之和，就可以通过 `preSum[5]` - `preSum[1]` 得出。这样，`sumRange` 函数仅需要做一次减法运算，避免了每次进行 for 循环调用，最坏时间复杂度为常数 $O(1)$。

这个技巧在生活中运用得也很广泛，比如你们班有若干同学，每个同学有一个期末考试的成绩（满分 100 分），那么请你实现一个 API，输入任意一个分数段，返回有多少同学的成绩在这个分数段内。

那么，你可以先通过计数排序的方式计算每个分数具体有多少个同学，然后利用前缀和技巧来实现分数段查询的 API：

```java
int[] scores; // 存储所有同学的分数
// 试卷满分 100 分
int[] count = new int[100 + 1]
// 记录每个分数有几个同学
for (int score : scores)
    count[score]++
// 构造前缀和
for (int i = 1; i < count.length; i++)
    count[i] = count[i] + count[i-1];

// 利用 count 这个前缀和数组进行分数段查询
```

接下来看一看前缀和思路在实际算法题中可以如何运用。

二、二维矩阵中的前缀和

来看力扣第 304 题 "二维区域和检索——矩阵不可变"，上一题是让你计算子数组的元素之和，这道题请你实现这样一个类，快速计算二维矩阵中子矩阵的元素之和：

```java
class NumMatrix {

    /* 构造函数 */
    public NumMatrix(int[][] matrix) {}
```

```
    /* 查询矩阵中闭区间 [(row1, col1), (row2, col2)] 的累加和 */
    public int sumRegion(int row1, int col1, int row2, int col2) {}
}
```

只要确定了一个矩阵的左上角和右下角坐标，就可以确定这个矩阵，所以题目用 **[(row1, col1), (row2, col2)]** 来标记子矩阵。比如题目输入的 **matrix** 如下图：

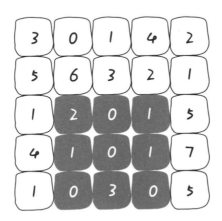

按照题目要求，矩阵左上角为坐标原点 **(0, 0)**，那么 **sumRegion([2,1,4,3])** 就是图中蓝色的子矩阵，你需要返回该子矩阵的元素和 8。

当然，你可以用一个嵌套 for 循环去遍历这个矩阵，但这样的话 **sumRegion** 函数的时间复杂度就高了，算法的效率就低了。

注意任意子矩阵的元素和可以转化成它周边几个大矩阵的元素和的运算：

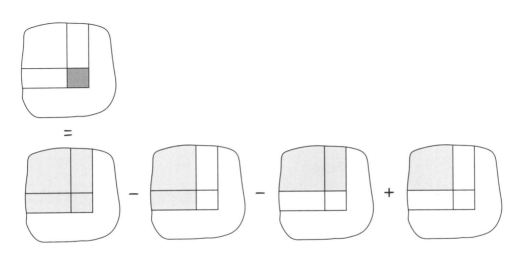

而这四个大矩阵有一个共同的特点，就是左上角就是 **(0，0)** 原点。

那么做这道题更好的思路和一维数组中的前缀和是非常类似的，我们可以维护一个二维 **preSum** 数组，专门记录以原点为顶点的矩阵的元素之和，就可以用几次加减运算算出任何一个子矩阵的元素和：

```java
class NumMatrix {
    // 定义: preSum[i][j] 记录 matrix 中子矩阵 [0, 0, i-1, j-1] 的元素和
    private int[][] preSum;

    public NumMatrix(int[][] matrix) {
        int m = matrix.length, n = matrix[0].length;
        if (m == 0 || n == 0) return;
        // 构造前缀和矩阵
        preSum = new int[m + 1][n + 1];
        for (int i = 1; i <= m; i++) {
            for (int j = 1; j <= n; j++) {
                // 计算每个矩阵 [0, 0, i, j] 的元素和
                preSum[i][j] = preSum[i-1][j] + preSum[i][j-1] + matrix[i - 1][j - 1] - preSum[i-1][j-1];
            }
        }
    }

    // 计算子矩阵 [x1, y1, x2, y2] 的元素和
    public int sumRegion(int x1, int y1, int x2, int y2) {
        // 目标矩阵之和由四个相邻矩阵运算获得
        return preSum[x2+1][y2+1] - preSum[x1][y2+1] - preSum[x2+1][y1] + preSum[x1][y1];
    }
}
```

这样，**sumRegion** 函数的时间复杂度也用前缀和技巧优化到了 $O(1)$，这是典型的"空间换时间"思路。

前缀和技巧就讲到这里，应该说这个算法技巧是会者不难难者不会，实际运用中还是要多培养自己的思维灵活性，做到一眼看出题目是一个前缀和问题。

2.1.4 小而美的算法技巧：差分数组

读完本节，你将不仅学到算法套路，还可以顺便解决如下题目：

370. 区间加法（中等）	1109. 航班预订统计（中等）
1094. 拼车（中等）	

上一节讲过的前缀和技巧是常用的算法技巧，前缀和主要适用的场景是原始数组不会被修改的情况下，频繁查询某个区间的累加和。

本节讲一个和前缀和思想非常类似的算法技巧"差分数组"，**差分数组的主要适用场景是频繁对原始数组的某个区间的元素进行增减。**

比如，给你输入一个数组 `nums`，然后又要求给区间 `nums[2..6]` 全部加 1，再给 `nums[3..9]` 全部减 3，再给 `nums[0..4]` 全部加 2，再给……一通操作，然后问你，最后 `nums` 数组的值是什么？

常规的思路很容易，你让我给区间 `nums[i..j]` 加上 `val`，那我就用一个 for 循环给它们都加上，还能咋样？这种思路的时间复杂度是 $O(N)$，由于这个场景下对 `nums` 的修改非常频繁，所以效率会很低下。

这里就需要差分数组的技巧，类似前缀和技巧构造的 `preSum` 数组，先对 `nums` 数组构造一个 `diff` 差分数组，`diff[i]` 就是 `nums[i]` 和 `nums[i-1]` 之差：

```java
int[] diff = new int[nums.length];
// 构造差分数组
diff[0] = nums[0];
for (int i = 1; i < nums.length; i++) {
    diff[i] = nums[i] - nums[i - 1];
}
```

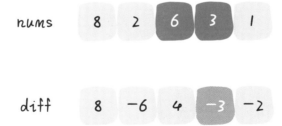

通过这个 `diff` 差分数组是可以反推出原始数组 `nums` 的，代码逻辑如下：

```java
int[] res = new int[diff.length];
// 根据差分数组构造结果数组
res[0] = diff[0];
for (int i = 1; i < diff.length; i++) {
    res[i] = res[i - 1] + diff[i];
}
```

这样构造差分数组 `diff`，就可以快速进行区间增减的操作，如果你想对区间 `nums[i..j]` 的元素全部加 3，那么只需要让 `diff[i] += 3`，然后再让 `diff[j+1] -= 3` 即可：

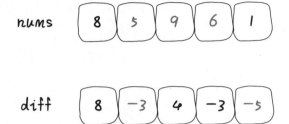

原理很简单，回想 `diff` 数组反推 `nums` 数组的过程，`diff[i] += 3` 意味着给 `nums[i..]` 所有的元素都加了 3，然后 `diff[j+1] -= 3` 又意味着对于 `nums[j+1..]` 所有元素再减 3，那综合起来，是不是就是对 `nums[i..j]` 中的所有元素都加 3 了？

只要花费 $O(1)$ 的时间修改 `diff` 数组，就相当于给 `nums` 的整个区间做了修改。多次修改 `diff`，然后通过 `diff` 数组反推，即可得到 `nums` 修改后的结果。

现在我们把差分数组抽象成一个类，包含 `increment` 方法和 `result` 方法：

```java
// 差分数组工具类
class Difference {
    // 差分数组
    private int[] diff;

    /* 输入一个初始数组，区间操作将在这个数组上进行 */
    public Difference(int[] nums) {
        assert nums.length > 0;
        diff = new int[nums.length];
        // 根据初始数组构造差分数组
        diff[0] = nums[0];
        for (int i = 1; i < nums.length; i++) {
            diff[i] = nums[i] - nums[i - 1];
        }
    }

    /* 给闭区间 [i, j] 增加 val（可以是负数）*/
    public void increment(int i, int j, int val) {
        diff[i] += val;
        if (j + 1 < diff.length) {
            diff[j + 1] -= val;
        }
```

```
    }

    /* 返回结果数组 */
    public int[] result() {
        int[] res = new int[diff.length];
        // 根据差分数组构造结果数组
        res[0] = diff[0];
        for (int i = 1; i < diff.length; i++) {
            res[i] = res[i - 1] + diff[i];
        }
        return res;
    }
}
```

注意 `increment` 方法中的 if 语句：

```
public void increment(int i, int j, int val) {
    diff[i] += val;
    if (j + 1 < diff.length) {
        diff[j + 1] -= val;
    }
}
```

当 `j+1 >= diff.length` 时，说明是对 `nums[i]` 及以后的整个数组都进行修改，那么就不需要再给 `diff` 数组减 `val` 了。

算法实践

首先，力扣第 370 题"区间加法"就直接考查了差分数组技巧：

给你输入一个长度为 n 的数组 A，初始情况下所有的数字均为 0，你将会被给出 k 个更新的操作。每个更新操作被表示为一个三元组：[startIndex, endIndex, inc]，你需要将子数组 A[startIndex ... endIndex]（包括 startIndex 和 endIndex）中的元素分别增加 inc。请返回 k 次操作后的数组。

那么直接复用刚才实现的 `Difference` 类就能把这道题解决：

```
int[] getModifiedArray(int length, int[][] updates) {
    // nums 初始化为全 0
    int[] nums = new int[length];
    // 构造差分解法
    Difference df = new Difference(nums);

    for (int[] update : updates) {
        int i = update[0];
```

```
        int j = update[1];
        int val = update[2];
        // 区间 nums[i..j] 都增加 val
        df.increment(i, j, val);
    }

    return df.result();
}
```

当然，实际的算法题可能需要我们对题目进行联想和抽象，不会这么直接地让你看出来要用差分数组技巧，这里看一下力扣第 1109 题 "航班预订统计"：

这里有 n 个航班，它们分别从 1 到 n 进行编号。有一份航班预订表 bookings，表中第 i 条预订记录 bookings[i] = [first_i, last_i, seats_i] 意味着在从 first_i 到 last_i（包含 first_i 和 last_i）的每个航班上预订了 seats_i 个座位。

请返回一个长度为 n 的数组，其中每个元素是每个航班预订的座位总数，函数签名如下：

```
int[] corpFlightBookings(int[][] bookings, int n)
```

比如题目输入 bookings = [[1,2,10],[2,3,20],[2,5,25]], n = 5，你应该返回 [10,55,45,25,25]：

航班编号	1	2	3	4	5
预订记录 1 ：	10	10			
预订记录 2 ：		20	20		
预订记录 3 ：		25	25	25	25
总座位数：	10	55	45	25	25

这个题目就在那绕弯弯，其实它就是个差分数组的题，我来翻译一下：

给你输入一个长度为 n 的数组 nums，其中所有元素都是 0。再给你输入一个 bookings，里面是若干三元组 (i, j, k)，每个三元组的含义就是要求你给 nums 数组的闭区间 [i-1, j-1] 中所有元素都加 k。请返回最后的 nums 数组是多少？

注意：因为题目说的 n 是从 1 开始计数的，而数组索引从 0 开始，所以对于输入的三元组 (i, j, k)，数组区间应该对应 [i-1, j-1]。

这么一看，不就是一道标准的差分数组题嘛。我们可以直接复用刚才写的类：

```
int[] corpFlightBookings(int[][] bookings, int n) {
    // nums 初始化为全 0
    int[] nums = new int[n];
```

```
// 构造差分解法
Difference df = new Difference(nums);

for (int[] booking : bookings) {
    // 注意转成数组索引要减 1
    int i = booking[0] - 1;
    int j = booking[1] - 1;
    int val = booking[2];
    // 对区间 nums[i..j] 增加 val
    df.increment(i, j, val);
}
// 返回最终的结果数组
return df.result();
}
```

这道题就解决了。

还有一道很类似的题目是力扣第 1094 题 "拼车"，简单描述一下题目：

你是一位开公交车的司机，公交车的最大载客量为 **capacity**，沿途要经过若干车站，给你一份乘客行程表 **int[][] trips**，其中 **trips[i] = [num, start, end]** 代表有 **num** 个旅客要从站点 **start** 上车，到站点 **end** 下车，请计算是否能够一次把所有旅客运送完毕（不能超过最大载客量 **capacity**）。

函数签名如下：

```
boolean carPooling(int[][] trips, int capacity);
```

比如输入：

```
trips = [[2,1,5],[3,3,7]], capacity = 4
```

这就不能一次运完，因为 **trips[1]** 最多只能上 2 人，否则车就会超载。

相信你已经能够联想到差分数组技巧了：**trips[i]** 代表着一组区间操作，站点相当于区间索引，旅客的上车和下车就相当于数组的区间加减；只要结果数组中的元素都小于 **capacity**，就说明可以不超载运输所有旅客。

但问题是，差分数组的长度（车站的个数）应该是多少呢？题目没有直接给，但给出了数据取值范围：

```
0 <= trips[i][1] < trips[i][2] <= 1000
```

车站编号从 0 开始，最多到 1000，也就是最多有 1001 个车站，那么我们的差分数组长度可以直接设置为 1001，这样索引刚好能够涵盖所有车站的编号：

```java
boolean carPooling(int[][] trips, int capacity) {
    // 最多有 1001 个车站
    int[] nums = new int[1001];
    // 构造差分解法
    Difference df = new Difference(nums);

    for (int[] trip : trips) {
        // 乘客数量
        int val = trip[0];
        // 第 trip[1] 站乘客上车
        int i = trip[1];
        // 第 trip[2] 站乘客已经下车，
        // 即乘客在车上的区间是 [trip[1], trip[2] - 1]
        int j = trip[2] - 1;
        // 进行区间操作
        df.increment(i, j, val);
    }

    int[] res = df.result();

    // 客车自始至终都不应该超载
    for (int i = 0; i < res.length; i++) {
        if (capacity < res[i]) {
            return false;
        }
    }
    return true;
}
```

至此，这道题也解决了。

最后，差分数组和前缀和数组都是比较常见且巧妙的算法技巧，分别适用不同的场景，而且是会者不难难者不会。所以，关于差分数组的使用，你学会了吗？

2.2 数据结构设计

哈希表能够提供 $O(1)$ 的键值对存取操作，经常用来给其他数据结构添加"超能力"。另外，对标准数据结构稍加修改，即可扩展出更多有意思的操作，本节将会带你体验其中的乐趣。

2.2.1　算法就像搭乐高：带你手写 LRU 算法

读完本节，你不仅将学到算法套路，还可以顺便解决如下题目：

146. LRU 缓存（中等）

LRU 算法就是一种缓存淘汰策略，原理不难，但是面试中写出没有 bug 的算法比较有技巧，需要对数据结构进行层层抽象和拆解，本节就带你写一手漂亮的代码。

计算机的缓存容量有限，如果缓存满了就要删除一些内容，给新内容腾位置。但问题是，删除哪些内容呢？我们肯定希望删掉那些没什么用的缓存，而把有用的数据继续留在缓存里，方便之后继续使用。那么，什么样的数据判定为"有用的"数据呢？ LRU 缓存淘汰算法就是一种常用策略。LRU 的全称是 Least Recently Used，也就是说我们认为最近使用过的数据应该是"有用的"，很久都没用过的数据应该是无用的，内存满了就优先删那些很久没用过的数据。

举个简单的例子，安卓手机都可以把软件放到后台运行，比如我先后打开了"设置"→"手机管家"→"日历"应用程序，那么现在它们在后台排列的顺序是这样的：

但是这时候如果我访问了"设置"界面，那么"设置"就会被提到第一个，变成这样：

　　假设我的手机只允许同时开 3 个应用程序，现在已经满了。那么如果我新开了一个应用"时钟"，就必须关闭一个应用程序为"时钟"腾出一个位置，关哪个呢？按照 LRU 的策略，就关最底下的"手机管家"，因为那是最久未使用的，然后把新开的应用放到最上面：

　　现在你应该理解 LRU（Least Recently Used）策略了。当然还有其他缓存淘汰策略，

比如不要按访问的时序来淘汰，而是按访问频率（LFU 策略）来淘汰等，各有应用场景。本节讲解 LRU 算法策略。

一、LRU 算法描述

力扣第 146 题"LRU 缓存"就是让你设计数据结构：

首先要接收一个 **capacity** 参数作为缓存的最大容量，然后实现两个 API，一个是 **put(key, val)** 方法存入键值对，另一个是 **get(key)** 方法获取 **key** 对应的 **val**，如果 **key** 不存在则返回 -1。

注意哦，**get** 和 **put** 方法必须都是 $O(1)$ 的时间复杂度，下面举个具体例子来看看 LRU 算法怎么工作。

```
/* 缓存容量为 2 */
LRUCache cache = new LRUCache(2);
// 你可以把 cache 理解成一个队列
// 假设左边是队头，右边是队尾
// 最近使用的排在队头，久未使用的排在队尾
// 圆括号表示键值对 (key, val)

cache.put(1, 1);
// cache = [(1, 1)]

cache.put(2, 2);
// cache = [(2, 2), (1, 1)]

cache.get(1);       // 返回 1
// cache = [(1, 1), (2, 2)]
// 解释：因为最近访问了键 1，所以提前至队头
// 返回键 1 对应的值 1

cache.put(3, 3);
// cache = [(3, 3), (1, 1)]
// 解释：缓存容量已满，需要删除内容空出位置
// 优先删除久未使用的数据，也就是队尾的数据
// 然后把新的数据插入队头

cache.get(2);       // 返回 -1（未找到）
// cache = [(3, 3), (1, 1)]
// 解释：cache 中不存在键为 2 的数据

cache.put(1, 4);
// cache = [(1, 4), (3, 3)]
// 解释：键 1 已存在，把原始值 1 覆盖为 4
// 不要忘了也要将键值对提前到队头
```

二、LRU 算法设计

分析上面的操作过程，要让 `put` 和 `get` 方法的时间复杂度为 $O(1)$，我们可以总结出 `cache` 这个数据结构的必要条件：

1. 显然 `cache` 中的元素必须有时序，以区分最近使用的和久未使用的数据，当容量满了之后要删除最久未使用的那个元素腾位置。

2. 要在 `cache` 中快速找某个 `key` 是否已存在并得到对应的 `val`。

3. 每次访问 `cache` 中的某个 `key`，需要将这个元素变为最近使用的，也就是说 `cache` 要支持在任意位置快速插入和删除元素。

那么，什么数据结构同时符合上述条件呢？哈希表查找快，但是数据无固定顺序；链表有顺序之分，插入、删除快，但是查找慢。所以结合一下，形成一种新的数据结构：哈希链表 `LinkedHashMap`。

LRU 缓存算法的核心数据结构就是哈希链表，它是双向链表和哈希表的结合体。这个数据结构长这样：

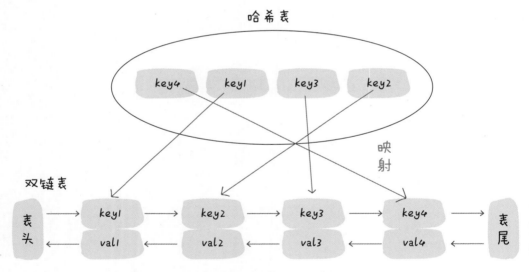

借助这个结构，我们来逐一分析上面的 3 个条件：

1. 如果每次默认从链表尾部添加元素，那么显然越靠尾部的元素就越是最近使用的，越靠头部的元素就是越久未使用的。

2. 对于某一个 `key`，可以通过哈希表快速定位到链表中的节点，从而取得对应 `val`。

3. 链表显然是支持在任意位置快速插入和删除的，改改指针就行。只不过传统的链表无法按照索引快速访问某一个位置的元素，而这里借助哈希表，可以通过 **key** 快速映射到任意一个链表节点，然后进行插入和删除。

也许读者会问，为什么要是双向链表，单链表行不行？另外，既然哈希表中已经存了 key，为什么链表中还要存 key 和 val 呢，只存 val 不就行了？

想的时候都是问题，只有做的时候才有答案。这样设计的原因，必须等我们亲自实现 LRU 算法之后才能理解，所以我们开始看代码吧。

三、代码实现

很多编程语言都有内置的哈希链表或者类似 LRU 功能的库函数，但是为了帮大家理解算法的细节，我们先自己实现一遍 LRU 算法，然后再使用 Java 内置的 **LinkedHashMap** 实现一遍。

首先，把双链表的节点类写出来，为了简化，**key** 和 **val** 都设为 int 类型：

```java
class Node {
    public int key, val;
    public Node next, prev;
    public Node(int k, int v) {
        this.key = k;
        this.val = v;
    }
}
```

然后依靠我们的 **Node** 类型构建一个双链表，实现几个 LRU 算法必需的 API：

```java
class DoubleList {
    // 头尾虚节点
    private Node head, tail;
    // 链表元素数
    private int size;

    public DoubleList() {
        // 初始化双向链表的数据
        head = new Node(0, 0);
        tail = new Node(0, 0);
        head.next = tail;
        tail.prev = head;
        size = 0;
    }

    // 在链表尾部添加节点 x，时间复杂度为 O(1)
    public void addLast(Node x) {
```

```
        x.prev = tail.prev;
        x.next = tail;
        tail.prev.next = x;
        tail.prev = x;
        size++;
    }

    // 删除链表中的 x 节点（x 一定存在）
    // 由于是双链表且给的是目标 Node 节点，时间复杂度为 O(1)
    public void remove(Node x) {
        x.prev.next = x.next;
        x.next.prev = x.prev;
        size--;
    }

    // 删除链表中第一个节点，并返回该节点，时间复杂度为 O(1)
    public Node removeFirst() {
        if (head.next == tail)
            return null;
        Node first = head.next;
        remove(first);
        return first;
    }

    // 返回链表长度，时间复杂度为 O(1)
    public int size() { return size; }

}
```

到这里就能回答"为什么必须要用双向链表"的问题了，因为我们需要删除操作。删除一个节点不仅要得到该节点本身的指针，也需要操作其前驱节点的指针，而双向链表才能支持直接查找前驱，保证操作的时间复杂度为 $O(1)$。

注意，我们实现的双链表 API 只能从尾部插入，也就是说靠尾部的数据是最近使用的，靠头部的数据是最久未使用的。

有了双向链表的实现，只需在 LRU 算法中把它和哈希表结合起来，先搭出代码框架：

```
class LRUCache {
    // key -> Node(key, val)
    private HashMap<Integer, Node> map;
    // Node(k1, v1) <-> Node(k2, v2)...
    private DoubleList cache;
    // 最大容量
    private int cap;
```

```
public LRUCache(int capacity) {
    this.cap = capacity;
    map = new HashMap<>();
    cache = new DoubleList();
}
```

先不着急去实现 LRU 算法的 **get** 和 **put** 方法。由于要同时维护一个双链表 **cache** 和一个哈希表 **map**，很容易漏掉一些操作，比如删除某个 **key** 时，在 **cache** 中删除了对应的 **Node**，但是却忘记在 **map** 中删除 **key**。

解决这种问题的有效方法是：在这两种数据结构之上提供一层抽象 API。

这说得有点玄幻，实际上很简单，就是尽量让 LRU 的主方法 **get** 和 **put** 避免直接操作 **map** 和 **cache** 的细节。可以先实现下面几个函数：

```
/* 将某个 key 提升为最近使用的 */
private void makeRecently(int key) {
    Node x = map.get(key);
    // 先从链表中删除这个节点
    cache.remove(x);
    // 重新插到队尾
    cache.addLast(x);
}

/* 添加最近使用的元素 */
private void addRecently(int key, int val) {
    Node x = new Node(key, val);
    // 链表尾部就是最近使用的元素
    cache.addLast(x);
    // 别忘了在 map 中添加 key 的映射
    map.put(key, x);
}

/* 删除某一个 key */
private void deleteKey(int key) {
    Node x = map.get(key);
    // 从链表中删除
    cache.remove(x);
    // 从 map 中删除
    map.remove(key);
}

/* 删除最久未使用的元素 */
private void removeLeastRecently() {
    // 链表头部的第一个元素就是最久未使用的
    Node deletedNode = cache.removeFirst();
```

```
    // 同时别忘了从 map 中删除它的 key
    int deletedKey = deletedNode.key;
    map.remove(deletedKey);
}
```

这里就能回答"为什么要在链表中同时存储 key 和 val，而不是只存储 val"，注意，在 removeLeastRecently 函数中，需要用 deletedNode 得到 deletedKey。

也就是说，当缓存容量已满，不仅要删除最后一个 Node 节点，还要把 map 中映射到该节点的 key 同时删除，而这个 key 只能由 Node 得到。如果 Node 结构中只存储 val，那么就无法得知 key 是什么，也就无法删除 map 中的键，造成错误。

上述方法就是简单的操作封装，调用这些函数可以避免直接操作 cache 链表和 map 哈希表，下面先来实现 LRU 算法的 get 方法：

```
public int get(int key) {
    if (!map.containsKey(key)) {
        return -1;
    }
    // 将该数据提升为最近使用的
    makeRecently(key);
    return map.get(key).val;
}
```

put 方法稍微复杂一些，先来画个图搞清楚它的逻辑：

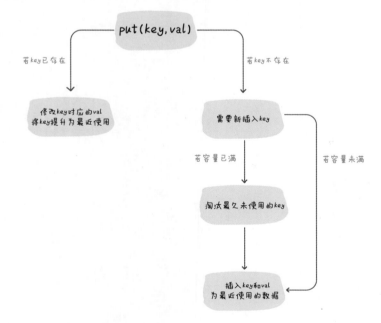

这样就可以轻松写出 **put** 方法的代码：

```
public void put(int key, int val) {
    if (map.containsKey(key)) {
        // 删除旧的数据
        deleteKey(key);
        // 新插入的数据为最近使用的数据
        addRecently(key, val);
        return;
    }

    if (cap == cache.size()) {
        // 删除最久未使用的元素
        removeLeastRecently();
    }
    // 添加为最近使用的元素
    addRecently(key, val);
}
```

至此，你应该已经完全掌握 LRU 算法的原理和实现了，最后用 Java 的内置类型 **LinkedHashMap** 来实现 LRU 算法，逻辑和之前完全一致，这里就不过多解释了：

```
class LRUCache {
    int cap;
    LinkedHashMap<Integer, Integer> cache = new LinkedHashMap<>();
    public LRUCache(int capacity) {
        this.cap = capacity;
    }

    public int get(int key) {
        if (!cache.containsKey(key)) {
            return -1;
        }
        // 将 key 变为最近使用
        makeRecently(key);
        return cache.get(key);
    }

    public void put(int key, int val) {
        if (cache.containsKey(key)) {
            // 修改 key 的值
            cache.put(key, val);
            // 将 key 变为最近使用
            makeRecently(key);
            return;
        }
```

```
        if (cache.size() >= this.cap) {
            // 链表头部就是最久未使用的 key
            int oldestKey = cache.keySet().iterator().next();
            cache.remove(oldestKey);
        }
        // 将新的 key 添加到链表尾部
        cache.put(key, val);
    }

    private void makeRecently(int key) {
        int val = cache.get(key);
        // 删除 key，重新插入到队尾
        cache.remove(key);
        cache.put(key, val);
    }
}
```

至此，LRU 算法就没有什么神秘的了。

2.2.2 算法就像搭乐高：带你手写 LFU 算法

读完本节，你不仅将学到算法套路，还可以顺便解决如下题目：

460. LFU 缓存机制（困难）

上一节写了 LRU 缓存淘汰算法的实现方法，本节来写另一个著名的缓存淘汰算法：LFU 算法。

LRU 算法的淘汰策略是 Least Recently Used，也就是每次淘汰那些最久没被使用的数据；而 LFU 算法的淘汰策略是 Least Frequently Used，也就是每次淘汰那些使用次数最少的数据。

LRU 算法的核心数据结构是使用哈希链表 `LinkedHashMap`，首先借助链表的有序性使得链表元素维持插入顺序，同时借助哈希映射的快速访问能力使得我们可以以 $O(1)$ 时间复杂度访问链表的任意元素。

从实现难度上来说，LFU 算法的难度大于 LRU 算法，因为 LRU 算法相当于把数据按照时间排序，这个需求借助链表很自然就能实现，一直从链表头部加入元素的话，越靠近头部的元素就越是新的数据，越靠近尾部的元素就越是旧的数据，进行缓存淘汰的时候只要简单地将尾部的元素淘汰掉就行了。

而 LFU 算法相当于把数据按照访问频次进行排序，这个需求恐怕没那么简单，而且还有一种情况，如果多个数据拥有相同的访问频次，就应删除最早插入的那个数据。也就是说 LFU 算法是淘汰访问频次最低的数据，如果访问频次最低的数据有多条，需要淘汰最旧的数据。

所以说 LFU 算法是要复杂很多的，而且经常出现在面试中，因为 LFU 缓存淘汰算法在工程实践中经常使用，也有可能是因为 LRU 算法太简单了。**不过话说回来，这种著名算法的套路都是固定的，关键是由于逻辑较复杂，不容易写出漂亮且没有 bug 的代码。**

那么本节就来带你拆解 LFU 算法，自顶向下，逐步求精，就是解决复杂问题的不二法门。

一、算法描述

要求你写一个类，接受一个 **capacity** 参数，实现 **get** 和 **put** 方法：

```
class LFUCache {
    // 构造容量为 capacity 的缓存
    public LFUCache(int capacity) {}
    // 在缓存中查询 key
    public int get(int key) {}
    // 将 key 和 val 存入缓存
    public void put(int key, int val) {}
}
```

get(key) 方法会去缓存中查询键 **key**，如果 **key** 存在，则返回 **key** 对应的 **val**，否则返回 -1。

put(key, value) 方法插入或修改缓存。如果 **key** 已存在，则将它对应的值改为 **val**；如果 **key** 不存在，则插入键值对 **(key, val)**。

当缓存达到容量 **capacity** 时，则应该在插入新的键值对之前，删除使用频次（下文用 **freq** 表示）最低的键值对。如果 **freq** 最低的键值对有多个，则删除其中最旧的那个。

```
// 构造一个容量为 2 的 LFU 缓存
LFUCache cache = new LFUCache(2);

// 插入两对 (key, val)，对应的 freq 为 1
cache.put(1, 10);
cache.put(2, 20);

// 查询 key 为 1 对应的 val
// 返回 10，同时键 1 对应的 freq 变为 2
```

```
cache.get(1);

// 容量已满，淘汰 freq 最小的键 2
// 插入键值对 (3, 30)，对应的 freq 为 1
cache.put(3, 30);

// 键 2 已经被淘汰删除，返回 -1
cache.get(2);
```

二、思路分析

一定先从最简单的开始，根据 LFU 算法的逻辑，先列举算法执行过程中的几个显而易见的事实：

1. 调用 **get(key)** 方法时，要返回该 **key** 对应的 **val**。

2. 只要用 **get** 或者 **put** 方法访问一次某个 **key**，该 **key** 的 **freq** 就要加 1。

3. 如果在容量满了的时候进行插入，则需要将 **freq** 最小的 **key** 删除，如果最小的 **freq** 对应多个 **key**，则删除其中最旧的那个。

好的，我们希望能够在 $O(1)$ 的时间复杂度内解决这些需求，可以使用基本数据结构来逐个击破：

1. 使用一个 **HashMap** 存储 **key** 到 **val** 的映射，就可以快速计算 **get(key)**。

```
HashMap<Integer, Integer> keyToVal;
```

2. 使用一个 **HashMap** 存储 **key** 到 **freq** 的映射，就可以快速操作 **key** 对应的 **freq**。

```
HashMap<Integer, Integer> keyToFreq;
```

3. 这个需求应该是 LFU 算法的核心，所以分开说。

3.1 首先，肯定需要 **freq** 到 **key** 的映射，用来找到 **freq** 最小的 **key**。

3.2 将 **freq** 最小的 **key** 删除，那你就应快速得到当前所有 **key** 最小的 **freq** 是多少。想要时间复杂度为 $O(1)$，肯定不能遍历一遍去找，那就用一个变量 **minFreq** 来记录当前最小的 **freq** 吧。

3.3 可能有多个 **key** 拥有相同的 **freq**，所以 **freq** 对 **key** 是一对多的关系，即一个 **freq** 对应一个 **key** 的列表。

3.4 希望 **freq** 对应的 **key** 的列表是存在时序的，便于快速查找并删除最旧的 **key**。

3.5 希望**能够快速删除 key 列表中的任何一个 key**，因为如果频次为 **freq** 的某个 **key** 被访问，那么它的频次就会变成 **freq+1**，就应该从 **freq** 对应的 **key** 列表中删除，加到 **freq+1** 对应的 **key** 的列表中。

```
HashMap<Integer, LinkedHashSet<Integer>> freqToKeys;
int minFreq = 0;
```

介绍一下这个 **LinkedHashSet**，它满足 3.3、3.4、3.5 这几个要求。你会发现普通的链表 **LinkedList** 能够满足 3.3、3.4 这两个要求，但是由于普通链表不能快速访问链表中的某一个节点，所以无法满足 3.5 的要求。

类似上一节介绍的 **LinkedHashMap**，**LinkedHashSet** 是链表和哈希集合的结合体。链表不能快速访问链表节点，但是插入元素具有时序；哈希集合中的元素无序，但是可以对元素进行快速的访问和删除。

那么，它俩结合起来就兼具了哈希集合和链表的特性，既可以在 $O(1)$ 时间内访问或删除其中的元素，又可以保持插入的时序，高效实现 3.5 这个需求。

综上所述，我们可以写出 LFU 算法的基本数据结构：

```java
class LFUCache {
    // key 到 val 的映射，后文称为 KV 表
    HashMap<Integer, Integer> keyToVal;
    // key 到 freq 的映射，后文称为 KF 表
    HashMap<Integer, Integer> keyToFreq;
    // freq 到 key 列表的映射，后文称为 FK 表
    HashMap<Integer, LinkedHashSet<Integer>> freqToKeys;
    // 记录最小的频次
    int minFreq;
    // 记录 LFU 缓存的最大容量
    int cap;

    public LFUCache(int capacity) {
        keyToVal = new HashMap<>();
        keyToFreq = new HashMap<>();
        freqToKeys = new HashMap<>();
        this.cap = capacity;
        this.minFreq = 0;
```

```
    }

    public int get(int key) {}

    public void put(int key, int val) {}

}
```

三、代码框架

LFU 的逻辑不难理解，但是写代码实现并不容易，因为你看我们要维护 KV 表、KF 表、FK 表三个映射，特别容易出错。对于这种情况，教你几个技巧：

1. 不要企图上来就实现算法的所有细节，而应该自顶向下，逐步求精，先写清楚主函数的逻辑框架，然后再一步步实现细节。

2. 搞清楚映射关系，如果我们更新了某个 key 对应的 freq，那么就要同步修改 KF 表和 FK 表，这样才不会出问题。

3. 画图，画图，画图，重要的话说三遍，把逻辑比较复杂的部分用流程图画出来，然后根据图来写代码，可以极大降低出错的概率。

下面我们先来实现 get(key) 方法，逻辑很简单，返回 key 对应的 val，然后增加 key 对应的 freq：

```java
public int get(int key) {
    if (!keyToVal.containsKey(key)) {
        return -1;
    }
    // 增加 key 对应的 freq
    increaseFreq(key);
    return keyToVal.get(key);
}
```

增加 key 对应的 freq 是 LFU 算法的核心，所以我们干脆直接抽象成一个函数 increaseFreq，这样 get 方法看起来就简洁清晰了。

下面来实现 put(key, val) 方法，逻辑略微复杂，我们直接画个图来看：

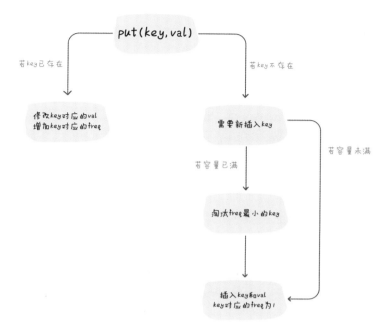

这图就是随手画的，不是什么正规的程序流程图，但是算法逻辑一目了然，看图可以直接写出 **put** 方法的逻辑：

```java
public void put(int key, int val) {
    if (this.cap <= 0) return;

    /* 若 key 已存在，修改对应的 val 即可 */
    if (keyToVal.containsKey(key)) {
        keyToVal.put(key, val);
        // key 对应的 freq 加 1
        increaseFreq(key);
        return;
    }

    /* key 不存在，需要插入 */
    /* 容量已满的话需要淘汰一个 freq 最小的 key */
    if (this.cap <= keyToVal.size()) {
        removeMinFreqKey();
    }

    /* 插入 key 和 val，对应的 freq 为 1 */
    // 插入 KV 表
    keyToVal.put(key, val);
    // 插入 KF 表
```

```
    keyToFreq.put(key, 1);
    // 插入 FK 表
    freqToKeys.putIfAbsent(1, new LinkedHashSet<>());
    freqToKeys.get(1).add(key);
    // 插入新 key 后最小的 freq 肯定是 1
    this.minFreq = 1;
}
```

increaseFreq 和 removeMinFreqKey 方法是 LFU 算法的核心，下面来看看怎么借助 KV 表、KF 表、FK 表这三个映射巧妙完成这两个函数。

四、LFU 核心逻辑

首先来实现 removeMinFreqKey 函数：

```
private void removeMinFreqKey() {
    // freq 最小的 key 列表
    LinkedHashSet<Integer> keyList = freqToKeys.get(this.minFreq);
    // 其中最先被插入的那个 key 就是该被淘汰的 key
    int deletedKey = keyList.iterator().next();
    /* 更新 FK 表 */
    keyList.remove(deletedKey);
    if (keyList.isEmpty()) {
        freqToKeys.remove(this.minFreq);
        // 问：这里需要更新 minFreq 的值吗？
    }
    /* 更新 KV 表 */
    keyToVal.remove(deletedKey);
    /* 更新 KF 表 */
    keyToFreq.remove(deletedKey);
}
```

删除某个键 key 肯定是要同时修改三个映射表的，借助 minFreq 参数可以从 FK 表中找到 freq 最小的 keyList，根据时序，其中第一个元素就是要被淘汰的 deletedKey，操作三个映射表删除这个 key 即可。

但是有个细节问题，如果 keyList 中只有一个元素，那么删除之后 minFreq 对应的 key 列表就为空了，也就是 minFreq 变量需要被更新。如何计算当前的 minFreq 是多少呢？

实际上没办法快速计算 minFreq，只能线性遍历 FK 表或者 KF 表来计算，这样肯定不能保证 $O(1)$ 的时间复杂度。

但是，其实这里没必要更新 minFreq 变量，因为你想想，removeMinFreqKey 这个函数在什么时候调用？在 **put** 方法中插入新 **key** 时可能调用。而你回头看 **put** 的代码，插入新 **key** 时一定会把 **minFreq** 更新成 1，所以说即便这里 **minFreq** 变了，我们也不需要管它。

下面来实现 **increaseFreq** 函数：

```java
private void increaseFreq(int key) {
    int freq = keyToFreq.get(key);
    /* 更新 KF 表 */
    keyToFreq.put(key, freq + 1);
    /* 更新 FK 表 */
    // 将 key 从 freq 对应的列表中删除
    freqToKeys.get(freq).remove(key);
    // 将 key 加入 freq + 1 对应的列表中
    freqToKeys.putIfAbsent(freq + 1, new LinkedHashSet<>());
    freqToKeys.get(freq + 1).add(key);
    // 如果 freq 对应的列表空了，移除这个 freq
    if (freqToKeys.get(freq).isEmpty()) {
        freqToKeys.remove(freq);
        // 如果这个 freq 恰好是 minFreq，更新 minFreq
        if (freq == this.minFreq) {
            this.minFreq++;
        }
    }
}
```

更新某个 **key** 的 **freq** 肯定会涉及 **FK** 表和 **KF** 表，所以我们分别更新这两个表就行了。

和之前类似，当 **FK** 表中 **freq** 对应的列表被删空后，需要删除 **FK** 表中 **freq** 这个映射。如果这个 **freq** 恰好是 **minFreq**，说明 **minFreq** 变量需要更新。

能不能快速找到当前的 **minFreq** 呢？这里是可以的，因为之前修改的那个 **key** 依然是目前出现频率最小的 **key**，所以 **minFreq** 也加 1 就行了。

至此，经过层层拆解，LFU 算法就完成了。

2.2.3 以 $O(1)$ 时间复杂度删除 / 查找数组中的任意元素

读完本节，你将不仅学到算法套路，还可以顺便解决如下题目：

380. O(1)时间插入、删除和获取随机元素（中等）	710. 黑名单中的随机数（困难）

本节讲两道有技巧性的数据结构设计题，都是和随机读取元素相关的，这些问题

的一个技巧点在于，如何结合哈希表和数组，使得数组的删除操作时间复杂度也变成 $O(1)$。下面来一道道看。

> 注意：本节涉及的哈希表操作用 C++ 实现起来代码较为简洁，所以本节使用 C++ 编写解法代码。

一、实现随机集合

这是力扣第 380 题 "$O(1)$ 时间插入、删除和获取随机元素"，就是让我们实现如下这个类，且其中三个方法的时间复杂度都必须是 $O(1)$：

```
class RandomizedSet {
    /** 如果 val 不存在集合中，则插入并返回 true，否则直接返回 false */
    bool insert(int val) {}

    /** 如果 val 在集合中，则删除并返回 true，否则直接返回 false */
    bool remove(int val) {}

    /** 从集合中等概率地随机获得一个元素 */
    int getRandom() {}
}
```

本题的难点在于：

1. **插入、删除、获取随机元素这三个操作的时间复杂度必须都是 $O(1)$。**

2. **`getRandom` 方法返回的元素必须等概率返回随机元素**，也就是说，如果集合里面有 **n** 个元素，每个元素被返回的概率必须是 **1/n**。

先来分析一下，对于插入、删除、查找这几个操作，哪种数据结构的时间复杂度是 $O(1)$。

HashSet（哈希集合） 肯定算一个。哈希集合的底层原理就是一个大数组，我们把元素通过哈希函数映射到一个索引上；如果用拉链法解决哈希冲突，那么这个索引可能连着一个链表或者红黑树。

那么请问对于这样一个标准的 `HashSet`，你能否在 $O(1)$ 的时间内实现 `getRandom` 函数？其实是不能的，因为根据刚才说到的底层实现，元素是被哈希函数 "分散" 到整个数组里面的，更别说还有拉链法等解决哈希冲突的机制，所以做不到 $O(1)$ 时间复杂度下 "等概率" 随机获取元素。

除了 `HashSet`，还有一些类似的数据结构，比如哈希链表 `LinkedHashSet`，2.2.1 算法就像搭乐高：带你手写 LRU 算法和 2.2.2 算法就像搭乐高：带你手写 LFU 算法讲过这类数据结构的实现原理，本质上就是哈希表配合双链表，元素存储在双链表中。

但是，`LinkedHashSet` 只是给 `HashSet` 增加了有序性，依然无法按要求实现我们的 `getRandom` 函数，因为底层用链表结构存储元素的话，是无法在 $O(1)$ 的时间内访问某一个元素的。

根据上面的分析，对于 `getRandom` 方法，如果想"等概率"且"在 $O(1)$ 的时间"取出元素，一定要满足：**底层用数组实现，且数组必须是紧凑的。**

这样就可以直接生成随机数作为索引，从数组中取出该随机索引对应的元素，作为随机元素。

但如果用数组存储元素，插入、删除的时间复杂度怎么可能是 $O(1)$ 呢？

可以做到！对数组尾部进行插入和删除操作不会涉及数据搬移，时间复杂度是 $O(1)$。

所以，如果我们想在 $O(1)$ 的时间删除数组中的某一个元素 `val`，可以先把这个元素交换到数组的尾部，然后再 pop 掉。

交换两个元素必须通过索引进行交换，那么需要一个哈希表 `valToIndex` 来记录每个元素值对应的索引。

有了思路铺垫，下面直接看代码：

```cpp
class RandomizedSet {
public:
    // 存储元素的值
    vector<int> nums;
    // 记录每个元素对应在 nums 中的索引
    unordered_map<int,int> valToIndex;

    bool insert(int val) {
        // 若 val 已存在，不用再插入
        if (valToIndex.count(val)) {
            return false;
        }
        // 若 val 不存在，插入到 nums 尾部，
        // 并记录 val 对应的索引值
        valToIndex[val] = nums.size();
        nums.push_back(val);
        return true;
    }

    bool remove(int val) {
        // 若 val 不存在，不用再删除
        if (!valToIndex.count(val)) {
            return false;
        }
```

```
        // 先拿到 val 的索引
        int index = valToIndex[val];
        // 将最后一个元素对应的索引修改为 index
        valToIndex[nums.back()] = index;
        // val 和最后一个元素交换
        swap(nums[index], nums.back());
        // 在数组中删除元素 val
        nums.pop_back();
        // 删除元素 val 对应的索引
        valToIndex.erase(val);
        return true;
    }

    int getRandom() {
        // 随机获取 nums 中的一个元素
        return nums[rand() % nums.size()];
    }
};
```

注意 **remove(val)** 函数，对 **nums** 进行插入、删除、交换时，都要记得修改哈希表 **valToIndex**，否则会出现错误。

至此，这道题就解决了，每个操作的复杂度都是 $O(1)$，且随机抽取的元素概率是相等的。

二、避开黑名单的随机数

有了上面一道题的铺垫，接下来看一道更难一些的题目，力扣第 710 题"黑名单中的随机数"，先来描述一下题目：

给你输入一个正整数 **N**，代表左闭右开区间 **[0,N)**，再给你输入一个数组 **blacklist**，其中包含一些"黑名单数字"，且 **blacklist** 中的数字都是区间 **[0,N)** 中的数字。

现在要求你设计如下数据结构：

```
class Solution {
public:
    // 构造函数，输入参数
    Solution(int N, vector<int>& blacklist) {}

    // 在区间 [0,N) 中等概率随机选取一个元素并返回
    // 这个元素不能是 blacklist 中的元素
    int pick() {}
};
```

pick 函数会被多次调用，每次调用都要在区间 **[0,N)** 中"等概率随机"返回一个"不在 **blacklist** 中"的整数。

这应该不难理解吧，比如给你输入 **N = 5, blacklist = [1,3]**，那么多次调用 **pick** 函数，会等概率随机返回 0, 2, 4 中的某一个数字。

而且题目要求，在 pick 函数中应该尽可能少调用随机数生成函数 rand()。这句话是什么意思呢，比如我们可能想出如下拍脑袋的解法：

```
int pick() {
    int res = rand() % N;
    while (res exists in blacklist) {
        // 重新随机生成一个结果
        res = rand() % N;
    }
    return res;
}
```

这个函数会多次调用 **rand()** 函数，执行效率竟然和随机数相关，不是一个漂亮的解法。

聪明的解法类似上一道题，可以将区间 [0,N) 看作一个数组，然后将 blacklist 中的元素移到数组的末尾，同时用一个哈希表进行映射。根据这个思路，可以先写出第一版代码（还存在几处错误）：

```
class Solution {
public:
    int sz;
    unordered_map<int, int> mapping;

    Solution(int N, vector<int>& blacklist) {
        // 最终数组中的元素个数
        sz = N - blacklist.size();
        // 最后一个元素的索引
        int last = N - 1;
        // 将黑名单中的索引换到最后
        for (int b : blacklist) {
            mapping[b] = last;
            last--;
        }
    }
};
```

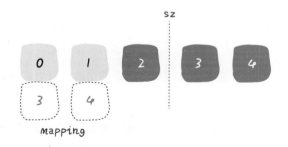

如上图，相当于把黑名单中的数字都交换到了区间 **[sz, N)** 中，同时把 **[0, sz)** 中的黑名单数字映射到正常数字。根据这个逻辑，我们可以写出 **pick** 函数：

```cpp
int pick() {
    // 随机选取一个索引
    int index = rand() % sz;
    // 这个索引命中了黑名单，
    // 需要被映射到其他位置
    if (mapping.count(index)) {
        return mapping[index];
    }
    // 若没命中黑名单，则直接返回
    return index;
}
```

这个 **pick** 函数已经没有问题了，但是构造函数还有两个问题。

第一个问题，如下这段代码：

```cpp
int last = N - 1;
// 将黑名单中的索引换到最后
for (int b : blacklist) {
    mapping[b] = last;
    last--;
}
```

我们将黑名单中的 **b** 映射到 **last**，但是我们能确定 **last** 不在 **blacklist** 中吗？

比如下图这种情况，我们的预期应该是 1 映射到 3，但是错误地映射到 4：

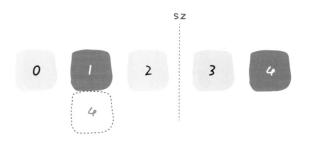

在对 **mapping[b]** 赋值时，要保证 **last** 一定不在 **blacklist** 中，可以按如下方式编写代码：

```
// 构造函数
Solution(int N, vector<int>& blacklist) {
    sz = N - blacklist.size();
    // 先将所有黑名单数字加入 map
    for (int b : blacklist) {
        // 这里赋值为多少都可以
        // 目的仅仅是把键存进哈希表
        // 方便快速判断数字是否在黑名单内
        mapping[b] = 666;
    }

    int last = N - 1;
    for (int b : blacklist) {
        // 跳过所有黑名单中的数字
        while (mapping.count(last)) {
            last--;
        }
        // 将黑名单中的索引映射到合法数字
        mapping[b] = last;
        last--;
    }
}
```

第二个问题，如果 **blacklist** 中的黑名单数字本身就存在于区间 **[sz, N)** 中，那么就没必要在 **mapping** 中建立映射，比如这种情况：

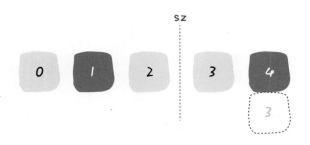

根本不用管 4，只希望把 1 映射到 3，但是按照 `blacklist` 的顺序，会把 4 映射到 3，显然是错误的。

所以可以稍微修改一下，写出正确的解法代码：

```cpp
class Solution {
public:
    int sz;
    unordered_map<int, int> mapping;

    Solution(int N, vector<int>& blacklist) {
        sz = N - blacklist.size();
        for (int b : blacklist) {
            mapping[b] = 666;
        }

        int last = N - 1;
        for (int b : blacklist) {
            // 如果 b 已经在区间 [sz, N)
            // 可以直接忽略
            if (b >= sz) {
                continue;
            }
            while (mapping.count(last)) {
                last--;
            }
            mapping[b] = last;
            last--;
        }
    }

    // 见上文代码实现
```

```
    int pick() {}
};
```

至此，这道题也解决了，总结一下本节的核心思想：

1. 如果想高效地、等概率地随机获取元素，就要使用数组作为底层容器。

2. 如果要保持数组元素的紧凑性，可以把待删除元素换到最后，然后 **pop** 掉末尾的元素，这样时间复杂度就是 $O(1)$ 了。当然，我们需要额外的哈希表记录值到索引的映射。

3. 对于第二题，数组中含有"空洞"（黑名单数字），也可以利用哈希表巧妙处理映射关系，让数组在逻辑上是紧凑的，方便随机取元素。

2.2.4　单调栈结构解决三道算法题

读完本节，你将不仅学到算法套路，还可以顺便解决如下题目：

496. 下一个更大元素 I	503. 下一个更大元素 II（中等）
739. 每日温度（中等）	

栈（stack）是很简单的一种数据结构，先进后出的逻辑顺序，符合某些问题的特点，比如函数调用栈。单调栈实际上就是栈，只是利用了一些巧妙的逻辑，使得每次新元素入栈后，栈内的元素都保持有序（单调递增或单调递减）。

这听起来有点像堆（heap）？不是的，单调栈用途不太广泛，只处理一种典型的问题，叫作"下一个更大元素"。本节用讲解单调队列的算法模板解决这类问题，并且探讨处理"循环数组"的策略。

一、单调栈模板

现在给你出这么一道题：输入一个数组 nums，请返回一个等长的结果数组，结果数组中对应索引存储着下一个更大元素，如果没有更大的元素，就存 -1，函数签名如下：

```
int[] nextGreaterElement(int[] nums);
```

比如，输入一个数组 nums = [2,1,2,4,3]，算法返回数组 [4,2,4,-1,-1]。因为第一个 2 后面比 2 大的数是 4; 1 后面比 1 大的数是 2; 第二个 2 后面比 2 大的数是 4; 4 后面没有比 4 大的数，填 -1; 3 后面没有比 3 大的数，填 -1。

这道题的暴力解法很好想到，就是对每个元素后面都进行扫描，找到第一个更大的元素就行了。但是暴力解法的时间复杂度是 $O(N^2)$。

　　这个问题可以这样抽象思考：把数组的元素想象成并列站立的人，元素大小想象成人的身高。这些人面对你站成一列，如何求元素"2"的下一个更大元素呢？很简单，如果能够看到元素"2"，那么他后面可见的第一个人就是"2"的下一个更大元素，因为比"2"小的元素身高不够，都被"2"挡住了，第一个露出来的就是答案。

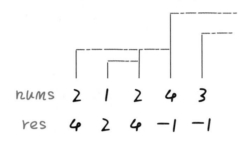

　　这个情景很好理解吧？带着这个抽象的情景，先来看看代码。

```java
int[] nextGreaterElement(int[] nums) {
    int n = nums.length;
    // 存放答案的数组
    int[] res = new int[n];
    Stack<Integer> s = new Stack<>();
    // 倒着往栈里放
    for (int i = n - 1; i >= 0; i--) {
        // 判定个子高矮
        while (!s.isEmpty() && s.peek() <= nums[i]) {
            // 矮个起开，反正也被挡着了
            s.pop();
        }
        // nums[i] 身后的 next great number
        res[i] = s.isEmpty() ? -1 : s.peek();
        s.push(nums[i]);
    }
    return res;
}
```

　　这就是单调队列解决问题的模板。for 循环要从后往前扫描元素，因为我们借助的是栈的结构，倒着入栈，其实是正着出栈。while 循环是把两个"高个子"元素之间的元素排除，因为它们的存在没有意义，前面挡着个"更高"的元素，所以它们不可能被作为后续进来的元素的下一个更大元素了。

　　这个算法的时间复杂度不是那么直观，如果你看到 for 循环嵌套 while 循环，可能认为这个算法的复杂度也是 $O(N^2)$，但是实际上这个算法的复杂度只有 $O(N)$。

分析它的时间复杂度，要从整体来看：总共有 **N** 个元素，每个元素都被 **push** 入栈了一次，而最多会被 **pop** 一次，没有任何冗余操作。所以总的计算规模是和元素规模 **N** 成正比的，也就是 $O(N)$ 的复杂度。

二、问题变形

单调栈的使用技巧差不多了，首先来一个简单的变形，力扣第 496 题 "下一个更大元素 I"：

给你两个**没有重复元素**的数组 **nums1** 和 **nums2**，其中 **nums1** 是 **nums2** 的子集。求 **nums1** 中的元素在 **nums2** 中的 "下一个更大元素"，如果不存在 "下一个更大元素"，则记为 -1。

想找到 **nums1[i]** 在 **nums2** 中的下一个更大元素，要先找到 **nums2[j] == nums1[i]**，然后 **nums2[j]** 右侧寻找下一个更大的元素，函数签名如下：

```
int[] nextGreaterElement(int[] nums1, int[] nums2)
```

这个题目描述有点抽象，我们看一个例子就明白了：

```
输入：nums1 = [4,3,1], nums2 = [1,3,4,2]
输出：output = [-1,4,3]

解释：
nums1[0] == nums2[2]，而 nums2[2] 右侧没有比 nums2[2] 更大的元素，所以 output[0] = -1
nums1[1] == nums2[1]，nums2[1] 右侧的下一个更大元素是 4，所以记为 output[1] = 4
nums1[2] == nums2[0]，nums2[0] 右侧的下一个更大元素是 3，所以记为 output[2] = 3
```

其实把我们刚才的代码改一改就可以解决这道题了，因为题目中提到 **nums1** 是 **nums2** 的子集，那么先把 **nums2** 中每个元素的下一个更大元素算出来存到一个映射里，然后再让 **nums1** 中的元素去查表即可：

```
int[] nextGreaterElement(int[] nums1, int[] nums2) {
    // 记录 nums2 中每个元素的下一个更大元素
    int[] greater = nextGreaterElement(nums2);
    // 转化成映射：元素 x -> x 的下一个最大元素
    HashMap<Integer, Integer> greaterMap = new HashMap<>();
    for (int i = 0; i < nums2.length; i++) {
        greaterMap.put(nums2[i], greater[i]);
    }
    // nums1 是 nums2 的子集，所以根据 greaterMap 可以得到结果
    int[] res = new int[nums1.length];
    for (int i = 0; i < nums1.length; i++) {
```

```
        res[i] = greaterMap.get(nums1[i]);
    }
    return res;
}

int[] nextGreaterElement(int[] nums) {
    // 见上文
}
```

再看看力扣第 739 题"每日温度"：

给你一个数组 temperatures，这个数组存放的是近几天的气温，你需要返回一个等长的数组，计算对于每一天，你还要至少等多少天才能等到一个更暖和的气温；如果等不到那一天，填 0，函数签名如下：

```
int[] dailyTemperatures(int[] temperatures);
```

比如输入 temperatures = [73,74,75,71,69,76]，返回 [1,1,3,2,1,0]。因为第一天 73 华氏度，第二天 74 华氏度，74 比 73 大，所以对于第一天，只要等一天就能等到一个更暖和的气温，后面的同理。

这个问题本质上也是找下一个更大元素，只不过现在不是问你下一个更大元素的值是多少，而是问你当前元素距离下一个更大元素的索引距离而已。

相同的思路，直接调用单调栈的算法模板，稍作改动即可，直接上代码吧：

```
int[] dailyTemperatures(int[] temperatures) {
    int n = temperatures.length;
    int[] res = new int[n];
    // 这里放元素索引，而不是元素
    Stack<Integer> s = new Stack<>();
    /* 单调栈模板 */
    for (int i = n - 1; i >= 0; i--) {
        while (!s.isEmpty() && temperatures[s.peek()] <= temperatures[i]) {
            s.pop();
        }
        // 得到索引间距
        res[i] = s.isEmpty() ? 0 : (s.peek() - i);
        // 将索引入栈，而不是元素
        s.push(i);
    }
    return res;
}
```

单调栈讲解完毕，下面开始另一个重点：如何处理循环数组。

三、如何处理环形数组

同样是求下一个更大元素，现在假设给你的数组是个环形的，该如何处理？力扣第 503 题"下一个更大元素 II"就是这个问题：输入一个"环形数组"，请你计算其中每个元素的下一个更大元素。

比如输入 `[2,1,2,4,3]`，你应该返回 `[4,2,4,-1,4]`，因为拥有了环形属性，**最后一个元素 3 绕了一圈后找到了比自己大的元素 4**。

我们一般是通过 % 运算符求模（余数），来模拟环形特效：

```
int[] arr = {1,2,3,4,5};
int n = arr.length, index = 0;
while (true) {
    // 在环形数组中转圈
    print(arr[index % n]);
    index++;
}
```

这个问题肯定还是要用单调栈的解题模板，但难点在于，比如输入是 `[2,1,2,4,3]`，对于最后一个元素 3，如何找到元素 4 作为下一个更大元素。

对于这种需求，常用套路就是将数组长度翻倍：

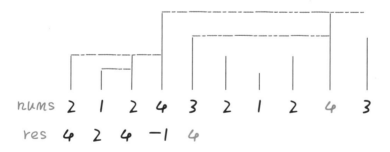

这样，元素 3 就可以找到元素 4 作为下一个更大元素了，而且其他元素都可以被正确地计算。

有了思路，以最简单的实现方式当然可以把这个双倍长度的数组构造出来，然后套用算法模板。但是，**我们可以不用构造新数组，而是利用循环数组的技巧来模拟数组长度翻倍的效果**。直接看代码吧：

```
int[] nextGreaterElements(int[] nums) {
    int n = nums.length;
    int[] res = new int[n];
```

```java
Stack<Integer> s = new Stack<>();
// 数组长度加倍模拟环形数组
for (int i = 2 * n - 1; i >= 0; i--) {
    // 索引 i 要求模，其他的和模板一样
    while (!s.isEmpty() && s.peek() <= nums[i % n]) {
        s.pop();
    }
    res[i % n] = s.isEmpty() ? -1 : s.peek();
    s.push(nums[i % n]);
}
return res;
}
```

这样，就可以巧妙解决环形数组的问题了，时间复杂度为 $O(N)$。

2.2.5 单调队列结构解决滑动窗口问题

读完本节，你将不仅学到算法套路，还可以顺便解决如下题目：

> 239. 滑动窗口最大值（困难）

上一节介绍了单调栈这种特殊数据结构，本节写一个类似的数据结构"单调队列"。也许这种数据结构的名字你没听过，其实没啥难的，就是一个"队列"，只是使用了一点巧妙的方法，使得**队列中的元素全都是单调递增（或递减）的**。

"单调栈"主要解决下一个更大元素一类算法问题，而"单调队列"这个数据结构可以解决滑动窗口相关的问题，比如力扣第 239 题"滑动窗口最大值"：

给你输入一个数组 nums 和一个正整数 k，有一个大小为 k 的窗口在 nums 上从左至右滑动，请你输出每次窗口中 k 个元素的最大值，函数签名如下：

```java
int[] maxSlidingWindow(int[] nums, int k);
```

比如题目输入 nums = [1,3,-1,-3,5,3,6,7], k = 3，你的算法应该返回 [3,3,5,5,6,7]。

```
滑动窗口的位置              最大值
---------------           -----
[1  3  -1] -3  5  3  6  7    3
 1 [3  -1  -3] 5  3  6  7    3
 1  3 [-1  -3  5] 3  6  7    5
 1  3  -1 [-3  5  3] 6  7    5
 1  3  -1  -3 [5  3  6] 7    6
```

```
1  3  -1  -3  5 [3  6  7]     7
```

一、搭建解题框架

这道题不复杂，难点在于如何在 $O(1)$ 时间算出每个"窗口"中的最大值，使得整个算法在线性时间内完成。这种问题的一个特殊点在于，"窗口"是不断滑动的，也就是需要**动态地**计算窗口中的最大值。

对于这种动态的场景，很容易得到一个结论：

在一堆数字中，已知最值为 A，如果给这堆数添加一个数 B，那么比较一下 A 和 B 就可以立即算出新的最值；但如果减少一个数，就不能直接得到最值了，因为如果减少的这个数恰好是 A，就需要遍历所有数重新找出新的最值。

回到这道题的场景，每个窗口前进的时候，要添加一个数同时减少一个数，所以想在 $O(1)$ 的时间得出新的最值，不是那么容易的，需要"单调队列"这种特殊的数据结构来辅助。

一个普通的队列一定有这两个操作：

```
class Queue {
    // 在队尾加入元素 n
    void push(int n);
    // 删除队头元素
    void pop();
}
```

一个"单调队列"的操作也差不多：

```
class MonotonicQueue {
    // 在队尾添加元素 n
    void push(int n);
    // 返回当前队列中的最大值
    int max();
    // 队头元素如果是 n，删除它
    void pop(int n);
}
```

当然，这几个 API 的实现方法肯定和一般的 Queue 不一样，不过暂且不管它，而且认为这几个操作的时间复杂度都是 $O(1)$，先把这道"滑动窗口"问题的解答框架搭出来：

```
int[] maxSlidingWindow(int[] nums, int k) {
    MonotonicQueue window = new MonotonicQueue();
```

```
List<Integer> res = new ArrayList<>();

for (int i = 0; i < nums.length; i++) {
    if (i < k - 1) {
        // 先把窗口的前 k - 1 填满
        window.push(nums[i]);
    } else {
        // 窗口开始向前滑动
        // 移入新元素
        window.push(nums[i]);
        // 将当前窗口中的最大元素记入结果
        res.add(window.max());
        // 移出最后的元素
        window.pop(nums[i - k + 1]);
    }
}
// 将 List 类型转化成 int[] 数组作为返回值
int[] arr = new int[res.size()];
for (int i = 0; i < res.size(); i++) {
    arr[i] = res.get(i);
}
return arr;
}
```

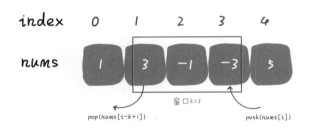

这个思路很简单，能理解吧？下面我们开始重头戏，单调队列的实现。

二、实现单调队列数据结构

观察滑动窗口的过程就能发现，实现"单调队列"必须使用一种数据结构支持在头部和尾部进行插入和删除，很明显双链表是满足这个条件的。"单调队列"的核心思路和"单调栈"类似，push 方法依然在队尾添加元素，但是要把前面比自己小的元素都删掉：

```
class MonotonicQueue {
// 双链表，支持头部和尾部增删元素
```

```java
private LinkedList<Integer> q = new LinkedList<>();

public void push(int n) {
    // 将前面小于自己的元素都删除
    while (!q.isEmpty() && q.getLast() < n) {
        q.pollLast();
    }
    q.addLast(n);
}
```

你可以想象，加入数字的大小代表人的体重，体重大的会把前面体重不足的压扁，直到遇到更大的量级才停住。

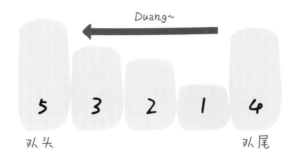

如果每个元素被加入时都这样操作，最终单调队列中的元素大小就会保持一个**单调递减**的顺序，因此 **max** 方法可以这样写：

```java
public int max() {
    // 队头的元素肯定是最大的
    return q.getFirst();
}
```

pop 方法在队头删除元素 **n**，也很好写：

```java
public void pop(int n) {
    if (n == q.getFirst()) {
        q.pollFirst();
    }
}
```

之所以要判断 **n == q.getFirst()**，是因为我们想删除的队头元素 **n** 可能已经被"压扁"了，可能已经不存在了，所以这时候就不用删除了：

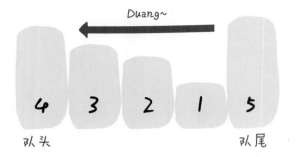

至此，单调队列设计完毕，看下完整的解题代码：

```java
/* 单调队列的实现 */
class MonotonicQueue {
    LinkedList<Integer> q = new LinkedList<>();
    public void push(int n) {
        // 将小于 n 的元素全部删除
        while (!q.isEmpty() && q.getLast() < n) {
            q.pollLast();
        }
        // 然后将 n 加入尾部
        q.addLast(n);
    }

    public int max() {
        return q.getFirst();
    }

    public void pop(int n) {
        if (n == q.getFirst()) {
            q.pollFirst();
        }
    }
}

/* 解题函数的实现 */
int[] maxSlidingWindow(int[] nums, int k) {
    MonotonicQueue window = new MonotonicQueue();
    List<Integer> res = new ArrayList<>();

    for (int i = 0; i < nums.length; i++) {
        if (i < k - 1) {
            // 先填满窗口的前 k - 1
            window.push(nums[i]);
        } else {
```

```
        // 窗口向前滑动，加入新数字
        window.push(nums[i]);
        // 记录当前窗口的最大值
        res.add(window.max());
        // 移出旧数字
        window.pop(nums[i - k + 1]);
    }
}
// 需要转成 int[] 数组再返回
int[] arr = new int[res.size()];
for (int i = 0; i < res.size(); i++) {
    arr[i] = res.get(i);
}
return arr;
}
```

有一点细节问题不要忽略，在实现 `MonotonicQueue` 时，使用了 Java 的 `LinkedList`，因为链表结构支持在头部和尾部快速增删元素；而在解法代码中的 `res` 则使用的 `ArrayList` 结构，因为后续会按照索引取元素，所以数组结构更合适。

三、算法复杂度分析

读者可能疑惑，`push` 操作中含有 while 循环，时间复杂度应该不是 $O(1)$ 呀，那么本算法的时间复杂度应该不是线性时间吧？

单独看 `push` 操作的复杂度确实不是 $O(1)$，但是算法整体的复杂度依然是 $O(N)$ 线性时间。要这样想，`nums` 中的每个元素最多被 `push` 和 `pop` 一次，没有任何多余操作，所以整体的复杂度还是 $O(N)$。空间复杂度就很简单了，就是窗口的大小 $O(k)$。

其实我觉得，这种特殊数据结构的设计还是蛮有意思的，你学会单调队列的使用了吗？

第 3 章
/
手把手培养算法思维

相信很多读者在初次接触递归算法时，特别容易把自己绕进去，完全看不懂递归代码在做什么。针对这个问题，我给出的解法就是：多刷二叉树相关的题目。

在本书的第 1 章讲解框架思维时，就特别强调了二叉树的重要性。二叉树不仅仅是数组/链表这类基本数据结构和图这类高级数据结构中间的过渡，更代表着递归的思维模式，能够帮助我们更好地掌握计算机思维，得心应手地借助计算机解决问题。

本章会借助二叉树/二叉搜索树的算法题帮你培养递归思维，并且把二叉树和图论算法、经典排序算法、暴力穷举算法联系起来，向你展开这些算法之间千丝万缕的联系。

3.1 二叉树

我在本书中多次强调二叉树的重要性，本节会承接 1.6 手把手带你刷二叉树（纲领），用实际的题目案例带你深刻理解递归算法中"遍历"和"分解问题"的思路。

3.1.1 手把手带你刷二叉树（思路）

读完本节，你将不仅学到算法套路，还可以顺便解决如下题目：

226. 翻转二叉树（简单）	114. 二叉树展开为链表（中等）
116. 填充每个节点的下一个右侧节点指针（中等）	

本节承接 1.6 手把手带你刷二叉树（纲领），先复述一下前文总结的二叉树解题总纲：

二叉树解题的思维模式分两类：

1. **是否可以通过遍历一遍二叉树得到答案？** 如果可以，用一个 **traverse** 函数配合外部变量来实现，这叫"遍历"的思维模式。

2. **是否可以定义一个递归函数，通过子问题（子树）的答案推导出原问题的答案？** 如果可以，写出这个递归函数的定义，并充分利用这个函数的返回值，这叫"分解问题"的思维模式。

无论使用哪种思维模式，都需要思考：

如果单独抽出一个二叉树节点，需要对它做什么事情？需要在什么时候（前 / 中 / 后序位置）做？ 其他的节点不用你操心，递归函数会帮你在所有节点上执行相同的操作。

本节就以几道比较简单的题目为例，带你实践运用这几条总纲，理解"遍历"的思维和"分解问题"的思维有何区别和联系。

一、翻转二叉树

我们先从简单的题开始，看看力扣第 226 题"翻转二叉树"，输入一个二叉树根节点 **root**，让你把整棵树镜像翻转，比如输入的二叉树如下：

算法原地翻转二叉树，使得以 **root** 为根的树变成：

不难发现，只要把二叉树上的每一个节点的左右子节点进行交换，最后的结果就是完全翻转之后的二叉树。

那么现在开始在心中默念二叉树解题总纲：

1. 这题能不能用"遍历"的思维模式解决？

可以，我写一个 **traverse** 函数遍历每个节点，让每个节点的左右子节点颠倒过来就行了。

单独抽出一个节点，需要对它做什么？让它把自己的左右子节点交换一下。需要在什么时候做？好像在前、中、后序位置都可以。

综上所述，可以写出如下解法代码：

```
// 主函数
TreeNode invertTree(TreeNode root) {
    // 遍历二叉树，交换每个节点的子节点
    traverse(root);
    return root;
}

// 二叉树遍历函数
void traverse(TreeNode root) {
    if (root == null) {
        return;
    }

    /**** 前序位置 ****/
    // 每一个节点需要做的事就是交换它的左右子节点
    TreeNode tmp = root.left;
    root.left = root.right;
    root.right = tmp;

    // 遍历框架，去遍历左右子树的节点
    traverse(root.left);
    traverse(root.right);
}
```

你把前序位置的代码移到后序位置也可以，但是直接移到中序位置是不行的，需要稍作修改，这应该很容易看出来。

按理说，这道题已经解决了，不过为了对比，我们再继续思考下去。

2. 这题能不能用"分解问题"的思维模式解决？

我们尝试给 `invertTree` 函数赋予一个定义：

```
// 定义：将以 root 为根的这棵二叉树翻转，返回翻转后的二叉树的根节点
TreeNode invertTree(TreeNode root);
```

然后思考，对于某一个二叉树节点 x 执行 `invertTree(x)`，你能利用这个递归函数的定义做点啥？

我可以用 `invertTree(x.left)` 先把 x 的左子树翻转，再用 `invertTree(x.right)` 把 x 的右子树翻转，最后把 x 的左右子树交换，这恰好完成了以 x 为根的整棵二

叉树的翻转，即完成了 **invertTree(x)** 的定义。

　　直接写出解法代码：

```
// 定义：将以 root 为根的这棵二叉树翻转，返回翻转后的二叉树的根节点
TreeNode invertTree(TreeNode root) {
    if (root == null) {
        return null;
    }
    // 利用函数定义，先翻转左右子树
    TreeNode left = invertTree(root.left);
    TreeNode right = invertTree(root.right);

    // 然后交换左右子节点
    root.left = right;
    root.right = left;

    // 和定义逻辑自恰：以 root 为根的这棵二叉树已经被翻转，返回 root
    return root;
}
```

　　这种"分解问题"的思路，核心在于你要给递归函数一个合适的定义，然后用函数的定义来解释你的代码；如果你的逻辑成功自恰，那么说明你这个算法是正确的。

　　好了，这道题就分析到这里，"遍历"和"分解问题"的思路都可以解决，看下一道题。

二、填充节点的右侧指针

　　这是力扣第 116 题"填充每个节点的下一个右侧节点指针"，题目给你输入一棵完美二叉树，其中的节点长这样：

```
struct Node {
    int val;
    Node *left;
    Node *right;
    Node *next;
}
```

　　初始状态下，所有 **next** 指针都为 **null**，现在请你填充它的每个 **next** 指针，让这个指针指向其下一个右侧节点。如果不存在下一个右侧节点，则将 **next** 指针设置为 **null**，函数签名如下：

```
Node connect(Node root);
```

题目的意思就是把二叉树的每一层节点都用 next 指针连接起来：

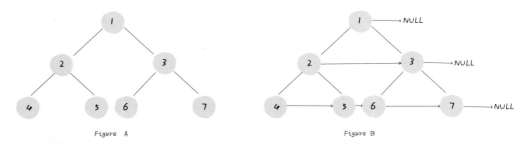

而且题目说了，输入的是一棵"完美二叉树"，形象地说整棵二叉树是一个正三角形，除了最右侧的节点 next 指针会指向 null，其他节点的右侧一定有相邻的节点。

这道题怎么做呢？来默念二叉树解题总纲：

1. 这道题能不能用"遍历"的思维模式解决？

很显然，一定可以。每个节点要做的事很简单，把自己的 next 指针指向右侧节点就行了。

也许你会模仿上一道题，直接写出如下代码：

```
// 二叉树遍历函数
void traverse(Node root) {
    if (root == null || root.left == null) {
        return;
    }
    // 把左子节点的 next 指针指向右子节点
    root.left.next = root.right;

    traverse(root.left);
    traverse(root.right);
}
```

但是，这段代码其实有很大问题，因为它只能把相同父节点的两个节点串起来，再看本页顶部这张图：节点 5 和节点 6 不属于同一个父节点，那么按照这段代码的逻辑，它俩就没办法被穿起来，这是不符合题意的，但是问题出在哪里？

传统的 traverse 函数遍历二叉树的所有节点，但现在我们想遍历的其实是两个相邻节点之间的"空隙"。

所以我们可以在二叉树的基础上进行抽象，把图中的每一个方框（一对二叉树节点）看作一个"大节点"：

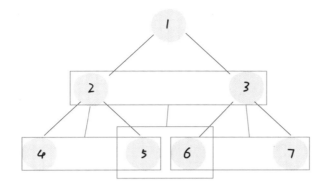

这样，一棵二叉树被抽象成了一棵三叉树，三叉树上的每个节点就是原先二叉树的两个相邻节点。

现在，我们只要实现一个 **traverse** 函数来遍历这棵三叉树，对每个"三叉树节点"需要做的事就是把自己内部的两个二叉树节点穿起来：

```
// 主函数
Node connect(Node root) {
    if (root == null) return null;
    // 遍历"三叉树"，连接相邻节点
    traverse(root.left, root.right);
    return root;
}

// 三叉树遍历框架
void traverse(Node node1, Node node2) {
    if (node1 == null || node2 == null) {
        return;
    }
    /**** 前序位置 ****/
    // 将传入的两个节点穿起来
    node1.next = node2;

    // 连接相同父节点的两个子节点
    traverse(node1.left, node1.right);
    traverse(node2.left, node2.right);
    // 连接跨越父节点的两个子节点
    traverse(node1.right, node2.left);
}
```

这样，**traverse** 函数遍历整棵"三叉树"，将所有相邻的二叉树节点都连接起来，也就避免了之前出现的问题，这道题完美解决。

2. 这道题能不能用"分解问题"的思维模式解决？

嗯，好像没有什么特别好的思路，所以这道题无法使用"分解问题"的思维来解决。

三、将二叉树展开为链表

这是力扣第 114 题"二叉树展开为链表"，看下题目：

给你输入一棵二叉树的根节点 `root`，请将它展开为一个单链表。展开后的单链表节点依然为二叉树节点 `TreeNode`，其中 `right` 子指针指向链表中下一个节点，而左子指针始终为 `null`，且展开后的单链表应该与二叉树的前序遍历顺序相同。

比如这样一棵二叉树的展开结果如下：

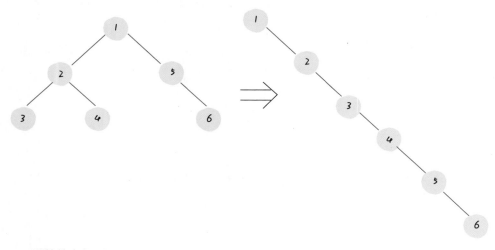

函数签名如下：

```
void flatten(TreeNode root);
```

看起来挺难的是吧，没关系，我们用标准的思考模式来尝试解决。

1. 这道题能不能用"遍历"的思维模式解决？

乍一看感觉是可以的，对整棵树进行前序遍历，一边遍历一边构造出一条"链表"就行了：

```
// 虚拟头节点，dummy.right 就是结果
TreeNode dummy = new TreeNode(-1);
// 用来构建链表的指针
TreeNode p = dummy;
```

```
void traverse(TreeNode root) {
    if (root == null) {
        return;
    }
    // 前序位置
    p.right = new TreeNode(root.val);
    p = p.right;

    traverse(root.left);
    traverse(root.right);
}
```

但是注意 `flatten` 函数的签名，返回类型为 `void`，也就是说题目希望我们在原地把二叉树拉平成链表。这样一来，没办法通过简单的二叉树遍历来解决这道题了。

2. 这道题能不能用 "分解问题" 的思维模式解决？

我们尝试给出 `flatten` 函数的定义：

```
// 定义：输入节点 root，然后 root 为根的二叉树就会被拉平成一条链表
void flatten(TreeNode root);
```

有了这个函数定义，如何按题目要求把一棵树拉平成一条链表？

对于一个节点 **x**，可以执行以下流程：

1. 先利用 `flatten(x.left)` 和 `flatten(x.right)` 将 **x** 的左右子树拉平。

2. 将 **x** 的右子树接到左子树下方，然后将整棵左子树作为右子树。

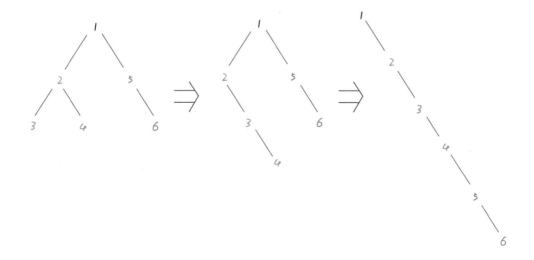

这样，以 x 为根的整棵二叉树就被拉平了，恰好完成了 `flatten(x)` 的定义。

直接看代码实现：

```java
// 定义：将以 root 为根的树拉平成链表
void flatten(TreeNode root) {
    // base case
    if (root == null) return;

    // 利用定义，把左右子树拉平
    flatten(root.left);
    flatten(root.right);

    /**** 后序遍历位置 ****/
    // 1. 左右子树已经被拉平成一条链表
    TreeNode left = root.left;
    TreeNode right = root.right;

    // 2. 将左子树作为右子树
    root.left = null;
    root.right = left;

    // 3. 将原先的右子树接到当前右子树的末端
    TreeNode p = root;
    while (p.right != null) {
        p = p.right;
    }
    p.right = right;
}
```

你看，这就是递归的魅力，你说 `flatten` 函数是怎么把左右子树拉平的？不容易说清楚，但是只要知道 `flatten` 的定义如此并利用这个定义，让每一个节点做它该做的事情，然后 `flatten` 函数就会按照定义工作。

至此，这道题也解决了。最后首尾呼应一下，再次默写二叉树解题总纲。

二叉树解题的思维模式分两类：

1. **是否可以通过遍历一遍二叉树得到答案**？如果可以，用一个 traverse 函数配合外部变量来实现，这叫"遍历"的思维模式。

2. **是否可以定义一个递归函数，通过子问题（子树）的答案推导出原问题的答案**？如果可以，写出这个递归函数的定义，并充分利用这个函数的返回值，这叫"分解问题"的思维模式。

无论使用哪种思维模式，你都需要思考：

如果单独抽出一个二叉树节点，对它需要做什么事情？需要在什么时候（前、中、后序位置）做？其他的节点不用你操心，递归函数会帮你在所有节点上执行相同的操作。

希望你能仔细体会以上这些，并运用到所有二叉树题目上。

3.1.2 手把手带你刷二叉树（构造）

读完本节，你将不仅学到算法套路，还可以顺便解决如下题目：

654. 最大二叉树（中等）	105. 从前序与中序遍历序列构造二叉树（中等）
106. 从中序与后序遍历序列构造二叉树(中等)	889. 根据前序和后序遍历构造二叉树（中等）

本节是承接 1.6 手把手带你刷二叉树（纲领）的第 2 部分，先复述一下前文总结的二叉树解题总纲：

> 二叉树解题的思维模式分为两类：
>
> 1. **是否可以通过遍历一遍二叉树得到答案**？如果可以，用一个 `traverse` 函数配合外部变量来实现，这叫"遍历"的思维模式。
>
> 2. **是否可以定义一个递归函数，通过子问题(子树)的答案推导出原问题的答案**？如果可以，写出这个递归函数的定义，并充分利用这个函数的返回值，这叫"分解问题"的思维模式。
>
> 无论使用哪种思维模式，你都需要思考：
>
> **如果单独抽出一个二叉树节点，它需要做什么事情？需要在什么时候（前、中、后序位置)做**？其他的节点不用你操心，递归函数会帮你在所有节点上执行相同的操作。

上面讲了"遍历"和"分解问题"两种思维方式，本节讲述二叉树的构造类问题。

二叉树的构造问题一般都是使用"分解问题"的思路：构造整棵树 = 根节点 + 构造左子树 + 构造右子树。

接下来直接看题。

一、构造最大二叉树

先来一道简单的，这是力扣第 654 题"最大二叉树"，题目给你输入一个不重复的整数数组 `nums`，最大二叉树可以用下面的算法从 `nums` 递归地构建：

1. 创建一个根节点，其值为 `nums` 中的最大值。

2. 递归地在最大值左边的子数组上构建左子树。

3. 递归地在最大值右边的子数组上构建右子树。

函数签名如下:

```
TreeNode constructMaximumBinaryTree(int[] nums);
```

比如输入 `nums = [3,2,1,6,0,5]`,你的算法应该返回这样一棵二叉树:

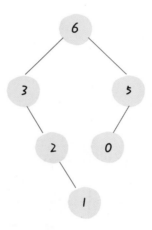

对于二叉树的构造问题,首先要做的当然是想办法将根节点构造出来,然后想办法构造自己的左右子树,而二叉树中的每个节点都可以被认为是一棵子树的根节点,这就是递归解题的关键。所以,要遍历数组找到最大值 maxVal,从而把根节点 root 做出来,然后对 maxVal 左边的数组和右边的数组进行递归构建,作为 root 的左右子树,这样整棵树就被构建出来了。

按照题目给出的例子,输入的数组为 `[3,2,1,6,0,5]`,对于整棵树的根节点来说,其实在做这件事:

```
TreeNode constructMaximumBinaryTree([3,2,1,6,0,5]) {
    // 找到数组中的最大值
    TreeNode root = new TreeNode(6);
    // 递归调用构造左右子树
    root.left = constructMaximumBinaryTree([3,2,1]);
    root.right = constructMaximumBinaryTree([0,5]);
    return root;
}
```

再详细一点儿,就是如下伪码:

```
TreeNode constructMaximumBinaryTree(int[] nums) {
    if (nums is empty) return null;
    // 找到数组中的最大值
    int maxVal = Integer.MIN_VALUE;
    int index = 0;
    for (int i = 0; i < nums.length; i++) {
        if (nums[i] > maxVal) {
            maxVal = nums[i];
            index = i;
        }
    }

    TreeNode root = new TreeNode(maxVal);
    // 递归调用构造左右子树
    root.left = constructMaximumBinaryTree(nums[0..index-1]);
    root.right = constructMaximumBinaryTree(nums[index+1..nums.length-1]);
    return root;
}
```

当前 nums 中的最大值就是根节点，然后根据索引递归调用左右数组构造左右子树即可。

明确了思路，我们可以重新写一个辅助函数 build，来控制 nums 的索引：

```
/* 主函数 */
TreeNode constructMaximumBinaryTree(int[] nums) {
    return build(nums, 0, nums.length - 1);
}

// 定义：将 nums[lo..hi] 构造成符合条件的树，返回根节点
TreeNode build(int[] nums, int lo, int hi) {
    // base case
    if (lo > hi) {
        return null;
    }

    // 找到数组中的最大值和对应的索引
    int index = -1, maxVal = Integer.MIN_VALUE;
    for (int i = lo; i <= hi; i++) {
        if (maxVal < nums[i]) {
            index = i;
            maxVal = nums[i];
        }
    }

    // 先构造出根节点
```

```
TreeNode root = new TreeNode(maxVal);
// 递归调用构造左右子树
root.left = build(nums, lo, index - 1);
root.right = build(nums, index + 1, hi);

return root;
}
```

至此，这道题就做完了，还是挺简单的对吧，下面看两道更难一些的。

二、通过前序和中序遍历结果构造二叉树

力扣第 105 题"从前序与中序遍历序列构造二叉树"就是这道经典题目，面试、笔试中常考，函数签名如下：

```
TreeNode buildTree(int[] preorder, int[] inorder);
```

比如题目中输入 preorder = [3,9,20,15,7], inorder = [9,3,15,20,7]，算法应该构建这样一棵二叉树：

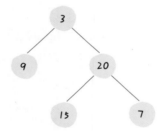

废话不多说，直接来想思路，首先思考应该对根节点做什么。

类似上一题，肯定要想办法确定根节点的值，把根节点做出来，然后递归构造左右子树即可。

为了确定根节点的值，我们来回顾一下，前序遍历和中序遍历的结果有什么特点？

```
void traverse(TreeNode root) {
    // 前序遍历
    preorder.add(root.val);
    traverse(root.left);
    traverse(root.right);
}

void traverse(TreeNode root) {
    traverse(root.left);
    // 中序遍历
```

```
    inorder.add(root.val);
    traverse(root.right);
}
```

这样的遍历顺序差异，导致了 **preorder** 和 **inorder** 数组中的元素分布有如下特点：

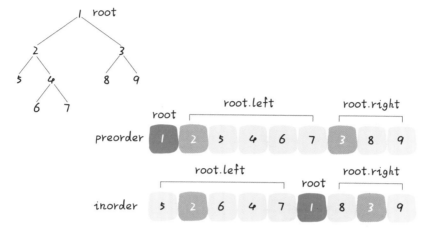

所以找到根节点是很简单的，前序遍历的第一个值 **preorder[0]** 就是根节点的值。关键在于如何通过根节点的值，将 **preorder** 和 **postorder** 数组划分成两半，构造根节点的左右子树。

换句话说，对于以下代码中的 **?** 部分应该填入什么：

```
/* 主函数 */
public TreeNode buildTree(int[] preorder, int[] inorder) {
    // 根据函数定义，用 preorder 和 inorder 构造二叉树
    return build(preorder, 0, preorder.length - 1,
                 inorder, 0, inorder.length - 1);
}

/*
    build 函数的定义：
    假设前序遍历数组为 preorder[preStart..preEnd]，
    中序遍历数组为 inorder[inStart..inEnd]，
    构造二叉树，返回该二叉树的根节点
*/
TreeNode build(int[] preorder, int preStart, int preEnd,
               int[] inorder, int inStart, int inEnd) {
    // root 节点对应的值就是前序遍历数组的第一个元素
    int rootVal = preorder[preStart];
    // rootVal 是在中序遍历数组中的索引
    int index = 0;
```

```java
    for (int i = inStart; i <= inEnd; i++) {
        if (inorder[i] == rootVal) {
            index = i;
            break;
        }
    }

    TreeNode root = new TreeNode(rootVal);
    // 递归构造左右子树
    root.left = build(preorder, ?, ?,
                      inorder, ?, ?);

    root.right = build(preorder, ?, ?,
                       inorder, ?, ?);
    return root;
}
```

代码中的 **rootVal** 和 **index** 变量，就是下图这种情况：

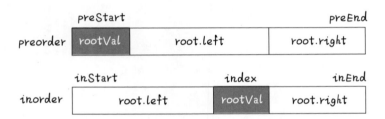

另外，可以看出，通过for循环遍历的方式去确定 **index** 效率不算高，可以进一步优化。

因为题目说二叉树节点的值不存在重复，所以可以使用一个 HashMap 存储元素到索引的映射，这样就可以直接通过 HashMap 查到 **rootVal** 对应的 **index**：

```java
// 存储 inorder 中值到索引的映射
HashMap<Integer, Integer> valToIndex = new HashMap<>();

public TreeNode buildTree(int[] preorder, int[] inorder) {
    for (int i = 0; i < inorder.length; i++) {
        valToIndex.put(inorder[i], i);
    }
    return build(preorder, 0, preorder.length - 1,
                 inorder, 0, inorder.length - 1);
}


TreeNode build(int[] preorder, int preStart, int preEnd,
               int[] inorder, int inStart, int inEnd) {
```

```
    int rootVal = preorder[preStart];
    // 避免 for 循环寻找 rootVal
    int index = valToIndex.get(rootVal);
    // ...
}
```

现在我们来看图做填空题，下面这几个问号处应该填什么：

```
root.left = build(preorder, ?, ?,
                  inorder, ?, ?);

root.right = build(preorder, ?, ?,
                   inorder, ?, ?);
```

左右子树对应的 **inorder** 数组的起始索引和终止索引比较容易确定：

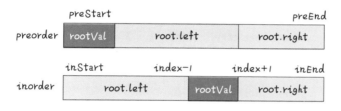

```
root.left = build(preorder, ?, ?,
                  inorder, inStart, index - 1);

root.right = build(preorder, ?, ?,
                   inorder, index + 1, inEnd);
```

而 **preorder** 数组，如何确定左右数组对应的起始索引和终止索引？

这个可以通过左子树的节点数推导出来，假设左子树的节点数为 **leftSize**，那么 **preorder** 数组上的索引情况是这样的：

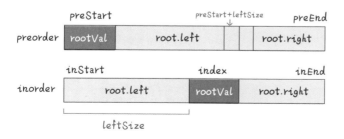

看着这张图就可以把 **preorder** 对应的索引写进去了：

```
int leftSize = index - inStart;

root.left = build(preorder, preStart + 1, preStart + leftSize,
                  inorder, inStart, index - 1);

root.right = build(preorder, preStart + leftSize + 1, preEnd,
                   inorder, index + 1, inEnd);
```

至此，整个算法思路就完成了，我们再补一补 base case 即可写出解法代码：

```
TreeNode build(int[] preorder, int preStart, int preEnd,
               int[] inorder, int inStart, int inEnd) {

    if (preStart > preEnd) {
        return null;
    }

    // root 节点对应的值就是前序遍历数组的第一个元素
    int rootVal = preorder[preStart];
    // rootVal 在中序遍历数组中的索引
    int index = valToIndex.get(rootVal);

    int leftSize = index - inStart;

    // 先构造出当前根节点
    TreeNode root = new TreeNode(rootVal);
    // 递归构造左右子树
    root.left = build(preorder, preStart + 1, preStart + leftSize,
                      inorder, inStart, index - 1);

    root.right = build(preorder, preStart + leftSize + 1, preEnd,
                       inorder, index + 1, inEnd);
    return root;
}
```

主函数只要调用 **build** 函数即可，看上去函数这么多参数，解法这么多代码，似乎比前面讲的那道题难很多，让人望而生畏，实际上呢，这些参数无非就是控制数组起止位置的，画个图就能解决了。

三、通过后序和中序遍历结果构造二叉树

类似上一题，这次我们看看力扣第 106 题"从中序与后序遍历序列构造二叉树"，利用后序和中序遍历的结果数组来还原二叉树，函数签名如下：

```
TreeNode buildTree(int[] inorder, int[] postorder);
```

比如题目中输入 `inorder = [9,3,15,20,7]`, `postorder = [9,15,7,20,3]`，那么你应该构造这样一棵二叉树：

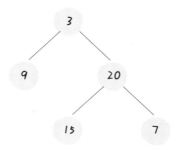

类似之前的题目，看下后序和中序遍历的特点：

```java
void traverse(TreeNode root) {
    traverse(root.left);
    traverse(root.right);
    // 后序遍历
    postorder.add(root.val);
}

void traverse(TreeNode root) {
    traverse(root.left);
    // 中序遍历
    inorder.add(root.val);
    traverse(root.right);
}
```

这样的遍历顺序差异，导致了 `postorder` 和 `inorder` 数组中的元素分布有如下特点：

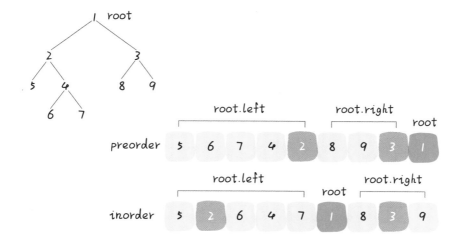

这道题和上一题的关键区别是，后序遍历和前序遍历相反，根节点对应的值为 `postorder` 的最后一个元素。

整体的算法框架和上一题非常类似，我们依然写一个辅助函数 `build`：

```java
// 存储 inorder 中值到索引的映射
HashMap<Integer, Integer> valToIndex = new HashMap<>();

TreeNode buildTree(int[] inorder, int[] postorder) {
    for (int i = 0; i < inorder.length; i++) {
        valToIndex.put(inorder[i], i);
    }
    return build(inorder, 0, inorder.length - 1,
                postorder, 0, postorder.length - 1);
}

/*
    build 函数的定义：
    后序遍历数组为 postorder[postStart..postEnd]，
    中序遍历数组为 inorder[inStart..inEnd]，
    构造二叉树，返回该二叉树的根节点
*/
TreeNode build(int[] inorder, int inStart, int inEnd,
                int[] postorder, int postStart, int postEnd) {
    // root 节点对应的值就是后序遍历数组的最后一个元素
    int rootVal = postorder[postEnd];
    // rootVal 在中序遍历数组中的索引
    int index = valToIndex.get(rootVal);

    TreeNode root = new TreeNode(rootVal);
    // 递归构造左右子树
    root.left = build(inorder, ?, ?,
                    postorder, ?, ?);

    root.right = build(inorder, ?, ?,
                    postorder, ?, ?);
    return root;
}
```

现在 `postoder` 和 `inorder` 对应的状态如下：

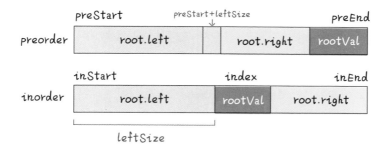

我们可以按照上图将问号处的索引正确填入:

```
int leftSize = index - inStart;

root.left = build(inorder, inStart, index - 1,
                postorder, postStart, postStart + leftSize - 1);

root.right = build(inorder, index + 1, inEnd,
                postorder, postStart + leftSize, postEnd - 1);
```

根据以上内容,可以写出完整的解法代码:

```
TreeNode build(int[] inorder, int inStart, int inEnd,
            int[] postorder, int postStart, int postEnd) {

    if (inStart > inEnd) {
        return null;
    }
    // 根节点对应的值就是后序遍历数组的最后一个元素
    int rootVal = postorder[postEnd];
    // rootVal 在中序遍历数组中的索引
    int index = valToIndex.get(rootVal);
    // 左子树的节点个数
    int leftSize = index - inStart;
    TreeNode root = new TreeNode(rootVal);
    // 递归构造左右子树
    root.left = build(inorder, inStart, index - 1,
                    postorder, postStart, postStart + leftSize - 1);

    root.right = build(inorder, index + 1, inEnd,
                    postorder, postStart + leftSize, postEnd - 1);
    return root;
}
```

有了前一题的铺垫，这道题很快就解决了，无非就是 **rootVal** 变成了最后一个元素，再改改递归函数的参数而已，只要明白二叉树的特性，也不难写出来。

四、通过后序和前序遍历结果构造二叉树

这是力扣第 889 题"根据前序和后序遍历构造二叉树"，给你输入二叉树的前序和后序遍历结果，让你还原二叉树的结构，函数签名如下：

```
TreeNode constructFromPrePost(int[] preorder, int[] postorder);
```

这道题和前两道题有一个本质的区别：

通过前序中序，或者后序中序遍历结果可以确定唯一一棵原始二叉树，但是通过前序后序遍历结果无法确定唯一的原始二叉树。

题目也说了，如果有多种可能的还原结果，你可以返回任意一种。

为什么呢？前文讲过，构建二叉树的套路很简单，先找到根节点，然后找到并递归构造左右子树即可。前两道题，可以通过前序或者后序遍历结果找到根节点，然后根据中序遍历结果确定左右子树（题目说了树中没有 **val** 相同的节点）。而这道题，你可以确定根节点，但是无法确切地知道左右子树有哪些节点。

举个例子，比如给你这个输入：

```
preorder = [1,2,3], postorder = [3,2,1]
```

下面这两棵树都是符合条件的，但显然它们的结构不同：

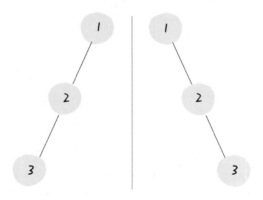

不过话说回来，用后序遍历和前序遍历结果还原二叉树，解法逻辑上和前两道题差别不大，也是通过控制左右子树的索引来构建：

1. 把前序遍历结果的第一个元素或者后序遍历结果的最后一个元素确定为根节点的值。

2. 把前序遍历结果的第二个元素作为左子树的根节点的值。

3. 在后序遍历结果中寻找左子树根节点的值，从而确定了左子树的索引边界，进而确定右子树的索引边界，递归构造左右子树即可。

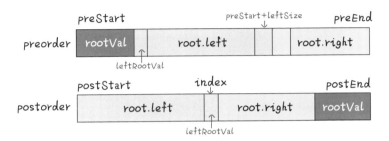

详情见如下代码。

```java
class Solution {
    // 存储 postorder 中值到索引的映射
    HashMap<Integer, Integer> valToIndex = new HashMap<>();

    public TreeNode constructFromPrePost(int[] preorder, int[] postorder) {
        for (int i = 0; i < postorder.length; i++) {
            valToIndex.put(postorder[i], i);
        }
        return build(preorder, 0, preorder.length - 1,
                    postorder, 0, postorder.length - 1);
    }

    // 定义：根据 preorder[preStart..preEnd] 和 postorder[postStart..postEnd]
    // 构建二叉树，并返回根节点
    TreeNode build(int[] preorder, int preStart, int preEnd,
                   int[] postorder, int postStart, int postEnd) {
        if (preStart > preEnd) {
            return null;
        }
        if (preStart == preEnd) {
            return new TreeNode(preorder[preStart]);
        }

        // root 节点对应的值就是前序遍历数组的第一个元素
        int rootVal = preorder[preStart];
        // root.left 的值是前序遍历的第二个元素
        // 通过前序和后序遍历构造二叉树的关键在于通过左子树的根节点
        // 确定 preorder 和 postorder 中左右子树的元素区间
```

```
    int leftRootVal = preorder[preStart + 1];
    // leftRootVal 在后序遍历数组中的索引
    int index = valToIndex.get(leftRootVal);
    // 左子树的元素个数
    int leftSize = index - postStart + 1;

    // 先构造出当前根节点
    TreeNode root = new TreeNode(rootVal);
    // 递归构造左右子树
    // 根据左子树的根节点索引和元素个数推导左右子树的索引边界
    root.left = build(preorder, preStart + 1, preStart + leftSize,
            postorder, postStart, index);
    root.right = build(preorder, preStart + leftSize + 1, preEnd,
            postorder, index + 1, postEnd - 1);

    return root;
    }
}
```

代码和前两道题非常类似，我们可以看着代码思考一下，为什么通过前序遍历和后序遍历结果还原的二叉树可能不唯一呢？关键在这一句：

```
int leftRootVal = preorder[preStart + 1];
```

假设前序遍历的第二个元素是左子树的根节点，但实际上左子树有可能是空指针，那么这个元素就应该是右子树的根节点。由于这里无法确切进行判断，所以导致了最终答案的不唯一。

至此，通过前序和后序遍历结果还原二叉树的问题也解决了。

最后呼应下前文，**二叉树的构造问题一般都是使用"分解问题"的思路：构造整棵树 = 根节点 + 构造左子树 + 构造右子树**。先找出根节点，然后根据根节点的值找到左右子树的元素，进而递归构建出左右子树。现在你是否明白其中的玄妙了呢？

3.1.3 手把手带你刷二叉树（序列化）

读完本节，你将不仅学到算法套路，还可以顺便解决如下题目：

297. 二叉树的序列化与反序列化（困难）

本节承接 1.6 手把手带你刷二叉树（纲领），而上一节带你学习了二叉树构造技巧，本节加大难度，让你对二叉树同时进行"序列化"和"反序列化"。

要说序列化和反序列化，得先从 JSON 数据格式说起。JSON 的运用非常广泛，比如我们经常将编程语言中的结构体序列化成 JSON 字符串，存入缓存或者通过网络发送给远端服务，消费者接受 JSON 字符串然后进行反序列化，就可以得到原始数据了。

这就是序列化和反序列化的目的，以某种特定格式组织数据，使得数据可以独立于编程语言。那么假设现在有一棵用 Java 实现的二叉树，我想把它通过某些方式存储下来，然后用 C++ 读取这棵并还原这棵二叉树的结构，该怎么办？这就需要对二叉树进行序列化和反序列化了。

谈具体的题目之前，我们先思考一个问题：**什么样的序列化的数据可以反序列化出唯一的一棵二叉树？**

比如，如果给你一棵二叉树的前序遍历结果，你是否能够根据这个结果还原出这棵二叉树呢？

答案是也许可以，也许不可以，具体要看你给的前序遍历结果是否包含空指针的信息。如果包含了空指针，那么就可以唯一确定一棵二叉树，否则就不行。

举例来说，如果我给你这样一个不包含空指针的前序遍历结果 **[1,2,3,4,5]**，那么如下两棵二叉树都是满足这个前序遍历结果的：

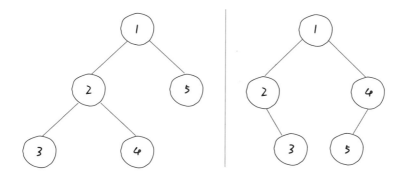

所以给定不包含空指针信息的前序遍历结果，是不能还原出唯一的一棵二叉树的。

但如果我的前序遍历结果包含空指针的信息，那么就能还原出唯一的一棵二叉树了。比如用 # 表示空指针，上图左侧的二叉树的前序遍历结果就是 **[1,2,3,#,#,4,#,#,5,#,#]**，上图右侧的二叉树的前序遍历结果就是 **[1,2,#,3,#,#,4,5,#,#,#]**，二者就区分开了。

那么估计就有聪明的小伙伴说了：东哥我懂了，甭管是前、中、后序哪一种遍历顺序，只要序列化的结果中包含了空指针的信息，就能还原出唯一的一棵二叉树了。

首先要夸一下这种举一反三的思维，但很不幸，正确答案是，即便你包含了空指针的信息，也只有前序和后序的遍历结果才能唯一还原二叉树，中序遍历结果做不到。

本节后面会具体探讨这个问题，这里只简单说下原因：因为前序、后序遍历的结果中，可以确定根节点的位置，而中序遍历的结果中，根节点的位置是无法确定的。

更直观来讲，比如以下两棵二叉树显然拥有不同的结构，但它们的中序遍历结果都是 [#,1,#,1,#]，无法区分：

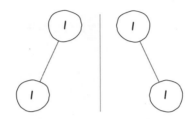

说了这么多，总结下结论，在二叉树节点的值不重复的前提下：

1. 如果你的序列化结果中不包含空指针的信息，且你只给出一种遍历顺序，那么你无法还原出唯一的一棵二叉树。

2. 如果你的序列化结果中**不包含空指针的信息**，且你会给出**两种**遍历顺序，那么按照 3.1.2 手把手带你刷二叉树（构造）所讲，分两种情况：

   ★ 如果你给出的是前序和中序，或者后序和中序，那么你可以还原出唯一的一棵二叉树。

   ★ 如果你给出的是前序和后序，那么无法还原出唯一的一棵二叉树。

3. 如果你的序列化结果中**包含空指针的信息**，且你只给出**一种**遍历顺序，也要分两种情况：

   ★ 如果你给出的是前序或者后序，那么你可以还原出唯一的一棵二叉树。

   ★ 如果你给出的是中序，那么无法还原出唯一的一棵二叉树。

我在开头提一下这些总结性的认识，读者可以理解性记忆。之后当遇到一些相关的题目，再回过头来看看这些总结，会有更深的理解，下面看具体的题目吧。

一、题目描述

力扣第 297 题"二叉树的序列化与反序列化"就是给你输入一棵二叉树的根节点 root，要求你实现如下一个类：

```
public class Codec {

    // 把一棵二叉树序列化成字符串
    public String serialize(TreeNode root) {}

    // 把字符串反序列化成二叉树
    public TreeNode deserialize(String data) {}
}
```

我们可以用 **serialize** 方法将二叉树序列化成字符串，用 **deserialize** 方法将序列化的字符串反序列化成二叉树，至于以什么格式序列化和反序列化，这个完全由你决定。

比如输入如下这样一棵二叉树：

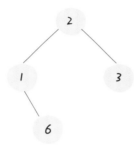

serialize 方法也许会把它序列化成字符串 **2,1,#,6,3,#,#**，其中 **#** 表示 **null** 指针，那么把这个字符串再输入到 **deserialize** 方法，依然可以还原出这棵二叉树。也就是说，这两个方法会成对使用，你只要保证它俩能够自洽就行了。

想象一下，二叉树结构是一个二维平面内的结构，而序列化出来的字符串是一个线性的一维结构。**所谓的序列化不过就是把结构化的数据"打平"，其实就是在考查二叉树的遍历方式。**

二叉树的遍历方式有哪些？递归遍历方式有前序遍历、中序遍历和后序遍历；迭代方式一般是层级遍历。本节就把这些方式都尝试一遍，来实现 **serialize** 方法和 **deserialize** 方法。

二、前序遍历解法

1.1 学习数据结构和算法的框架思维 一节讲述了二叉树的几种遍历方式，前序遍历框架如下：

```
void traverse(TreeNode root) {
    if (root == null) return;

    // 前序遍历的代码

    traverse(root.left);
    traverse(root.right);
}
```

真的很简单，在递归遍历两棵子树之前写的代码就是前序遍历代码，那么请看一看如下伪码：

```
LinkedList<Integer> res;
void traverse(TreeNode root) {
    if (root == null) {
        // 暂且用数字 -1 代表空指针 null
        res.addLast(-1);
        return;
    }

    /****** 前序位置 ******/
    res.addLast(root.val);
    /********************/

    traverse(root.left);
    traverse(root.right);
}
```

调用 `traverse` 函数之后，你是否可以立即想出这个 `res` 列表中元素的顺序是怎样的？比如如下二叉树（# 代表空指针 null），可以直观看出前序遍历做的事情：

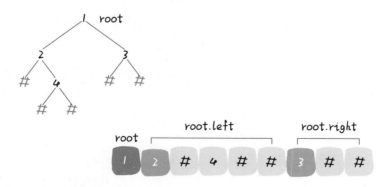

最后 `res = [1,2,-1,4,-1,-1,3,-1,-1]`，这就是将二叉树"打平"到了一个列表中，其中 -1 代表 null。

那么，将二叉树打平到一个字符串中也是完全一样的：

```java
// 代表分隔符的字符
String SEP = ",";
// 代表 null 空指针的字符
String NULL = "#";
// 用于拼接字符串
StringBuilder sb = new StringBuilder();

/* 将二叉树打平为字符串 */
void traverse(TreeNode root, StringBuilder sb) {
    if (root == null) {
        sb.append(NULL).append(SEP);
        return;
    }

    /****** 前序位置 ******/
    sb.append(root.val).append(SEP);
    /*********************/

    traverse(root.left, sb);
    traverse(root.right, sb);
}
```

StringBuilder 可以用于高效拼接字符串，所以也可以认为是一个列表，用 **,** 作为分隔符，用 **#** 表示空指针 null，调用完 **traverse** 函数后，**sb** 中的字符串应该是 **1,2,#,4,#,#,3,#,#,**。

至此，我们已经可以写出序列化函数 **serialize** 的代码了：

```java
String SEP = ",";
String NULL = "#";

/* 主函数，将二叉树序列化为字符串 */
String serialize(TreeNode root) {
    StringBuilder sb = new StringBuilder();
    serialize(root, sb);
    return sb.toString();
}

/* 辅助函数，将二叉树存入 StringBuilder */
void serialize(TreeNode root, StringBuilder sb) {
    if (root == null) {
        sb.append(NULL).append(SEP);
```

```
        return;
    }

    /****** 前序位置 ******/
    sb.append(root.val).append(SEP);
    /**********************/

    serialize(root.left, sb);
    serialize(root.right, sb);
}
```

现在，思考一下如何写 **deserialize** 函数，从字符串反过来构造二叉树。

首先我们可以把字符串转化成列表：

```
String data = "1,2,#,4,#,#,3,#,#,";
String[] nodes = data.split(",");
```

这样，**nodes** 列表就是二叉树的前序遍历结果，问题转化为：如何通过二叉树的前序遍历结果还原一棵二叉树？

> 注意：3.1.2 手把手带你刷二叉树（构造）提到，我们至少要得到前、中、后序遍历中的两种互相配合才能还原二叉树，那是因为前文的遍历结果没有记录空指针的信息。这里的 **nodes** 列表包含了空指针的信息，所以只使用 **nodes** 列表就可以还原二叉树。

根据上述分析，**nodes** 列表就是一棵二叉树的前序遍历结果：

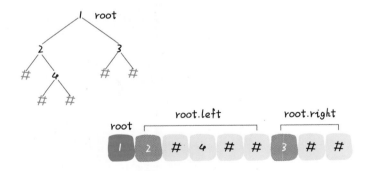

那么，反序列化过程也一样，**先确定根节点 root**，然后遵循前序遍历的规则，递归生成左右子树即可：

```
/* 主函数，将字符串反序列化为二叉树结构 */
TreeNode deserialize(String data) {
```

```
    // 将字符串转化成列表
    LinkedList<String> nodes = new LinkedList<>();
    for (String s : data.split(SEP)) {
        nodes.addLast(s);
    }
    return deserialize(nodes);
}

/* 辅助函数，通过 nodes 列表构造二叉树 */
TreeNode deserialize(LinkedList<String> nodes) {
    if (nodes.isEmpty()) return null;

    /****** 前序位置 ******/
    // 列表最左侧就是根节点
    String first = nodes.removeFirst();
    if (first.equals(NULL)) return null;
    TreeNode root = new TreeNode(Integer.parseInt(first));
    /*********************/

    root.left = deserialize(nodes);
    root.right = deserialize(nodes);

    return root;
}
```

我们发现，根据树的递归性质，`nodes` 列表的第一个元素就是一棵树的根节点，所以只要将列表的第一个元素取出作为根节点，剩下的交给递归函数去解决即可。

三、后序遍历解法

二叉树的后序遍历框架如下：

```
void traverse(TreeNode root) {
    if (root == null) return;
    traverse(root.left);
    traverse(root.right);

    // 后序位置的代码
}
```

明白了前序遍历的解法，后序遍历就比较容易理解了，我们首先实现 `serialize` 序列化方法，只需要稍微修改辅助方法即可：

```
/* 辅助函数，将二叉树存入 StringBuilder */
void serialize(TreeNode root, StringBuilder sb) {
    if (root == null) {
```

```
        sb.append(NULL).append(SEP);
        return;
    }

    serialize(root.left, sb);
    serialize(root.right, sb);

    /****** 后序位置 ******/
    sb.append(root.val).append(SEP);
    /**********************/
}
```

我们把对 **StringBuilder** 的拼接操作放到了后序遍历的位置，后序遍历导致结果的顺序发生变化：

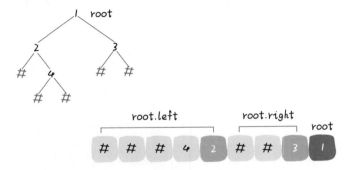

关键点在于，如何实现后序遍历的 **deserialize** 方法呢？是不是也简单地将反序列化的关键代码直接放到后序遍历的位置就行了呢：

```
/* 辅助函数，通过 nodes 列表构造二叉树 */
TreeNode deserialize(LinkedList<String> nodes) {
    if (nodes.isEmpty()) return null;

    root.left = deserialize(nodes);
    root.right = deserialize(nodes);

    /****** 后序位置 ******/
    String first = nodes.removeFirst();
    if (first.equals(NULL)) return null;
    TreeNode root = new TreeNode(Integer.parseInt(first));
    /**********************/

    return root;
}
```

显然上述代码是错误的，变量都没声明呢，就开始用了？生搬硬套肯定是行不通的，回想前序遍历方法中的 **deserialize** 方法，第一件事情是在做什么？

deserialize 方法首先寻找 root 节点的值，然后递归计算左右子节点。那么我们这里也应该顺着这个基本思路走，后序遍历中，**root** 节点的值能不能找到？

再看一眼刚才的图：

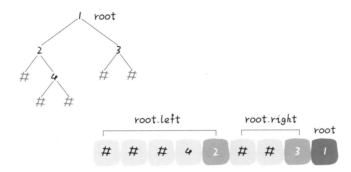

在后序遍历结果中，**root** 的值是列表的最后一个元素。我们应该从后往前取出列表元素，先用最后一个元素构造 **root**，然后递归调用生成 **root** 的左右子树。

注意，根据上图，从后往前在 nodes 列表中取元素，一定要先构造 root.right 子树，后构造 root.left 子树。

看完整代码：

```
/* 主函数，将字符串反序列化为二叉树结构 */
TreeNode deserialize(String data) {
    LinkedList<String> nodes = new LinkedList<>();
    for (String s : data.split(SEP)) {
        nodes.addLast(s);
    }
    return deserialize(nodes);
}

/* 辅助函数，通过 nodes 列表构造二叉树 */
TreeNode deserialize(LinkedList<String> nodes) {
    if (nodes.isEmpty()) return null;
    // 从后往前取出元素
    String last = nodes.removeLast();
    if (last.equals(NULL)) return null;
    TreeNode root = new TreeNode(Integer.parseInt(last));
    // 先构造右子树，后构造左子树
    root.right = deserialize(nodes);
    root.left = deserialize(nodes);
```

```
    return root;
}
```

至此，后序遍历实现的序列化、反序列化方法也都实现了。

四、中序遍历解法

先说结论，中序遍历的方式行不通，因为无法实现反序列化方法 `deserialize`。

序列化方法 `serialize` 依然容易，只要把字符串的拼接操作放到中序遍历的位置就可以：

```
/* 辅助函数，将二叉树存入 StringBuilder */
void serialize(TreeNode root, StringBuilder sb) {
    if (root == null) {
        sb.append(NULL).append(SEP);
        return;
    }

    serialize(root.left, sb);
    /******* 中序位置 *******/
    sb.append(root.val).append(SEP);
    /**********************/
    serialize(root.right, sb);
}
```

但是，前面刚说了，要想实现反序列方法，首先要构造 `root` 节点。前序遍历得到的 `nodes` 列表中，第一个元素是 `root` 节点的值；后序遍历得到的 `nodes` 列表中，最后一个元素是 `root` 节点的值。

你看上面这段中序遍历的代码，`root` 的值被夹在两棵子树的中间，也就是在 `nodes` 列表的中间，我们不知道确切的索引位置，所以无法找到 `root` 节点，也就无法进行反序列化。

五、层级遍历解法

首先，先写出层级遍历二叉树的代码框架：

```
void traverse(TreeNode root) {
    if (root == null) return;
    // 初始化队列，将 root 加入队列
    Queue<TreeNode> q = new LinkedList<>();
    q.offer(root);

    while (!q.isEmpty()) {
```

```
    int sz = q.size()
    for (int i=0; i<sz; i++) {
        /* 层级遍历代码位置 */
        TreeNode cur = q.poll();
        System.out.println(cur.val);
        /****************/

        if (cur.left != null) {
            q.offer(cur.left);
        }
        if (cur.right != null) {
            q.offer(cur.right);
        }
    }
  }
}
```

上述代码是标准的二叉树层级遍历框架，从上到下，从左到右打印每一层二叉树节点的值，可以看到，队列 **q** 中不会存在 null 指针。

不过我们在反序列化的过程中是需要记录空指针 null 的，所以可以把标准的层级遍历框架略作修改：

```
void traverse(TreeNode root) {
    if (root == null) return;
    // 初始化队列，将 root 加入队列
    Queue<TreeNode> q = new LinkedList<>();
    q.offer(root);

    while (!q.isEmpty()) {
        int sz = q.size()
        for (int i=0; i<sz; i++) {
            TreeNode cur = q.poll();
            /* 层级遍历代码位置 */
            if (cur == null) continue;
            System.out.println(cur.val);
            /****************/

            q.offer(cur.left);
            q.offer(cur.right);
        }
    }
}
```

这样也可以完成层级遍历，只不过我们把对空指针的检验从"将元素加入队列"的时候改成了"从队列取出元素"的时候。

那么我们完全仿照这个框架即可写出序列化方法：

```
String SEP = ",";
String NULL = "#";

/* 将二叉树序列化为字符串 */
String serialize(TreeNode root) {
    if (root == null) return "";
    StringBuilder sb = new StringBuilder();
    // 初始化队列，将 root 加入队列
    Queue<TreeNode> q = new LinkedList<>();
    q.offer(root);

    while (!q.isEmpty()) {
        int sz = q.size()
        for (int i=0; i<sz; i++) {
            TreeNode cur = q.poll();
            /*层级遍历代码位置*/
            if (cur == null) {
                sb.append(NULL).append(SEP);
                continue;
            }
            sb.append(cur.val).append(SEP);
            /*****************/

            q.offer(cur.left);
            q.offer(cur.right);
        }
    }

    return sb.toString();
}
```

层级遍历序列化得出的结果如下图：

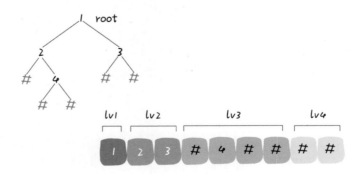

可以看到，每一个非空节点都会对应两个子节点，**那么反序列化的思路也是用队列进行层级遍历的，同时用索引 i 记录对应子节点的位置**：

```
/* 将字符串反序列化为二叉树结构 */
TreeNode deserialize(String data) {
    if (data.isEmpty()) return null;
    String[] nodes = data.split(SEP);
    // 第一个元素就是 root 的值
    TreeNode root = new TreeNode(Integer.parseInt(nodes[0]));

    // 队列 q 记录父节点，将 root 加入队列
    Queue<TreeNode> q = new LinkedList<>();
    q.offer(root);
    // index 变量记录序列化的节点在数组中的位置
    int index = 1;
    while (!q.isEmpty()) {
        int sz= q.size();
        for (int i = 0; i < sz; i ++ ) {
            TreeNode parent = q.poll();
            // 父节点对应的左侧子节点的值
            String left = nodes[index ++];
            if (!left.equals(NULL)) {
                parent.left = new TreeNode(Integer.parseInt(left));
                q.offer(parent.left);
            }
            // 父节点对应的右侧子节点
            String right = nodes[i++];
            if (!right.equals(NULL)) {
                parent.right = new TreeNode(Integer.parseInt(right));
                q.offer(parent.right);
            }
        }
    }
    return root;
}
```

不难发现，这个反序列化的代码逻辑也是标准的二叉树层级遍历的代码衍生出来的，我们的函数通过 `node[index]` 来计算左右子节点，接到父节点上并加入队列，一层一层地反序列化出来一棵二叉树。

到这里，我们对于二叉树的序列化和反序列化的几种方法就全部讲完了。

3.1.4 归并排序详解及运用

读完本节，你将不仅学到算法套路，还可以顺便解决如下题目：

912. 排序数组（中等）	315. 计算右侧小于当前元素的个数（困难）

本节就先讲归并排序，结合框架思维给一套代码模板，然后讲讲它在算法问题中的应用。在 1.6 手把手带你刷二叉树（纲领）讲二叉树的时候，提到一句归并排序，说归并排序就是二叉树的后序遍历。

知道为什么很多读者遇到递归相关的算法就觉得"烧脑"吗？因为还处在"看山是山，看水是水"的阶段。

就说归并排序吧，如果给你看代码，让你想象归并排序的过程，你脑子里会出现什么场景？

这是一个数组排序算法，所以你在脑子里想像一个数组，在那一个个交换元素？如果是这样的话，那就想得太简单了。

但如果你脑海中浮现出的是一棵二叉树，甚至浮现出二叉树后序遍历的场景，那你大概率掌握了书中经常强调的框架思维，用这种抽象能力学习算法就省劲多了。

那么，归并排序明明就是一个数组算法，究竟和二叉树有什么关系呢？接下来我就具体讲讲。

一、算法思路

就这么说吧，所有递归的算法，不管它是干什么的，本质上都是在遍历一棵（递归）树，然后在节点（前、中、后序位置）上执行代码，你要写递归算法，本质上就是要告诉每个节点需要做什么。

先来看归并排序的代码框架：

```
// 定义：排序 nums[lo..hi]
void sort(int[] nums, int lo, int hi) {
    if (lo == hi) {
        return;
    }
    int mid = (lo + hi) / 2;
    // 利用定义，排序 nums[lo..mid]
    sort(nums, lo, mid);
    // 利用定义，排序 nums[mid+1..hi]
    sort(nums, mid + 1, hi);
```

```
    /****** 后序位置 ******/
    // 此时两部分子数组已经被排好序
    // 合并两个有序数组，使 nums[lo..hi] 有序
    merge(nums, lo, mid, hi);
    /*********************/
}

// 将有序数组 nums[lo..mid] 和有序数组 nums[mid+1..hi]
// 合并为有序数组 nums[lo..hi]
void merge(int[] nums, int lo, int mid, int hi);
```

看这个框架，也就明白那句经典的总结：归并排序就是先把左半边数组排好序，再把右半边数组排好序，然后把两边数组合并。

上述代码和二叉树的后序遍历很像：

```
/* 二叉树遍历框架 */
void traverse(TreeNode root) {
    if (root == null) {
        return;
    }
    traverse(root.left);
    traverse(root.right);
    /****** 后序位置 ******/
    print(root.val);
    /*********************/
}
```

再进一步，你联想一下求二叉树的最大深度的算法代码：

```
// 定义：输入根节点，返回这棵二叉树的最大深度
int maxDepth(TreeNode root) {
    if (root == null) {
        return 0;
    }
    // 利用定义，计算左右子树的最大深度
    int leftMax = maxDepth(root.left);
    int rightMax = maxDepth(root.right);
    // 整棵树的最大深度等于左右子树的最大深度取最大值，
    // 然后再加上根节点自己
    int res = Math.max(leftMax, rightMax) + 1;

    return res;
}
```

这样看来是不是更像了？

1.6 手把手带你刷二叉树（纲领）中讲到二叉树问题可以分为两类思路，一类是遍历一遍二叉树的思路，另一类是分解问题的思路。根据上述类比，显然归并排序利用的是分解问题的思路（分治算法）。

归并排序的过程可以在逻辑上抽象成一棵二叉树，树上的每个节点的值可以认为是 `nums[lo..hi]`，叶子节点的值就是数组中的单个元素：

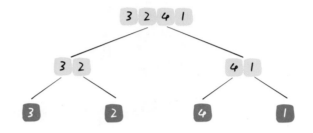

然后，在每个节点的后序位置（左右子节点已经被排好序）的时候执行 `merge` 函数，合并两个子节点上的子数组：

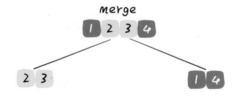

这个 `merge` 操作会在二叉树的每个节点上都执行一遍，执行顺序是二叉树后序遍历的顺序。

后序遍历二叉树大家应该已经烂熟于心了，就是下图这个遍历顺序：

结合上述基本分析，我们把 `nums[lo..hi]` 理解成二叉树的节点，`sort` 函数理解成二叉树的遍历函数，整个归并排序的执行过程请扫码观看：

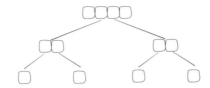

这样，归并排序的核心思路就分析完了，接下来只要把思路转换成代码就行。

二、代码实现及分析

只要拥有了正确的思维方式，理解算法思路并不困难，但把思路实现成代码，也很考验一个人的编程能力。

毕竟算法的时间复杂度只是一个理论上的衡量标准，而算法的实际运行效率要考虑的因素更多，比如应该避免内存的频繁分配释放，代码逻辑应尽可能简洁，等等。我直接给出归并排序的代码实现：

```
// 用于辅助合并有序数组
int[] temp;

// 归并排序主函数
void merge_sort(int[] nums) {
    // 先给辅助数组开辟内存空间
    temp = new int[nums.length];
    // 排序整个数组（原地修改）
    sort(nums, 0, nums.length - 1);
}

// 递归排序函数，定义：将子数组 nums[lo..hi] 进行排序
void sort(int[] nums, int lo, int hi) {
    if (lo == hi) {
        // 单个元素不用排序
        return;
    }
    // 这样写是为了防止溢出，效果等同于 (hi + lo) / 2
    int mid = lo + (hi - lo) / 2;
    // 先对左半部分数组 nums[lo..mid] 排序
    sort(nums, lo, mid);
    // 再对右半部分数组 nums[mid+1..hi] 排序
    sort(nums, mid + 1, hi);
    // 将两部分有序数组合并成一个有序数组
    merge(nums, lo, mid, hi);
}

// 将 nums[lo..mid] 和 nums[mid+1..hi] 这两个有序数组合并成一个有序数组
void merge(int[] nums, int lo, int mid, int hi) {
```

```
    // 先把 nums[lo..hi] 复制到辅助数组中
    // 以便合并后的结果能够直接存入 nums
    for (int i = lo; i <= hi; i++) {
        temp[i] = nums[i];
    }

    // 数组双指针技巧，合并两个有序数组
    int i = lo, j = mid + 1;
    for (int p = lo; p <= hi; p++) {
        if (i == mid + 1) {
            // 左半边数组已全部被合并
            nums[p] = temp[j++];
        } else if (j == hi + 1) {
            // 右半边数组已全部被合并
            nums[p] = temp[i++];
        } else if (temp[i] > temp[j]) {
            nums[p] = temp[j++];
        } else {
            nums[p] = temp[i++];
        }
    }
}
```

有了之前的铺垫，这里只需要着重讲一下这个 `merge` 函数。

`sort` 函数对 `nums[lo..mid]` 和 `nums[mid+1..hi]` 递归排序完成之后，我们没有办法原地把它俩合并，所以需要 copy（复制）到 `temp` 数组里面，然后通过类似于 2.1.1 单链表的六大解题套路中合并有序链表的双指针技巧将 `nums[lo..hi]` 合并成一个有序数组。

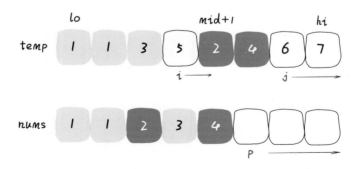

注意我们不是在 `merge` 函数执行的时候创建辅助数组，而是提前把 `temp` 辅助数组创建出来了，这样就避免了在递归中频繁分配和释放内存可能产生的性能问题。

再说一下归并排序的时间复杂度，虽然大家应该都知道是 $O(N\log N)$，但不见得所有人都知道这个复杂度是怎么算出来的。

1.3 动态规划解题套路框架中讲过递归算法的复杂度计算，就是子问题个数 × 解决一个子问题的复杂度。对于归并排序来说，时间复杂度显然集中在 merge 函数遍历 nums[lo..hi] 的过程，但每次 merge 输入的 lo 和 hi 都不同，所以不容易直观地看出时间复杂度。

merge 函数到底执行了多少次？每次执行的时间复杂度是多少？总的时间复杂度是多少？这就要结合之前画的这幅图来看：

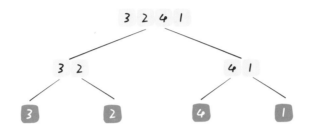

执行的次数是二叉树节点的个数，每次执行的复杂度就是每个节点代表的子数组的长度，所以总的时间复杂度就是整棵树中"数组元素"的个数。

所以从整体上看，这个二叉树的高度是 $\log N$，其中每一层的元素个数就是原数组的长度 N，所以总的时间复杂度就是 $O(N\log N)$。

力扣第 912 题"排序数组"就是让你对数组进行排序，我们可以直接套用归并排序代码模板：

```java
class Solution {
    public int[] sortArray(int[] nums) {
        // 归并排序对数组进行原地排序
        merge_sort(nums);
        return nums;
    }
}

// merge_sort 的实现见上文
```

三、其他应用

除了最基本的排序问题，归并排序还可以用来解决力扣第 315 题"计算右侧小于当前元素的个数"：

给你一个整数数组 nums，按要求返回一个新数组 counts。数组 counts 有该性质：`counts[i]` 的值是 `nums[i]` 右侧小于 `nums[i]` 的元素的数量。比如输入 `nums = [5,2,6,1]`，算法应该返回 `[2,1,1,0]`。

我用偏数学的语言来描述一下，题目让你求出一个 `count` 数组，使得：

```
count[i] = COUNT(j) where j > i and nums[j] < nums[i]
```

"拍脑袋"的暴力解法就不说了，嵌套 for 循环，将达到平方级别的复杂度。

这题和归并排序什么关系呢？主要体现在 `merge` 函数，**我们在使用 `merge` 函数合并两个有序数组的时候，其实是可以知道一个元素 `nums[i]` 后边有多少个元素比 `nums[i]` 小的。**

具体来说，比如这个场景：

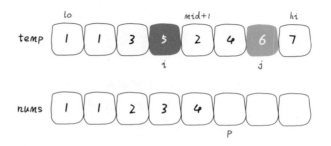

这时候应该把 `temp[i]` 放到 `nums[p]` 上，因为 `temp[i] < temp[j]`。

但就在这个场景下，我们还可以知道一个信息：5 后面比 5 小的元素个数就是左闭右开区间 `[mid + 1, j)` 中的元素个数，即 2 和 4 这两个元素：

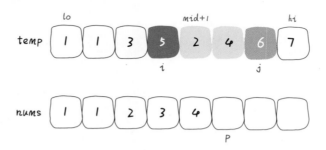

换句话说，在对 `nums[lo..hi]` 合并的过程中，每当执行 `nums[p] = temp[i]` 时，就可以确定 `temp[i]` 这个元素后面比它小的元素个数为 `j - mid - 1`。

当然，`nums[lo..hi]` 本身也只是一个子数组，这个子数组之后还会被执行 `merge` 函数，其中元素的位置还是会改变的。但这是其他递归节点需要考虑的问题，我们只要

在 **merge** 函数中做一些处理，叠加每次执行 **merge** 时记录的结果即可。

发现了这个规律后，只要在 **merge** 中添加两行代码即可解决这个问题，看如下解法代码：

```
class Solution {
    private class Pair {
        int val, id;
        Pair(int val, int id) {
            // 记录数组的元素值
            this.val = val;
            // 记录元素在数组中的原始索引
            this.id = id;
        }
    }

    // 归并排序所用的辅助数组
    private Pair[] temp;
    // 记录每个元素后面比自己小的元素个数
    private int[] count;

    // 主函数
    public List<Integer> countSmaller(int[] nums) {
        int n = nums.length;
        count = new int[n];
        temp = new Pair[n];
        Pair[] arr = new Pair[n];
        // 记录元素原始的索引位置，以便在 count 数组中更新结果
        for (int i = 0; i < n; i++)
            arr[i] = new Pair(nums[i], i);

        // 执行归并排序，本题结果被记录在 count 数组中
        sort(arr, 0, n - 1);

        List<Integer> res = new LinkedList<>();
        for (int c : count) res.add(c);
        return res;
    }

    // 归并排序
    private void sort(Pair[] arr, int lo, int hi) {
        if (lo == hi) return;
        int mid = lo + (hi - lo) / 2;
        sort(arr, lo, mid);
        sort(arr, mid + 1, hi);
        merge(arr, lo, mid, hi);
```

```
    }

    // 合并两个有序数组
    private void merge(Pair[] arr, int lo, int mid, int hi) {
        for (int i = lo; i <= hi; i++) {
            temp[i] = arr[i];
        }

        int i = lo, j = mid + 1;
        for (int p = lo; p <= hi; p++) {
            if (i == mid + 1) {
                arr[p] = temp[j++];
            } else if (j == hi + 1) {
                arr[p] = temp[i++];
                // 更新 count 数组
                count[arr[p].id] += j - mid - 1;
            } else if (temp[i].val > temp[j].val) {
                arr[p] = temp[j++];
            } else {
                arr[p] = temp[i++];
                // 更新 count 数组
                count[arr[p].id] += j - mid - 1;
            }
        }
    }
}
```

因为在排序过程中，每个元素的索引位置会不断改变，所以我们用一个 `Pair` 类封装每个元素及其在原始数组 `nums` 中的索引，以便 `count` 数组记录每个元素之后小于它的元素个数。

归并排序相关的题目到这里就讲完了，你现在回过头体会本节开头讲过的那句话：

所有递归的算法，本质上都是在遍历一棵（递归）树，然后在节点（前中后序位置）上执行代码。你要写递归算法，本质上就是要告诉每个节点需要做什么。

比如本节讲的归并排序算法，递归的 `sort` 函数就是二叉树的遍历函数，而 `merge` 函数就是在每个节点上做的事情，有没有品出点味道？

最后总结一下，本节从二叉树的角度讲了归并排序的核心思路和代码实现，同时讲了几道归并排序相关的算法题。这些算法题其实就是归并排序算法逻辑中夹杂一点私货，但仍属于比较难的，你可能需要亲自做一遍才能理解。

那我最后留一道思考题吧，下一节将会讲快速排序，你是否能够尝试着从二叉树的角度去理解快速排序？如果让你用一句话总结快速排序的逻辑，你怎么描述？答案在

3.2.3 快速排序详解及运用 揭晓。

3.2　二叉搜索树

二叉搜索树（BST）是特殊的二叉树，所以继承前文解决二叉树问题的一切思维方法。但在此之上，BST "左小右大"的特性支持更多有趣的操作，本节内容将带你深入体会。

3.2.1　手把手带你刷二叉搜索树（特性应用）

读完本节，你将不仅学到算法套路，还可以顺便解决如下题目：

230.二叉搜索树中第 k 小的元素（中等）	538.二叉搜索树转化为累加树（中等）

前面已经讲了几道经典的二叉树题目，本节写一写二叉搜索树（Binary Search Tree，BST）相关的内容，手把手带你刷 BST。

首先，BST 的特性大家应该都很熟悉了：

1. 对于 BST 的每一个节点 node，左子树节点的值都比 node 的值要小，右子树节点的值都比 node 的值大（我一般简称这个特性为"左小右大"）。

2. 对于 BST 的每一个节点 node，它的左子树和右子树都是 BST（这是一个递归定义，BST 中的任意一部分子树也是一个 BST）。

二叉搜索树并不算复杂，但我觉得它可以算是数据结构领域的半壁江山，直接基于 BST 的数据结构有 AVL 树、红黑树等，拥有了自平衡性质，可以提供 $\log N$ 级别的增删查改效率；还有 B+ 树、线段树等结构都是基于 BST 的思想来设计的。

从做算法题的角度来看 BST，除了它的定义，还有一个重要的性质：BST 的中序遍历结果是有序的（升序）。

也就是说，如果输入一棵 BST，以下代码可以将 BST 中每个节点的值升序打印出来：

```
void traverse(TreeNode root) {
    if (root == null) return;
    traverse(root.left);
    // 中序遍历代码位置
    print(root.val);
    traverse(root.right);
}
```

那么本节就根据这个性质，来做两道算法题。

一、寻找第 k 小的元素

这是力扣第 230 题"二叉搜索树中第 k 小的元素"，题目给你输入一棵二叉搜索树的根节点，请你设计一个算法查找其中第 k 小的元素（从 1 开始计数）。

这个需求很常见，一个直接的思路就是升序排序，然后找第 k 个元素。BST 的中序遍历其实就是升序排序的结果，找第 k 个元素肯定不是什么难事。按照这个思路，可以直接写出代码：

```java
int kthSmallest(TreeNode root, int k) {
    // 利用 BST 的中序遍历特性
    traverse(root, k);
    return res;
}

// 记录结果
int res = 0;
// 记录当前元素的排名
int rank = 0;
void traverse(TreeNode root, int k) {
    if (root == null) {
        return;
    }
    traverse(root.left, k);
    /* 中序遍历代码位置 */
    rank++;
    if (k == rank) {
        // 找到第 k 小的元素
        res = root.val;
        return;
    }
    /*****************/
    traverse(root.right, k);
}
```

这道题就做完了，不过还是要多说几句，因为这个解法并不是最高效的解法，而是仅仅适用于这道题。

我们简单扩展一下，如果让你实现一个在二叉搜索树中通过排名计算对应元素的方法 select(int k)，你会怎么设计？

如果按照刚刚讲过的方法，利用"BST 中序遍历就是升序排序结果"这个性质，每次寻找第 k 小的元素都要中序遍历一次，最坏的时间复杂度是 $O(N)$，N 是 BST 的节点个数。

要知道 BST 的性质是非常牛的，像红黑树这种改良的自平衡 BST，增删查改都是 $O(logN)$ 的复杂度，让你算一个第 k 小的元素，时间复杂度竟然要 $O(N)$，效率有些低。所以说，计算第 k 小的元素，最好的算法肯定也是对数级别的复杂度，不过这个依赖于 BST 节点记录的信息有多少。

我们想一下 BST 的操作为什么这么高效。就拿搜索某一个元素来说，BST 能够在对数时间找到该元素的根本原因还是在 BST 的定义里，左子树小右子树大，所以每个节点都可以通过对比自身的值判断应该去左子树还是右子树搜索目标值，从而避免了全树遍历，达到对数级复杂度。

那么回到这道题，想找到第 k 小的元素，或者说找到排名为 k 的元素，如果想达到对数级复杂度，关键也在于每个节点需知道它自己排第几。

比如你让我查找排名为 k 的元素，当前节点知道自己排名第 m，那么我可以比较 m 和 k 的大小：

1. 如果 m == k，显然就是找到了第 k 个元素，返回当前节点就行了。

2. 如果 k < m，那说明排名第 k 的元素在左子树，所以可以去左子树搜索第 k 个元素，肯定不用去右子树找了。

3. 如果 k > m，那说明排名第 k 的元素在右子树，所以可以去右子树搜索第 k - m - 1 个元素，肯定也不用去左子树找了。

这样就可以将时间复杂度降到 $O(logN)$。

那么，如何让每一个节点知道自己的排名呢？这就是我们之前说的，需要在二叉树节点中维护额外信息。**每个节点需要记录，以自己为根的这棵二叉树有多少个节点。**

也就是说，`TreeNode` 中的字段应该这样：

```
class TreeNode {
    int val;
    // 以该节点为根的树的节点总数
    int size;
    TreeNode left;
    TreeNode right;
}
```

有了 `size` 字段，外加 BST 节点左小右大的性质，对于每个节点 `node`，整棵左子树 `node.left` 的节点总数就是 `node` 的排名，从而达到对数级算法。

当然，`size` 字段在增、删元素的时候需要被正确维护。而力扣提供的 `TreeNode` 是没有 `size` 这个字段的，所以这道题只能利用 BST 中序遍历的特性实现了，但是我们上面讲到的优化思路是 BST 的常见操作，还是有必要理解的。

二、BST 转化累加树

力扣第 538 题和 1038 题都是这道题，完全一样，你可以把它们一起做。题目给你输入一棵 BST，请你把这棵树转化为"累加树"，即把它的每个节点的值替换成树中大于或者等于该节点值的所有节点值之和：

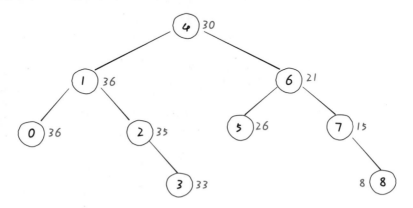

题目应该不难理解，比如图中的节点 5，转化成累加树的话，比 5 大的节点有 6，7，8，加上 5 本身，所以累加树上这个节点的值应该是 5+6+7+8=26。

我们需要把 BST 转化成累加树，函数签名如下：

```
TreeNode convertBST(TreeNode root)
```

按照二叉树的通用思路，需要思考每个节点应该做什么，但是在这道题上很难想到什么思路。

BST 的每个节点左小右大，这似乎是一个有用的信息，既然累加和是计算大于或等于当前值的所有元素之和，那么每个节点都去计算右子树的和，不就行了吗？

这是不行的。因为，对于一个节点来说，确实右子树都是比它大的元素，但问题是它的父节点也可能是比它大的元素，这是没法确定的，我们没有触达父节点的指针，所以二叉树的通用思路在这里用不了。

其实，正确的解法很简单，还是利用 BST 的中序遍历特性。前面讲了 BST 的中序遍历代码可以按照升序遍历节点的值：

```
void traverse(TreeNode root) {
    if (root == null) return;
```

```
    traverse(root.left);
    // 中序遍历代码位置
    print(root.val);
    traverse(root.right);
}
```

那么如果我想按照降序遍历节点怎么办？很简单，只要把标准的递归顺序颠倒一下就行了：

```
void traverse(TreeNode root) {
    if (root == null) return;
    // 先递归遍历右子树
    traverse(root.right);
    // 中序遍历代码位置
    print(root.val);
    // 后递归遍历左子树
    traverse(root.left);
}
```

这段代码可以降序打印 BST 节点的值，如果维护一个外部累加变量 sum，然后把 sum 赋值给 BST 中的每一个节点，不就将 BST 转化成累加树了吗？

看一下代码就明白了：

```
TreeNode convertBST(TreeNode root) {
    traverse(root);
    return root;
}

// 记录累加和
int sum = 0;
// 按照降序顺序遍历 BST 的节点
void traverse(TreeNode root) {
    if (root == null) {
        return;
    }
    traverse(root.right);
    // 维护累加和
    sum += root.val;
    // 将 BST 转化成累加树
    root.val = sum;
    traverse(root.left);
}
```

这道题就解决了，核心还是 BST 的中序遍历特性，只不过我们修改了递归顺序，降序遍历 BST 的元素值，从而契合题目累加树的要求。

简单总结一下，BST 相关的问题，要么利用 BST 左小右大的特性提升算法效率，要么利用中序遍历的特性满足题目的要求，就这么些事，也不算难，对吧?

3.2.2 手把手带你刷二叉搜索树（增删查改）

读完本节，你将不仅学到算法套路，还可以顺便解决如下题目:

450. 删除二叉搜索树中的节点（中等）	701. 二叉搜索树中的插入操作（中等）
700. 二叉搜索树中的搜索（简单）	98. 验证二叉搜索树（中等）

上一节我们介绍了 BST 的基本特性，还利用二叉搜索树"中序遍历有序"的特性来解决了几道题目，本节来实现 BST 的基础操作: 判断 BST 的合法性、增、删、查。其中"删"和"判断合法性"略微复杂。

BST 的基础操作主要依赖"左小右大"的特性，可以在二叉树中做类似二分搜索的操作，寻找一个元素的效率很高。比如下面就是一棵合法的二叉树:

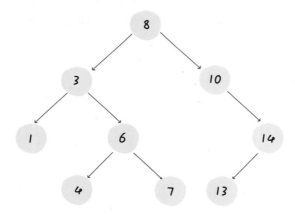

对于 BST 相关的问题，你可能会经常看到类似下面这样的代码逻辑:

```java
void BST(TreeNode root, int target) {
    if (root.val == target)
        // 找到目标，做点什么
    if (root.val < target)
        BST(root.right, target);
    if (root.val > target)
        BST(root.left, target);
}
```

这个代码框架其实和二叉树的遍历框架差不多，无非就是利用了 BST 左小右大的特性而已。接下来看看 BST 这种结构的基础操作是如何实现的。

一、判断 BST 的合法性

力扣第 98 题 "验证二叉搜索树" 就是让你判断输入的 BST 是否合法。注意，这里是有 "坑" 的，按照 BST 左小右大的特性，每个节点想要判断自己是否是合法的 BST 节点，要做的事不就是比较自己和左右孩子吗？感觉应该这样写代码：

```java
boolean isValidBST(TreeNode root) {
    if (root == null) return true;
    // root 的左边应该更小
    if (root.left != null && root.left.val >= root.val)
        return false;
    // root 的右边应该更大
    if (root.right != null && root.right.val <= root.val)
        return false;

    return isValidBST(root.left)
        && isValidBST(root.right);
}
```

但是这个算法出现了错误，BST 的每个节点应该小于右边子树的**所有**节点，下面这个二叉树显然不是 BST，因为节点 10 的右子树中有一个节点 6，但是我们的算法会把它判定为合法 BST：

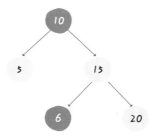

出现问题的原因在于，对于每一个节点 `root`，代码只检查了它的左右孩子节点是否符合左小右大的原则；但是根据 BST 的定义，`root` 的整棵左子树都要小于 `root.val`，整棵右子树都要大于 `root.val`。

问题是，对于某一个节点 `root`，它只能管得了自己的左右子节点，怎么把 `root` 的约束传递给左右子树呢？请看正确的代码：

```java
boolean isValidBST(TreeNode root) {
    return isValidBST(root, null, null);
```

```
}
/* 限定以 root 为根的子树节点必须满足 max.val > root.val > min.val */
boolean isValidBST(TreeNode root, TreeNode min, TreeNode max) {
    // base case
    if (root == null) return true;
    // 若 root.val 不符合 max 和 min 的限制，说明不是合法 BST
    if (min != null && root.val <= min.val) return false;
    if (max != null && root.val >= max.val) return false;
    // 限定左子树的最大值是 root.val，右子树的最小值是 root.val
    return isValidBST(root.left, min, root)
        && isValidBST(root.right, root, max);
}
```

我们通过使用辅助函数，增加函数参数列表，在参数中携带额外信息，将这种约束传递给子树的所有节点，这也是二叉树算法的一个小技巧吧。

二、在 BST 中搜索元素

力扣第 700 题 "二叉搜索树中的搜索" 就是让你在 BST 中搜索值为 target 的节点，函数签名如下：

```
TreeNode searchBST(TreeNode root, int target);
```

如果是在一棵普通的二叉树中寻找，可以这样写代码：

```
TreeNode searchBST(TreeNode root, int target);
    if (root == null) return null;
    if (root.val == target) return root;
    // 当前节点没找到，就递归地去左右子树寻找
    TreeNode left = searchBST(root.left, target);
    TreeNode right = searchBST(root.right, target);

    return left != null ? left : right;
}
```

这样写完全正确，但这段代码相当于穷举了所有节点，适用于所有二叉树。那么应该如何充分利用 BST 的特殊性，把 "左小右大" 的特性用上呢？

很简单，其实不需要递归地搜索两边，类似二分搜索思想，根据 target 和 root.val 的大小比较，就能排除一边。我们把上面的思路稍作改动：

```
TreeNode searchBST(TreeNode root, int target) {
    if (root == null) {
        return null;
```

```
    }
    // 去左子树搜索
    if (root.val > target) {
        return searchBST(root.left, target);
    }
    // 去右子树搜索
    if (root.val < target) {
        return searchBST(root.right, target);
    }
    return root;
}
```

三、在 BST 中插入一个数

对数据结构的操作无非遍历 + 访问，遍历就是"找"，访问就是"改"。具体到这个问题，插入一个数，就是先找到插入位置，然后进行插入操作。

上一个问题，我们总结了 BST 中的遍历框架，就是"找"的问题。直接套框架，加上"改"的操作即可。**一旦涉及"改"，就类似二叉树的构造问题，函数要返回 TreeNode 类型，并且要对递归调用的返回值进行接收。**

```
TreeNode insertIntoBST(TreeNode root, int val) {
    // 找到空位置插入新节点
    if (root == null) return new TreeNode(val);
    // if (root.val == val)
    //     BST 中一般不会插入已存在元素
    if (root.val < val)
        root.right = insertIntoBST(root.right, val);
    if (root.val > val)
        root.left = insertIntoBST(root.left, val);
    return root;
}
```

四、在 BST 中删除一个数

这个问题稍微复杂，和插入操作类似，先"找"再"改"，先把框架写出来再说：

```
TreeNode deleteNode(TreeNode root, int key) {
    if (root.val == key) {
        // 找到啦，进行删除
    } else if (root.val > key) {
        // 去左子树找
        root.left = deleteNode(root.left, key);
    } else if (root.val < key) {
        // 去右子树找
```

```
        root.right = deleteNode(root.right, key);
    }
    return root;
}
```

找到目标节点了，比如是节点 **A**，如何删除这个节点，这是难点。因为删除节点的同时不能破坏 BST 的性质。有三种情况，用图片来说明。

情况 1：A 恰好是末端节点，两个子节点都为空，那么它可以直接被删除。

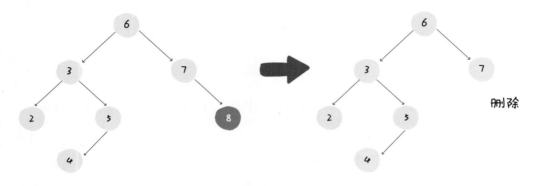

```
if (root.left == null && root.right == null)
    return null;
```

情况 2：A 只有一个非空子节点，那么它要让这个孩子接替自己的位置。

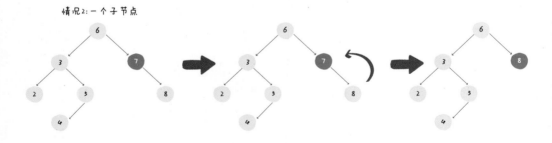

```
// 排除了情况 1 之后
if (root.left == null) return root.right;
if (root.right == null) return root.left;
```

情况 3：A 有两个子节点，麻烦了，为了不破坏 BST 的性质，**A** 必须找到左子树中最大的那个节点，或者右子树中最小的那个节点来接替自己。我们以第二种方式讲解。

情况3：两个子节点

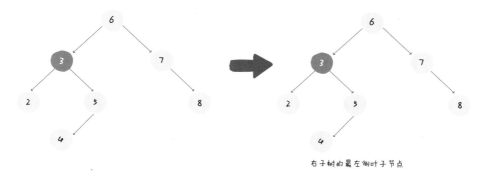

右子树的最左侧叶子节点

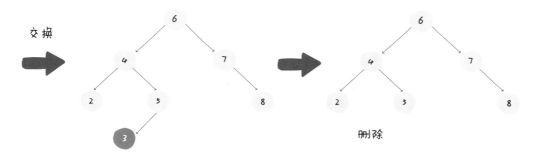

删除

```
if (root.left != null && root.right != null) {
    // 找到右子树的最小节点
    TreeNode minNode = getMin(root.right);
    // 把 root 改成 minNode
    root.val = minNode.val;
    // 转而去删除 minNode
    root.right = deleteNode(root.right, minNode.val);
}
```

三种情况分析完毕，填入框架，简化一下代码：

```
TreeNode deleteNode(TreeNode root, int key) {
    if (root == null) return null;
    if (root.val == key) {
        // 这两个 if 把情况 1 和 2 都正确处理了
        if (root.left == null) return root.right;
        if (root.right == null) return root.left;
        // 处理情况 3
```

```
        // 获得右子树最小的节点
        TreeNode minNode = getMin(root.right);
        // 删除右子树最小的节点
        root.right = deleteNode(root.right, minNode.val);
        // 用右子树最小的节点替换 root 节点
        minNode.left = root.left;
        minNode.right = root.right;
        root = minNode;
    } else if (root.val > key) {
        root.left = deleteNode(root.left, key);
    } else if (root.val < key) {
        root.right = deleteNode(root.right, key);
    }
    return root;
}

TreeNode getMin(TreeNode node) {
    // BST 最左边的就是最小的节点
    while (node.left != null) node = node.left;
    return node;
}
```

这样，删除操作就完成了。注意一下，上述代码在处理情况 3 时通过一系列略微复杂的链表操作交换 **root** 和 **minNode** 两个节点：

```
// 处理情况 3
// 获得右子树最小的节点
TreeNode minNode = getMin(root.right);
// 删除右子树最小的节点
root.right = deleteNode(root.right, minNode.val);
// 用右子树最小的节点替换 root 节点
minNode.left = root.left;
minNode.right = root.right;
root = minNode;
```

有的读者可能会疑惑，替换 **root** 节点为什么这么麻烦，直接改 **val** 字段不就行了？看起来还更简洁易懂：

```
// 处理情况 3
// 获得右子树最小的节点
TreeNode minNode = getMin(root.right);
// 删除右子树最小的节点
root.right = deleteNode(root.right, minNode.val);
// 用右子树最小的节点替换 root 节点
root.val = minNode.val;
```

仅对于这道算法题来说是可以的，但这样操作并不完美，我们一般不会通过修改节点内部的值来交换节点。因为在实际应用中，BST 节点内部的数据域是用户自定义的，可以非常复杂，而 BST 作为数据结构（一个工具人），其操作应该和内部存储的数据域解耦，所以我们更倾向于使用指针操作来交换节点，根本没必要关心内部数据。

最后总结一下，通过这节内容，得出如下几个技巧：

1. 如果当前节点会对下面的子节点有整体影响，可以通过辅助函数增长参数列表，借助参数传递信息。

2. 在二叉树递归框架之上，扩展出一套 BST 代码框架：

```
void BST(TreeNode root, int target) {
    if (root.val == target)
        // 找到目标，做点什么
    if (root.val < target)
        BST(root.right, target);
    if (root.val > target)
        BST(root.left, target);
}
```

3. 根据代码框架掌握了 BST 的增删查改操作。

3.2.3　快速排序详解及运用

读完本节，你将不仅学到算法套路，还可以顺便解决如下题目：

912. 排序数组（中等）	215. 数组中的第 k 个最大元素（中等）

3.1.4 归并排序详解及运用通过二叉树的视角描述了归并排序的算法原理以及应用，**本节继续用二叉树的视角讲一讲快速排序算法的原理以及运用。**

一、快速排序算法思路

首先看一下快速排序的代码框架：

```
void sort(int[] nums, int lo, int hi) {
    if (lo >= hi) {
        return;
    }
    // 对 nums[lo..hi] 进行切分
    // 使得 nums[lo..p-1] <= nums[p] < nums[p+1..hi]
```

```
    int p = partition(nums, lo, hi);
    // 去左右子数组进行切分
    sort(nums, lo, p - 1);
    sort(nums, p + 1, hi);
}
```

其实对比之后可以发现，快速排序就是一个二叉树的前序遍历：

```
/* 二叉树遍历框架 */
void traverse(TreeNode root) {
    if (root == null) {
        return;
    }
    /****** 前序位置 ******/
    print(root.val);
    /*******************/
    traverse(root.left);
    traverse(root.right);
}
```

之前讲归并排序时讲过，可以用一句话总结归并排序：先把左半边数组排好序，再把右半边数组排好序，然后把两半边数组合并。

在那里我提一个问题，让你用一句话总结快速排序，说一下我的答案：**快速排序是先将一个元素排好序，然后再将剩下的元素排好序**。

为什么这么说呢，且听我慢慢道来。

快速排序的核心无疑是 `partition` 函数，`partition` 函数的作用是在 `nums[lo..hi]` 中寻找一个切分点 `p`，通过交换元素使得 `nums[lo..p-1]` 都小于或等于 `nums[p]`，且 `nums[p+1..hi]` 都大于 `nums[p]`：

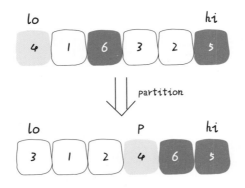

　　一个元素左边的元素都比它小，右边的元素都比它大，这是什么意思？不就是它自己已经被放到正确的位置上了吗？**所以 `partition` 函数干的事情，其实就是把 `nums[p]` 这个元素排好序。**

　　一个元素被排好序了，然后呢？你再把剩下的元素排好序不就行了。剩下的元素有哪些？左边一"坨"，右边一"坨"，去吧，对子数组进行递归，用 `partition` 函数把剩下的元素也排好序。

　　从二叉树的视角来看，我们可以把子数组 `nums[lo..hi]` 理解成二叉树节点上的值，`sort` 函数理解成二叉树的遍历函数。

　　参照二叉树的前序遍历顺序，快速排序的运行过程请扫码观看：

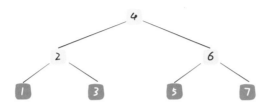

　　注意最后形成的这棵二叉树是什么，它是一棵二叉搜索树：

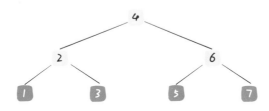

　　这应该不难理解吧，因为 `partition` 函数每次都将数组切分成左小右大两部分，恰好和二叉搜索树左小右大的特征吻合。

　　你甚至可以这样理解：快速排序的过程是一个构造二叉搜索树的过程。

　　但谈到二叉搜索树的构造，就不得不说二叉搜索树不平衡的极端情况，极端情况下二叉搜索树会退化成一个链表，导致操作效率大幅降低。

　　快速排序的过程中也有类似的情况，比如我画的图中每次 `partition` 函数选出的分界点都能把 `nums[lo..hi]` 平分成两半，但现实中却不见得运气这么好。如果每次运气都特别背，有一边的元素特别少的话，会导致二叉树生长不平衡：

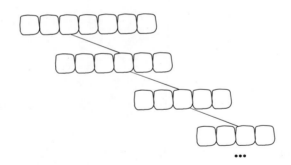

这样的话，时间复杂度会大幅上升，后面分析时间复杂度的时候再细说。

我们为了避免出现这种极端情况，需要引入随机性。常见的方式是在进行排序之前对整个数组执行洗牌算法进行打乱，或者在 `partition` 函数中随机选择数组元素作为分界点，本节会使用前者。

二、快速排序代码实现

明白了上述概念，直接看快速排序的代码实现：

```
// 快速排序主函数
void quick_sort(int[] nums) {
    // 为了避免出现耗时的极端情况，先随机打乱
    shuffle(nums);
    // 排序整个数组（原地修改）
    sort(nums, 0, nums.length - 1);
}

// 递归排序函数，遍历节点，修改
void sort(int[] nums, int lo, int hi) {
    if (lo >= hi) {
        return;
    }
    // 对 nums[lo..hi] 进行切分
    // 使得 nums[lo..p-1] <= nums[p] < nums[p+1..hi]
    int p = partition(nums, lo, hi);

    sort(nums, lo, p - 1);
    sort(nums, p + 1, hi);
}

// 对 nums[lo..hi] 进行切分
int partition(int[] nums, int lo, int hi) {
    int pivot = nums[lo];
    // 关于区间的边界控制应格外小心，稍有不慎就会出错
```

```
    // 这里把 i, j 定义为开区间，同时定义:
    // [lo, i) <= pivot; (j, hi] > pivot
    // 之后都要正确维护这个边界区间的定义
    int i = lo + 1, j = hi;
    // 当 i > j 时结束循环，以保证区间 [lo, hi] 都被覆盖
    while (i <= j) {
        while (i < hi && nums[i] <= pivot) {
            i++;
            // 此 while 结束时恰好 nums[i] > pivot
        }
        while (j > lo && nums[j] > pivot) {
            j--;
            // 此 while 结束时恰好 nums[j] <= pivot
        }

        if (i >= j) {
            break;
        }
        // 此时 [lo, i) <= pivot && (j, hi] > pivot
        // 交换 nums[j] 和 nums[i]
        swap(nums, i, j);
        // 此时 [lo, i] <= pivot && [j, hi] > pivot
    }
    // 最后将 pivot 放到合适的位置，即 pivot 左边元素较小，右边元素较大
    swap(nums, lo, j);
    return j;
}

// 洗牌算法，将输入的数组随机打乱
void shuffle(int[] nums) {
    Random rand = new Random();
    int n = nums.length;
    for (int i = 0 ; i < n; i++) {
        // 生成 [i, n - 1] 的随机数
        int r = i + rand.nextInt(n - i);
        swap(nums, i, r);
    }
}

// 原地交换数组中的两个元素
void swap(int[] nums, int i, int j) {
    int temp = nums[i];
    nums[i] = nums[j];
    nums[j] = temp;
}
```

这里啰嗦一下核心函数 **partition** 的实现，正如第 1 章所说的，正确寻找切分点非

常考验你对边界条件的控制能力，稍有差错就会产生错误的结果。

处理边界细节的一个技巧就是，你要明确每个变量的定义以及区间的开闭情况。具体的细节看代码注释，建议读者自己动手实践。

接下来分析快速排序的时间复杂度。显然，快速排序的时间复杂度主要消耗在 partition 函数上，因为这个函数中存在循环。

所以 partition 函数到底执行了多少次？每次执行的时间复杂度是多少？总的时间复杂度是多少？

和归并排序类似，需要结合之前画的这幅图来从整体上分析：

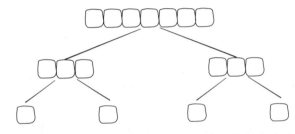

partition 执行的次数是二叉树节点的个数，每次执行的复杂度就是每个节点代表的子数组 nums[lo..hi] 的长度，所以总的时间复杂度就是整棵树中"数组元素"的个数。

假设数组元素个数为 N，那么二叉树每一层的元素个数之和就是 $O(N)$；在切分点 p 每次都落在数组正中间的理想情况下，树的层数为 $O(\log N)$，所以理想的总时间复杂度为 $O(N\log N)$。

由于快速排序没有使用任何辅助数组，所以空间复杂度就是递归堆栈的深度，也就是树高 $O(\log N)$。

当然，我们之前说过快速排序的效率存在一定随机性，如果每次 partition 切分的结果都极不均匀：

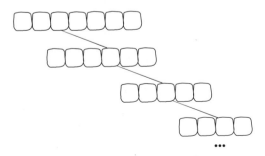

快速排序就退化成选择排序了，树高为 $O(N)$，每层节点的元素个数从 N 开始递减，

总的时间复杂度为：

$$N+(N-1)+(N-2)+\cdots+1=O(N^2)$$

所以说，快速排序在理想情况下的时间复杂度是 $O(M\log N)$，空间复杂度是 $O(\log N)$，在极端情况下的最坏时间复杂度是 $O(N^2)$，空间复杂度是 $O(N)$。不过大家放心，经过随机化的 **partition** 函数很难出现极端情况，所以快速排序的效率还是非常高的。

还有一点需要注意的是，快速排序是"不稳定排序"，与之相对的，归并排序是"稳定排序"。

对于序列中的相同元素，如果排序之后它们的相对位置没有发生改变，则称该排序算法为"稳定排序"，反之则称为"不稳定排序"。

如果单单排序 int 数组，那么稳定性没有什么意义。但如果排序一些结构比较复杂的数据，那么稳定性排序就有更大的优势了。

比如你有若干订单数据，已经按照订单号排好序了，现在你想对订单的交易日期再进行排序：

如果用稳定排序算法（比如归并排序），那么这些订单不仅按照交易日期排好了序，而且相同交易日期的订单的订单号依然是有序的。

但如果你用不稳定排序算法（比如快速排序），那么虽然排序结果会按照交易日期排好序，但相同交易日期的订单的订单号会丧失有序性。

在实际的工程实践中我们经常会将一个复杂对象的某一个字段作为排序的 key，所以应该关注编程语言提供的 API 底层使用的到底是什么排序算法，是稳定的还是不稳定的，这很可能影响到代码执行的效率甚至正确性。

说了这么多，快速排序算法应该算讲明白了，力扣第 912 题"排序数组"就是让你对数组进行排序，我们可以直接套用快速排序的代码模板：

```java
class Solution {
    public int[] sortArray(int[] nums) {
        // 归并排序对数组进行原地排序
        quick_sort(nums);
        return nums;
    }
}

// quick_sort 实现见上文
```

三、快速选择算法

不仅快速排序算法本身很有意思,而且它还有一些有趣的变体,最有名的就是快速选择(Quick Select)算法。

力扣第 215 题"数组中的第 k 个最大元素"就是一道类似的题目,函数签名如下:

```
int findKthLargest(int[] nums, int k);
```

题目要求我们寻找**第 k 大的元素**,稍微有点绕,意思是去寻找 nums 数组降序排列后排名第 k 的那个元素。比如输入 nums = [2,1,5,4], k = 2,算法应该返回 4,因为 4 是 nums 中第 2 大的元素。

这种问题有两种常见解法,一种是二叉堆(优先队列)的解法,另一种就是快速选择算法,下面分别来看。

二叉堆的解法比较简单,但时间复杂度稍高,直接看代码好了:

```
int findKthLargest(int[] nums, int k) {
    // 小顶堆,堆顶是最小元素
    PriorityQueue<Integer> pq = new PriorityQueue<>();
    for (int e : nums) {
        // 每个元素都要过一遍二叉堆
        pq.offer(e);
        // 堆中元素多于 k 个时,删除堆顶元素
        if (pq.size() > k) {
            pq.poll();
        }
    }
    // pq 中剩下的是 nums 中 k 个最大元素,
    // 堆顶是最小的那个,即第 k 个最大元素
    return pq.peek();
}
```

优先级队列是一种能够自动排序的数据结构,核心思路就是把小顶堆 pq 理解成一个筛子,较大的元素会沉淀下去,较小的元素会浮上来;当堆大小超过 k 的时候,我们就删掉堆顶的元素,因为这些元素比较小,而我们想要的是前 k 个最大元素。

当 nums 中的所有元素都过了一遍之后,筛子里面留下的就是最大的 k 个元素,而堆顶元素是堆中最小的元素,也就是"第 k 个最大的元素"。思路很简单吧,唯一需要注意的是,Java 的 PriorityQueue 默认实现是小顶堆,有的语言的优先队列可能默认实现是大顶堆,需要做一些调整。

二叉堆插入和删除的时间复杂度和堆中的元素个数有关，在这里，堆的大小不会超过 k，所以插入和删除元素的时间复杂度是 $O(\log k)$，再套一层 for 循环，假设数组元素总数为 N，总的时间复杂度就是 $O(N\log k)$。这个解法的空间复杂度很显然就是二叉堆的大小，为 $O(k)$。

快速选择算法是快速排序的变体，效率更高，面试中如果能够写出快速选择算法，很可能是加分项。

首先，题目问"第 k 大的元素"，相当于数组按升序排序后"排名第 n - k 的元素"，为了方便表述，后文令 k' = n - k。

如何知道"排名第 k' 的元素"呢？其实在快速排序算法 partition 函数执行的过程中就可以略见一二。

我们刚说了，partition 函数会将 nums[p] 排到正确的位置，使得 nums[lo..p-1] < nums[p] < nums[p+1..hi]。这时候，虽然还没有把整个数组排好序，但我们已经让 nums[p] 左边的元素都比 nums[p] 小了，也就知道 nums[p] 的排名了。

那么我们可以把 p 和 k' 进行比较，如果 p < k' 说明排名为 k' 的元素在 nums[p+1..hi] 中，如果 p > k' 说明排名为 k' 的元素在 nums[lo..p-1] 中。

进一步，去 nums[p+1..hi] 或者 nums[lo..p-1] 这两个子数组中执行 partition 函数，就可以进一步缩小排在第 k' 的元素的范围，最终找到目标元素。

这样就可以写出解法代码：

```
int findKthLargest(int[] nums, int k) {
    // 首先随机打乱数组
    shuffle(nums);
    int lo = 0, hi = nums.length - 1;
    // 转化成 " 排名第 k 的元素 "
    k = nums.length - k;
    while (lo <= hi) {
        // 在 nums[lo..hi] 中选一个切分点
        int p = partition(nums, lo, hi);
        if (p < k) {
            // 第 k 大的元素在 nums[p+1..hi] 中
            lo = p + 1;
        } else if (p > k) {
            // 第 k 大的元素在 nums[lo..p-1] 中
            hi = p - 1;
        } else {
            // 找到第 k 大的元素
            return nums[p];
```

```
        }
    }
    return -1;
}


// 对 nums[lo..hi] 进行切分
int partition(int[] nums, int lo, int hi) {
    // 见前文
}

// 洗牌算法，将输入的数组随机打乱
void shuffle(int[] nums) {
    // 见前文
}
```

　　这个代码框架其实非常像 1.7 我写了首诗，保你闭着眼睛都能写出二分搜索算法的代码，这也是这个算法高效的原因，但是时间复杂度为什么是 $O(N)$ 呢？

　　显然，这个算法的时间复杂度也主要集中在 `partition` 函数上，我们需要估算 `partition` 函数执行了多少次，每次执行的时间复杂度是多少。

　　在最好的情况下，每次 `partition` 函数切分出的 p 都恰好是正中间索引 `(lo + hi) / 2`（二分），且每次切分之后会到左边或者右边的子数组继续进行切分，那么 `partition` 函数执行的次数是 $\log N$，每次输入的数组大小缩短一半。

　　所以总的时间复杂度为：

$$N+N/2+N/4+N/8+\cdots+1=2N=O(N)$$

　　当然，类似快速排序，快速选择算法中的 `partition` 函数也可能出现极端情况，在最坏的情况下 p 一直是 `lo + 1` 或者一直是 `hi - 1`，这样时间复杂度就退化为 $O(N^2)$ 了：

$$N+(N-1)+(N-2)+\cdots+1=O(N^2)$$

　　这也是我们在代码中使用 `shuffle` 函数的原因，通过引入随机性来避免极端情况出现，让算法的效率保持在比较高的水平。随机化之后的快速选择算法的复杂度可以认为是 $O(N)$。

　　到这里，快速排序算法和快速选择算法就讲完了，从二叉树的视角来理解思路应该是不难的，但 `partition` 函数对细节的把控需要你多花心思去理解和记忆。

　　最后你可以比较快速排序和之前讲过的归并排序，并且说说你的理解：为什么快速排序是不稳定排序，而归并排序是稳定排序？

3.3　图论算法

如果你允许二叉树中的各个节点直接随意连接或断开，那么二叉树就变成了一幅图，所以可以认为图是二叉树的延伸，图继承前文解决二叉树问题的一切思维方法。不过图的使用场景和算法问题确实更复杂多变，由于篇幅所限，本节只列举几个常见的图算法，更多图算法可以在"labuladong"公众号后台回复关键词"图算法"查看。

3.3.1　图论算法基础

读完本节，你将不仅学到算法套路，还可以顺便解决如下题目：

797. 所有可能的路径（中等）

我们在 1.1 学习数据结构和算法的框架思维中说过，虽然图可以玩出更多的算法，解决更复杂的问题，但本质上图可以被认为是多叉树的延伸。面试、笔试很少出现图相关的问题，就算有，大多也是简单的遍历问题，基本上可以完全照搬多叉树的遍历。所以本节依然秉持实用派的风格，只讲图论算法中最常用的部分，让你心里对图有个直观的认识。

一、图的逻辑结构和具体实现

一幅图是由节点和边构成的，逻辑结构如下：

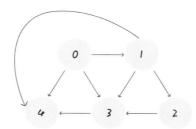

什么叫"逻辑结构"？就是说为了方便研究，我们把图抽象成这个样子。根据这个逻辑结构，我们可以认为每个节点的实现如下：

```
/* 图节点的逻辑结构 */
class Vertex {
    int id;
    Vertex[] neighbors;
}
```

看到这个实现，有没有感觉很熟悉？它和之前讲的多叉树节点几乎完全一样：

```
/* 基本的 N 叉树节点 */
class TreeNode {
    int val;
    TreeNode[] children;
}
```

所以说，图真的没什么高深的，本质上就是高级点的多叉树而已，适用于树的 DFS/BFS 遍历算法，全部适用于图。

不过，上面的这种实现是"逻辑上的"，实际上我们很少用这个 Vertex 类实现图，而是用常说的**邻接表和邻接矩阵**来实现。

比如还是刚才那幅图：

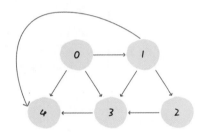

用邻接表和邻接矩阵存储的方式如下：

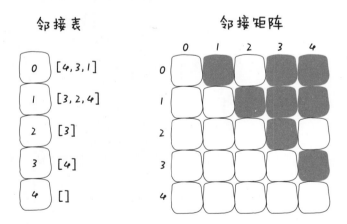

邻接表很直观，我把每个节点 x 的邻居都存到一个列表里，然后把 x 和这个列表关联起来，这样就可以通过一个节点 x 找到它的所有相邻节点。

邻接矩阵则是一个二维布尔数组，权且称为 matrix，如果节点 x 和 y 是相连的，那

么就把 **matrix[x][y]** 设为 **true**（上图中蓝色的方格代表 **true**）。如果想找节点 **x** 的邻居，去扫一圈 **matrix[x][..]** 就行了。

如果用代码的形式来表现，邻接表和邻接矩阵大概长这样：

```
// 邻接表
// graph[x] 存储 x 的所有邻居节点
List<Integer>[] graph;

// 邻接矩阵
// matrix[x][y] 记录 x 是否有一条指向 y 的边
boolean[][] matrix;
```

那么，为什么有两种存储图的方式呢？肯定是因为它们各有优劣。

对于邻接表，好处是占用的空间少。你看邻接矩阵里面空着那么多位置，肯定需要更多的存储空间。

但是，邻接表无法快速判断两个节点是否相邻。比如我想判断节点 **1** 是否和节点 **3** 相邻，我要去邻接表里 **1** 对应的邻居列表里查找 **3** 是否存在。但对于邻接矩阵就简单了，只要看看 **matrix[1][3]** 就知道了，效率高。

所以说，使用哪一种方式实现图，要看具体情况。

> 注意：在常规的算法题中，邻接表的使用会更频繁一些，主要是因为操作起来较为简单，但这不意味着邻接矩阵应该被轻视。矩阵是一个强有力的数学工具，图的一些隐晦性质可以借助精妙的矩阵运算展现出来。不过本节不准备引入数学内容，所以有兴趣的读者可以自行搜索学习。

最后，我们再明确一个图论中特有的度（degree）的概念，在无向图中，"度"就是每个节点相连的边的条数。

由于有向图的边有方向，所以有向图中每个节点的"度"被细分为**入度**（indegree）和**出度**（outdegree），比如下图：

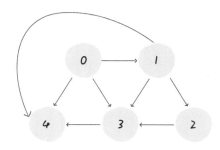

其中节点 **3** 的入度为 3（有三条边指向它），出度为 1（它有 1 条边指向别的节点）。

好了，对于"图"这种数据结构，能看懂上面这些就够用了。

那你可能会问，上面说的这个图的模型仅仅是"有向无权图"，不是还有什么加权图、无向图等吗？

其实，这些更复杂的模型都是基于这个最简单的图衍生出来的。

有向加权图怎么实现？很简单：

如果是邻接表，我们不仅仅存储某个节点 **x** 的所有邻居节点，还存储 **x** 到每个邻居的权重，这不就实现加权有向图了吗？

如果是邻接矩阵，**matrix[x][y]** 不再是布尔值，而是一个 int 值，0 表示没有连接，其他值表示权重，不就变成加权有向图了吗？

如果用代码的形式来表现，大概长这样：

```
// 邻接表
// graph[x] 存储 x 的所有邻居节点以及对应的权重
List<int[]>[] graph;

// 邻接矩阵
// matrix[x][y] 记录 x 指向 y 的边的权重，0 表示不相邻
int[][] matrix;
```

无向图怎么实现？也很简单，所谓的"无向"，是不是等同于"双向"？

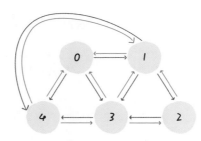

如果连接无向图中的节点 **x** 和 **y**，把 **matrix[x][y]** 和 **matrix[y][x]** 都变成 **true** 不就行了；邻接表也是类似的操作，在 **x** 的邻居列表里添加 **y**，同时在 **y** 的邻居列表里添加 **x**。

把上面的技巧合起来，就变成了无向加权图……

好了，关于图的基本介绍就到这里，现在不管来什么图，你心里应该大致有底了。

下面来看看所有数据结构都逃不过的问题：遍历。

二、图的遍历

我们已经知道各种数据结构被发明出来无非就是为了遍历和访问，所以"遍历"是所有数据结构的基础。

图怎么遍历？还是那句话，参考多叉树，多叉树的遍历框架如下：

```java
/* 多叉树遍历框架 */
void traverse(TreeNode root) {
    if (root == null) return;

    for (TreeNode child : root.children) {
        traverse(child);
    }
}
```

图和多叉树最大的区别是，图是可能包含环的，从图的某一个节点开始遍历，有可能走了一圈又回到这个节点。所以，如果图包含环，遍历框架就要用一个 **visited** 数组进行辅助：

```java
// 记录被遍历过的节点
boolean[] visited;
// 记录从起点到当前节点的路径
boolean[] onPath;

/* 图遍历框架 */
void traverse(Graph graph, int s) {
    if (visited[s]) return;
    // 经过节点 s，标记为已遍历
    visited[s] = true;
    // 做选择：标记节点 s 在路径上
    onPath[s] = true;
    for (int neighbor : graph.neighbors(s)) {
        traverse(graph, neighbor);
    }
    // 撤销选择：节点 s 离开路径
    onPath[s] = false;
}
```

注意 **visited** 数组和 **onPath** 数组的区别，因为二叉树算是特殊的图，所以用遍历二叉树的过程来理解这两个数组的区别，扫码观看效果：

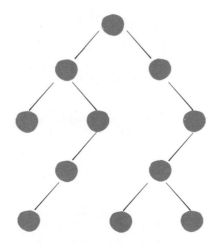

扫码后可以看到其中描述了递归遍历二叉树的过程，在 `visited` 中被标记为 true 的节点用灰色表示，在 `onPath` 中被标记为 true 的节点用蓝色表示，这下可以理解它们二者的区别了吧。

如果让你处理路径相关的问题，这个 `onPath` 变量是肯定会被用到的，因为这个数组记录了当前堆栈中的节点。另外，你应该注意到了，这个 `onPath` 数组的操作很像 1.4 回溯算法解题套路框架中的"做选择"和"撤销选择"，区别在于位置：回溯算法的"做选择"和"撤销选择"在 for 循环里面，而对 `onPath` 数组的操作在 for 循环外面。

在 for 循环里面和外面唯一的区别就是对根节点的处理，比如下面两种多叉树的遍历：

```java
void traverse(TreeNode root) {
    if (root == null) return;
    System.out.println("enter: " + root.val);
    for (TreeNode child : root.children) {
        traverse(child);
    }
    System.out.println("leave: " + root.val);
}

void traverse(TreeNode root) {
    if (root == null) return;
    for (TreeNode child : root.children) {
        System.out.println("enter: " + child.val);
        traverse(child);
        System.out.println("leave: " + child.val);
    }
}
```

前者会正确打印所有节点的进入和离开信息，而后者唯独会少打印整棵树根节点的进入和离开信息。

为什么回溯算法框架会用后者？因为回溯算法关注的不是节点，而是树枝。不信你看 1.4 回溯算法解题套路框架 里面画的回溯树：

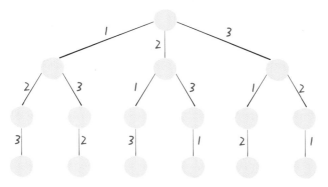

显然，对于这里"图"的遍历，我们应该把 `onPath` 的操作放到 for 循环外面，否则会漏掉记录起始点的遍历。

说了这么多 `onPath` 数组，再说下 `visited` 数组，其目的很明显了，由于图可能含有环，`visited` 数组就是防止递归重复遍历同一个节点进入死循环的。当然，如果题目告诉你图中不含环，可以把 `visited` 数组省掉，基本就等同于多叉树的遍历。

三、题目实践

下面来看力扣第 797 题"所有可能的路径"，函数签名如下：

```
List<List<Integer>> allPathsSourceTarget(int[][] graph);
```

题目输入一幅**有向无环图**，这个图包含 n 个节点，标号为 `0, 1, 2,..., n - 1`，请你计算所有从节点 `0` 到节点 `n - 1` 的路径。

输入的这个 `graph` 其实就是"邻接表"表示的一幅图，`graph[i]` 存储着节点 `i` 的所有邻居节点。比如输入 `graph = [[1,2],[3],[3],[]]`，就代表下面这幅图：

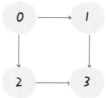

算法应该返回 `[[0,1,3],[0,2,3]]`，即 `0` 到 `3` 的所有路径。

解法很简单，以 `0` 为起点遍历图，同时记录遍历过的路径，当遍历到终点时将路径记录下来即可。

既然输入的图是无环的，就不需要 `visited` 数组辅助了，直接套用图的遍历框架：

```java
// 记录所有路径
List<List<Integer>> res = new LinkedList<>();

public List<List<Integer>> allPathsSourceTarget(int[][] graph) {
    // 维护递归过程中经过的路径
    LinkedList<Integer> path = new LinkedList<>();
    traverse(graph, 0, path);
    return res;
}

/* 图的遍历框架 */
void traverse(int[][] graph, int s, LinkedList<Integer> path) {
    // 将节点 s 添加到路径
    path.addLast(s);

    int n = graph.length;
    if (s == n - 1) {
        // 到达终点
        res.add(new LinkedList<>(path));
        // 可以在这里直接 return，但要 removeLast 正确维护 path
        // path.removeLast();
        // return;
        // 不 return 也可以，因为图中不包含环，不会出现无限递归
    }

    // 递归每个相邻节点
    for (int v : graph[s]) {
        traverse(graph, v, path);
    }

    // 从路径移出节点 s
    path.removeLast();
}
```

这道题就这样解决了，注意 Java 的语言特性，因为 Java 函数参数传的是对象引用，所以向 `res` 中添加 `path` 时需要复制一个新的列表，否则最终 `res` 中的列表都是空的。

最后总结一下，图的存储方式主要有邻接表和邻接矩阵，无论什么花里胡哨的图，都可以用这两种方式存储。在笔试中，图的遍历算法经常会被考到，你只需把图的遍历

和多叉树的遍历进行类比，无非是多了 **visited** 数组罢了。

3.3.2 Union–Find 算法详解

读完本节，你将不仅学到算法套路，还可以顺便解决如下题目：

323. 无向图中连通分量数目（中等）	130. 被围绕的区域（中等）
990. 等式方程的可满足性（中等）	

本节讲讲 Union-Find 算法，也就是常说的并查集（Disjoint Set）结构，主要是解决图论中"动态连通性"问题的。名词很高端，其实特别好理解，另外，这个算法的应用都非常有趣。

说起这个 Union-Find，应该算是我的"启蒙算法"了，因为《算法（第 4 版）》的开头就介绍了这个算法，可是把我震惊了，感觉好精妙。后来刷了力扣上的算法题，并查集相关的算法题目都非常有意思，而且《算法（第 4 版）》给的解法竟然还可以进一步优化，只要加一个微小的修改就可以把时间复杂度降到 $O(1)$。

废话不多说，直接上干货，先解释一下什么叫动态连通性吧。

一、问题介绍

简单来说，动态连通性其实可以抽象成给一幅图连线。比如下面这幅图，总共有 10 个节点，它们互不相连，分别用 0~9 标记：

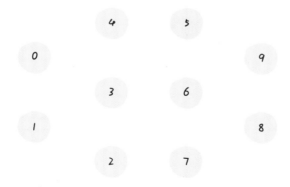

现在我们的 Union-Find 算法主要需要实现这两个 API：

```
class UF {
    /* 将 p 和 q 连接 */
    public void union(int p, int q);
```

```
  /* 判断 p 和 q 是否连通 */
  public boolean connected(int p, int q);
  /* 返回图中有多少个连通分量 */
  public int count();
}
```

这里所说的"连通"是一种等价关系，也就是说具有如下三个性质：

1. 自反性：节点 p 和 p 是连通的。

2. 对称性：如果节点 p 和 q 连通，那么 q 和 p 也连通。

3. 传递性：如果节点 p 和 q 连通，q 和 r 连通，那么 p 和 r 也连通。

比如上面这幅图，0 ~ 9 任意两个**不同**的点都不连通，调用 connected 都会返回 false，连通分量为 10 个。

如果现在调用 union(0, 1)，那么 0 和 1 被连通，连通分量降为 9 个。

再调用 union(1, 2)，这时 0,1,2 都被连通，调用 connected(0, 2) 也会返回 true，连通分量变为 8 个。

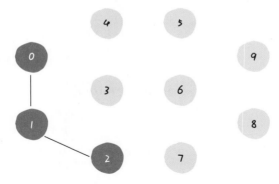

判断这种"等价关系"非常实用，比如编译器判断同一个变量的不同引用，比如社交网络中的朋友圈计算，等等。

你应该大概明白什么是动态连通性了，Union-Find 算法的关键就在于 union 和 connected 函数的效率。那么用什么模型来表示这幅图的连通状态呢？用什么数据结构来实现代码呢？

二、基本思路

注意上面把"模型"和具体的"数据结构"分开说，这是有原因的。因为我们使用森林（若干棵树）来表示图的动态连通性，用数组来具体实现这个森林。

怎么用森林来表示连通性呢？我们设定树的每个节点有一个指针指向其父节点，如果是根节点的话，这个指针指向自己。比如刚才那幅 10 个节点的图，一开始的时候没有相互连通，就是这样：

```
class UF {
    // 记录连通分量
    private int count;
    // 节点 x 的父节点是 parent[x]
    private int[] parent;

    /* 构造函数，n 为图的节点总数 */
    public UF(int n) {
        // 一开始互不连通
        this.count = n;
        // 父节点指针初始指向自己
        parent = new int[n];
        for (int i = 0; i < n; i++)
            parent[i] = i;
    }

    /* 其他函数 */
}
```

如果某两个节点被连通，则让其中的（任意）一个节点的根节点接到另一个节点的根节点上：

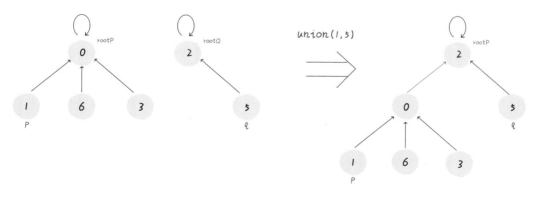

```
public void union(int p, int q) {
    int rootP = find(p);
```

```
    int rootQ = find(q);
    if (rootP == rootQ)
        return;
    // 将两棵树合并为一棵
    parent[rootP] = rootQ;
    // parent[rootQ] = rootP 也一样
    count--; // 两个分量合二为一
}

/* 返回某个节点 x 的根节点 */
private int find(int x) {
    // 根节点的 parent[x] == x
    while (parent[x] != x)
        x = parent[x];
    return x;
}

/* 返回当前的连通分量个数 */
public int count() {
    return count;
}
```

这样，如果节点 p 和 q 连通的话，它们一定拥有相同的根节点：

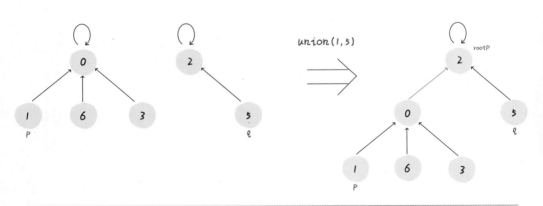

```
public boolean connected(int p, int q) {
    int rootP = find(p);
    int rootQ = find(q);
    return rootP == rootQ;
}
```

至此，Union-Find 算法就基本完成了。是不是很神奇？竟然可以这样使用数组来模拟出一个森林，如此巧妙地解决这个比较复杂的问题！

那么这个算法的复杂度是多少呢？我们发现，主要 API `connected` 和 `union` 中的复杂度都是 `find` 函数造成的，所以说它们的复杂度和 `find` 一样。

`find` 的主要功能就是从某个节点向上遍历到树根，其时间复杂度就是树的高度。我们可能习惯性地认为树的高度就是 $\log N$，但事实上并不一定。$\log N$ 的高度只存在于平衡二叉树，对于一般的树可能出现极端不平衡的情况，使得"树"几乎退化成"链表"，树的高度最坏情况下可能变成 N。

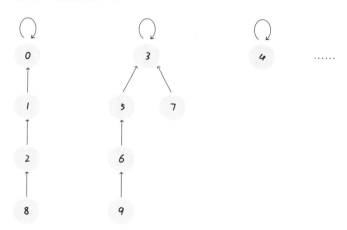

所以说上面这种解法，`find`，`union`，`connected` 的时间复杂度都是 $O(N)$。这个复杂度很不理想，图论解决的都是诸如社交网络这样数据规模巨大的问题，对于 `union` 和 `connected` 的调用非常频繁，每次调用需要线性时间完全不可忍受。

问题的关键在于，如何想办法避免树的不平衡呢？ 只要略施小计即可。

三、平衡性优化

要知道哪种情况下可能出现不平衡现象，关键在于 `union` 过程：

```java
public void union(int p, int q) {
    int rootP = find(p);
    int rootQ = find(q);
    if (rootP == rootQ)
        return;
    // 将两棵树合并为一棵
    parent[rootP] = rootQ;
    // parent[rootQ] = rootP 也可以
    count--;
}
```

前面只是简单粗暴地把 p 所在的树接到 q 所在的树的根节点下面，那么这里就可能出现"头重脚轻"的不平衡状况，比如下面这种局面：

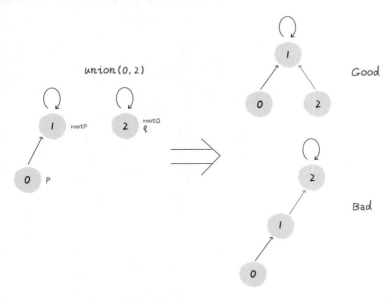

长此以往，树可能生长得很不平衡。**我们其实是希望，小一些的树接到大一些的树下面，这样就能避免头重脚轻，更平衡一些。**解决方法是额外使用一个 `size` 数组，记录每棵树包含的节点数，不妨称为"重量"：

```java
class UF {
    private int count;
    private int[] parent;
    // 新增一个数组记录树的"重量"
    private int[] size;

    public UF(int n) {
        this.count = n;
        parent = new int[n];
        // 最初每棵树只有一个节点
        // 重量应该初始化为 1
        size = new int[n];
        for (int i = 0; i < n; i++) {
            parent[i] = i;
            size[i] = 1;
        }
    }
    /* 其他函数 */
}
```

比如 `size[3] = 5` 表示，以节点 **3** 为根的那棵树，总共有 **5** 个节点。可以修改一下 **union** 方法：

```java
public void union(int p, int q) {
    int rootP = find(p);
    int rootQ = find(q);
    if (rootP == rootQ)
        return;

    // 小树接到大树下面，较平衡
    if (size[rootP] > size[rootQ]) {
        parent[rootQ] = rootP;
        size[rootP] += size[rootQ];
    } else {
        parent[rootP] = rootQ;
        size[rootQ] += size[rootP];
    }
    count--;
}
```

这样，通过比较树的重量，就可以保证树的生长相对平衡，树的高度大致在 logN 这个数量级，极大提升执行效率。此时，`find`，`union`，`connected` 的时间复杂度都下降为 $O(\log N)$，即便数据规模上亿，所需时间也非常少。

四、路径压缩

这步优化虽然代码很简单，但原理非常巧妙。

根据之前的代码实现原理不难发现，**我们并不在乎每棵树的结构长什么样，只在乎根节点**。因为无论树长什么样，树上的每个节点的根节点都是相同的，所以能不能进一步压缩每棵树的高度，使树高始终保持为常数？

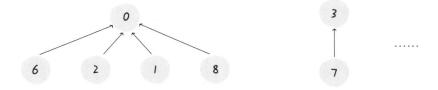

这样每个节点的父节点就是整棵树的根节点，`find` 就能以 $O(1)$ 的时间找到某一节点的根节点，相应地，`connected` 和 `union` 复杂度都下降为 $O(1)$。

要做到这一点主要是修改 `find` 函数逻辑，非常简单，但你可能会看到两种不同的写法。

第一种是在 `find` 中加一行代码：

```
private int find(int x) {
    while (parent[x] != x) {
        // 这行代码进行路径压缩
        parent[x] = parent[parent[x]];
        x = parent[x];
    }
    return x;
}
```

这个操作有点匪夷所思，扫码观看就明白它的作用了（为清晰起见，这棵树比较极端）。

用语言描述就是，每次 while 循环都会让部分子节点向上移动，这样每次调用 `find` 函数向树根遍历的同时，顺手就将树高缩短了。

路径压缩的第二种写法是这样的：

```
// 第二种路径压缩的 find 方法
public int find(int x) {
    if (parent[x] != x) {
        parent[x] = find(parent[x]);
    }
    return parent[x];
}
```

我一度认为这种递归写法和第一种迭代写法做的事情一样，但实际上是我大意了，有读者指出这种写法进行路径压缩的效率是高于上一种解法的。

这个递归过程有点不好理解，你可以自己动手画一下递归过程。我把这个函数做的事情翻译成迭代形式，方便你理解它进行路径压缩的原理：

```java
// 这段迭代代码方便你理解递归代码所做的事情
public int find(int x) {
    // 先找到根节点
    int root = x;
    while (parent[root] != root) {
        root = parent[root];
    }
    // 然后把 x 到根节点之间的所有节点直接接到根节点下面
    int old_parent = parent[x];
    while (x != root) {
        parent[x] = root;
        x = old_parent;
        old_parent = parent[old_parent];
    }
    return root;
}
```

这种路径压缩的效果如下：

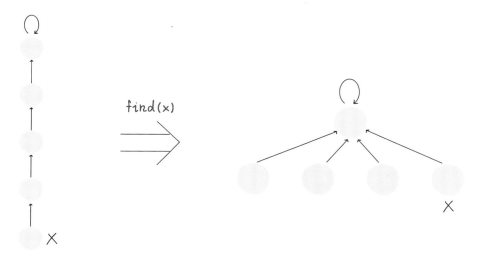

比起第一种路径压缩，显然这种方法压缩得更彻底，直接把一整条树枝压平，一点意外都没有。就算一些极端情况下产生了一棵比较高的树，只要一次路径压缩就能大幅降低树高，所有操作的平均时间复杂度依然是 $O(1)$，所以从效率的角度来说，推荐你使用这种路径压缩算法。

另外，如果路径压缩技巧将树高保持为常数了，那么 `size` 数组的平衡优化就不是特别必要了。所以你一般看到的 Union Find 算法应该是如下实现：

```java
class UF {
    // 连通分量个数
    private int count;
    // 存储每个节点的父节点
    private int[] parent;

    // n 为图中节点的个数
    public UF(int n) {
        this.count = n;
        parent = new int[n];
        for (int i = 0; i < n; i++) {
            parent[i] = i;
        }
    }

    // 将节点 p 和节点 q 连通
    public void union(int p, int q) {
        int rootP = find(p);
        int rootQ = find(q);

        if (rootP == rootQ)
            return;

        parent[rootQ] = rootP;
        // 两个连通分量合并成一个连通分量
        count--;
    }

    // 判断节点 p 和节点 q 是否连通
    public boolean connected(int p, int q) {
        int rootP = find(p);
        int rootQ = find(q);
        return rootP == rootQ;
    }

    public int find(int x) {
        if (parent[x] != x) {
            parent[x] = find(parent[x]);
        }
        return parent[x];
    }

    // 返回图中的连通分量个数
    public int count() {
        return count;
    }
}
```

Union-Find 算法的复杂度可以这样分析：构造函数初始化数据结构需要 $O(N)$ 的时间和空间复杂度；连通两个节点 `union`、判断两个节点的连通性 `connected`、计算连通分量 `count` 所需的时间复杂度均为 $O(1)$。

到这里，相信你已经掌握了 Union-Find 算法的核心逻辑，总结一下我们优化算法的过程：

1. 用 `parent` 数组记录每个节点的父节点，相当于指向父节点的指针，所以 `parent` 数组内实际存储着一个森林（若干棵多叉树）。

2. 用 `size` 数组记录着每棵树的重量，目的是让执行 `union` 后树依然拥有平衡性，保证各个 API 时间复杂度为 $O(\log N)$，而不会退化成链表影响操作效率。

3. 在 `find` 函数中进行路径压缩，保证任意树的高度保持在常数，使得各个 API 时间复杂度为 $O(1)$。使用了路径压缩之后，可以不使用 `size` 数组的平衡优化。

下面我们看一些具体的并查集题目。

五、题目实践

力扣第 323 题 "无向图中连通分量数目" 就是最基本的连通分量题目：

给你输入一个包含 n 个节点的图，用一个整数 n 和一个数组 `edges` 表示，其中 `edges[i]` = `[ai, bi]` 表示图中节点 `ai` 和 `bi` 之间有一条边。请计算这幅图的连通分量个数。

函数签名如下：

```
int countComponents(int n, int[][] edges)
```

这道题可以直接套用 **UF** 类来解决：

```
public int countComponents(int n, int[][] edges) {
    UF uf = new UF(n);
    // 将每个节点进行连通
    for (int[] e : edges) {
        uf.union(e[0], e[1]);
    }
    // 返回连通分量的个数
    return uf.count();
}

class UF {
    // 见上文
}
```

另外，一些使用 DFS 深度优先算法解决的问题，也可以用 Union-Find 算法解决。

比如力扣第 130 题"被围绕的区域"：给你一个 $M \times N$ 的二维矩阵，其中包含字符 X 和 O，让你找到矩阵中**四面**被 X 围住的 O，并且把它们替换成 X。

函数签名如下：

```
void solve(char[][] board);
```

注意，必须是四面被围的 O 才能被换成 X，也就是说边角上的 O 一定不会被围，进一步，与边角上的 O 相连的 O 也不会被 X 围四面，也不会被替换。

× × × × O   × × × × O
× × × O ×   ⟹   × × × × ×
O O × O ×   O O × × ×
× O × × ×   × O × × ×

> 注意：这让我想起小时候玩的棋类游戏"黑白棋"，只要你用两个棋子把对方的棋子夹在中间，对方的子就被替换成你的子。在黑白棋中，占据四角的棋子是无敌的，与其相连的边棋子也是无敌的（无法被夹掉）。

其实这道题应该归为 3.4.3 DFS 算法搞定岛屿系列题目 使用 DFS 算法解决：

先用 for 循环遍历棋盘的**四边**，用 DFS 算法把那些与边界相连的 O 换成一个特殊字符，比如 #；然后再遍历整个棋盘，把剩下的 O 换成 X，把 # 恢复成 O。这样就能完成题目的要求，时间复杂度为 $O(M \times N)$。

但这个问题也可以用 Union-Find 算法解决，虽然实现起来复杂一些，甚至效率也略低，但这是使用 Union-Find 算法的通用思想，值得一学。

类比一下，你可以把那些不需要被替换的 O 看成一个拥有独门绝技的门派，它们有一个共同"祖师爷"叫 dummy，**这些 O 和** dummy **互相连通，而那些需要被替换的 O 与** dummy **不连通。**

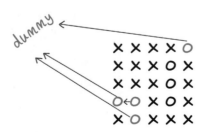

这就是 Union-Find 的核心思路，明白这张图，就很容易看懂代码了。

首先要解决的是，Union-Find 底层用的是一维数组，构造函数需要传入这个数组的大小，而题目给的是一个二维棋盘。

这个很简单，二维坐标 **(x,y)** 可以转换成 **x * n + y** 这个数（**m** 是棋盘的行数，**n** 是棋盘的列数），敲黑板，这是将二维坐标映射到一维的常用技巧。

其次，之前描述的"祖师爷"是虚构的，需要给他老人家留个位置。索引 **[0.. m*n-1]** 都是棋盘内坐标的一维映射，那就让这个虚拟的 **dummy** 节点占据索引 **m * n** 好了。

来看解法代码：

```java
void solve(char[][] board) {
    if (board.length == 0) return;

    int m = board.length;
    int n = board[0].length;
    // 给 dummy 留一个额外位置
    UF uf = new UF(m * n + 1);
    int dummy = m * n;
    // 将首列和末列的 O 与 dummy 连通
    for (int i = 0; i < m; i++) {
        if (board[i][0] == 'O')
            uf.union(i * n, dummy);
        if (board[i][n - 1] == 'O')
            uf.union(i * n + n - 1, dummy);
    }
    // 将首行和末行的 O 与 dummy 连通
    for (int j = 0; j < n; j++) {
        if (board[0][j] == 'O')
            uf.union(j, dummy);
        if (board[m - 1][j] == 'O')
            uf.union(n * (m - 1) + j, dummy);
    }
    // 方向数组 d 是上下左右搜索的常用手法
    int[][] d = new int[][]{{1,0}, {0,1}, {0,-1}, {-1,0}};
    for (int i = 1; i < m - 1; i++)
        for (int j = 1; j < n - 1; j++)
            if (board[i][j] == 'O')
                // 将此 O 与上下左右的 O 连通
                for (int k = 0; k < 4; k++) {
                    int x = i + d[k][0];
                    int y = j + d[k][1];
                    if (board[x][y] == 'O')
                        uf.union(x * n + y, i * n + j);
```

```
            }
    // 所有不和 dummy 连通的 O，都要被替换
    for (int i = 1; i < m - 1; i++)
        for (int j = 1; j < n - 1; j++)
            if (!uf.connected(dummy, i * n + j))
                board[i][j] = 'X';
}

class UF {
    // 见上文
}
```

这段代码很长，其实就是刚才的思路实现，只有和边界 O 相连的 O 才具有和 dummy 的连通性，它们不会被替换。

其实用 Union-Find 算法解决这个简单的问题有点杀鸡用牛刀，它可以解决更复杂、更具技巧性的问题，**主要思路是适时增加虚拟节点，想办法让元素"分门别类"，建立动态连通关系。**

力扣第 990 题 "等式方程的可满足性" 用 Union-Find 算法就显得十分优美了，题目是这样的：

给你一个数组 equations，装着若干字符串表示的算式。每个算式 equations[i] 长度都是 4，而且只有这两种情况：a==b 或者 a!=b，其中 a,b 可以是任意小写字母。你写一个算法，如果 equations 中所有算式都不会互相冲突，返回 true，否则返回 false。

比如，输入 ["a==b","b!=c","c==a"]，算法返回 false，因为这三个算式不可能同时正确。

再比如，输入 ["c==c","b==d","x!=z"]，算法返回 true，因为这三个算式并不会造成逻辑冲突。

前文说过，动态连通性其实就是一种等价关系，具有"自反性"、"传递性"和"对称性"，其实 == 关系也是一种等价关系，具有这些性质。所以这个问题用 Union-Find 算法就很自然。

Union-Find 算法的核心思想是，将 equations 中的算式根据 == 和 != 分成两部分，先处理 == 算式，使得它们通过相等关系"勾结成门派"（连通分量）；然后处理 != 算式，检查不等关系是否破坏了相等关系的连通性。

```
boolean equationsPossible(String[] equations) {
    // 26 个英文字母
    UF uf = new UF(26);
```

```
    // 先让相等的字母形成连通分量
    for (String eq : equations) {
        if (eq.charAt(1) == '=') {
            char x = eq.charAt(0);
            char y = eq.charAt(3);
            uf.union(x - 'a', y - 'a');
        }
    }
    // 检查不等关系是否打破相等关系的连通性
    for (String eq : equations) {
        if (eq.charAt(1) == '!') {
            char x = eq.charAt(0);
            char y = eq.charAt(3);
            // 如果相等关系成立，就是逻辑冲突
            if (uf.connected(x - 'a', y - 'a'))
                return false;
        }
    }
    return true;
}


class UF {
    // 见上文
}
```

至此，这道判断算式合法性的问题就解决了，借助 Union-Find 算法，是不是很简单呢？

最后，Union-Find 算法也会在一些其他经典图论算法中用到，比如判断 "图" 和 "树"，以及最小生成树的计算，详情见 3.3.3 最小生成树之 Kruskal 算法。

3.3.3　最小生成树之 Kruskal 算法

读完本节，你将不仅学到算法套路，还可以顺便解决如下题目：

261. 以图判树（中等）	1135. 最低成本联通所有城市（中等）
1584. 连接所有点的最小费用（中等）	

本节要讲的是最小生成树（Minimum Spanning Tree）算法，最小生成树算法主要有 Prim 算法（普里姆算法）和 Kruskal 算法（克鲁斯卡尔算法）两种，这两种算法虽然都运用了贪心思想，但从实现上来说差异还是蛮大的。

因为上一节刚讲过并查集算法，而 Kruskal 算法其实就是并查集算法的实际应用，所以本节就讲解用 Kruskal 算法来解决最小生成树问题。接下来，我们从最小生成树的定义说起。

一、什么是最小生成树

先说"树"和"图"的根本区别：树不会包含环，图可以包含环。

如果一幅图没有环，完全可以拉伸成一棵树的模样。说得专业一点，树就是"无环连通图"。

那么什么是图的"生成树"呢，其实按字面意思也好理解，就是在图中找一棵包含图中所有节点的树。专业点说，生成树是含有图中所有顶点的"无环连通子图"。

很容易就能想到，一幅图可以有很多不同的生成树，比如下面这幅图，蓝色的边就组成了两棵不同的生成树：

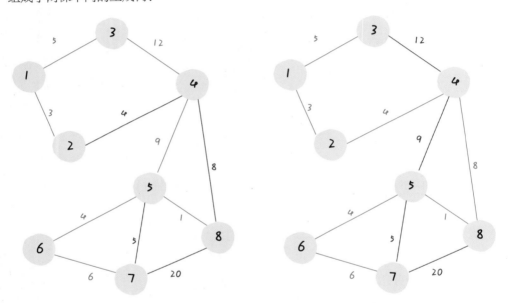

对于加权图，每条边都有权重，所以每棵生成树都有一个权重和。比如上图，右侧生成树的权重和显然比左侧生成树的权重和要小。

那么最小生成树就很好理解了，所有可能的生成树中，权重和最小的那棵生成树就叫"最小生成树"。

> 注意：一般来说，我们都是在**无向加权图**中计算最小生成树的，所以使用最小生成树算法的现实场景中，图的边权重一般代表成本、距离这样的标量。

在讲 Kruskal 算法之前，需要回顾一下 Union-Find 并查集算法。

二、Union-Find 并查集算法

刚才说了，图的生成树是含有其所有顶点的"无环连通子图"，最小生成树是权重

和最小的生成树。

那么说到连通性，相信不少人可以想到 Union-Find 并查集算法，用来高效处理图中联通分量的问题。

上一节详细介绍了 Union-Find 算法的实现原理，主要运用路径压缩技巧提高连通分量的判断效率。

如果不了解 Union-Find 算法的读者可以去看前文，为了节约篇幅，本节直接给出 Union-Find 算法的实现：

```java
class UF {
    // 连通分量个数
    private int count;
    // 存储一棵树
    private int[] parent;
    // 记录树的 "重量"
    private int[] size;

    // n 为图中节点的个数
    public UF(int n) {
        this.count = n;
        parent = new int[n];
        size = new int[n];
        for (int i = 0; i < n; i++) {
            parent[i] = i;
            size[i] = 1;
        }
    }

    // 将节点 p 和节点 q 连通
    public void union(int p, int q) {
        int rootP = find(p);
        int rootQ = find(q);
        if (rootP == rootQ)
            return;

        // 小树接到大树下面，较平衡
        if (size[rootP] > size[rootQ]) {
            parent[rootQ] = rootP;
            size[rootP] += size[rootQ];
        } else {
            parent[rootP] = rootQ;
            size[rootQ] += size[rootP];
        }
        // 两个连通分量合并成一个连通分量
```

```
            count--;
        }

        // 判断节点 p 和节点 q 是否连通
        public boolean connected(int p, int q) {
            int rootP = find(p);
            int rootQ = find(q);
            return rootP == rootQ;
        }

        // 返回节点 x 的连通分量根节点
        public int find(int x) {
            if (parent[x] != x) {
                parent[x] = find(parent[x]);
            }
            return parent[x];
        }

        // 返回图中的连通分量个数
        public int count() {
            return count;
        }
    }
}
```

3.3.2 节还介绍过 Union-Find 算法的一些算法应用场景，而它在 Kruskal 算法中的主要作用是保证最小生成树的合法性。

因为在构造最小生成树的过程中，首先要保证生成的是棵树（不包含环）对吧，那么 Union-Find 算法就是帮你干这件事的。

怎么才能做到呢？来看看力扣第 261 题"以图判树"，先描述一下题目：

给你输入编号从 **0** 到 **n-1** 的 **n** 个节点，和一个无向边列表 **edges**（每条边用节点二元组表示），请你判断输入的这些边组成的结构是否是一棵树。

函数签名如下：

```
boolean validTree(int n, int[][] edges);
```

比如输入如下：

```
n = 5
edges = [[0,1], [0,2], [0,3], [1,4]]
```

这些边构成的是一棵树，算法应该返回 true：

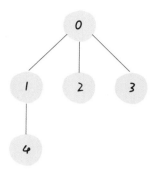

但如果输入：

```
n = 5
edges = [[0,1],[1,2],[2,3],[1,3],[1,4]]
```

形成的就不是树结构了，因为包含环：

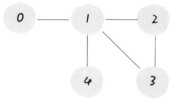

对于这道题，我们可以思考一下，什么情况下加入一条边会使得树变成图（出现环）？

显然，像下面这样添加边会出现环：

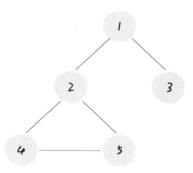

而这样添加边则不会出现环：

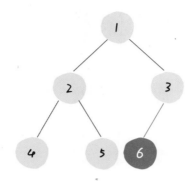

总结一下规律就是：

对于添加的这条边，如果该边的两个节点本来就在同一连通分量里，那么添加这条边会产生环；反之，如果该边的两个节点不在同一连通分量里，则添加这条边不会产生环。

而判断两个节点是否连通（是否在同一个连通分量中）就是 Union-Find 算法的拿手绝活，所以这道题的解法代码如下：

```
// 判断输入的若干条边是否能构造出一棵树结构
boolean validTree(int n, int[][] edges) {
    // 初始化 0...n-1 共 n 个节点
    UF uf = new UF(n);
    // 遍历所有边，将组成边的两个节点进行连接
    for (int[] edge : edges) {
        int u = edge[0];
        int v = edge[1];
        // 若两个节点已经在同一连通分量中，会产生环
        if (uf.connected(u, v)) {
            return false;
        }
        // 这条边不会产生环，可以是树的一部分
        uf.union(u, v);
    }
    // 要保证最后只形成了一棵树，即只有一个连通分量
    return uf.count() == 1;
}

class UF {
    // 见上文代码实现
}
```

如果你能够看懂这道题的解法思路，那么掌握 Kruskal 算法就很简单了。

三、Kruskal 算法

所谓最小生成树，就是图中若干边的集合（后文称这个集合为 **mst**，最小生成树的

英文缩写），你要保证这些边：

1. 包含图中的所有节点。

2. 形成的结构是树结构（即不存在环）。

3. 权重和最小。

有之前题目的铺垫，前两点其实可以很容易地利用 Union-Find 算法做到，关键在于第 3 点，如何保证得到的这棵生成树是权重和最小的。

这里就用到了贪心思路：

将所有边按照权重从小到大排序，从权重最小的边开始遍历，如果这条边和 mst 中的其他边不会形成环，则这条边是最小生成树的一部分，将它加入 mst 集合；否则，这条边不是最小生成树的一部分，不要把它加入 mst 集合。

这样，最后 mst 集合中的边就形成了最小生成树，下面看两道例题来运用一下 Kruskal 算法。

第一题是力扣第 1135 题"最低成本联通所有城市"，这是一道标准的最小生成树问题：

假设你是城市基建规划者，地图上有 n 座城市，它们按从 1 到 n 的次序编号。给你整数 n 和一个数组 conections，其中 connections[i] = [xi, yi, costi] 表示将城市 xi 和城市 yi 连接需要 costi 的成本（连接是双向的）。请计算使得每对城市之间至少有一条路径的连接方式的最小成本。如果无法连接所有 n 座城市，则返回 -1，函数签名如下：

```
int minimumCost(int n, int[][] connections);
```

每座城市相当于图中的节点，连通城市的成本相当于边的权重，连通所有城市的最小成本即最小生成树的权重之和。

```
int minimumCost(int n, int[][] connections) {
    // 城市编号为 1 到 n，所以初始化大小为 n + 1
    UF uf = new UF(n + 1);
    // 对所有边按照权重从小到大排序
    Arrays.sort(connections, (a, b) -> (a[2] - b[2]));
    // 记录最小生成树的权重之和
    int mst = 0;
    for (int[] edge : connections) {
        int u = edge[0];
        int v = edge[1];
        int weight = edge[2];
        // 若这条边会产生环，则不能加入 mst
```

```
        if (uf.connected(u, v)) {
            continue;
        }
        // 若这条边不会产生环，则属于最小生成树
        mst += weight;
        uf.union(u, v);
    }
    // 保证所有节点都被连通
    // 按理说 uf.count() == 1 说明所有节点被连通
    // 但因为节点 0 没有被使用，所以 0 会额外占用一个连通分量
    return uf.count() == 2 ? mst : -1;
}

class UF {
    // 见上文代码实现
}
```

这道题就解决了，整体思路和上一道题非常类似，你可以认为树的判定算法加上按权重排序的逻辑就变成了 Kruskal 算法。

再来看看力扣第 1584 题"连接所有点的最小费用"：

给你一个 `points` 数组，表示平面上的一些点，其中 `points[i] = [xi, yi]`，连接点 `[xi, yi]` 和点 `[xj, yj]` 的费用为它们之间的曼哈顿距离：`|xi - xj| + |yi - yj|`，其中 `|val|` 表示 `val` 的绝对值，请你计算将所有点连接的最小总费用。

比如题目给的例子：

```
points = [[0,0],[2,2],[3,10],[5,2],[7,0]]
```

算法应该返回 20，按如下方式连通各点：

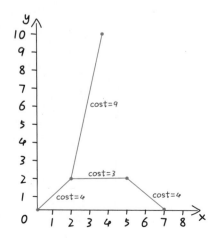

函数签名如下：

```
int minCostConnectPoints(int[][] points);
```

很显然这也是一个标准的最小生成树问题：每个点就是无向加权图中的节点，边的权重就是曼哈顿距离，连接所有点的最小费用就是最小生成树的权重和。

所以解法思路就是先生成所有的边以及权重，然后对这些边执行 Kruskal 算法即可：

```
int minCostConnectPoints(int[][] points) {
    int n = points.length;
    // 生成所有边及权重
    List<int[]> edges = new ArrayList<>();
    for (int i = 0; i < n; i++) {
        for (int j = i + 1; j < n; j++) {
            int xi = points[i][0], yi = points[i][1];
            int xj = points[j][0], yj = points[j][1];
            // 用坐标点在 points 中的索引表示坐标点
            edges.add(new int[] {
                i, j, Math.abs(xi - xj) + Math.abs(yi - yj)
            });
        }
    }
    // 将边按照权重从小到大排序
    Collections.sort(edges, (a, b) -> {
        return a[2] - b[2];
    });
    // 执行 Kruskal 算法
    int mst = 0;
    UF uf = new UF(n);
    for (int[] edge : edges) {
        int u = edge[0];
        int v = edge[1];
        int weight = edge[2];
        // 若这条边会产生环，则不能加入 mst
        if (uf.connected(u, v)) {
            continue;
        }
        // 若这条边不会产生环，则属于最小生成树
        mst += weight;
        uf.union(u, v);
    }
    return mst;
}

class UF {
```

```
    // 见上文代码实现
}
```

这道题做了一个小的变通：每个坐标点是一个二元组，那么按理说应该用五元组表示一条带权重的边，但这样的话不便执行 Union-Find 算法；所以我们用 points 数组中的索引代表每个坐标点，这样就可以直接复用之前的 Kruskal 算法逻辑了。

通过以上三道算法题，相信你已经掌握了 Kruskal 算法，主要的难点是利用 Union-Find 并查集算法向最小生成树中添加边，配合排序的贪心思路，从而得到一棵权重之和最小的生成树。

最后分析 Kruskal 算法的复杂度：

假设一幅图的节点个数为 V，边的条数为 E，首先需要 $O(E)$ 的空间装所有边，而且 Union-Find 算法也需要 $O(V)$ 的空间，所以 Kruskal 算法总的空间复杂度就是 $O(V+E)$。

时间复杂度主要耗费在排序，需要 $O(ElogE)$ 的时间，Union-Find 算法所有操作的复杂度都是 $O(1)$，套一个 for 循环也不过是 $O(E)$，所以总的时间复杂度为 $O(ElogE)$。

3.4 暴力搜索算法

本书在第 1 章就讲过，我们做的算法题本质就是穷举，所以可以说暴力搜索算法是最实用的算法。回溯算法、DFS 算法、BFS 算法是最常见的暴力穷举算法，而这些算法都是从二叉树算法衍生出来的，这一节将阐明它们与二叉树之间千丝万缕的联系。

3.4.1 回溯算法解决子集、排列、组合问题

读完本节，你将不仅学到算法套路，还可以顺便解决如下题目：

78. 子集（中等）	90. 子集 II（中等）
77. 组合（中等）	39. 组合总和（中等）
40. 组合总和 II（中等）	46. 全排列（中等）
47. 全排列 II（中等）	

虽然排列、组合、子集系列问题是高中就学过的，但如果想编写算法解决它们，还是非常考验计算机思维的，本节就讲讲编程解决这几个问题的核心思路，以后再有什么变体，你也能手到擒来，以不变应万变。

无论是排列、组合还是子集问题，简单说无非就是让你从序列 nums 中以给定规则取若干元素，主要有以下几种变体：

形式一：元素无重不可复选，即 nums 中的元素都是唯一的，每个元素最多只能被使用一次，这也是最基本的形式。 以组合为例，如果输入 nums = [2,3,6,7]，和为 7 的组合应该只有 [7]。

形式二：元素可重不可复选，即 nums 中的元素可以存在重复，每个元素最多只能被使用一次。 以组合为例，如果输入 nums = [2,5,2,1,2]，和为 7 的组合应该有两种 [2,2,2,1] 和 [5,2]。

形式三：元素无重可复选，即 nums 中的元素都是唯一的，每个元素可以被使用若干次。 以组合为例，如果输入 nums = [2,3,6,7]，和为 7 的组合应该有两种 [2,2,3] 和 [7]。

当然，也可以说有第四种形式，即元素可重可复选。但既然元素可复选，那又何必存在重复元素呢？元素去重之后就等同于形式三，所以这种情况不用考虑。

上面用组合问题举的例子，但排列、组合、子集问题都可以有这三种基本形式，所以共有 9 种变化。

除此之外，题目也可以再添加各种限制条件，比如让你求和为 target 且元素个数为 k 的组合，那这么一来又可以衍生出一堆变体，怪不得面试笔试中经常考到排列组合这种基本题型。

但无论形式怎么变化，其本质就是穷举所有解，而这些解呈现树形结构，所以合理使用回溯算法框架，稍改代码框架即可把这些问题一网打尽。

具体来说，你需要先阅读并理解前文 1.4 回溯算法解题套路框架，然后记住如下子集问题和排列问题的回溯树，就可以解决所有排列、组合、子集相关的问题：

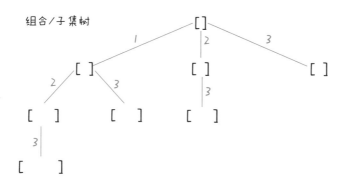

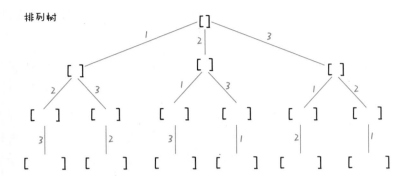

为什么只要记住这两种树形结构就能解决所有相关问题呢？**首先，组合问题和子集问题其实是等价的，这个后面会讲；至于之前说的三种变化形式，无非是在这两棵树上剪掉或者增加一些树枝罢了。**

那么，接下来我们就开始穷举，把排列、组合、子集问题的 9 种形式都过一遍，学学如何用回溯算法把它们一起解决。

一、子集（元素无重不可复选）

力扣第 78 题"子集"就是这个问题：

题目给你输入一个无重复元素的数组 `nums`，其中每个元素最多使用一次，请你返回 `nums` 的所有子集，函数签名如下：

```
List<List<Integer>> subsets(int[] nums)
```

比如输入 `nums = [1,2,3]`，算法应该返回如下子集：

```
[ [],[1],[2],[3],[1,2],[1,3],[2,3],[1,2,3] ]
```

好，暂时不考虑如何用代码实现，先回忆一下高中学过的知识，如何手推所有子集？

首先，生成元素个数为 0 的子集，即空集 `[]`，为了方便表示，我称之为 `S_0`。

然后，在 `S_0` 的基础上生成元素个数为 1 的所有子集，我称之为 `S_1`：

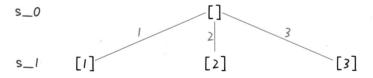

接下来，可以在 `S_1` 的基础上推导出 `S_2`，即元素个数为 2 的所有子集：

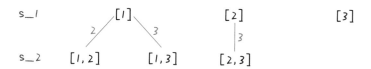

为什么集合 [2] 只需添加 3，而不添加前面的 1 呢？

因为集合中的元素不用考虑顺序，[1,2,3] 中 2 后面只有 3，如果你添加了前面的 1，那么 [2,1] 会和之前已经生成的子集 [1,2] 重复。

换句话说，我们通过保证元素之间的相对顺序不变来防止出现重复的子集。

接着，可以通过 S_2 推出 S_3，实际上 S_3 中只有一个集合 [1,2,3]，它是通过 [1,2] 推出的。

整个推导过程就是这样一棵树：

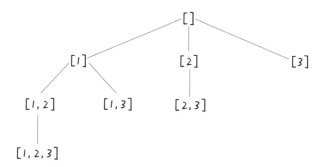

注意这棵树的特性：

如果把根节点作为第 0 层，将每个节点和根节点之间树枝上的元素作为该节点的值，那么第 n 层的所有节点就是大小为 n 的所有子集。

比如大小为 2 的子集就是这一层节点的值：

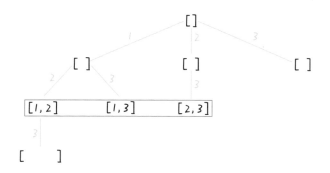

> 注意：本节之后所说"节点的值"都是指节点和根节点之间树枝上的元素，且将根节点认为是第 0 层。

那么再进一步，如果想计算所有子集，只要遍历这棵多叉树，把所有节点的值收集起来不就行了？直接看代码：

```java
List<List<Integer>> res = new LinkedList<>();
// 记录回溯算法的递归路径
LinkedList<Integer> track = new LinkedList<>();

// 主函数
public List<List<Integer>> subsets(int[] nums) {
    backtrack(nums, 0);
    return res;
}

// 回溯算法核心函数，遍历子集问题的回溯树
void backtrack(int[] nums, int start) {

    // 前序位置，每个节点的值都是一个子集
    res.add(new LinkedList<>(track));

    // 回溯算法标准框架
    for (int i = start; i < nums.length; i++) {
        // 做选择
        track.addLast(nums[i]);
        // 通过 start 参数控制树枝的遍历，避免产生重复的子集
        backtrack(nums, i + 1);
        // 撤销选择
        track.removeLast();
    }
}
```

看过 1.4 回溯算法解题套路框架的读者应该很容易理解这段代码吧，我们使用 **start** 参数控制树枝的生长避免产生重复的子集，用 **track** 记录根节点到每个节点的路径的值，同时在前序位置把每个节点的路径值收集起来，完成回溯树的遍历就收集了所有子集：

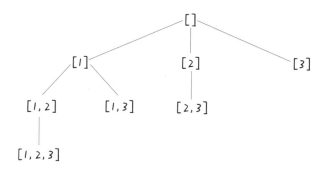

最后，`backtrack` 函数开始部分看似没有 base case，会不会进入无限递归？其实不会，当 `start == nums.length` 时，叶子节点的值会被装入 `res`，但 for 循环不会执行，也就结束了递归。

二、组合（元素无重不可复选）

如果你能够成功地生成所有无重子集，那么稍微改改代码就能生成所有无重组合了。

比如，让你在 `nums = [1,2,3]` 中拿 2 个元素形成所有的组合，你将怎么做？稍微想想就会发现，大小为 2 的所有组合，不就是所有大小为 2 的子集嘛。

所以我说组合和子集是一样的：大小为 k 的组合就是大小为 k 的子集。

比如力扣第 77 题"组合"：

给定两个整数 n 和 k，返回范围 `[1, n]` 中所有可能的 k 个数的组合，函数签名如下：

```
List<List<Integer>> combine(int n, int k)
```

比如 `combine(3, 2)` 的返回值应该是：

```
[ [1,2],[1,3],[2,3] ]
```

这是标准的组合问题，但我来翻译一下就变成子集问题了：

给你输入一个数组 `nums = [1,2,...,n]` 和一个正整数 k，请你生成所有大小为 k 的子集。

还是以 `nums = [1,2,3]` 为例，刚才让求所有子集，就是把所有节点的值都收集起来；现在你只需把第 2 层（根节点视为第 0 层）的节点收集起来，就是大小为 2 的所有组合：

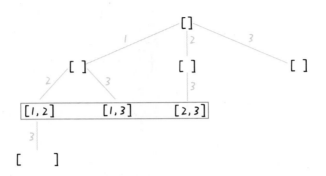

反映到代码上，只需稍改 base case，控制算法仅仅收集第 k 层节点的值即可：

```
List<List<Integer>> res = new LinkedList<>();
// 记录回溯算法的递归路径
LinkedList<Integer> track = new LinkedList<>();

// 主函数
public List<List<Integer>> combine(int n, int k) {
    backtrack(1, n, k);
    return res;
}

void backtrack(int start, int n, int k) {
    // base case
    if (k == track.size()) {
        // 遍历到了第 k 层，收集当前节点的值
        res.add(new LinkedList<>(track));
        return;
    }

    // 回溯算法标准框架
    for (int i = start; i <= n; i++) {
        // 选择
        track.addLast(i);
        // 通过 start 参数控制树枝的遍历，避免产生重复的子集
        backtrack(i + 1, n, k);
        // 撤销选择
        track.removeLast();
    }
}
```

这样，标准的组合问题也解决了。

三、排列（元素无重不可复选）

排列问题在 1.4 回溯算法解题套路框架 讲过，这里只简单过一下。

力扣第 46 题"全排列"就是标准的排列问题：

给定一个**不含重复数字**的数组 nums，返回其所有可能的**全排列**，函数签名如下：

```
List<List<Integer>> permute(int[] nums)
```

比如输入 nums = [1,2,3]，函数的返回值应该是：

```
[
    [1,2,3],[1,3,2],
    [2,1,3],[2,3,1],
    [3,1,2],[3,2,1]
]
```

刚才讲的组合、子集问题使用 start 变量保证元素 nums[start] 之后只会出现 nums[start+1..] 中的元素，通过固定元素的相对位置保证不出现重复的子集。

但排列问题本身就是让你穷举元素的位置，nums[i] 之后也可以出现 nums[i] 左边的元素，所以之前的那一套玩不转了，需要额外使用 used 数组来标记哪些元素还可以被选择。

标准全排列可以抽象成如下这棵多叉树：

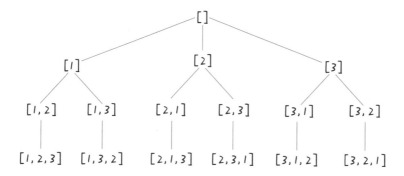

用 used 数组标记已经在路径上的元素避免重复选择，然后收集所有叶子节点上的值，就是所有全排列的结果：

```
List<List<Integer>> res = new LinkedList<>();
// 记录回溯算法的递归路径
LinkedList<Integer> track = new LinkedList<>();
// track 中的元素会被标记为 true
boolean[] used;

/* 主函数，输入一组不重复的数字，返回它们的全排列 */
```

```java
public List<List<Integer>> permute(int[] nums) {
    used = new boolean[nums.length];
    backtrack(nums);
    return res;
}

// 回溯算法核心函数
void backtrack(int[] nums) {
    // base case，到达叶子节点
    if (track.size() == nums.length) {
        // 收集叶子节点上的值
        res.add(new LinkedList(track));
        return;
    }

    // 回溯算法标准框架
    for (int i = 0; i < nums.length; i++) {
        // 已经存在 track 中的元素，不能重复选择
        if (used[i]) {
            continue;
        }
        // 做选择
        used[i] = true;
        track.addLast(nums[i]);
        // 进入下一层回溯树
        backtrack(nums);
        // 取消选择
        track.removeLast();
        used[i] = false;
    }
}
```

这样，全排列问题就解决了。但如果题目不让你算全排列，而是让你算元素个数为 k 的排列，怎么算？

也很简单，改下 **backtrack** 函数的 base case，仅收集第 k 层的节点值即可：

```java
// 回溯算法核心函数
void backtrack(int[] nums, int k) {
    // base case，到达第 k 层，收集节点的值
    if (track.size() == k) {
        // 第 k 层节点的值就是大小为 k 的排列
        res.add(new LinkedList(track));
        return;
    }

    // 回溯算法标准框架
```

```
    for (int i = 0; i < nums.length; i++) {
        // ...
        backtrack(nums, k);
        // ...
    }
}
```

四、子集 / 组合（元素可重不可复选）

刚才讲的标准子集问题输入的 `nums` 是没有重复元素的，但如果存在重复元素，怎么处理呢？

力扣第 90 题"子集 II"就是这样一个问题：

给你一个整数数组 `nums`，其中可能包含重复元素，请你返回该数组所有可能的子集，函数签名如下：

```
List<List<Integer>> subsetsWithDup(int[] nums)
```

比如输入 `nums = [1,2,2]`，你应该输出：

```
[ [],[1],[2],[1,2],[2,2],[1,2,2] ]
```

当然，按道理说"集合"不应该包含重复元素，但既然题目这样问了，我们就忽略这个细节吧，仔细思考一下这道题怎么做才是正事。

就以 `nums = [1,2,2]` 为例，为了把两个 **2** 区分为不同元素，后面写作 `nums = [1,2,2']`。按照之前的思路画出子集的树形结构，显然，两条值相同的相邻树枝会产生重复：

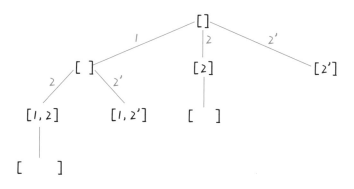

```
[
    [],
```

```
[1],[2],[2'],
[1,2],[1,2'],[2,2'],
[1,2,2']
]
```

所以我们需要进行剪枝，如果一个节点有多条值相同的树枝相邻，则只遍历第一条，
剩下的都剪掉，不要去遍历：

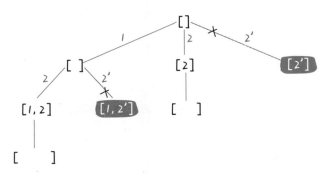

体现在代码上，需要先进行排序，让相同的元素靠在一起，如果发现 `nums[i] ==`
`nums[i-1]`，则跳过：

```java
List<List<Integer>> res = new LinkedList<>();
LinkedList<Integer> track = new LinkedList<>();

public List<List<Integer>> subsetsWithDup(int[] nums) {
    // 先排序，让相同的元素靠在一起
    Arrays.sort(nums);
    backtrack(nums, 0);
    return res;
}

void backtrack(int[] nums, int start) {
    // 前序位置，每个节点的值都是一个子集
    res.add(new LinkedList<>(track));

    for (int i = start; i < nums.length; i++) {
        // 剪枝逻辑，值相同的相邻树枝，只遍历第一条
        if (i > start && nums[i] == nums[i - 1]) {
            continue;
        }
        track.addLast(nums[i]);
        backtrack(nums, i + 1);
        track.removeLast();
    }
}
```

这段代码和之前标准的子集问题的代码几乎相同，就是添加了排序和剪枝的逻辑。至于为什么要这样剪枝，结合前面的图应该也很容易理解，这样，带重复元素的子集问题也解决了。

我们说过组合问题和子集问题是等价的，所以我们直接看一道组合的题目吧，这是力扣第 40 题"组合总和 II"：

给你输入 `candidates` 和一个目标和 `target`，从 `candidates` 中找出中所有和为 `target` 的组合。

`candidates` 可能存在重复元素，且其中的每个数字最多只能使用一次。

说这是一个组合问题，其实换个问法就变成子集问题了：请你计算 `candidates` 中所有和为 `target` 的子集。

所以这题怎么做呢？对比子集问题的解法，只要额外用一个 `trackSum` 变量记录回溯路径上的元素和，然后将 base case 改一改即可解决这道题：

```java
List<List<Integer>> res = new LinkedList<>();
// 记录回溯的路径
LinkedList<Integer> track = new LinkedList<>();
// 记录 track 中的元素之和
int trackSum = 0;

public List<List<Integer>> combinationSum2(int[] candidates, int target) {
    if (candidates.length == 0) {
        return res;
    }
    // 先排序，让相同的元素靠在一起
    Arrays.sort(candidates);
    backtrack(candidates, 0, target);
    return res;
}

// 回溯算法主函数
void backtrack(int[] nums, int start, int target) {
    // base case，达到目标和，找到符合条件的组合
    if (trackSum == target) {
        res.add(new LinkedList<>(track));
        return;
    }
    // base case，超过目标和，直接结束
    if (trackSum > target) {
        return;
    }
```

```
// 回溯算法标准框架
for (int i = start; i < nums.length; i++) {
    // 剪枝逻辑，值相同的树枝，只遍历第一条
    if (i > start && nums[i] == nums[i - 1]) {
        continue;
    }
    // 做选择
    track.add(nums[i]);
    trackSum += nums[i];
    // 递归遍历下一层回溯树
    backtrack(nums, i + 1, target);
    // 撤销选择
    track.removeLast();
    trackSum -= nums[i];
}
}
```

五、排列（元素可重不可复选）

排列问题的输入如果存在重复，比子集 / 组合问题稍微复杂一点儿，我们看看力扣第 47 题 "全排列 II"：

给你输入一个可包含重复数字的序列 nums，请你写一个算法，返回所有可能的全排列，函数签名如下：

```
List<List<Integer>> permuteUnique(int[] nums)
```

比如输入 nums = [1,2,2]，函数返回：

```
[ [1,2,2],[2,1,2],[2,2,1] ]
```

先看解法代码：

```
List<List<Integer>> res = new LinkedList<>();
LinkedList<Integer> track = new LinkedList<>();
boolean[] used;

public List<List<Integer>> permuteUnique(int[] nums) {
    // 先排序，让相同的元素靠在一起
    Arrays.sort(nums);
    used = new boolean[nums.length];
    backtrack(nums);
    return res;
}
```

```java
void backtrack(int[] nums) {
    if (track.size() == nums.length) {
        res.add(new LinkedList(track));
        return;
    }

    for (int i = 0; i < nums.length; i++) {
        if (used[i]) {
            continue;
        }
        // 新添加的剪枝逻辑，固定相同的元素在排列中的相对位置
        if (i > 0 && nums[i] == nums[i - 1] && !used[i - 1]) {
            continue;
        }
        track.add(nums[i]);
        used[i] = true;
        backtrack(nums);
        track.removeLast();
        used[i] = false;
    }
}
```

对比一下之前的标准全排列解法代码，刚刚的这段解法代码和它只有两处不同：

1. 对 **nums** 进行了排序。

2. 添加了一句额外的剪枝逻辑。

类比输入包含重复元素的子集 / 组合问题，你大概应该理解这么做是为了防止出现重复结果。

但是注意排列问题的剪枝逻辑，和子集 / 组合问题的剪枝逻辑略有不同：新增了 **!used[i - 1]** 的逻辑判断。

这个地方理解起来就需要一些技巧了，且听我慢慢道来。为了方便研究，依然把相同的元素用上标 **'** 区别。

假设输入为 **nums = [1,2,2']**，标准的全排列算法会得出如下答案：

```
[
    [1,2,2'],[1,2',2],
    [2,1,2'],[2,2',1],
    [2',1,2],[2',2,1]
]
```

显然，这个结果存在重复，比如 `[1,2,2']` 和 `[1,2',2]` 应该被算作同一个排列，但被算作了两个不同的排列。

所以现在的关键在于，如何设计剪枝逻辑，把这种重复去除。**答案是，保证相同元素在排列中的相对位置保持不变。**

比如 `nums = [1,2,2']` 这个例子，我保持排列中 `2` 一直在 `2'` 前面。这样的话，你从上面 6 个排列中只能挑出 3 个排列符合这个条件：

`[ [1,2,2'],[2,1,2'],[2,2',1] ]`

这也就是正确答案。

进一步，如果 `nums = [1,2,2',2'']`，我只要保证重复元素 `2` 的相对位置固定，比如 `2 -> 2' -> 2''`，也可以得到无重复的全排列结果。

仔细思考，应该很容易明白其中的原理：

标准全排列算法之所以出现重复，是因为把相同元素形成的排列序列视为不同的序列，但实际上它们应该是相同的；而如果固定相同元素形成的序列顺序，当然就避免了重复。

那么反映到代码上，你注意看这个剪枝逻辑：

```
// 新添加的剪枝逻辑，固定相同的元素在排列中的相对位置
if (i > 0 && nums[i] == nums[i - 1] && !used[i - 1]) {
    // 如果前面的相邻相等元素没有用过，则跳过
    continue;
}
// 选择 nums[i]
```

当出现重复元素时，比如输入 `nums = [1,2,2',2'']`，`2'` 只有在 `2` 已经被使用的情况下才会被选择，同理，`2''` 只有在 `2'` 已经被使用的情况下才会被选择，这就保证了相同元素在排列中的相对位置固定。

这里拓展一下，如果你把上述剪枝逻辑中的 `!used[i - 1]` 改成 `used[i - 1]`，其实也可以通过所有测试用例，但效率会有所下降，这是为什么呢？

之所以这样修改不会产生错误，是因为这种写法相当于维护了 `2'' -> 2' -> 2` 的相对顺序，最终也可以实现去重的效果。

但为什么这样写效率会下降呢？因为这个写法剪掉的树枝不够多。

比如输入 `nums = [2,2',2'']`，产生的回溯树如下：

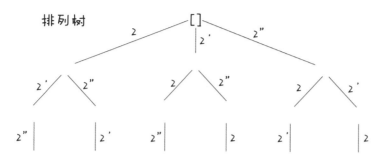

如果用蓝色树枝代表 **backtrack** 函数遍历过的路径，灰色树枝代表剪枝逻辑的触发，那么 **!used[i - 1]** 这种剪枝逻辑得到的回溯树长这样：

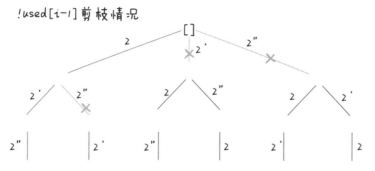

而 **used[i - 1]** 这种剪枝逻辑得到的回溯树如下：

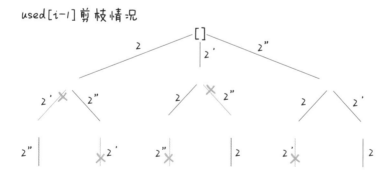

可以看到，**!used[i - 1]** 这种剪枝逻辑剪得干净利落，而 **used[i - 1]** 这种剪枝逻辑虽然最终也能得到无重结果，但它剪掉的树枝较少，存在的无效计算较多，所以效率会差一些。

当然，关于排列去重，可能会有读者提出别的剪枝思路，比如这段代码也可以得到正确答案：

```
void backtrack(int[] nums, LinkedList<Integer> track) {
    if (track.size() == nums.length) {
        res.add(new LinkedList(track));
        return;
    }

    // 记录之前树枝上元素的值
    // 题目说 -10 <= nums[i] <= 10, 所以初始化为特殊值
    int prevNum = -666;
    for (int i = 0; i < nums.length; i++) {
        // 排除不合法的选择
        if (used[i]) {
            continue;
        }
        if (nums[i] == prevNum) {
            continue;
        }

        track.add(nums[i]);
        used[i] = true;
        // 记录这条树枝上的值
        prevNum = nums[i];

        backtrack(nums, track);

        track.removeLast();
        used[i] = false;
    }
}
```

　　这个思路也是对的，设想一个节点出现了相同的树枝，如果不做处理，这些相同树枝下面的子树也会长得一模一样，所以会出现重复的排列：

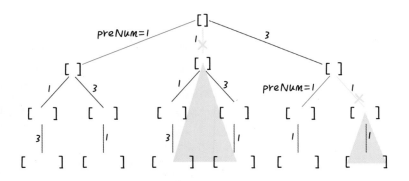

因为排序之后所有相等的元素都挨在一起，所以只要用 **prevNum** 记录前一条树枝的值，就可以避免遍历值相同的树枝，从而避免产生相同的子树，最终避免出现重复的排列。

好了，这样包含重复输入的排列问题也解决了。

六、子集 / 组合（元素无重可复选）

终于到了最后一种类型了：输入数组无重复元素，但每个元素可以被无限次使用。直接看力扣第 39 题"组合总和"：

给你一个无重复元素的整数数组 **candidates** 和一个目标和 **target**，找出 **candidates** 中可以使数字和为目标数 **target** 的所有组合。**candidates** 中的每个数字可以无限制重复被选取，函数签名如下：

```
List<List<Integer>> combinationSum(int[] candidates, int target)
```

比如输入 **candidates = [1,2,3], target = 3**，算法应该返回：

```
[ [1,1,1],[1,2],[3] ]
```

这道题说是组合问题，实际上也是子集问题：**candidates** 的哪些子集的和为 **target**？

想解决这种类型的问题，也要回到回溯树上，**我们不妨先思考，标准的子集 / 组合问题是如何保证不重复使用元素的。**

答案在于 **backtrack** 递归时输入的参数 **start**：

```
// 无重组合的回溯算法框架
void backtrack(int[] nums, int start) {
    for (int i = start; i < nums.length; i++) {
        // ...
        // 递归遍历下一层回溯树，注意参数
        backtrack(nums, i + 1);
        // ...
    }
}
```

这个 **i** 从 **start** 开始，那么下一层回溯树就是从 **start + 1** 开始，从而保证 **nums[start]** 这个元素不会被重复使用：

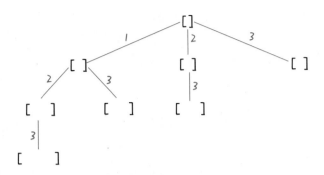

那么反过来，如果我想让每个元素被重复使用，我只要把 `i + 1` 改成 `i` 即可：

```
// 可重组合的回溯算法框架
void backtrack(int[] nums, int start) {
    for (int i = start; i < nums.length; i++) {
        // ...
        // 递归遍历下一层回溯树，注意参数
        backtrack(nums, i);
        // ...
    }
}
```

这相当于给之前的回溯树添加了一条树枝，在遍历这棵树的过程中，一个元素可以被无限次使用：

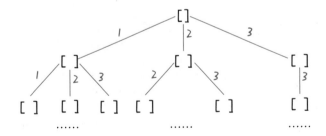

当然，这样这棵回溯树会永远生长下去，所以我们的递归函数需要设置合适的 base case 以结束算法，即路径和大于 `target` 时就没必要再遍历下去了。这道题的解法代码如下：

```
List<List<Integer>> res = new LinkedList<>();
// 记录回溯的路径
LinkedList<Integer> track = new LinkedList<>();
// 记录 track 中的路径和
int trackSum = 0;
```

```java
public List<List<Integer>> combinationSum(int[] candidates, int target) {
    if (candidates.length == 0) {
        return res;
    }
    backtrack(candidates, 0, target);
    return res;
}

// 回溯算法主函数
void backtrack(int[] nums, int start, int target) {
    // base case，找到目标和，记录结果
    if (trackSum == target) {
        res.add(new LinkedList<>(track));
        return;
    }
    // base case，超过目标和，停止向下遍历
    if (trackSum > target) {
        return;
    }

    // 回溯算法标准框架
    for (int i = start; i < nums.length; i++) {
        // 选择 nums[i]
        trackSum += nums[i];
        track.add(nums[i]);
        // 递归遍历下一层回溯树
        // 同一元素可重复使用，注意参数
        backtrack(nums, i, target);
        // 撤销选择 nums[i]
        trackSum -= nums[i];
        track.removeLast();
    }
}
```

七、排列（元素无重可复选）

力扣上没有类似的题目，我们不妨先想一下，**nums** 数组中的元素无重复且可复选的情况下，会有哪些排列?

比如输入 **nums = [1,2,3]**，那么这种条件下的全排列共有 $3^3 = 27$ 种:

```
[
    [1,1,1],[1,1,2],[1,1,3],[1,2,1],[1,2,2],[1,2,3],[1,3,1],[1,3,2],[1,3,3],
    [2,1,1],[2,1,2],[2,1,3],[2,2,1],[2,2,2],[2,2,3],[2,3,1],[2,3,2],[2,3,3],
    [3,1,1],[3,1,2],[3,1,3],[3,2,1],[3,2,2],[3,2,3],[3,3,1],[3,3,2],[3,3,3]
]
```

标准的全排列算法利用 used 数组进行剪枝，避免重复使用同一个元素。如果允许重复使用元素的话，直接去除所有 used 数组的剪枝逻辑就行了。

那这个问题就简单了，代码如下：

```java
List<List<Integer>> res = new LinkedList<>();
LinkedList<Integer> track = new LinkedList<>();

public List<List<Integer>> permuteRepeat(int[] nums) {
    backtrack(nums);
    return res;
}

// 回溯算法核心函数
void backtrack(int[] nums) {
    // base case，到达叶子节点
    if (track.size() == nums.length) {
        // 收集叶子节点上的值
        res.add(new LinkedList(track));
        return;
    }

    // 回溯算法标准框架
    for (int i = 0; i < nums.length; i++) {
        // 做选择
        track.add(nums[i]);
        // 进入下一层回溯树
        backtrack(nums);
        // 取消选择
        track.removeLast();
    }
}
```

至此，排列、组合、子集问题的几种变化就都讲完了。

八、最后总结

来回顾一下排列、组合、子集问题的三种形式在代码上的区别，由于子集问题和组合问题本质上是一样的，无非就是 base case 有一些区别，所以把这两个问题放在一起看。

形式一，元素无重不可复选，即 nums 中的元素都是唯一的，每个元素最多只能被使用一次，**backtrack** 核心代码如下：

```java
/* 组合、子集问题回溯算法框架 */
void backtrack(int[] nums, int start) {
```

```
    // 回溯算法标准框架
    for (int i = start; i < nums.length; i++) {
        // 做选择
        track.addLast(nums[i]);
        // 注意参数
        backtrack(nums, i + 1);
        // 撤销选择
        track.removeLast();
    }
}

/* 排列问题回溯算法框架 */
void backtrack(int[] nums) {
    for (int i = 0; i < nums.length; i++) {
        // 剪枝逻辑
        if (used[i]) {
            continue;
        }
        // 做选择
        used[i] = true;
        track.addLast(nums[i]);

        backtrack(nums);
        // 撤销选择
        track.removeLast();
        used[i] = false;
    }
}
```

形式二，元素可重不可复选，即 nums 中的元素可以存在重复，每个元素最多只能被使用一次，其关键在于排序和剪枝，backtrack 核心代码如下：

```
Arrays.sort(nums);
/* 组合、子集问题回溯算法框架 */
void backtrack(int[] nums, int start) {
    // 回溯算法标准框架
    for (int i = start; i < nums.length; i++) {
        // 剪枝逻辑，跳过值相同的相邻树枝
        if (i > start && nums[i] == nums[i - 1]) {
            continue;
        }
        // 做选择
        track.addLast(nums[i]);
        // 注意参数
```

```
        backtrack(nums, i + 1);
        // 撤销选择
        track.removeLast();
    }
}
```

```
Arrays.sort(nums);
/* 排列问题回溯算法框架 */
void backtrack(int[] nums) {
    for (int i = 0; i < nums.length; i++) {
        // 剪枝逻辑
        if (used[i]) {
            continue;
        }
        // 剪枝逻辑，固定相同的元素在排列中的相对位置
        if (i > 0 && nums[i] == nums[i - 1] && !used[i - 1]) {
            continue;
        }
        // 做选择
        used[i] = true;
        track.addLast(nums[i]);

        backtrack(nums);
        // 撤销选择
        track.removeLast();
        used[i] = false;
    }
}
```

形式三，元素无重可复选，即 nums 中的元素都是唯一的，每个元素可以被使用若干次，只要删掉去重逻辑即可，backtrack 核心代码如下：

```
/* 组合、子集问题回溯算法框架 */
void backtrack(int[] nums, int start) {
    // 回溯算法标准框架
    for (int i = start; i < nums.length; i++) {
        // 做选择
        track.addLast(nums[i]);
        // 注意参数
        backtrack(nums, i);
        // 撤销选择
        track.removeLast();
    }
}
```

```
/* 排列问题回溯算法框架 */
void backtrack(int[] nums) {
    for (int i = 0; i < nums.length; i++) {
        // 做选择
        track.addLast(nums[i]);
        backtrack(nums);
        // 撤销选择
        track.removeLast();
    }
}
```

只要从树的角度思考，这些问题看似复杂多变，实则改改 base case 就能解决，这也是为什么我在 1.1 学习算法和数据结构的框架思维和 1.6 手把手带你刷二叉树（纲领）中强调树类型题目重要性的原因。

如果你能够看到这里，真得给你鼓掌，相信你以后遇到形形色色的算法题，也能一眼看透它们的本质，以不变应万变。另外，考虑到篇幅，本节并没有对这些算法进行复杂度的分析，你可以使用在 4.1.3 算法时空复杂度分析实用指南 讲到的复杂度分析方法尝试自己分析它们的复杂度。

3.4.2　经典回溯算法：集合划分问题

读完本节，你将不仅学到算法套路，还可以顺便解决如下题目：

> 698. 划分为 k 个相等的子集（中等）

之前说过回溯算法是笔试中最好用的算法，只要你没什么思路，就用回溯算法暴力求解，即便不能通过所有测试用例，多少能过一点儿。回溯算法的技巧也不难，在 1.4 回溯算法解题套路框架中讲过，回溯算法就是穷举一棵决策树的过程，只要在递归之前"做选择"，在递归之后"撤销选择"就行了。

但是，就算暴力穷举，不同的思路也有优劣之分。本节就来看一道非常经典的回溯算法问题，力扣第 698 题"划分为 k 个相等的子集"。这道题可以帮你更深刻理解回溯算法的思维，得心应手地写出回溯函数。

题目非常简单，给你输入一个数组 **nums** 和一个正整数 **k**，请你判断 **nums** 是否能够被平分为元素和相同的 **k** 个子集，函数签名如下：

```
boolean canPartitionKSubsets(int[] nums, int k);
```

我们将在 4.3.3 背包问题变体之子集分割 详细讲解子集划分问题，不过那道题只需要把集合划分成两个相等的集合，可以转化成背包问题用动态规划技巧解决。但是如果划分成多个相等的集合，解法一般只能通过暴力穷举，时间复杂度爆表，是练习回溯算法和递归思维的好机会。

一、思路分析

首先，我们回顾一下以前学过的排列组合知识：

1. $P(n,k)$（也有很多书写成 $A(n,k)$）表示从 n 个不同元素中拿出 k 个元素的排列（Permutation/Arrangement）；$C(n,k)$ 表示从 n 个不同元素中拿出 k 个元素的组合（Combination）总数。

2. "排列"和"组合"的主要区别在于是否考虑顺序的差异。

3. 排列、组合总数的计算公式如下：

$$P(n,k) = \frac{n!}{(n-k)!}$$

$$C(n,k) = \frac{n!}{k!(n-k)!}$$

好，现在我问一个问题，这个排列公式 $P(n,k)$ 是如何推导出来的？为了搞清楚这个问题，我需要讲一点组合数学的知识。

排列组合问题的各种变体都可以抽象成"球盒模型"，$P(n,k)$ 就可以抽象成下面这个场景：

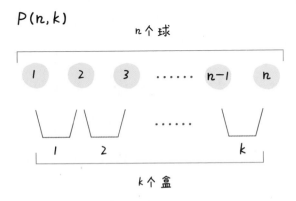

即，将 n 个标记了不同序号的球（标号为了体现顺序的差异），放入 k 个标记了不同序号的盒子中（其中 n >= k，每个盒子最终都恰好装有一个球），共有 $P(n,k)$ 种不同

的方法。

现在你来往盒子里放球，将会怎么放？其实有两种视角。

首先，你可以站在盒子的视角，每个盒子必然选择一个球。这样，第一个盒子可以选择 `n` 个球中的任意一个，然后你需要让剩下 `k - 1` 个盒子在 `n - 1` 个球中选择：

$$P(n,k)=nP(n-1,k-1)$$

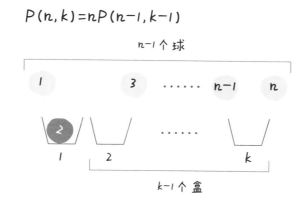

另外，你也可以站在球的视角，因为并不是每个球都会被装进盒子，所以球的视角分两种情况：

1. 第一个球可以不装进任何一个盒子，这样你就需要将剩下 `n - 1` 个球放入 `k` 个盒子。

2. 第一个球可以装进 `k` 个盒子中的任意一个，这样你就需要将剩下 `n - 1` 个球放入 `k - 1` 个盒子。

结合上述两种情况，可以得到：

$$P(n,k)=P(n-1,k)+kP(n-1,k-1)$$

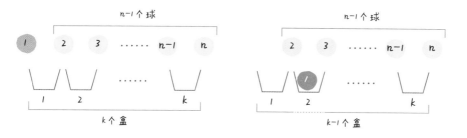

你看，两种视角得到两个不同的递归式，但这两个递归式解开的结果都是我们熟知的阶乘形式：

$$P(n,k)$$
$$=nP(n-1,k-1)$$
$$=P(n-1,k) + kP(n-1,k-1)$$
$$=\frac{n!}{(n-k)!}$$

至于如何解递归式，涉及数学的内容比较多，这里就不做深入探讨了，有兴趣的读者可以自行学习组合数学相关知识。

回到正题，这道算法题让我们求子集划分，子集问题和排列组合问题有所区别，但我们可以借鉴"球盒模型"的抽象，用两种不同的视角来解决这道子集划分问题。

把装有 n 个数字的数组 nums 分成 k 个和相同的集合，你可以想象将 n 个数字分配到 k 个"桶"里，最后这 k 个"桶"里的数字之和要相同。

1.4 回溯算法解题套路框架 讲过，回溯算法的关键在哪里？关键是要知道怎么"做选择"，这样才能利用递归函数进行穷举。

那么模仿排列公式的推导思路，将 n 个数字分配到 k 个桶里，我们也可以有两种视角：

视角一，如果我们切换到这 n 个数字的视角，每个数字都要选择进入到 k 个桶中的某一个。

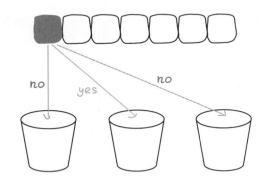

视角二，如果我们切换到这 k 个桶的视角，对于每个桶，都要遍历 nums 中的 n 个数字，然后选择是否将当前遍历到的数字装进自己这个桶里。

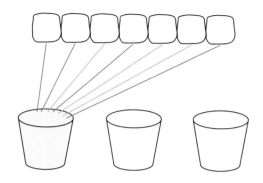

你可能问，这两种视角有什么不同？用不同的视角进行穷举，虽然结果相同，但是解法代码的逻辑完全不同，进而算法的效率也会不同；对比不同的穷举视角，可以帮你更深刻地理解回溯算法，我们慢慢道来。

二、以数字的视角

用 for 循环迭代遍历 **nums** 数组相信大家都会：

```java
for (int index = 0; index < nums.length; index++) {
    System.out.println(nums[index]);
}
```

递归遍历数组你会不会？其实也很简单：

```java
void traverse(int[] nums, int index) {
    if (index == nums.length) {
        return;
    }
    System.out.println(nums[index]);
    traverse(nums, index + 1);
}
```

只要调用 **traverse(nums, 0)**，和 for 循环的效果是完全一样的。那么回到这道题，以数字的视角，选择 k 个桶，用 for 循环写出来是下面这样：

```java
// k 个桶（集合），记录每个桶装的数字之和
int[] bucket = new int[k];

// 穷举 nums 中的每个数字
for (int index = 0; index < nums.length; index++) {
    // 穷举每个桶
    for (int i = 0; i < k; i++) {
```

```
        // nums[index] 选择是否要进入第 i 个桶
        // ...
    }
}
```

如果改成递归的形式，就是下面这段代码逻辑：

```
// k 个桶（集合），记录每个桶装的数字之和
int[] bucket = new int[k];

// 穷举 nums 中的每个数字
void backtrack(int[] nums, int index) {
    // base case
    if (index == nums.length) {
        return;
    }
    // 穷举每个桶
    for (int i = 0; i < bucket.length; i++) {
        // 选择装进第 i 个桶
        bucket[i] += nums[index];
        // 递归穷举下一个数字的选择
        backtrack(nums, index + 1);
        // 撤销选择
        bucket[i] -= nums[index];
    }
}
```

虽然上述代码仅仅是穷举逻辑，还不能解决我们的问题，但是只要略加完善即可：

```
// 主函数
boolean canPartitionKSubsets(int[] nums, int k) {
    // 排除一些基本情况
    if (k > nums.length) return false;
    int sum = 0;
    for (int v : nums) sum += v;
    if (sum % k != 0) return false;

    // k 个桶（集合），记录每个桶装的数字之和
    int[] bucket = new int[k];
    // 理论上每个桶（集合）中数字的和
    int target = sum / k;
    // 穷举，看看 nums 是否能划分成 k 个和为 target 的子集
    return backtrack(nums, 0, bucket, target);
}

// 递归穷举 nums 中的每个数字
boolean backtrack(
```

```
        int[] nums, int index, int[] bucket, int target) {

    if (index == nums.length) {
        // 检查所有桶的数字之和是否都是 target
        for (int i = 0; i < bucket.length; i++) {
            if (bucket[i] != target) {
                return false;
            }
        }
        // nums 成功平分成 k 个子集
        return true;
    }

    // 穷举 nums[index] 可能装入的桶
    for (int i = 0; i < bucket.length; i++) {
        // 剪枝，桶装满了
        if (bucket[i] + nums[index] > target) {
            continue;
        }
        // 将 nums[index] 装入 bucket[i]
        bucket[i] += nums[index];
        // 递归穷举下一个数字的选择
        if (backtrack(nums, index + 1, bucket, target)) {
            return true;
        }
        // 撤销选择
        bucket[i] -= nums[index];
    }

    // nums[index] 装入哪个桶都不行
    return false;
}
```

有之前的铺垫，相信这段代码是比较容易理解的，其实我们可以再做一个优化，主
要看 **backtrack** 函数的递归部分：

```
for (int i = 0; i < bucket.length; i++) {
    // 剪枝
    if (bucket[i] + nums[index] > target) {
        continue;
    }

    if (backtrack(nums, index + 1, bucket, target)) {
        return true;
    }
}
```

如果我们让尽可能多的情况命中剪枝的那个 if 分支，就可以减少递归调用的次数，一定程度上减少时间复杂度。

如何尽可能多地命中这个 if 分支呢？要知道我们的 index 参数是从 0 开始递增的，也就是递归地从 0 开始遍历 nums 数组。如果我们提前对 nums 数组排序，把大的数字排在前面，那么大的数字会先被分配到 bucket 中，对于之后的数字，bucket[i] + nums[index] 会更大，更容易触发剪枝的 if 条件。

所以可以在之前的代码中再添加一些代码：

```java
boolean canPartitionKSubsets(int[] nums, int k) {
    // 其他代码不变
    // ...
    /* 降序排序 nums 数组 */
    Arrays.sort(nums);
    for (i = 0, j = nums.length - 1; i < j; i++, j--) {
        // 交换 nums[i] 和 nums[j]
        int temp = nums[i];
        nums[i] = nums[j];
        nums[j] = temp;
    }
    /******************/
    return backtrack(nums, 0, bucket, target);
}
```

鉴于 Java 的语言特性，这段代码通过先升序排序再反转，达到降序排列的目的。这个解法可以得到正确答案，但耗时比较多，已经无法通过所有测试用例了，接下来看看另一种视角的解法。

三、以桶的视角

本节开头说了，**以桶的视角进行穷举，每个桶需要遍历 nums 中的所有数字，决定是否把当前数字装进桶中；当装满一个桶之后，还要装下一个桶，直到所有桶都装满为止**。

这个思路可以用下面这段代码表示出来：

```java
// 装满所有桶为止
while (k > 0) {
    // 记录当前桶中的数字之和
    int bucket = 0;
    for (int i = 0; i < nums.length; i++) {
        // 决定是否将 nums[i] 放入当前桶中
        if (canAdd(bucket, num[i])) {
            bucket += nums[i];
```

```
        }
        if (bucket == target) {
            // 装满了一个桶，装下一个桶
            k--;
            break;
        }
    }
}
```

那么也可以把这个 while 循环改写成递归函数，不过比刚才略微复杂一些，首先写一个 backtrack 递归函数：

```
boolean backtrack(int k, int bucket,
    int[] nums, int start, boolean[] used, int target);
```

不要被这么多参数吓到，我会一个个解释这些参数。**如果你能够透彻理解本节内容，就也能得心应手地写出这样的回溯函数。**

这个 backtrack 函数的参数可以这样解释：

现在 k 号桶正在思考是否应该把 nums[start] 这个元素装进来；目前 k 号桶里面已经装的数字之和为 bucket；used 标志某一个元素是否已经被装到桶中；target 是每个桶需要达成的目标和。

根据这个函数定义，可以这样调用 backtrack 函数：

```
boolean canPartitionKSubsets(int[] nums, int k) {
    // 排除一些基本情况
    if (k > nums.length) return false;
    int sum = 0;
    for (int v : nums) sum += v;
    if (sum % k != 0) return false;

    boolean[] used = new boolean[nums.length];
    int target = sum / k;
    // k 号桶初始什么都没装，从 nums[0] 开始做选择
    return backtrack(k, 0, nums, 0, used, target);
}
```

实现 backtrack 函数的逻辑之前，再重复一遍，从桶的视角：

1. 需要遍历 nums 中所有数字，决定哪些数字需要装到当前桶中。

2. 如果当前桶装满了（桶内数字和达到 target），则让下一个桶开始执行第 1 步。

下面的代码就实现了这个逻辑：

```
boolean backtrack(int k, int bucket,
    int[] nums, int start, boolean[] used, int target) {
    // base case
    if (k == 0) {
        // 所有桶都被装满了，而且 nums 一定全部用完了
        // 因为 target == sum / k
        return true;
    }
    if (bucket == target) {
        // 装满了当前桶，递归穷举下一个桶的选择
        // 让下一个桶从 nums[0] 开始选数字
        return backtrack(k - 1, 0 ,nums, 0, used, target);
    }

    // 从 start 开始向后探查有效的 nums[i] 装入当前桶
    for (int i = start; i < nums.length; i++) {
        // 剪枝
        if (used[i]) {
            // nums[i] 已经被装入别的桶中
            continue;
        }
        if (nums[i] + bucket > target) {
            // 当前桶装不下 nums[i]
            continue;
        }
        // 做选择，将 nums[i] 装入当前桶中
        used[i] = true;
        bucket += nums[i];
        // 递归穷举下一个数字是否装入当前桶
        if (backtrack(k, bucket, nums, i + 1, used, target)) {
            return true;
        }
        // 撤销选择
        used[i] = false;
        bucket -= nums[i];
    }
    // 穷举了所有数字，都无法装满当前桶
    return false;
}
```

　　这段代码是可以得出正确答案的，但是效率很低，我们可以思考一下是否还有优化的空间。

　　首先，在这个解法中每个桶都可以认为是没有差异的，但是我们的回溯算法却会对它们区别对待，这里就会出现重复计算的情况。

这是什么意思呢？我们的回溯算法，说到底就是穷举所有可能的组合，然后看是否能找出和为 `target` 的 k 个桶（子集）。

那么，比如下面这种情况，`target = 5`，算法会在第一个桶里面装 `1, 4`：

现在第一个桶装满了，就开始装第二个桶，算法会装入 `2, 3`：

然后以此类推，对后面的元素进行穷举，凑出若干个和为 5 的桶（子集）。

但问题是，如果最后发现无法凑出和为 `target` 的 k 个子集，算法会怎么做？

回溯算法会回溯到第一个桶，重新开始穷举，现在它知道第一个桶里装 `1, 4` 是不可行的，它会尝试把 `2, 3` 装到第一个桶里：

现在第一个桶装满了，就开始装第二个桶，算法会装入 `1, 4`：

好，到这里你应该看出来问题了，这种情况其实和之前的那种情况是一样的。也就是说，到这里你其实已经知道不需要再穷举了，必然凑不出来和为 `target` 的 k 个子集。但我们的算法还是会傻乎乎地继续穷举，因为在它看来，第一个桶和第二个桶里面装的元素不一样，这就是两种不一样的情况。

那怎么让算法的"智商"提高，识别出这种情况，避免冗余计算呢？注意这两种情况的 `used` 数组肯定长得一样，所以 `used` 数组可以认为是回溯过程中的"状态"。

所以，我们可以用一个 `memo` 备忘录，在装满一个桶时记录当前 `used` 的状态，如果当前 `used` 的状态是曾经出现过的，那就不用再继续穷举了，从而起到剪枝避免冗余计算的作用。

有读者肯定会问，`used` 是一个布尔数组，怎么作为键进行存储呢？这其实是小问题，有很多种解决方案，比如一种偷懒的解决方式是利用 Java 的 `toString` 方法把数组转化成字符串，这样就可以作为哈希表的键进行存储了。

看下代码实现，只要稍微改一下 **backtrack** 函数即可：

```java
// 备忘录，存储 used 数组的状态
HashMap<String, Boolean> memo = new HashMap<>();

boolean backtrack(int k, int bucket, int[] nums, int start, boolean[] used, int tar-
get) {
    // base case
    if (k == 0) {
        return true;
    }
    // 将 used 的状态转化成形如 [true, false, ...] 的字符串
    // 便于存入 HashMap
    String state = Arrays.toString(used);

    if (bucket == target) {
        // 装满了当前桶，递归穷举下一个桶的选择
        boolean res = backtrack(k - 1, 0, nums, 0, used, target);
        // 将当前状态和结果存入备忘录
        memo.put(state, res);
        return res;
    }

    if (memo.containsKey(state)) {
        // 如果当前状态曾经计算过，就直接返回，不要再递归穷举了
        return memo.get(state);
    }

    // 其他逻辑不变
}
```

这样提交解法，发现执行效率依然比较低，这次不是因为算法逻辑上的冗余计算，而是代码实现上的问题。

因为每次递归都要把 used 数组转化成字符串，这对于编程语言来说也是一个不小的消耗，所以还可以进一步优化。

注意题目给的数据规模 nums.length <= 16，也就是说 used 数组最多也不会超过 16，那么完全可以用"位图"的技巧，用一个 int 类型的 used 变量来替代 used 数组。

具体来说，可以用整数 used 的第 i 位（(used >> i) & 1）的 1/0 来表示 used[i] 的 true/false。这样一来，不仅节约了空间，而且整数 used 也可以直接作为键存入 HashMap，省去数组转字符串的消耗。

看下最终的解法代码：

```java
public boolean canPartitionKSubsets(int[] nums, int k) {
    // 排除一些基本情况
    if (k > nums.length) return false;
    int sum = 0;
    for (int v : nums) sum += v;
    if (sum % k != 0) return false;

    int used = 0; // 使用位图技巧
    int target = sum / k;
    // k 号桶初始什么都没装，从 nums[0] 开始做选择
    return backtrack(k, 0, nums, 0, used, target);
}

HashMap<Integer, Boolean> memo = new HashMap<>();

boolean backtrack(int k, int bucket,
                  int[] nums, int start, int used, int target) {
    // base case
    if (k == 0) {
        // 所有桶都被装满了，而且 nums 一定全部用完了
        return true;
    }
    if (bucket == target) {
        // 装满了当前桶，递归穷举下一个桶的选择
        // 让下一个桶从 nums[0] 开始选数字
        boolean res = backtrack(k - 1, 0, nums, 0, used, target);
        // 缓存结果
        memo.put(used, res);
        return res;
    }

    if (memo.containsKey(used)) {
        // 避免冗余计算
        return memo.get(used);
    }

    for (int i = start; i < nums.length; i++) {
        // 剪枝
        if (((used >> i) & 1) == 1) { // 判断第 i 位是否是 1
            // nums[i] 已经被装入别的桶中
            continue;
        }
        if (nums[i] + bucket > target) {
            continue;
```

```
    }
    // 做选择
    used |= 1 << i; // 将第 i 位置为 1
    bucket += nums[i];
    // 递归穷举下一个数字是否装入当前桶
    if (backtrack(k, bucket, nums, i + 1, used, target)) {
        return true;
    }
    // 撤销选择
    used ^= 1 << i; // 使用异或运算将第 i 位恢复为 0
    bucket -= nums[i];
}

return false;
}
```

至此，这道题的第二种思路也完成了。

四、最后总结

本节写的这两种思路都可以算出正确答案，不过第一种解法即便经过了排序优化，也明显比第二种解法慢很多，这是为什么呢？

我们来分析一下这两种算法的时间复杂度，假设 nums 中的元素个数为 n。

先说第一种解法，也就是从数字的角度进行穷举，n 个数字，每个数字有 k 个桶可供选择，所以组合出的结果个数为 k^n，时间复杂度也就是 $O(k^n)$。

第二种解法，每个桶要遍历 n 个数字，对每个数字有"装入"或"不装入"两种选择，所以组合的结果有种 2^n；而我们有 k 个桶，所以总的时间复杂度为 $O(k \times 2^n)$。

当然，这是对最坏复杂度上界的粗略估算，实际的复杂度肯定要好很多，毕竟我们添加了这么多剪枝逻辑。 不过，从复杂度的上界已经可以看出第一种思路要慢很多了。

所以，谁说回溯算法没有技巧性的？虽然回溯算法就是暴力穷举，但穷举也分聪明的穷举方式和低效的穷举方式，关键看你以谁的"视角"进行穷举。

通俗来说，我们应该尽量"少量多次"，就是说宁可多做几次选择（乘法关系），也不要给太大的选择空间（指数关系）；做 n 次"k 选一"仅重复一次（$O(k^n)$），比 n 次"二选一"重复 k 次（$O(k \times 2^n)$）效率低很多。

好了，这道题我们从两种视角进行穷举，虽然代码量看起来多，但核心逻辑都是类似的，相信你通过本节能够更深刻地理解回溯算法。

3.4.3 DFS 算法搞定岛屿系列题目

读完本节，你将不仅学到算法套路，还可以顺便解决如下题目：

200. 岛屿数量（中等）	1254. 统计封闭岛屿的数目（中等）
1020. 飞地的数量（中等）	695. 岛屿的最大面积（中等）
1905. 统计子岛屿（中等）	694. 不同的岛屿数量（中等）

岛屿系列算法问题是经典的面试高频题，虽然基本的问题并不难，但是这类问题有一些有意思的扩展，比如求子岛屿数量，求形状不同的岛屿数量，等等，本节就来把这些问题一网打尽。

岛屿系列题目的核心考点就是用 DFS/BFS 算法遍历二维数组。本节主要讲解如何用 DFS 算法来搞定岛屿系列题目，不过用 BFS 算法的核心思路是完全一样的，无非就是把 DFS 改写成 BFS。

那么如何在二维矩阵中使用 DFS 搜索呢？如果你把二维矩阵中的每一个位置看作一个节点，这个节点的上下左右四个位置就是相邻节点，那么整个矩阵就可以抽象成一幅网状的"图"结构。

根据第 1 章学习的框架思维，我们完全可以根据二叉树的遍历框架改写出二维矩阵的 DFS 代码框架：

```java
// 二叉树遍历框架
void traverse(TreeNode root) {
    traverse(root.left);
    traverse(root.right);
}
```

```java
// 二维矩阵遍历框架
void dfs(int[][] grid, int i, int j, boolean[][] visited) {
    int m = grid.length, n = grid[0].length;
    if (i < 0 || j < 0 || i >= m || j >= n) {
        // 超出索引边界
        return;
    }
    if (visited[i][j]) {
        // 已遍历过 (i, j)
        return;
    }
    // 进入节点 (i, j)
```

```
    visited[i][j] = true;
    dfs(grid, i - 1, j, visited); // 上
    dfs(grid, i + 1, j, visited); // 下
    dfs(grid, i, j - 1, visited); // 左
    dfs(grid, i, j + 1, visited); // 右
}
```

因为二维矩阵本质上是一幅"图"，所以遍历的过程中需要一个 **visited** 布尔数组防止走回头路，如果你能理解上面这段代码，那么搞定所有岛屿系列题目都很简单。

这里额外说一个处理二维数组的常用小技巧，你有时会看到使用"方向数组"来处理上下左右的遍历：

```
// 方向数组，分别代表上下左右
int[][] dirs = new int[][]{{-1,0}, {1,0}, {0,-1}, {0,1}};

void dfs(int[][] grid, int i, int j, boolean[][] visited) {
    int m = grid.length, n = grid[0].length;
    if (i < 0 || j < 0 || i >= m || j >= n) {
        // 超出索引边界
        return;
    }
    if (visited[i][j]) {
        // 已遍历过 (i, j)
        return;
    }

    // 进入节点 (i, j)
    visited[i][j] = true;
    // 递归遍历上下左右的节点
    for (int[] d : dirs) {
        int next_i = i + d[0];
        int next_j = j + d[1];
        dfs(grid, next_i, next_j, visited);
    }
    // 离开节点 (i, j)
}
```

这种写法无非就是用 for 循环处理上下左右的遍历罢了，你可以按照个人喜好选择写法。

一、岛屿数量

这是力扣第 200 题"岛屿数量"，最简单也是最经典的一道问题，题目会输入一个

二维数组 **grid**，其中只包含 **0** 或者 **1**，**0** 代表海水，**1** 代表陆地，且假设该矩阵四周都是被海水包围着的。我们说连成片的陆地形成岛屿，那么请你写一个算法，计算这个矩阵 **grid** 中岛屿的个数，函数签名如下：

```
int numIslands(char[][] grid);
```

比如题目给你输入下面这个 **grid** 有四片岛屿，算法应该返回 4：

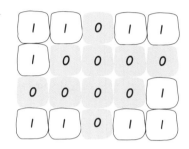

思路很简单，关键在于如何寻找并标记"岛屿"，这就要 DFS 算法发挥作用了，我们直接看解法代码：

```
// 主函数，计算岛屿数量
int numIslands(char[][] grid) {
    int res = 0;
    int m = grid.length, n = grid[0].length;
    // 遍历 grid
    for (int i = 0; i < m; i++) {
        for (int j = 0; j < n; j++) {
            if (grid[i][j] == '1') {
                // 每发现一个岛屿，岛屿数量加一
                res++;
                // 然后使用 DFS 将岛屿淹了
                dfs(grid, i, j);
            }
        }
    }
    return res;
}

// 从 (i, j) 开始，将与之相邻的陆地都变成海水
void dfs(char[][] grid, int i, int j) {
    int m = grid.length, n = grid[0].length;
    if (i < 0 || j < 0 || i >= m || j >= n) {
        // 超出索引边界
        return;
```

```
    }
    if (grid[i][j] == '0') {
        // 已经是海水了
        return;
    }
    // 将 (i, j) 变成海水
    grid[i][j] = '0';
    // 淹没上下左右的陆地
    dfs(grid, i + 1, j);
    dfs(grid, i, j + 1);
    dfs(grid, i - 1, j);
    dfs(grid, i, j - 1);
}
```

为什么每次遇到岛屿，都要用 DFS 算法把岛屿"淹了"呢？主要是为了省事，避免维护 `visited` 数组。因为 `dfs` 函数遍历到值为 `0` 的位置会直接返回，所以只要把经过的位置都设置为 `0`，就可以起到不走回头路的作用。

这个最基本的算法问题就说到这里，我们来看看后面的题目有什么花样。

二、封闭岛屿的数量

上一题讲过可以认为二维矩阵四周也是被海水包围的，所以靠边的陆地也算作岛屿，而力扣第 1254 题 "统计封闭岛屿的数目" 和上一题有两点不同：

1. 用 `0` 表示陆地，用 `1` 表示海水。

2. 让你计算 "封闭岛屿" 的数目。所谓 "封闭岛屿" 就是上下左右全部被 `1` 包围的 `0`，也就是说**靠边的陆地不算作 "封闭岛屿"**。

比如题目给你输入如下这个二维矩阵：

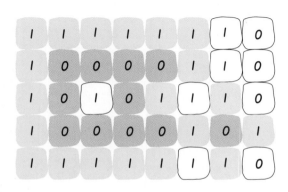

算法返回 2，只有图中灰色部分的 `0` 是四周全都被海水包围着的 "封闭岛屿"，函数

签名如下：

```
int closedIsland(int[][] grid)
```

那么如何判断"封闭岛屿"呢？其实很简单，把上一题中那些靠边的岛屿排除掉，剩下的不就是"封闭岛屿"了吗？

有了这个思路，就可以直接看代码了，注意这题规定 **0** 表示陆地，用 **1** 表示海水：

```java
// 主函数：计算封闭岛屿的数量
int closedIsland(int[][] grid) {
    int m = grid.length, n = grid[0].length;
    for (int j = 0; j < n; j++) {
        // 把靠上边的岛屿淹掉
        dfs(grid, 0, j);
        // 把靠下边的岛屿淹掉
        dfs(grid, m - 1, j);
    }
    for (int i = 0; i < m; i++) {
        // 把靠左边的岛屿淹掉
        dfs(grid, i, 0);
        // 把靠右边的岛屿淹掉
        dfs(grid, i, n - 1);
    }
    // 遍历 grid，剩下的岛屿都是封闭岛屿
    int res = 0;
    for (int i = 0; i < m; i++) {
        for (int j = 0; j < n; j++) {
            if (grid[i][j] == 0) {
                res++;
                dfs(grid, i, j);
            }
        }
    }
    return res;
}

// 从 (i, j) 开始，将与之相邻的陆地都变成海水
void dfs(int[][] grid, int i, int j) {
    int m = grid.length, n = grid[0].length;
    if (i < 0 || j < 0 || i >= m || j >= n) {
        return;
    }
    if (grid[i][j] == 1) {
        // 已经是海水了
        return;
```

```
    }
    // 将 (i, j) 变成海水
    grid[i][j] = 1;
    // 淹没上下左右的陆地
    dfs(grid, i + 1, j);
    dfs(grid, i, j + 1);
    dfs(grid, i - 1, j);
    dfs(grid, i, j - 1);
}
```

只要提前把靠边的陆地都淹掉，然后算出来的就是封闭岛屿了。

注意：处理这类岛屿题目除了 DFS/BFS 算法之外，Union-Find 算法也是一种可选的方法。

这道岛屿题目的解法稍微改改就可以解决力扣第 1020 题 "飞地的数量"，这题不让你求封闭岛屿的数量，而是求封闭岛屿的面积总和。其实思路都是一样的，先把靠边的陆地淹掉，然后去数剩下的陆地数量就行了，注意第 1020 题中 1 代表陆地，0 代表海水：

```
int numEnclaves(int[][] grid) {
    int m = grid.length, n = grid[0].length;
    // 淹掉靠边的陆地
    for (int i = 0; i < m; i++) {
        dfs(grid, i, 0);
        dfs(grid, i, n - 1);
    }
    for (int j = 0; j < n; j++) {
        dfs(grid, 0, j);
        dfs(grid, m - 1, j);
    }

    // 数一数剩下的陆地
    int res = 0;
    for (int i = 0; i < m; i++) {
        for (int j = 0; j < n; j++) {
            if (grid[i][j] == 1) {
                res += 1;
            }
        }
    }

    return res;
}

// 和之前的实现类似
void dfs(int[][] grid, int i, int j) {
```

```
    // ...
}
```

篇幅所限，具体代码就不写了，我们继续看其他的岛屿题目。

三、岛屿的最大面积

这是力扣第 695 题"岛屿的最大面积"，**0** 表示海水，**1** 表示陆地，现在不让你计算岛屿的个数了，而是让你计算最大的那个岛屿的面积，函数签名如下：

```
int maxAreaOfIsland(int[][] grid)
```

比如题目给你输入如下一个二维矩阵：

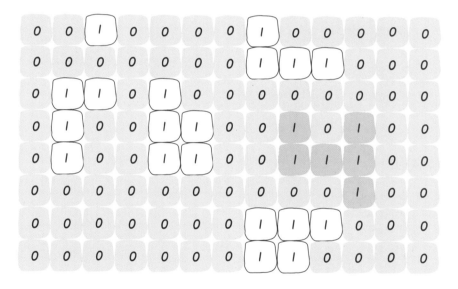

其中面积最大的是灰色的岛屿，算法返回它的面积 6。

这道题的大体思路和之前完全一样，只不过 dfs 函数淹没岛屿的同时，还应该想办法记录这个岛屿的面积。

我们可以给 **dfs** 函数设置返回值，记录每次淹没的陆地的个数，直接看解法吧：

```
int maxAreaOfIsland(int[][] grid) {
    // 记录岛屿的最大面积
    int res = 0;
    int m = grid.length, n = grid[0].length;
    for (int i = 0; i < m; i++) {
```

```
        for (int j = 0; j < n; j++) {
            if (grid[i][j] == 1) {
                // 淹没岛屿，并更新最大岛屿面积
                res = Math.max(res, dfs(grid, i, j));
            }
        }
    }
    return res;
}

// 淹没与 (i, j) 相邻的陆地，并返回淹没的陆地面积
int dfs(int[][] grid, int i, int j) {
    int m = grid.length, n = grid[0].length;
    if (i < 0 || j < 0 || i >= m || j >= n) {
        // 超出索引边界
        return 0;
    }
    if (grid[i][j] == 0) {
        // 已经是海水了
        return 0;
    }
    // 将 (i, j) 变成海水
    grid[i][j] = 0;

    return dfs(grid, i + 1, j)
        + dfs(grid, i, j + 1)
        + dfs(grid, i - 1, j)
        + dfs(grid, i, j - 1) + 1;
}
```

解法和之前相比差不多，这里也不多说了，接下来的两道岛屿题目是比较有技巧性的，我们重点来看一下。

四、子岛屿数量

如果说前面的题目都是模板题，那么力扣第1905题"统计子岛屿"可能得动动脑子了，题目描述如下：

给你输入两个只包含 0 和 1 的矩阵 **grid1** 和 **grid2**，其中 0 表示水域，1 表示陆地。如果 **grid2** 的一个岛屿的每一个格子都被 **grid1** 中同一个岛屿完全包含，那么我们称 **grid2** 中的这个岛屿为**子岛屿**。请你计算 **grid2** 中子岛屿的数目。

比如输入的 **grid1** 和 **grid2** 分别为：

```
[[1,1,1,0,0],     [[1,1,1,0,0],
 [0,1,1,1,1],      [0,0,1,1,1],
 [0,0,0,0,0],      [0,1,0,0,0],
 [1,0,0,0,0],      [1,0,1,1,0],
 [1,1,0,1,1]]      [0,1,0,1,0]]
```

那么你的算法应该返回 3，**grid2** 中有 3 个子岛屿，如下图所示：

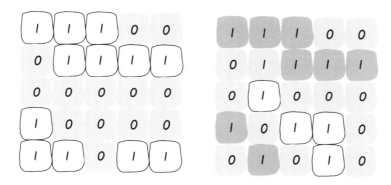

这道题的关键在于，如何快速判断子岛屿。 肯定可以借助 Union-Find 并查集算法来判断，不过本节重点在 DFS 算法，就不展开并查集算法了。

什么情况下 **grid2** 中的一个岛屿 **B** 是 **grid1** 中的一个岛屿 **A** 的子岛？当岛屿 **B** 中所有陆地在岛屿 **A** 中也是陆地的时候，岛屿 **B** 是岛屿 **A** 的子岛。

反过来说，如果岛屿 B 中存在一片陆地，在岛屿 A 的对应位置是海水，那么岛屿 B 就不是岛屿 A 的子岛。

那么，我们只要遍历 **grid2** 中的所有岛屿，把那些不可能是子岛的岛屿排除掉，剩下的就是子岛。依据这个思路，可以直接写出下面的代码：

```
int countSubIslands(int[][] grid1, int[][] grid2) {
    int m = grid1.length, n = grid1[0].length;
    for (int i = 0; i < m; i++) {
        for (int j = 0; j < n; j++) {
            if (grid1[i][j] == 0 && grid2[i][j] == 1) {
                // 这个岛屿肯定不是子岛，淹掉
                dfs(grid2, i, j);
            }
        }
    }
```

```
// 现在 grid2 中剩下的岛屿都是子岛，计算岛屿数量
int res = 0;
for (int i = 0; i < m; i++) {
    for (int j = 0; j < n; j++) {
        if (grid2[i][j] == 1) {
            res++;
            dfs(grid2, i, j);
        }
    }
}
return res;
}

// 从 (i, j) 开始，将与之相邻的陆地都变成海水
void dfs(int[][] grid, int i, int j) {
    int m = grid.length, n = grid[0].length;
    if (i < 0 || j < 0 || i >= m || j >= n) {
        return;
    }
    if (grid[i][j] == 0) {
        return;
    }

    grid[i][j] = 0;
    dfs(grid, i + 1, j);
    dfs(grid, i, j + 1);
    dfs(grid, i - 1, j);
    dfs(grid, i, j - 1);
}
```

这道题的思路和计算"封闭岛屿"数量的思路有些类似，只不过后者排除那些靠边的岛屿，前者排除那些不可能是子岛的岛屿。

五、不同的岛屿数量

力扣第 694 题"不同的岛屿数量"是本节的最后一道岛屿题目，作为压轴题，当然是最有意思的。题目还是输入一个二维矩阵，**0** 表示海水，**1** 表示陆地，这次让你计算**不同的（distinct）**岛屿数量，函数签名如下：

```
int numDistinctIslands(int[][] grid)
```

比如题目输入下面这个二维矩阵：

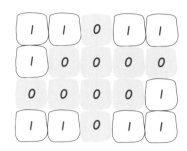

其中有四个岛屿，但是左下角和右上角的岛屿形状相同，所以不同的岛屿共有三个，算法返回 3。

很显然我们要想办法把二维矩阵中的"岛屿"进行转化，变成比如字符串这样的类型，然后利用 HashSet 这样的数据结构去重，最终得到不同的岛屿的个数。

如果想把岛屿转化成字符串，说白了就是序列化，序列化说白了就是遍历嘛，3.1.3 手把手带你刷二叉树（序列化篇）讲了二叉树和字符串互转，这里也是类似的。

首先，对于形状相同的岛屿，如果从同一起点出发，dfs 函数遍历的顺序肯定是一样的。因为遍历顺序是写死在你的递归函数里面的，不会动态改变：

```
void dfs(int[][] grid, int i, int j) {
    // 递归顺序:
    dfs(grid, i - 1, j); // 上
    dfs(grid, i + 1, j); // 下
    dfs(grid, i, j - 1); // 左
    dfs(grid, i, j + 1); // 右
}
```

所以，遍历顺序从某种意义上说就可以用来描述岛屿的形状，比如下图这两个岛屿：

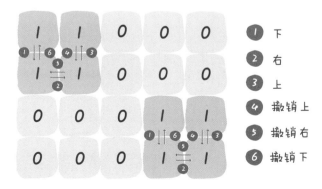

假设它们的遍历顺序是：

下，右，上，撤销上，撤销右，撤销下

如果分别用 **1, 2, 3, 4** 代表上下左右，用 **-1, -2, -3, -4** 代表上下左右的撤销，那么可以这样表示它们的遍历顺序：

```
2, 4, 1, -1, -4, -2
```

你看，这就相当于岛屿序列化的结果，只要每次使用 dfs 遍历岛屿的时候生成这串数字进行比较，就可以计算到底有多少个不同的岛屿了。

> 注意：必须记录撤销操作。比如"下，右，撤销右，撤销下"和"下，撤销下，右，撤销右"显然是两个不同的遍历顺序，但如果不记录撤销操作，那么它俩都是"下，右"，成了相同的遍历顺序，显然是不对的。

我们需要稍微改造 **dfs** 函数，添加一些函数参数以便记录遍历顺序：

```java
void dfs(int[][] grid, int i, int j, StringBuilder sb, int dir) {
    int m = grid.length, n = grid[0].length;
    if (i < 0 || j < 0 || i >= m || j >= n
        || grid[i][j] == 0) {
        return;
    }
    // 前序遍历位置：进入 (i, j)
    grid[i][j] = 0;
    sb.append(dir).append(',');

    dfs(grid, i - 1, j, sb, 1); // 上
    dfs(grid, i + 1, j, sb, 2); // 下
    dfs(grid, i, j - 1, sb, 3); // 左
    dfs(grid, i, j + 1, sb, 4); // 右

    // 后序遍历位置：离开 (i, j)
    sb.append(-dir).append(',');
}
```

dir 记录方向，**dfs** 函数递归结束后，**sb** 记录着整个遍历顺序，其实这就是 1.4 回溯算法解题套路框架 说到的回溯算法框架，你看到头来这些算法都是相通的。

有了这个 **dfs** 函数就好办了，我们可以直接写出最后的解法代码：

```java
int numDistinctIslands(int[][] grid) {
    int m = grid.length, n = grid[0].length;
    // 记录所有岛屿的序列化结果
    HashSet<String> islands = new HashSet<>();
    for (int i = 0; i < m; i++) {
```

```
        for (int j = 0; j < n; j++) {
            if (grid[i][j] == 1) {
                // 淹掉这个岛屿，同时存储岛屿的序列化结果
                StringBuilder sb = new StringBuilder();
                // 初始的方向可以随便写，不影响正确性
                dfs(grid, i, j, sb, 666);
                islands.add(sb.toString());
            }
        }
    }
    // 不相同的岛屿数量
    return islands.size();
}
```

这样，这道题就解决了，至于为什么初始调用 **dfs** 函数时的 **dir** 参数可以随意写，因为这个 **dfs** 函数实际上是回溯算法，它关注的是"树枝"而不是"节点"，3.3.1 图论算法基础已讲过具体的区别，这里就不赘述了。以上就是全部岛屿系列题目的解题思路，也许前面的题目大部分人会做，但是最后两题还是比较巧妙的，希望能对你有所帮助。

3.4.4 BFS 算法解决智力游戏

读完本节，你将不仅学到算法套路，还可以顺便解决如下题目：

> 773. 滑动谜题（困难）

滑动拼图游戏大家应该都玩过，下图是一个 4×4 的滑动拼图：

拼图中有一个格子是空的，可以利用这个空着的格子移动其他数字。你需要通过移动这些数字，得到某个特定排列顺序，这样就算赢了。

我小时候还玩过一款叫作"华容道"的益智游戏，也和滑动拼图比较类似：

实际上，滑动拼图游戏也叫数字华容道，你看它俩很相似。

那么这种游戏怎么玩呢？我记得是有一些套路的，类似于魔方还原公式。但是本节不来研究让人头秃的技巧，**这些益智游戏通通可以用暴力搜索算法解决，所以我们就学以致用，用 BFS 算法框架来搞定这些游戏。**

一、题目解析

力扣第 773 题"滑动谜题"就是这个问题，题目的要求如下：

给你一个 2×3 的滑动拼图，用一个 2×3 的数组 board 表示。拼图中有数字 0~5 共 6 个数，其中**数字 0 就表示那个空着的格子**，你可以移动其中的数字，当 board 变为 [[1,2,3],[4,5,0]] 时，赢得游戏。

请你写一个算法，计算赢得游戏需要的最少移动次数，如果不能赢得游戏，返回 -1。

比如输入二维数组 board = [[4,1,2],[5,0,3]]，算法应该返回 5：

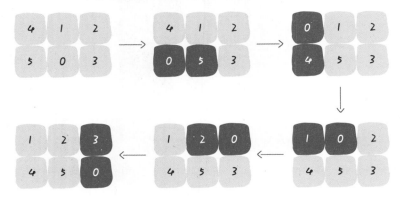

如果输入的是 `board = [[1,2,3],[5,4,0]]`，则算法返回 -1，因为这种局面下无论如何都不能赢得游戏。

二、思路分析

对于这种计算最小步数的问题，我们就要敏感地想到 BFS 算法。

这个题目转化成 BFS 问题是有一些技巧的，我们面临如下问题：

1. 一般的 BFS 算法，是从一个起点 `start` 开始，向终点 `target` 进行寻路，但是拼图问题不是在寻路，而是在不断交换数字，这应该怎么转化成 BFS 算法问题呢？

2. 即便这个问题能够转化成 BFS 问题，如何处理起点 `start` 和终点 `target`？可它们都是数组，把数组放进队列，套 BFS 框架，想想就比较麻烦且低效。

首先回答第一个问题，**BFS 算法并不只是一个寻路算法，而是一种暴力搜索算法**，只要涉及暴力穷举的问题，BFS 就可以用，而且可以最快地找到答案。

你想想计算机是怎么解决问题的，哪有那么多特殊技巧，本质上就是把所有可行解暴力穷举出来，然后从中找到一个最优解罢了。

明白了这个道理，我们的问题就转化成了：**如何穷举出 `board` 当前局面下可能衍生出的所有局面？** 这就简单了，看数字 0 的位置，和上下左右的数字进行交换就行了：

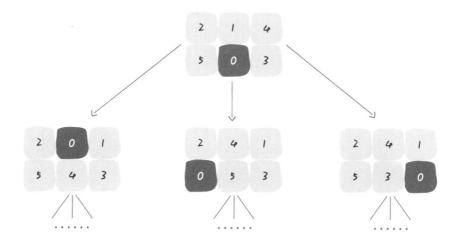

这样其实就是一个 BFS 问题，每次先找到数字 0，然后和周围的数字进行交换，形成新的局面加入队列……当第一次到达 `target` 时，就得到了赢得游戏的最少步数。

对于第二个问题，我们这里的 `board` 仅仅是 2×3 的二维数组，所以可以压缩成一个一维字符串。**其中比较有技巧性的点在于，二维数组有"上下左右"的概念，压缩成一维后，**

如何得到某一个索引上下左右的索引?

对于这道题,输入的数组大小都是 2×3,所以可以直接手动写出来这个映射:

```
// 记录一维字符串的相邻索引
int[][] neighbor = new int[][]{
        {1, 3},
        {0, 4, 2},
        {1, 5},
        {0, 4},
        {3, 1, 5},
        {4, 2}
};
```

`neighbor` 数组的含义就是,在一维字符串中,索引 `i` 在二维数组中的相邻索引为 `neighbor[i]`:

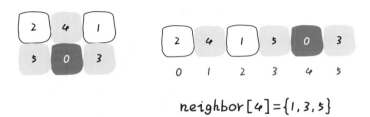

那么对于一个 `m×n` 的二维数组,手写它的一维索引映射肯定不现实了,如何用代码生成它的一维索引映射呢?

观察上图就能发现,如果二维数组中的某个元素 `e` 在一维数组中的索引为 `i`,那么 `e` 的左右相邻元素在一维数组中的索引就是 `i - 1` 和 `i + 1`,而 `e` 的上下相邻元素在一维数组中的索引就是 `i - n` 和 `i + n`,其中 `n` 为二维数组的列数。

这样,对于 `m×n` 的二维数组,可以写一个函数来生成它的 `neighbor` 索引映射:

```
int[][] generateNeighborMapping(int m, int n) {
    int[][] neighbor = new int[m * n][];
    for (int i = 0; i < m * n; i++) {
        List<Integer> neighbors = new ArrayList<>();

        // 如果不是第一列,有左侧邻居
        if (i % n != 0) neighbors.add(i - 1);
        // 如果不是最后一列,有右侧邻居
        if (i % n != n - 1) neighbors.add(i + 1);
        // 如果不是第一行,有上方邻居
```

```
        if (i - n >= 0) neighbors.add(i - n);
        // 如果不是最后一行，有下方邻居
        if (i + n < m * n) neighbors.add(i + n);

        // Java 语言特性，将 List 类型转为 int[] 数组
        neighbor[i] = neighbors.stream().mapToInt(Integer::intValue).toArray();
    }
    return neighbor;
}
```

至此，我们就把这个问题完全转化成标准的 BFS 问题了，借助 1.5 BFS 算法解题套路框架的代码框架，就可以直接套出解法代码：

```java
public int slidingPuzzle(int[][] board) {
    int m = 2, n = 3;
    StringBuilder sb = new StringBuilder();
    String target = "123450";
    // 将 2×3 的数组转化成字符串作为 BFS 的起点
    for (int i = 0; i < m; i++) {
        for (int j = 0; j < n; j++) {
            sb.append(board[i][j]);
        }
    }
    String start = sb.toString();

    // 记录一维字符串的相邻索引
    int[][] neighbor = new int[][]{
            {1, 3},
            {0, 4, 2},
            {1, 5},
            {0, 4},
            {3, 1, 5},
            {4, 2}
    };

    /******* BFS 算法框架开始 *******/
    Queue<String> q = new LinkedList<>();
    HashSet<String> visited = new HashSet<>();
    // 从起点开始 BFS 搜索
    q.offer(start);
    visited.add(start);

    int step = 0;
    while (!q.isEmpty()) {
        int sz = q.size();
        for (int i = 0; i < sz; i++) {
```

```
        String cur = q.poll();
        // 判断是否达到目标局面
        if (target.equals(cur)) {
            return step;
        }
        // 找到数字 0 的索引
        int idx = 0;
        for (; cur.charAt(idx) != '0'; idx++) ;
        // 将数字 0 和相邻的数字交换位置
        for (int adj : neighbor[idx]) {
            String new_board = swap(cur.toCharArray(), adj, idx);
            // 防止走回头路
            if (!visited.contains(new_board)) {
                q.offer(new_board);
                visited.add(new_board);
            }
        }
    }
    step++;
}
/******* BFS 算法框架结束 *******/
return -1;
}

private String swap(char[] chars, int i, int j) {
    char temp = chars[i];
    chars[i] = chars[j];
    chars[j] = temp;
    return new String(chars);
}
```

至此，这道题目就解决了，其实框架完全没有变，套路都是一样的，我们只是花了比较多的时间将滑动拼图游戏转化成 BFS 算法。

很多益智游戏都是这样的，虽然看起来特别巧妙，但都架不住暴力穷举，常用的算法就是回溯算法或者 BFS 算法。

第 4 章

/

手把手刷动态规划

相信很多读者对动态规划犯怵久已，且不说动态规划的题目不好做，甚至有时候即便给你看解法代码，都不是很容易看懂。为什么会这样呢？

因为动态规划有固定的一套步骤，一般是从暴力递归解法开始的，你需要首先写出暴力递归解法，然后可以用备忘录消除重叠子问题，写出自顶向下带备忘录的递归解法，再进一步改写成自底向上迭代的解法代码。如果你跳过前面的步骤，直接看最后一步自底向上的迭代解法，那当然会蒙了。

在第 1 章的核心框架中你已经学会了给暴力递归解法加备忘录、改迭代解法的技巧，可是这些优化属于标准套路，而动态规划最难的部分恰恰就在于这个暴力解法怎么写，也就是我们常说的状态转移方程怎么写。

想快速找到一个问题的状态转移关系，就要用到上一章讲二叉树时说到的"分解问题"的思路了。本章列举一些经典且不失趣味性的动态规划题目，带你全面掌握动态规划的解题技巧。

4.1 动态规划核心原理

在第 1 章我们讲了动态规划的通用解题步骤，本节将对动态规划算法中的一些技术细节进行深入探讨，并给出一套实用的算法复杂度分析方法。

4.1.1 base case 和备忘录的初始值怎么定

读完本节，你将不仅学到算法套路，还可以顺便解决如下题目：

> 931. 下降路径最小和（中等）

很多读者对动态规划问题的 base case、备忘录初始值等问题存在疑问，本节就专门讲一讲这类问题，顺便讲一讲怎么通过题目的蛛丝马迹揣测出题人的小心思，辅助我们解题。

看下力扣第 931 题"下降路径最小和"，输入为一个 n×n 的二维数组 matrix，请你计算从第一行落到最后一行，经过的路径和最小为多少，函数签名如下：

```
int minFallingPathSum(int[][] matrix);
```

就是说你可以站在 matrix 的第一行的任意一个元素，需要下降到最后一行。每次下降，可以向下、向左下、向右下三个方向移动一格。也就是说，可以从 matrix[i][j]降到 matrix[i+1][j] 或 matrix[i+1][j-1] 或 matrix[i+1][j+1] 三个位置。

请你计算下降的"最小路径和"，比如题目给你输入如下 matrix 数组：

```
[[2,1,3],
 [6,5,4],
 [7,8,9]]
```

那么最小下降路径和为 13，即 1 -> 5 -> 7 或 1 -> 4 -> 8 这两条路径。

我们借这道题来讲讲 base case 的返回值、备忘录的初始值、索引越界情况的返回值如何确定，不过还是要通过 1.3 节讲过的动态规划解题套路框架介绍这道题的解题思路，首先定义一个 dp 函数：

```
int dp(int[][] matrix, int i, int j);
```

这个 dp 函数的定义如下：

从第一行（matrix[0][..]）向下落，落到位置 matrix[i][j] 的最小路径和为 dp(matrix, i, j)。

根据这个定义，我们可以把主函数的逻辑写出来：

```
int minFallingPathSum(int[][] matrix) {
    int n = matrix.length;
    int res = Integer.MAX_VALUE;

    // 终点可能在最后一行的任意一列
    for (int j = 0; j < n; j++) {
        res = Math.min(res, dp(matrix, n - 1, j));
```

```
    }

    return res;
}
```

因为可能落到最后一行的任意一列，所以要穷举，看看落到哪一列才能得到最小的路径和。

接下来看看 **dp** 函数如何实现，对于 `matrix[i][j]`，只有可能从 `matrix[i-1][j]`，`matrix[i-1][j-1]`，`matrix[i-1][j+1]` 这三个位置转移过来：

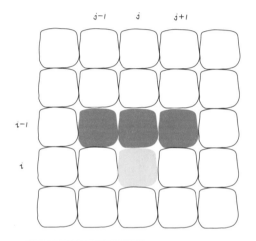

那么，只要知道到达 `(i-1, j)`，`(i-1, j-1)`，`(i-1, j+1)` 这三个位置的最小路径和，加上 `matrix[i][j]` 的值，就能够计算出来到达位置 `(i, j)` 的最小路径和：

```
int dp(int[][] matrix, int i, int j) {
    // 非法索引检查
    if (i < 0 || j < 0 ||
        i >= matrix.length ||
        j >= matrix[0].length) {
        // 返回一个特殊值
        return 99999;
    }
    // base case
    if (i == 0) {
        return matrix[i][j];
    }
    // 状态转移
    return matrix[i][j] + min(
            dp(matrix, i - 1, j),
            dp(matrix, i - 1, j - 1),
```

```
        dp(matrix, i - 1, j + 1)
    );
}

int min(int a, int b, int c) {
    return Math.min(a, Math.min(b, c));
}
```

当然，上述代码是暴力穷举解法，我们可以用备忘录的方法消除重叠子问题，完整代码如下:

```
int minFallingPathSum(int[][] matrix) {
    int n = matrix.length;
    int res = Integer.MAX_VALUE;
    // 备忘录里的值初始化为 66666
    memo = new int[n][n];
    for (int i = 0; i < n; i++) {
        Arrays.fill(memo[i], 66666);
    }
    // 终点可能在 matrix[n-1] 的任意一列
    for (int j = 0; j < n; j++) {
        res = Math.min(res, dp(matrix, n - 1, j));
    }
    return res;
}

// 备忘录
int[][] memo;

int dp(int[][] matrix, int i, int j) {
    // 1. 索引合法性检查
    if (i < 0 || j < 0 ||
        i >= matrix.length ||
        j >= matrix[0].length) {

        return 99999;
    }
    // 2. base case
    if (i == 0) {
        return matrix[0][j];
    }
    // 3. 查找备忘录，防止重复计算
    if (memo[i][j] != 66666) {
        return memo[i][j];
    }
    // 进行状态转移
```

```
    memo[i][j] = matrix[i][j] + min(
            dp(matrix, i - 1, j),
            dp(matrix, i - 1, j - 1),
            dp(matrix, i - 1, j + 1)
        );
    return memo[i][j];
}

int min(int a, int b, int c) {
    return Math.min(a, Math.min(b, c));
}
```

如果看过之前的动态规划核心框架，这个解题思路应该是非常容易理解的。**那么本节对于这个 dp 函数仔细探讨三个问题：**

1. 对于索引的合法性检测，返回值为什么是 99999？其他的值行不行？

2. base case 为什么是 `i == 0`？

3. 备忘录 `memo` 的初始值为什么是 66666？其他值行不行？

首先，说说 base case 为什么是 `i == 0`，返回值为什么是 `matrix[0][j]`，这是根据 dp 函数的定义所决定的。

回顾我们的 dp 函数定义：

从第一行（`matrix[0][..]`）向下落，落到位置 `matrix[i][j]` 的最小路径和为 `dp(matrix, i, j)`。

根据这个定义，我们就是从 `matrix[0][j]` 开始下落。那如果想落到的目的地就是 `i == 0`，所需的路径和当然就是 `matrix[0][j]`。

再说说备忘录 `memo` 的初始值为什么是 66666，这是由题目给出的数据范围决定的。

备忘录 `memo` 数组的作用是什么？就是防止重复计算，将 `dp(matrix, i, j)` 的计算结果存进 `memo[i][j]`，遇到重复计算可以直接返回。

那么，我们必须知道 `memo[i][j]` 到底有没有存储计算结果，对吧？如果存结果了，就直接返回；没存，就去递归计算。所以，`memo` 的初始值一定要是特殊值，和合法的答案有所区分。

我们回过头看看题目给出的数据范围：

`matrix` 是 n×n 的二维数组，其中 `1<=n<=100`；对于二维数组中的元素，有 `-100 <= matrix[i][j] <= 100`。

假设 `matrix` 的大小是 100×100，所有元素都是 100，那么从第一行往下落，得到的路径和就是 100×100 = 10000，也就是最大的合法答案。

类似地，依然假设 `matrix` 的大小是 100×100，所有元素是 -100，那么从第一行往下落，就得到了最小的合法答案 -100×100 = -10000。

也就是说，这个问题的合法结果会落在区间 `[-10000, 10000]` 中。所以，`memo` 的初始值就要避开区间 `[-10000, 10000]`，换句话说，`memo` 的初始值只要在区间 `(-inf, -10001] U [10001, +inf)` 中就可以。

最后，说说对于不合法的索引，返回值应该如何确定，这需要根据状态转移方程的逻辑确定。

对于这道题，状态转移的基本逻辑如下：

```java
int dp(int[][] matrix, int i, int j) {

    return matrix[i][j] + min(
            dp(matrix, i - 1, j),
            dp(matrix, i - 1, j - 1),
            dp(matrix, i - 1, j + 1)
        );
}
```

显然，`i - 1, j - 1, j + 1` 这几个运算可能会造成索引越界，对于索引越界的 `dp` 函数，应该返回一个不可能被取到的值。因为我们调用的是 `min` 函数，最终返回的值是最小值，所以对于不合法的索引，只要 `dp` 函数返回一个永远不会被取到的最大值即可。

刚才说了，合法答案的区间是 `[-10000, 10000]`，所以我们的返回值只要大于 10000 就相当于一个永不会取到的最大值。换句话说，只要返回区间 `[10001, +inf)` 中的一个值，就能保证不会被取到。

至此，我们就把动态规划相关的三个细节问题举例说明了。

拓展延伸一下，建议大家做题时，除了题意本身，一定不要忽视题目给定的其他信息。

本节举的例子，测试用例数据范围可以确定"什么是特殊值"，从而帮助我们将思路转化成代码。

除此之外，数据范围还可以帮我们估算算法的时间 / 空间复杂度。

比如，有的算法题给的数据规模很小，没有超过 20，那么说明这个题的解法必然是用回溯算法暴力穷举，不用再考虑其他巧妙的解法了。反过来，如果题目给的数据规模比较大，那么你就要避免过于简单粗暴地穷举，考虑一下能不能用空间换时间的思路。

除了数据范围，有时候题目还会限制我们算法的时间复杂度，这种信息其实也暗示着一些信息。

比如要求我们的算法复杂度是 $O(NlogN)$，你想想怎么才能搞出一个对数级别的复杂度呢？肯定要用到二分搜索或者二叉树相关的数据结构，比如 TreeMap、PriorityQueue 之类的对吧。

再比如，有时候题目要求你的算法时间复杂度是 $O(M \times N)$，这可以联想到什么？

可以大胆猜测，回溯算法暴力穷举的时间复杂度大多是指数级，所以这种情况大概率要用动态规划求解，而且是一个二维动态规划，需要一个 M×N 的二维 dp 数组，才能产生这样一个时间复杂度。

如果你早就胸有成竹了，那就当我没说，毕竟猜测也不一定准确；但如果你本来就没啥解题思路，那有了这些推测之后，最起码可以给你的思路一些方向吧？总之，多动脑筋，不放过任何蛛丝马迹，你不成为刷题小能手才怪。

4.1.2 最优子结构和 dp 数组的遍历方向怎么定

本节就给你讲明白下面几个问题：

1. 到底什么才叫"最优子结构"，和动态规划什么关系？
2. 如何判断一个问题是动态规划问题，即如何看出是否存在重叠子问题？
3. 为什么经常看到将 dp 数组的大小设置为 n + 1 而不是 n ？
4. 为什么动态规划遍历 dp 数组的方式五花八门，有的正着遍历，有的倒着遍历，有的斜着遍历。

一、最优子结构详解

"最优子结构"是某些问题的一种特定性质，并不是动态规划问题专有的。也就是说，很多问题其实都具有最优子结构，只是其中大部分不具有重叠子问题，所以我们不把它们归为动态规划系列问题。

先举一个很容易理解的例子：假设你们学校有 10 个班，你已经计算出了每个班的最高考试成绩。那么现在要求计算全校最高的成绩，你会不会算？当然会，而且你不用重新遍历全校学生的分数进行比较，而是只在这 10 个最高成绩中取最大的就是全校的最高成绩。

以上提出的这个问题就**符合最优子结构**：可以从子问题的最优结果推出更大规模问

题的最优结果。让你算**每个班**的最优成绩就是子问题，你知道所有子问题的答案后，就可以借此推出**全校**学生的最优成绩这个规模更大的问题的答案。

你看，这么简单的问题都有最优子结构性质，只是因为显然没有重叠子问题，所以我们简单地求最值肯定用不着动态规划。

再举个例子：假设你们学校有 10 个班，已知每个班的最大分数差（最高分和最低分的差值），现在让你计算全校学生中的最大分数差，你会不会算？可以想办法算，但是肯定不能通过已知的这 10 个班的最大分数差推导出来。因为这 10 个班的最大分数差不一定包含全校学生的最大分数差，比如全校的最大分数差可能是 3 班的最高分和 6 班的最低分之差。

这次我给你提出的问题就**不符合最优子结构**，因为没办法通过每个班的最优值推出全校的最优值，没办法通过子问题的最优值推出规模更大的问题的最优值。1.3 动态规划解题套路框架中讲过，想满足最优子结构，子问题之间必须互相独立。全校的最大分数差可能出现在两个班之间，显然子问题不独立，所以这个问题本身不符合最优子结构。

那么遇到这种最优子结构失效情况，该怎么办呢？策略是：改造问题。对于最大分数差这个问题，不是没办法利用已知的每个班的分数差嘛，那只能这样写一段暴力代码：

```
int result = 0;
for (Student a : school) {
    for (Student b : school) {
        if (a is b) continue;
        result = max(result, |a.score - b.score|);
    }
}
return result;
```

改造问题，也就是把问题等价转化：最大分数差，不就等价于最高分数和最低分数的差嘛，那不就是要求最高和最低分数嘛，不就是我们讨论的第一个问题嘛，不就具有最优子结构了嘛？那现在改变思路，借助最优子结构解决最值问题，再回过头解决最大分数差问题，是不是就高效多了？

当然，上面这个例子太简单了，不过请读者回顾一下，我们做动态规划问题，是不是一直在求各种最值，本质和这里举的例子没什么区别，无非需要处理一下重叠子问题。但 4.4.2 节的高楼扔鸡蛋问题就展示了如何高效地改造问题，不同的最优子结构，可能导致不同的解法和效率。

再举个常见但也十分简单的例子，求一棵二叉树的最大值，不难吧（简单起见，假设节点中的值都是非负数）：

```
int maxVal(TreeNode root) {
    if (root == null)
        return -1;
    int left = maxVal(root.left);
    int right = maxVal(root.right);
    return max(root.val, left, right);
}
```

你看这个问题也符合最优子结构，以 **root** 为根的树的最大值，可以通过两边子树（子问题）的最大值推导出来，结合刚才学校和班级的例子，很容易理解吧。

当然这也不是动态规划问题，以上内容旨在说明，最优子结构并不是动态规划独有的一种性质，能求最值的问题大部分都具有这个性质；**但反过来，最优子结构性质作为动态规划问题的必要条件，一定是让你求最值的**，以后碰到那种最值题，思路往动态规划想就对了，这就是套路。

动态规划不就是从最简单的 base case 往后推导吗，可以想象成一个链式反应，以小博大。但只有符合最优子结构的问题，才有发生这种链式反应的性质。找最优子结构的过程，其实就是证明状态转移方程正确性的过程，方程符合最优子结构就可以写暴力解了，写出暴力解就可以看出有没有重叠子问题了，有则优化。这也是套路，经常刷题的读者应该能体会到。

这里就不举那些正宗动态规划的例子了，读者可以翻翻其他动态规划的文章，看看状态转移是如何遵循最优子结构的。这个话题就讲到这，下面再来看其他的动态规划方面的内容。

二、如何一眼看出重叠子问题

经常有读者说：

看了 1.3 动态规划解题套路框架，我知道了如何一步步优化动态规划问题；

看了 4.2.1 动态规划设计：最长递增子序列，我知道了利用数学归纳法写出暴力解（状态转移方程）。

但就算我写出了暴力解，也很难判断这个解法是否存在重叠子问题，从而无法确定是否可以运用备忘录等方法去优化算法效率。

对于这个问题，其实也不难回答。

首先，最简单粗暴的方式就是画图，把递归树画出来，看看有没有重复的节点。

比如最简单的例子，1.3 动态规划解题套路框架中斐波那契数列的递归树：

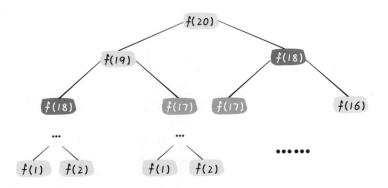

这棵递归树很明显存在重复的节点，所以我们可以通过备忘录避免冗余计算。但毕竟斐波那契数列问题太简单了，实际的动态规划问题比较复杂，比如二维甚至三维的动态规划，当然也可以画递归树，但不免有些复杂。

比如在 4.4. 节的最小路径和问题中，写出了这样一个暴力解：

```java
int dp(int[][] grid, int i, int j) {
    if (i == 0 && j == 0) {
        return grid[0][0];
    }
    if (i < 0 || j < 0) {
        return Integer.MAX_VALUE;
    }

    return Math.min(
            dp(grid, i - 1, j),
            dp(grid, i, j - 1)
    ) + grid[i][j];
}
```

你不需要读过那节内容，仅看这个函数代码就能看出来，该函数递归过程中参数 i, j 在不断变化，即"状态"是 (i, j) 的值，你是否可以判断这个解法存在重叠子问题呢？

假设输入的 i = 8, j = 7，二维状态的递归树如下图，显然出现了重叠子问题：

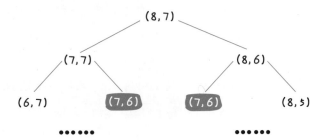

但稍加思考就可以知道，其实根本没必要画图，可以通过递归框架直接判断是否存在重叠子问题。

具体操作就是直接删掉代码细节，抽象出该解法的递归框架：

```java
int dp(int[][] grid, int i, int j) {
    dp(grid, i - 1, j), // #1
    dp(grid, i, j - 1)  // #2
}
```

可以看到 **i，j** 的值在不断减小，那么我问你一个问题：如果我想从状态 **(i，j)** 转移到 **(i-1，j-1)**，有几种路径？

显然有两种路径，可以是 **(i，j) -> #1 -> #2** 或者 **(i，j) -> #2 -> #1**，不止一种，说明 **(i-1，j-1)** 会被多次计算，所以一定存在重叠子问题。

再举个稍微复杂的例子，4.2.5 详解正则匹配问题的暴力解代码：

```cpp
bool dp(string& s, int i, string& p, int j) {
    int m = s.size(), n = p.size();
    if (j == n)  return i == m;
    if (i == m) {
        if ((n - j) % 2 == 1) return false;
        for (; j + 1 < n; j += 2) {
            if (p[j + 1] != '*') return false;
        }
        return true;
    }

    if (s[i] == p[j] || p[j] == '.') {
        if (j < n - 1 && p[j + 1] == '*') {
            return dp(s, i, p, j + 2)
                || dp(s, i + 1, p, j);
        } else {
            return dp(s, i + 1, p, j + 1);
        }
    } else if (j < n - 1 && p[j + 1] == '*') {
        return dp(s, i, p, j + 2);
    }
    return false;
}
```

代码有些复杂对吧，如果画图的话有些麻烦，但我们不画图，直接忽略所有细节代码和条件分支，只抽象出递归框架：

```cpp
bool dp(string& s, int i, string& p, int j) {
    dp(s, i, p, j + 2);     // #1
    dp(s, i + 1, p, j);     // #2
    dp(s, i + 1, p, j + 1); // #3
}
```

和上一题一样，这个解法的"状态"也是 (i, j) 的值，那么我继续问你问题：如果我想从状态 (i, j) 转移到 (i+2, j+2)，有几条路径? 显然，至少有两条路径：(i, j) -> #1 -> #2 -> #2 和 (i, j) -> #3 -> #3。

所以，不用画图就知道这个解法也存在重叠子问题，需要用备忘录技巧去优化。

三、dp 数组的大小设置

比如在 4.2.3 详解编辑距离问题中我首先讲的是自顶向下的递归解法，实现了这样一个 dp 函数：

```java
int minDistance(String s1, String s2) {
    int m = s1.length(), n = s2.length();
    // 按照 dp 函数的定义，计算 s1 和 s2 的最小编辑距离
    return dp(s1, m - 1, s2, n - 1);
}

// 定义：s1[0..i] 和 s2[0..j] 的最小编辑距离是 dp(s1, i, s2, j)
int dp(String s1, int i, String s2, int j) {
    // 处理 base case
    if (i == -1) {
        return j + 1;
    }
    if (j == -1) {
        return i + 1;
    }

    // 进行状态转移
    if (s1.charAt(i) == s2.charAt(j)) {
        return dp(s1, i - 1, s2, j - 1);
    } else {
        return min(
            dp(s1, i, s2, j - 1) + 1,
            dp(s1, i - 1, s2, j) + 1,
            dp(s1, i - 1, s2, j - 1) + 1
        );
    }
}
```

然后改造成了自底向上的迭代解法：

```java
int minDistance(String s1, String s2) {
    int m = s1.length(), n = s2.length();
    // 定义：s1[0..i] 和 s2[0..j] 的最小编辑距离是 dp[i+1][j+1]
    int[][] dp = new int[m + 1][n + 1];
    // 初始化 base case
    for (int i = 1; i <= m; i++)
        dp[i][0] = i;
    for (int j = 1; j <= n; j++)
        dp[0][j] = j;

    // 自底向上求解
    for (int i = 1; i <= m; i++) {
        for (int j = 1; j <= n; j++) {
            // 进行状态转移
            if (s1.charAt(i-1) == s2.charAt(j-1)) {
                dp[i][j] = dp[i - 1][j - 1];
            } else {
                dp[i][j] = min(
                    dp[i - 1][j] + 1,
                    dp[i][j - 1] + 1,
                    dp[i - 1][j - 1] + 1
                );
            }
        }
    }
    // 按照 dp 数组的定义，存储 s1 和 s2 的最小编辑距离
    return dp[m][n];
}
```

这两种解法思路是完全相同的，但就有读者提问，为什么迭代解法中的 **dp** 数组初始化大小要设置为 **int[m+1][n+1]**？为什么 **s1[0..i]** 和 **s2[0..j]** 的最小编辑距离要存储在 **dp[i+1][j+1]** 中，有一位索引偏移？能不能模仿 **dp** 函数的定义，把 **dp** 数组初始化为 **int[m][n]**，然后让 **s1[0..i]** 和 **s2[0..j]** 的最小编辑距离存储在 **dp[i][j]** 中？

理论上，你怎么定义都可以，只要根据定义处理好 base case。

你看 **dp** 函数的定义，**dp(s1, i, s2, j)** 计算 **s1[0..i]** 和 **s2[0..j]** 的编辑距离，那么 **i, j** 等于 -1 时代表空串的 base case，所以函数开头处理了这两种特殊情况。

再看 **dp** 数组，你当然也可以定义 **dp[i][j]** 存储 **s1[0..i]** 和 **s2[0..j]** 的编辑距离，但问题是 base case 怎么处理？索引怎么能是 -1 呢？

所以把 **dp** 数组初始化为 **int[m+1][n+1]**，让索引整体偏移一位，把索引 0 留出来

作为 base case 表示空串，然后定义 `dp[i+1][j+1]` 存储 `s1[0..i]` 和 `s2[0..j]` 的编辑距离。

四、`dp` 数组的遍历方向

我相信读者做动态规问题时，不免会对 `dp` 数组的遍历顺序有些头疼。我们拿二维 `dp` 数组来举例，有时候是正向遍历：

```
int[][] dp = new int[m][n];
for (int i = 0; i < m; i++)
    for (int j = 0; j < n; j++)
        // 计算 dp[i][j]
```

有时候是反向遍历：

```
for (int i = m - 1; i >= 0; i--)
    for (int j = n - 1; j >= 0; j--)
        // 计算 dp[i][j]
```

有时候可能会斜向遍历：

```
// 斜着遍历数组
for (int l = 2; l <= n; l++) {
    for (int i = 0; i <= n - l; i++) {
        int j = l + i - 1;
        // 计算 dp[i][j]
    }
}
```

甚至更让人迷惑的是，有时候发现正向反向遍历都可以得到正确答案。如果仔细观察可以发现，其实你怎么遍历都可以，只要把握住两点：

1. 遍历的过程中，所需的状态必须是已经计算出来的。

2. 遍历结束后，存储结果的那个位置必须已经被计算出来。

下面来具体解释上面两个原则是什么意思。

比如编辑距离这个经典的问题，详解见 4.2.3 详解编辑距离问题，我们通过对 `dp` 数组的定义，确定了 base case 是 `dp[..][0]` 和 `dp[0][..]`，最终答案是 `dp[m][n]`；而且我们通过状态转移方程知道 `dp[i][j]` 需要从 `dp[i-1][j]`, `dp[i][j-1]`, `dp[i-1][j-1]` 转移而来，如下图：

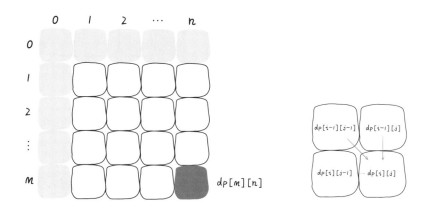

那么，参考刚才说的两条原则，你该怎么遍历 **dp** 数组？肯定是正向遍历：

```
for (int i = 1; i < m; i++)
    for (int j = 1; j < n; j++)
        // 通过 dp[i-1][j], dp[i][j - 1], dp[i-1][j-1]
        // 计算 dp[i][j]
```

因为，这样每一步迭代的左边、上边、左上边的位置都是 base case 或者之前计算过的，而且最终结束在我们想要的答案 **dp[m][n]**。

再举一例，回文子序列问题，详见 4.2.6 子序列问题解题模板，我们通过过对 **dp** 数组的定义，确定了 base case 处在中间的对角线，**dp[i][j]** 需要从 **dp[i+1][j]**, **dp[i][j-1]**, **dp[i+1][j-1]** 转移而来，想要求的最终答案是 **dp[0][n-1]**，如下图：

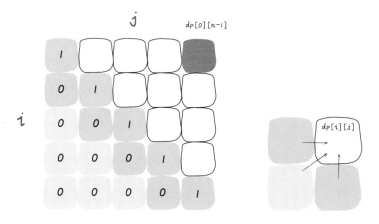

这种情况根据刚才的两个原则，就可以有两种正确的遍历方式：

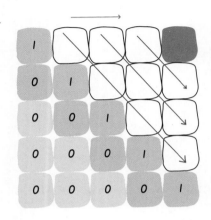 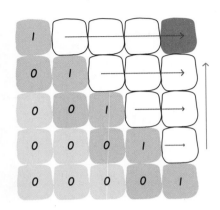

要么从左至右斜着遍历，要么从下向上从左到右遍历，这样才能保证每次 `dp[i][j]` 的左边、下边、左下边已经计算完毕，得到正确结果。

现在，你应该理解了这两个原则，主要就是看 base case 和最终结果的存储位置，保证遍历过程中使用的数据都是计算完毕的就行，有时候确实存在多种方法可以得到正确答案，可根据个人偏好自行选择。

4.1.3　算法时空复杂度分析实用指南

前面主要讲解算法的原理和解题的思维，对时间复杂度和空间复杂度的分析经常一笔带过，主要是基于以下两个原因：

1. 对于偏小白的读者，我希望你集中精力理解算法原理。如果加入太多偏数学的内容，很容易让人产生挫败感。

2. 正确理解常用算法底层原理，是进行复杂度分析的前提。尤其是递归相关的算法，只有从树的角度进行思考和分析，才能正确分析其复杂度。

鉴于读到这里的读者已经掌握了所有常见算法的核心原理，所以我专门写一节时空复杂度的分析指南，授人以鱼不如授人以渔，教给你一套通用的方法分析任何算法的时空复杂度。

本节篇幅会较长，将涵盖如下几个方面：

1. Big O 表示法的几个基本特点。

2. 非递归算法中的时间复杂度分析。

3. 数据结构 API 的效率衡量方法（摊还分析）。

4. 递归算法的时间、空间复杂度的分析方法，这部分是重点，将会用动态规划和回溯算法举例。

废话不多说了，接下来一个个看。

一、Big O 表示法

首先看 Big O 记号的数学定义：

$O(g(n))=\{f(n)$：存在正常量 c 和 n_0，使得对所有 $n \geqslant n_0$，有 $0 \leqslant f(n) \leqslant c \times g(n)\}$

我们常用的这个符号 O 其实代表一个函数的集合，比如 $O(n^2)$ 代表着一个由 $g(n)=n^2$ 派生出来的一个函数集合；我们说一个算法的时间复杂度为 $O(n^2)$，意思就是描述该算法的复杂度的函数属于这个函数集合之中。

理论上，你看明白这个抽象的数学定义，就可以解答你关于 Big O 表示法的一切疑问了。

但考虑到有些人看到数学定义就头晕，我给你列举两个复杂度分析中会用到的特性，记住这两个就够用了。

1. 只保留增长速率最快的项，其他的项可以省略。

首先，乘法和加法中的常数因子都可以忽略不计，比如下面的例子：

$$O(2N + 100) = O(N)$$
$$O(2^{N+1})=O(2 \times 2^N) = O(2^N)$$
$$O(M + 3N + 99) = O(M + N)$$

当然，不要见到常数就消，有的常数消不得：

$$O(2^{2N}) = O(4^N)$$

除了常数因子，增长速率慢的项在增长速率快的项面前也可以忽略不计：

$$O(N^3 + 999 \times N^2 + 999 \times N) = O(N^3)$$
$$O((N + 1) \times 2^N) = O(N \times 2^N + 2^N) = O(N \times 2^N)$$

以上列举的都是最简单常见的例子，这些例子都可以被 Big O 记号的定义正确解释。如果你遇到更复杂的复杂度场景，也可以根据定义来判断自己的复杂度表达式是否正确。

2. Big O 记号表示复杂度的"上界"。

换句话说，只要你给出的是一个上界，用 Big O 记号表示就都是正确的。

比如如下代码：

```
for (int i = 0; i < N; i++) {
    print("hello world");
}
```

如果说这是一个算法，那么显然它的时间复杂度是 $O(N)$。但如果你非要说它的时间复杂度是 $O(N^2)$，严格意义上讲是可以的，因为 O 记号表示一个上界嘛，这个算法的时间复杂度确实不会超过 N^2 这个上界，虽然这个上界不够"紧"，但符合定义，所以没毛病。

上述例子太简单，非要扩大它的时间复杂度上界显得没什么意义。但有些算法的复杂度会和算法的输入数据有关，没办法提前给出一个特别精确的时间复杂度，那么在这种情况下，用 Big O 记号扩大时间复杂度的上界就变得有意义了。

比如 1.3 动态规划解题套路框架中讲到的凑零钱问题的暴力递归解法，核心代码框架如下：

```
// 定义：要凑出金额 n，至少要 dp(coins, n) 个硬币
int dp(int[] coins, int amount) {
    // base case
    if (amount <= 0) return;
    // 状态转移
    for (int coin : coins) {
        dp(coins, amount - coin);
    }
}
```

当 `amount = 11, coins = [1,2,5]` 时，算法的递归树就长这样：

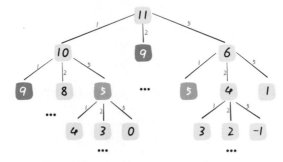

后文会具体讲递归算法的时间复杂度计算方法，现在我们先求一下这棵递归树上的节点个数吧。

假设金额 `amount` 的值为 N，`coins` 列表中元素个数为 K，那么这棵递归树就是一棵 K 叉树。但这棵树的生长和 `coins` 列表中的硬币面额有直接的关系，所以这棵树的形状会很不规则，导致我们很难精确地求出树上节点的总数。

对于这种情况，比较简单的处理方式就是按最坏情况做近似处理：

这棵树的高度有多高？不知道，那就按最坏情况来处理，假设全都是面额为 1 的硬币，这种情况下树高为 N。

这棵树的结构是什么样的？不知道，那就按最坏情况来处理，假设它是一棵满 K 叉树好了。

那么，这棵树上共有多少节点？都按最坏情况来处理，高度为 N 的一棵满 K 叉树，其节点总数的计算方法为等比数列求和公式 $(K^N-1)/(K-1)$，用 Big O 表示就是 $O(K^N)$。

当然，我们知道这棵树上的节点数其实没有这么多，但用 $O(K^N)$ 表示一个上界是没问题的。

所以，有时候你自己估算出来的时间复杂度和别人估算的复杂度不同，并不一定代表谁算错了，可能你俩都是对的，只是估算的精度不同，一般来说只要数量级（线性、指数级、对数级、平方级等）能对上就没问题。

在算法领域，除了用 Big O 表示渐进上界，还有渐进下界、渐进紧确界等边界的表示方法，有兴趣的读者可以自行搜索。不过从实用的角度看，以上对 Big O 记号表示法的讲解就够用了。

二、非递归算法分析

非递归算法的空间复杂度一般很容易计算，你看它有没有申请数组之类的存储空间就行了，所以我主要说说时间复杂度的分析。

非递归算法中嵌套循环很常见，大部分场景下，只需把每一层的复杂度相乘就是总的时间复杂度：

```
// 复杂度 O(N×W)
for (int i = 1; i <= N; i++) {
    for (int w = 1; w <= W; w++) {
        dp[i][w] = ...;
    }
}


// 1 + 2 + ... + n = n/2 + (n^2)/2
// 用 Big O 表示化简为 O(n^2)
for (int i = 0; i < n; i++) {
    for (int j = i; j >= 0; j--) {
        dp[i][j] = ...;
    }
}
```

但有时候只看嵌套循环的层数并不准确，还要看算法**具体在做什么**，比如 5.7 一个函数解决 nSum 问题中将有这样一段代码：

```
// 左右双指针
int lo = 0, hi = nums.length;
while (lo < hi) {
    int sum = nums[lo] + nums[hi];
    int left = nums[lo], right = nums[hi];
    if (sum < target) {
        while (lo < hi && nums[lo] == left) lo++;
    } else if (sum > target) {
        while (lo < hi && nums[hi] == right) hi--;
    } else {
        while (lo < hi && nums[lo] == left) lo++;
        while (lo < hi && nums[hi] == right) hi--;
    }
}
```

这段代码看起来很复杂，大 while 循环里面套了好多小 while 循环，感觉这段代码的时间复杂度应该是 $O(N^2)$（N 代表 nums 的长度）。

其实，你只需要搞清楚代码到底在干什么，就能轻松计算出正确的复杂度了。

这段代码采用的就是 2.1.2 节的数组双指针的解题套路，lo 是左边的指针，hi 是右边的指针，这两个指针相向而行，相遇时外层 while 结束。

甭管多复杂的逻辑，你看 lo 指针一直在往右走（lo++），hi 指针一直在往左走（hi--），它俩有没有回退过？没有。

所以这段算法的逻辑就是 lo 和 hi 不断相向而行，相遇时算法结束，那么它的时间复杂度就是线性的 $O(N)$。

类似地，你看 1.8 我写了一个模板，把滑动窗口算法变成了默写题 给出的滑动窗口算法模板：

```
/* 滑动窗口算法框架 */
void slidingWindow(string s, string t) {
    unordered_map<char, int> window;
    // 双指针，维护 [left, right) 为窗口
    int left = 0, right = 0;
    while (right < s.size()) {
        // 增大窗口
```

```
        right++;
        // 判断左侧窗口是否要收缩
        while (window needs shrink) {
            // 缩小窗口
            left++;
        }
    }
}
```

乍一看这是个嵌套循环，但仔细观察，发现这也是个双指针技巧，`left` 和 `right` 指针从 0 开始，一直向右移，直到移动到 s 的末尾结束外层 while 循环，没有回退过。

那么该算法做的事情就是把 `left` 和 `right` 两个指针从 0 移动到 N（N 代表字符串 s 的长度），所以滑动窗口算法的时间复杂度为线性的 $O(N)$。

三、数据结构分析

因为数据结构会用来存储数据，其 API 的执行效率可能受到其中存储的数据的影响，所以衡量数据结构 API 效率的方法和衡量普通算法函数效率的方法是有一些区别的。

就拿我们常见的数据结构举例，比如很多语言都提供动态数组，可以自动进行扩容和缩容。在它的尾部添加元素的时间复杂度是 $O(1)$。但当底层数组扩容时会分配新内存并把原来的数据搬移到新数组中，这个时间复杂度就是 $O(N)$ 了，那我们能说在数组尾部添加元素的时间复杂度就是 $O(N)$ 吗？

再比如哈希表也会在负载因子达到某个阈值时进行扩容和 rehash，时间复杂度也会达到 $O(N)$，那么我们为什么还说哈希表对单个键值对的存取效率是 $O(1)$ 呢？

答案就是，**如果想衡量数据结构类中的某个方法的时间复杂度，不能简单地看最坏时间复杂度，而应该看摊还（平均）时间复杂度。**

比如 2.2.5 单调队列结构解决滑动窗口问题 实现的单调队列类：

```
/* 单调队列的实现 */
class MonotonicQueue {
    LinkedList<Integer> q = new LinkedList<>();

    public void push(int e) {
        // 将小于 e 的元素全部删除
        while (!q.isEmpty() && q.getLast() < e) {
            q.pollLast();
        }
        q.addLast(e);
    }
}
```

```java
public void pop(int e) {
    // e 可能已经在 push 的时候被删掉了
    // 所以需要额外判断一下
    if (e == q.getFirst()) {
        q.pollFirst();
    }
}
```

在标准的队列实现中，push 和 pop 方法的时间复杂度应该都是 $O(1)$，但这个 MonotonicQueue 类的 push 方法包含一个循环，其复杂度取决于参数 e，最好情况下是 $O(1)$，而最坏情况下复杂度应该是 $O(N)$，N 为队列中的元素个数。

对于这种情况，我们用平均时间复杂度来衡量 push 方法的效率比较合理。虽然它包含循环，但它的平均时间复杂度依然为 $O(1)$。

计算平均时间复杂度最常用的方法叫作"聚合分析"，思路如下：

给你一个空的 MonotonicQueue，然后请你执行 N 个 push，pop 组成的操作序列，请问这 N 个操作所需的总时间复杂度是多少？

因为这 N 个操作最多就是让 $O(N)$ 个元素入队再出队，每个元素只会入队和出队一次，所以这 N 个操作的总时间复杂度是 $O(N)$。

那么平均下来，一次操作的时间复杂度就是 $O(N)/N=O(1)$，也就是说 push 和 pop 方法的平均时间复杂度都是 $O(1)$。

类似地，想想之前说的数据结构扩容的场景，也许 N 次操作中的某一次操作恰好触发了扩容，导致时间复杂度提高，但不可能每次操作都触发扩容吧？所以总的时间复杂度依然保持在 $O(N)$，均摊到每一次操作上，其平均时间复杂度依然是 $O(1)$。

四、递归算法分析

对很多人来说，递归算法的时间复杂度是比较难分析的。但如果你有框架思维，明白所有递归算法的本质是树的遍历，那么分析起来应该没什么难度。

计算算法的时间复杂度，无非就是看这个算法做了什么事，花了多少时间。而递归算法做的事情就是遍历一棵递归树，在树上的每个节点做一些事情罢了。

所以：

递归算法的时间复杂度 = 递归的次数 × 函数本身的时间复杂度
递归算法的空间复杂度 = 递归堆栈的深度 + 算法申请的存储空间

或者再说得直观一点儿：

递归算法的时间复杂度 = 递归树的节点个数 × 每个节点的时间复杂度
递归算法的空间复杂度 = 递归树的高度 + 算法申请的存储空间

函数递归的原理是操作系统维护的函数堆栈，所以递归栈的空间消耗也需要算在空间复杂度之内，这一点不要忘了。

首先说一下动态规划算法，还是拿 1.3 动态规划解题套路框架中讲到的凑零钱问题举例，它的暴力递归解法主体如下：

```java
int dp(int[] coins, int amount) {
    // base case
    if (amount == 0) return 0;
    if (amount < 0) return -1;

    int res = Integer.MAX_VALUE;
    // 时间复杂度为 O(K)
    for (int coin : coins) {
        int subProblem = dp(coins, amount - coin);
        if (subProblem == -1) continue;
        res = Math.min(res, subProblem + 1);
    }

    return res == Integer.MAX_VALUE ? -1 : res;
}
```

当 `amount = 11, coins = [1,2,5]` 时，该算法的递归树长这样：

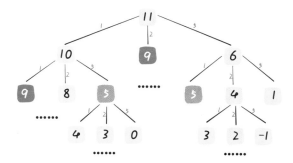

刚才说了这棵树上的节点个数为 $O(K^N)$，那么每个节点消耗的时间复杂度是多少呢？其实就是这个 **dp** 函数本身的时间复杂度。

你看 **dp** 函数里面有个 for 循环遍历长度为 K 的 **coins** 列表，所以函数本身的时间复杂度为 $O(K)$，故该算法总的时间复杂度为：

$$O(K^N) \times O(K) = O(K^{N+1})$$

当然，之前也说了，这个复杂度只是一个粗略的上界，并不准确，真实的效率肯定会高一些。

这个算法的空间复杂度很容易分析：

dp 函数本身没有申请数组之类的，所以算法申请的存储空间为 $O(1)$；而 dp 函数的堆栈深度为递归树的高度 $O(N)$，所以这个算法的空间复杂度为 $O(N)$。

暴力递归解法的分析结束，但这个解法存在重叠子问题，通过备忘录消除重叠子问题的冗余计算之后，相当于在原来的递归树上进行剪枝：

```java
// 备忘录，空间复杂度为 O(N)
memo = new int[N];
Arrays.fill(memo, -666);

int dp(int[] coins, int amount) {
    if (amount == 0) return 0;
    if (amount < 0) return -1;
    // 查备忘录，防止重复计算
    if (memo[amount] != -666)
        return memo[amount];

    int res = Integer.MAX_VALUE;
    // 时间复杂度为 O(K)
    for (int coin : coins) {
        int subProblem = dp(coins, amount - coin);
        if (subProblem == -1) continue;
        res = Math.min(res, subProblem + 1);
    }
    // 把计算结果存入备忘录
    memo[amount] = (res == Integer.MAX_VALUE) ? -1 : res;
    return memo[amount];
}
```

通过备忘录剪掉大量节点之后，虽然函数本身的时间复杂度依然是 $O(K)$，但大部分递归在函数开头就立即返回了，根本不会执行到 for 循环那里，所以可以认为递归函数执行的次数（递归树上的节点）减少了，从而时间复杂度下降。

剪枝之后还剩多少节点呢？根据备忘录剪枝的原理，相同"状态"不会被重复计算，所以剪枝之后剩下的节点数就是"状态"的数量，即 memo 的大小 N。

所以，对于带备忘录的动态规划算法的时间复杂度，以下几种理解方式都是等价的：

递归的次数 × 函数本身的时间复杂度

= 递归树节点个数 × 每个节点的时间复杂度

= 状态个数 × 计算每个状态的时间复杂度

= 子问题个数 × 解决每个子问题的时间复杂度

$= O(N) \times O(K)$

$= O(N \times K)$

像“状态”“子问题”属于动态规划类型问题特有的词汇，但时间复杂度本质上还是递归次数即函数本身复杂度，换汤不换药罢了。

备忘录优化解法的空间复杂度也不难分析：

`dp` 函数的堆栈深度为“状态”的个数，依然是 $O(N)$，而算法申请了一个大小为 $O(N)$ 的备忘录 `memo` 数组，所以总的空间复杂度为

$O(N)+O(N)=O(N)$

虽然用 Big O 表示法来看，优化前后的空间复杂度相同，不过显然优化解法消耗的空间要更多，所以用备忘录进行剪枝也被称为“用空间换时间”。

如果你把自顶向下带备忘录的解法进一步改写成自底向上的迭代解法：

```
int coinChange(int[] $coins, int amount) {
    // 空间复杂度为 O(N)
    int[] dp = new int[amount + 1];
    Arrays.fill(dp, amount + 1);

    dp[0] = 0;
    // 时间复杂度为 O(KN)
    for (int i = 0; i < dp.length; i++) {
        for (int coin : coins) {
            if (i - coin < 0) continue;
            dp[i] = Math.min(dp[i], 1 + dp[i - coin]);
        }
    }
    return (dp[amount] == amount + 1) ? -1 : dp[amount];
}
```

该解法的时间复杂度不变，但已经不存在递归了，所以空间复杂度中不需要考虑堆栈的深度，只需考虑 `dp` 数组的存储空间，虽然用 Big O 表示法来看，该算法的空间复杂度依然是 $O(N)$，但该算法的实际空间消耗更小，所以自底向上迭代的动态规划是各方面性能最好的。

接下来说一下回溯算法，需要你看过 3.4.1 回溯算法解决子集、排列、组合问题，下面我会以标准的全排列问题和子集问题的解法为例，分析其时间复杂度。

先看标准全排列问题（元素无重不可复选）**的核心函数** `backtrack`：

```
// 回溯算法计算全排列
void backtrack(int[] nums) {
    // 到达叶子节点，收集路径值，时间复杂度为 O(N)
    if (track.size() == nums.length) {
        res.add(new LinkedList(track));
        return;
    }

    // 非叶子节点，遍历所有子节点，时间复杂度为 O(N)
    for (int i = 0; i < nums.length; i++) {
        if (used[i]) {
            // 剪枝逻辑
            continue;
        }
        // 做选择
        used[i] = true;
        track.addLast(nums[i]);
        backtrack(nums);
        // 取消选择
        track.removeLast();
        used[i] = false;
    }
}
```

当 `nums = [1,2,3]` 时，`backtrack` 其实在遍历这棵递归树：

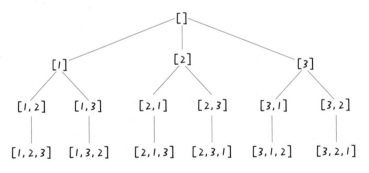

假设输入的 `nums` 数组长度为 N，那么这个 `backtrack` 函数递归了多少次？`backtrack` 函数本身的复杂度是多少？

先看看 `backtrack` 函数本身的时间复杂度，即树中每个节点的复杂度。

对于非叶子节点，会执行 for 循环，复杂度为 $O(N)$；对于叶子节点，不会执行循环，但将 `track` 中的值复制到 `res` 列表中也需要 $O(N)$ 的时间，**所以** `backtrack` **函数本身的时间复杂度为** $O(N)$。

> 注意：函数本身（每个节点）的时间复杂度并不是树枝的条数。看代码，每个节点都会执行整个 for 循环，所以每个节点的复杂度都是 $O(N)$。

再来看看 **backtrack** 函数递归了多少次，即这个排列树上有多少个节点。

第 0 层（根节点）有 $P(N,0)=1$ 个节点。

第 1 层有 $P(N,1)=N$ 个节点。

第 2 层有 $P(N,2)=N×(N-1)$ 个节点。

第 3 层有 $P(N,3)=N×(N-1)×(N-2)$ 个节点。

以此类推，其中 P 就是我们高中学过的排列数函数。

全排列的回溯树高度为 N，所以节点总数为：

$$P(N,0)+P(N,1)=P(N,2)+\cdots+P(N,N)$$

这一堆排列数累加不好算，粗略估计一下上界，把它们全都扩大成 $P(N,N)=N!$，**那么节点总数的上界就是** $O(N×N!)$。

现在就可以得出算法的总时间复杂度：

递归的次数 × 函数本身的时间复杂度 = 递归树节点个数 × 每个节点的时间复杂度
$=O(N×N!)×O(N)$
$=O(N^2×N!)$

当然，由于计算节点总数的时候我们为了方便计算把累加项扩大了很多，所以这个结果肯定也是偏大的，不过用来描述复杂度的上界还是可以接受的。

接下来分析该算法的空间复杂度：

backtrack 函数的递归深度为递归树的高度 $O(N)$，而算法需要存储所有全排列的结果，即需要申请的空间为 $O(N×N!)$，**所以总的空间复杂度为** $O(N×N!)$。

最后看下标准子集问题（元素无重不可复选）的核心函数 **backtrack**：

```java
// 回溯算法计算所有子集（幂集）
void backtrack(int[] nums, int start) {

    // 每个节点的值都是一个子集，O(N)
    res.add(new LinkedList<>(track));

    // 遍历子节点，O(N)
    for (int i = start; i < nums.length; i++) {
        // 做选择
```

```
        track.addLast(nums[i]);
        backtrack(nums, i + 1);
        // 撤销选择
        track.removeLast();
    }
}
```

当 `nums = [1,2,3]` 时，`backtrack` 其实在遍历这棵递归树：

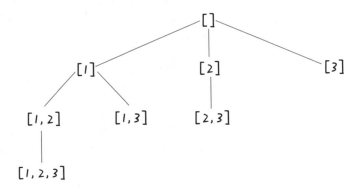

假设输入的 `nums` 数组长度为 N，那么这个 `backtrack` 函数递归了多少次？`backtrack` 函数本身的复杂度是多少？

先看看 `backtrack` 函数本身的时间复杂度，即树中每个节点的复杂度。

`backtrack` 函数在前序位置都会将 `track` 列表复制到 `res` 中，消耗 $O(N)$ 的时间，且会执行一个 for 循环，也消耗 $O(N)$ 的时间，**所以 `backtrack` 函数本身的时间复杂度为 $O(N)$**。

再来看看 `backtrack` 函数递归了多少次，即这个排列树上有多少个节点。

那就直接看图一层一层数吧：

第 0 层（根节点）有 $C(N,0)=1$ 个节点。

第 1 层有 $C(N,1)=N$ 个节点。

第 2 层有 $C(N,2)$ 个节点。

第 3 层有 $C(N,3)$ 个节点。

以此类推，其中 C 就是我们高中学过的组合数函数。

由于这棵组合树的高度为 N，组合数求和公式是高中学过的，**所以总的节点数为 2^N**：

$$C(N,0)+C(N,1)+C(N,2)+\cdots+C(N,N)=2^N$$

就算你忘记了组合数求和公式，其实也可以推导出来节点总数：因为 N 个元素的所有子集（幂集）数量为 2^N，而这棵树的每个节点代表一个子集，所以树的节点总数也为 2^N。

那么，现在就可以得出算法的总复杂度：

递归的次数 × 函数本身的时间复杂度
= 递归树节点个数 × 每个节点的时间复杂度
$=O(2^N) \times O(N)$
$=O(N \times 2^N)$

分析该算法的空间复杂度：

`backtrack` 函数的递归深度为递归树的高度 $O(N)$，而算法需要存储所有子集的结果，粗略估算下需要申请的空间为 $O(N \times 2^N)$，**所以总的空间复杂度为** $O(N \times 2^N)$。

到这里，标准排列、子集问题的时间复杂度就分析完了，3.4.1 **回溯算法解决子集、排列、组合问题**中的其他问题变形都可以按照类似的逻辑分析，这些就留给读者自己分析吧。

五、最后总结

本节篇幅较大，我简单总结下重点：

1. Big O 标记代表一个函数的集合，用它表示时空复杂度时代表一个上界，所以如果你和别人算的复杂度不一样，可能你们都是对的，只是精确度不同罢了。

2. 时间复杂度的分析不难，关键是你要透彻理解算法到底干了什么事。非递归算法中嵌套循环的复杂度依然可能是线性的；数据结构 API 需要用平均时间复杂度衡量性能；递归算法本质是遍历递归树，时间复杂度取决于递归树中节点的个数（递归次数）和每个节点的复杂度（递归函数本身的复杂度）。

需要说明的是，本节给出的一些复杂度都是比较粗略的估算，上界都不是很"紧"，如果你不满足于粗略的估算，想计算更"紧"更精确的上界，就需要比较好的数学功底了。不过从面试、笔试的角度来说，掌握这些基本分析技术已经足够了。

4.1.4　动态规划的降维打击：空间压缩技巧

动态规划消除重叠子问题的优化技巧对于算法效率的提升非常显著，一般来说都能把指数级和阶乘级时间复杂度的算法优化成 $O(N^2)$，堪称算法界的二向箔，把各路魑魅魍魉

魑魅魍魉统统打成二次元。

但是，动态规划求解的过程也是可以进行阶段性优化的，如果你认真观察某些动态规划问题的状态转移方程，就能够把它们解法的空间复杂度进一步降低，由 $O(N^2)$ 降到 $O(N)$。能够使用空间压缩技巧的动态规划一般都是二维 dp 问题，**你看它的状态转移方程，如果计算状态 dp[i][j] 需要的都是 dp[i][j] 相邻的状态，那么就可以使用空间压缩技巧，将二维的 dp 数组转化成一维，将空间复杂度从 $O(N^2)$ 降低到 $O(N)$。**

什么叫"和 dp[i][j] 相邻的状态"呢，比如 4.2.6 动态规划之子序列问题解题模板中，最终的代码如下：

```java
int longestPalindromeSubseq(string s) {
    int n = s.length();
    // dp 数组全部初始化为 0
    int [][] dp = new int[n][n];
    // base case
    for (int i = 0; i < n; i++)
        dp[i][i] = 1;
    // 反着遍历保证正确的状态转移
    for (int i = n - 2; i >= 0; i--) {
        for (int j = i + 1; j < n; j++) {
            // 状态转移方程
            if (s.charAt[i] == s.charAt[j]) {
                dp[i][j] = dp[i + 1][j - 1] + 2;
            else
                dp[i][j] = Math.max(dp[i + 1][j], dp[i][j - 1]);
            }
        }
    }
    // 整个 s 的最长回文子串长度
    return dp[0][n - 1];
}
```

> 注意：本节不探讨如何推状态转移方程，只探讨对二维 DP 问题进行空间压缩的技巧。技巧都是通用的，所以如果你没看过相关内容，不明白这段代码的逻辑也无妨，完全不会阻碍你学会空间压缩。

你看我们对 dp[i][j] 的更新，其实只依赖于 dp[i+1][j-1], dp[i][j-1], dp[i+1][j] 这三个状态：

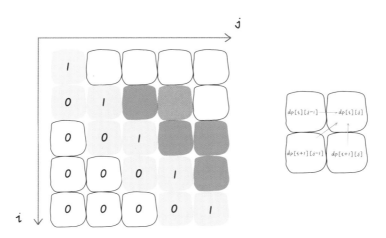

这就叫和 `dp[i][j]` 相邻，反正你计算 `dp[i][j]` 只需要这三个相邻状态，其实根本不需要那么大一个二维的 DP table 对不对？**空间压缩的核心思路就是，将二维数组"投影"到一维数组：**

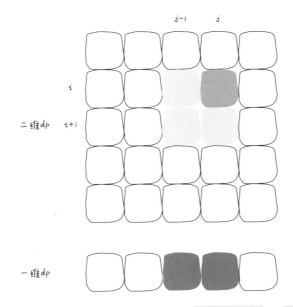

思路很直观，但是也有一个明显的问题，图中 `dp[i][j-1]` 和 `dp[i+1][j-1]` 这两个状态处在同一列，而一维数组中只能容下一个，那么当我计算 `dp[i][j]` 时，它俩必然有一个会被另一个覆盖掉，怎么办？这就是空间压缩的难点，下面就来分析解决这个问题，还是拿"最长回文子序列"问题举例，它的状态转移方程的主要逻辑就是如下这段代码：

```
for (int i = n - 2; i >= 0; i--) {
    for (int j = i + 1; j < n; j++) {
        // 状态转移方程
        if (s[i] == s[j])
            dp[i][j] = dp[i + 1][j - 1] + 2;
        else
            dp[i][j] = max(dp[i + 1][j], dp[i][j - 1]);
    }
}
```

想把二维 dp 数组压缩成一维，一般来说是把第一个维度，也就是 i 这个维度去掉，只剩下 j 这个维度。**压缩后的一维 dp 数组就是之前二维 dp 数组的 dp[i][..] 那一行。**

我们先将上述代码进行改造，直接去掉 i 这个维度，把 dp 数组变成一维：

```
for (int i = n - 2; i >= 0; i--) {
    for (int j = i + 1; j < n; j++) {
        // 在这里，一维 dp 数组中的数是什么？
        if (s[i] == s[j])
            dp[j] = dp[j - 1] + 2;
        else
            dp[j] = max(dp[j], dp[j - 1]);
    }
}
```

上述代码的一维 dp 数组只能表示二维 dp 数组的一行 dp[i][..]，那怎么才能得到 dp[i+1][j-1], dp[i][j-1], dp[i+1][j] 这几个必要的值，进行状态转移呢？

在代码中注释的位置，将要进行状态转移，更新 dp[j]，那么我们要来思考两个问题：

1. 在对 dp[j] 赋新值之前，dp[j] 对应着二维 dp 数组中的什么位置？

2. dp[j-1] 对应着二维 dp 数组中的什么位置？

对于问题 1，在对 dp[j] 赋新值之前，dp[j] 的值就是外层 for 循环上一次迭代算出来的值，也就是对应二维 dp 数组中 dp[i+1][j] 的位置。

对于问题 2，dp[j-1] 的值就是内层 for 循环上一次迭代算出来的值，也就是对应二维 dp 数组中 dp[i][j-1] 的位置。

那么问题已经解决了一大半，只剩下二维 dp 数组中的 dp[i+1][j-1] 这个状态我们不能直接从一维 dp 数组中得到：

```
for (int i = n - 2; i >= 0; i--) {
    for (int j = i + 1; j < n; j++) {
```

```
    if (s[i] == s[j])
        // dp[i][j] = dp[i+1][j-1] + 2;
        dp[j] = ?? + 2;
    else
        // dp[i][j] = max(dp[i+1][j], dp[i][j-1]);
        dp[j] = max(dp[j], dp[j - 1]);
    }
}
```

因为 for 循环遍历 **i** 和 **j** 的顺序为从左向右，从下向上，所以可以发现，在更新一维 **dp** 数组的时候，**dp[i+1][j-1]** 会被 **dp[i][j-1]** 覆盖掉，图中标出了这四个位置被遍历到的次序：

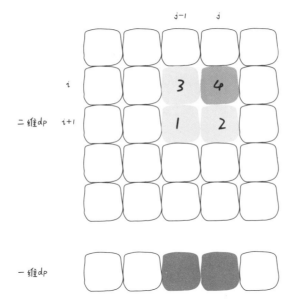

那么如果我们想得到 **dp[i+1][j-1]**，就必须在它被覆盖之前用一个临时变量 temp 把它存起来，并把这个变量的值保留到计算 **dp[i][j]** 的时候。为了达到这个目的，结合上图，我们可以这样写代码：

```
for (int i = n - 2; i >= 0; i--) {
    // 存储 dp[i+1][j-1] 的变量
    int pre = 0;
    for (int j = i + 1; j < n; j++) {
        int temp = dp[j];
        if (s[i] == s[j])
            // dp[i][j] = dp[i+1][j-1] + 2;
```

```
            dp[j] = pre + 2;
        else
            dp[j] = max(dp[j], dp[j - 1]);
        // 到下一轮循环，pre 就是 dp[i+1][j-1] 了
        pre = temp;
    }
}
```

别小看这段代码，这是一维 dp 最精妙的地方，会者不难，难者不会。为了清晰起见，我用具体的数值来拆解这个逻辑。假设现在 i = 5, j = 7 且 s[5] == s[7]，那么现在会进入下面这个逻辑对吧：

```
if (s[5] == s[7])
    // dp[5][7] = dp[i+1][j-1] + 2;
    dp[7] = pre + 2;
```

我问你这个 pre 变量是什么？是内层 for 循环上一次迭代的 temp 值。

那我再问你内层 for 循环上一次迭代的 temp 值是什么？是 dp[j-1] 也就是 dp[6]，但这是外层 for 循环上一次迭代对应的 dp[6]，也就是二维 dp 数组中的 dp[i+1][6] = dp[6][6]。

也就是说，pre 变量就是 dp[i+1][j-1] = dp[6][6]，也就是我们想要的结果。

那么现在我们成功地对状态转移方程进行了降维打击，算是最硬的骨头啃掉了，但注意还有 base case 要处理：

```
// dp 数组全部初始化为 0
int[] dp = new int[n][0];
// base case
for (int i = 0; i < n; i++)
    dp[i][i] = 1;
```

如何把 base case 也打成一维呢？很简单，记住空间压缩就是投影，我们把 base case 投影到一维看看：

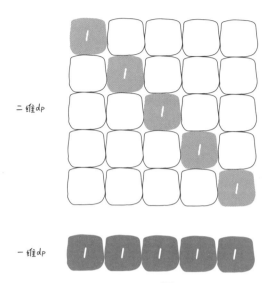

二维 **dp** 数组中的 base case 全都落入了一维 **dp** 数组，不存在冲突和覆盖，所以说直接这样写代码就行了：

```
// base case: 一维 dp 数组全部初始化为 1
int[] dp = new int[n];
Arrays.fill (dp,i);
```

至此，我们把 base case 和状态转移方程都进行了降维，实际上已经写出完整代码了：

```
int longestPalindromeSubseq(string s) {
    int n = s.length();
    // base case: 一维 dp 数组全部初始化为 0
    int[] dp = new int[n];
    Arrays.fill (dp,i);

    for (int i = n - 2; i >= 0; i--) {
        int pre = 0;
        for (int j = i + 1; j < n; j++) {
            int temp = dp[j];
            // 状态转移方程
            if (s.charAt[i] == s.charAt[j])
                dp[j] = pre + 2;
            else
                dp[j] = Math.max(dp[j], dp[j - 1]);
            pre = temp;
        }
    }
    return dp[n - 1];
}
```

本节到这里就快结束了，不过空间压缩技巧再牛，也是基于常规动态规划思路的。

你也看到了，使用空间压缩技巧对二维 dp 数组进行降维打击之后，解法代码的可读性变得非常差，如果直接看这种解法，任何人都会蒙的。算法的优化就是这么一个过程，先写出可读性很好的暴力递归算法，然后尝试运用动态规划技巧优化重叠子问题，最后尝试用空间压缩技巧优化空间复杂度。

也就是说，你最起码能够熟练运用 1.3 动态规划解题套路框架的套路找出状态转移方程，写出一个正确的动态规划解法，然后才有可能观察状态转移的情况，分析是否可能使用空间压缩技巧来优化。希望读者能够稳扎稳打，层层递进，对于这种比较极限的优化，不做也罢。毕竟套路存于心，走遍天下都不怕！

4.2 子序列类型问题

在之前的章节，我们用双指针技巧处理子串、子数组相关的问题，但对于子序列问题，我们一般需要用递归逻辑进行穷举且可能存在重叠子问题，所以用动态规划来解决就是很自然的了。

4.2.1 动态规划设计：最长递增子序列

读完本节，你将不仅学到算法套路，还可以顺便解决如下题目：

300. 最长递增子序列（中等）	354. 俄罗斯套娃信封问题（困难）

我们学会了动态规划的套路：找到了问题的"状态"，明确了 dp 数组 / 函数的含义，定义了 base case；但是不知道如何确定"选择"，也就是找不到状态转移的关系，依然写不出动态规划解法，怎么办？

不要担心，动态规划的难点本来就在于寻找正确的状态转移方程，本节就借助经典的"最长递增子序列问题"来讲一讲设计动态规划的通用技巧：**数学归纳思想**。

最长递增子序列（Longest Increasing Subsequence，简写 LIS）是非常经典的一个算法问题，比较容易想到的是动态规划解法，时间复杂度为 $O(N^2)$，我们借这个问题来由浅入深讲解如何寻找状态转移方程，如何写出动态规划解法。比较难想到的是利用二分搜索，时间复杂度是 $O(N\log N)$，我们通过一种简单的纸牌游戏来辅助理解这种巧妙的解法。

力扣第 300 题"最长递增子序列"就是这个问题，给你输入一个无序的整数数组，请你找到其中最长的严格递增子序列的长度，函数签名如下：

```
int lengthOfLIS(int[] nums);
```

比如输入 `nums=[10,9,2,5,3,7,101,18]`，其中最长的递增子序列是 `[2,3,7,101]`，所以算法的输出应该是 4。

注意"子序列"和"子串"这两个名词的区别，子串一定是连续的，而子序列不一定是连续的。下面先来设计动态规划算法解决这个问题。

一、动态规划解法

动态规划的核心设计思想是数学归纳法，相信大家对数学归纳法都不陌生，高中就学过，而且思路很简单。比如我们想证明一个数学结论，那么**先假设这个结论在 k<n 时成立，然后根据这个假设，想办法推导证明出 k=n 的时候此结论也成立**。如果能够证明出来，那么就说明这个结论对于 k 等于任何数都成立。

类似地，我们设计动态规划算法，不是需要一个 `dp` 数组嘛，可以假设 `dp[0..i-1]` 都已经被算出来了，然后问自己：怎么通过这些结果算出 `dp[i]`？

直接拿最长递增子序列这个问题举例你就明白了。不过，首先要定义清楚 `dp` 数组的含义，即 `dp[i]` 的值到底代表什么？

我们的定义是这样的：`dp[i]` 表示以 `nums[i]` 这个数结尾的最长递增子序列的长度。

注意：为什么这样定义呢？这是解决子序列问题的一个套路，4.2.6 动态规划之**子序列问题解题模板** 总结了几种常见套路。读完本章所有的动态规划问题，就会发现 `dp` 数组的定义方法也就那几种。

根据这个定义，可以推出 base case：`dp[i]` 初始值为 1，因为以 `nums[i]` 结尾的最长递增子序列起码要包含它自己。

举两个例子：

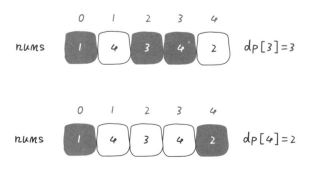

扫码观看算法演进的过程：

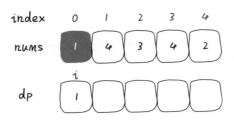

根据这个定义，我们的最终结果（子序列的最大长度）应该是 dp 数组中的最大值。

```
int res = 0;
for (int i = 0; i < dp.length; i++) {
    res = Math.max(res, dp[i]);
}
return res;
```

读者也许会问，刚才的算法演进过程中每个 dp[i] 的结果是我们肉眼看出来的，我们应该怎么设计算法逻辑来正确计算每个 dp[i] 呢？这就是动态规划的重头戏了，要思考如何设计算法逻辑进行状态转移，才能正确运行呢？这里可以使用数学归纳的思想：

假设已经知道了 dp[0..4] 的所有结果，如何通过这些已知结果推出 dp[5] 呢？

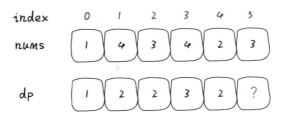

根据上面对 dp 数组的定义，现在想求 dp[5] 的值，也就是想求以 nums[5] 为结尾的最长递增子序列。

nums[5]=3，既然是递增子序列，只要找到前面那些结尾比 3 小的子序列，然后把 3 接到这些子序列末尾，就可以形成一个新的递增子序列，而且这个新的子序列长度加 1。

nums[5] 前面有哪些元素小于 **nums[5]**？这个好算，用 for 循环比较一轮就可以把这些元素找出来了。

再进一步，以这些元素为结尾的最长递增子序列的长度是多少？回顾我们对 dp 数组的定义，它记录的正是以每个元素为结尾的最长递增子序列的长度。

以我们举的例子来说，nums[0] 和 nums[4] 都是小于 nums[5] 的，然后对比 dp[0]

和 dp[4] 的值，我们让 nums[5] 和更长的递增子序列结合，得出 dp[5] = 3：

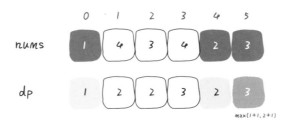

```
for (int j = 0; j < i; j++) {
    if (nums[i] > nums[j]) {
        dp[i] = Math.max(dp[i], dp[j] + 1);
    }
}
```

当 i = 5 时，这段代码的逻辑就可以算出 dp[5]。其实到这里，这道算法题我们就基本做完了。

读者也许会问，刚才只是算了 dp[5] 呀，dp[4], dp[3] 这些怎么算呢？类似数学归纳法，你已经可以算出 dp[5] 了，其他的就都可以算出来：

```
for (int i = 0; i < nums.length; i++) {
    for (int j = 0; j < i; j++) {
        // 寻找 nums[0..j-1] 中比 nums[i] 小的元素
        if (nums[i] > nums[j]) {
            // 把 nums[i] 接在后面，即可形成长度为 dp[j] + 1，
            // 且以 nums[i] 为结尾的递增子序列
            dp[i] = Math.max(dp[i], dp[j] + 1);
        }
    }
}
```

结合前面讲的 base case，来看一下完整代码：

```
int lengthOfLIS(int[] nums) {
    // 定义：dp[i] 表示以 nums[i] 这个数结尾的最长递增子序列的长度
    int[] dp = new int[nums.length];
    // base case: dp 数组全都初始化为 1
    Arrays.fill(dp, 1);
    for (int i = 0; i < nums.length; i++) {
        for (int j = 0; j < i; j++) {
            if (nums[i] > nums[j])
                dp[i] = Math.max(dp[i], dp[j] + 1);
```

```
        }
    }

    int res = 0;
    for (int i = 0; i < dp.length; i++) {
        res = Math.max(res, dp[i]);
    }
    return res;
}
```

至此，这道题就解决了，时间复杂度为 $O(N^2)$。下面总结一下如何找到动态规划的状态转移关系：

1. 明确 dp 数组的定义。这一步对于任何动态规划问题都很重要，如果不得当或者不够清晰，会阻碍之后的步骤。

2. 根据 dp 数组的定义，运用数学归纳法的思想，假设 dp[0...i-1] 都已知，想办法求出 dp[i]，一旦这一步完成，整个题目基本就解决了。

但如果无法完成这一步，很可能就是 dp 数组的定义不够恰当，需要重新定义 dp 数组的含义；或者可能是 dp 数组存储的信息还不够，不足以推出下一步的答案，需要把 dp 数组扩大成二维数组甚至三维数组。

二、二分搜索解法

这个解法的时间复杂度为 $O(N\log N)$，但是说实话，正常人基本想不到这种解法（也许玩过某些纸牌游戏的人可以想出来）。所以大家了解一下就好，正常情况下能够给出动态规划解法就已经很不错了。

根据题目的意思，我都很难想象这个问题竟然能和二分搜索扯上关系。其实最长递增子序列和一种叫作 patience game 的纸牌游戏有关，甚至有一种排序方法就叫作 patience sorting（耐心排序）。为了简单起见，后文跳过所有数学证明，通过一个简化的例子来理解一下算法思路。

首先，给你一排扑克牌，我们像遍历数组那样从左到右一张一张处理这些牌，最终要把这些牌分成若干堆。

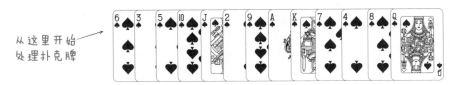

从这里开始
处理扑克牌

处理这些扑克牌要遵循以下规则：

只能把点数小的牌压到点数比它大的牌上；如果当前牌点数较大没有可以放置的堆，则新建一个堆，把这张牌放进去；如果当前牌有多个堆可供选择，则选择最左边的那一堆放置。

比如上述的扑克牌最终会被分成这样 5 堆（我们认为纸牌 A 的牌面是最大的，纸牌 2 的牌面是最小的）：

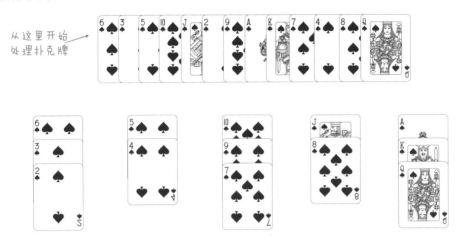

为什么遇到多个可选择堆的时候要放到最左边的堆上呢？因为这样可以保证牌堆顶的牌有序（$2, 4, 7, 8, Q$），证明略。

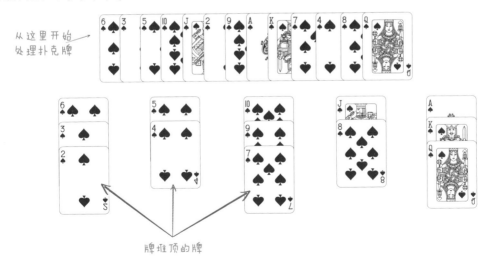

按照上述规则执行，可以算出最长递增子序列，牌的堆数就是最长递增子序列的长度，证明略。

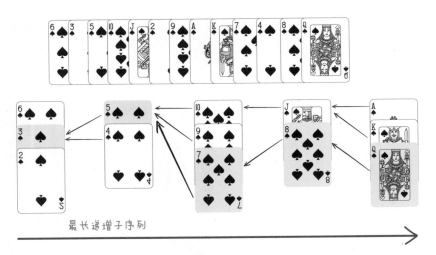

最长递增子序列

我们只要把处理扑克牌的过程编程写出来即可。每次处理一张扑克牌不是要找一个合适的牌堆顶来放嘛，牌堆顶的牌不是**有序**嘛，这就能用到二分搜索了：用查找左侧边界的二分搜索来搜索当前牌应放置的位置。

> 注意：1.7 我写了首诗，保你闭着眼睛都能写出二分搜索算法详细介绍了二分搜索的细节及变体，这里就用上了，不熟悉的读者请看前文。

```
int lengthOfLIS(int[] nums) {
    int[] top = new int[nums.length];
    // 牌堆数初始化为 0
    int piles = 0;
    for (int i = 0; i < nums.length; i++) {
        // 要处理的扑克牌
        int poker = nums[i];

        /***** 搜索左侧边界的二分搜索 *****/
        int left = 0, right = piles;
        while (left < right) {
            int mid = (left + right) / 2;
            if (top[mid] > poker) {
                right = mid;
            } else if (top[mid] < poker) {
                left = mid + 1;
            } else {
                right = mid;
            }
        }
        /******************************/
```

```
        // 没找到合适的牌堆，新建一堆
        if (left == piles) piles++;
        // 把这张牌放到牌堆顶
        top[left] = poker;
    }
    // 牌堆数就是 LIS 长度
    return piles;
}
```

至此，二分搜索的解法也讲解完毕，不过这个解法确实很难想到。首先涉及数学证明，谁能想到按照这些规则执行，就能得到最长递增子序列呢？其次还有二分搜索的运用，要是对二分搜索的细节不清楚，给了思路也很难写对。所以，这个方法作为思维拓展好了。但动态规划的设计方法应该完全理解：假设之前的答案已知，利用数学归纳的思想正确进行状态的推演转移，最终得到答案。

三、拓展到二维

我们看一个经常出现在生活中的有趣问题，力扣第 354 题“俄罗斯套娃信封问题”：

给出一些信封，每个信封用宽度和高度的整数对形式 (w, h) 表示。当一个信封 A 的宽度和高度都比另一个信封 B 大的时候，则 B 就可以放进 A 里，如同“俄罗斯套娃”一样。请计算最多有多少个信封能组成一组“俄罗斯套娃”信封（即最多能套几层）。

函数签名如下：

```
int maxEnvelopes(int[][] envelopes);
```

比如输入 **envelopes = [[5,4],[6,4],[6,7],[2,3]]**，算法返回 3，因为最多有 3 个信封能够套起来，它们是 [2,3] => [5,4] => [6,7]。

这道题目其实是最长递增子序列的一个变种，因为每次合法的嵌套是大的套小的，相当于在二维平面中找一个最长递增的子序列，其长度就是最多能嵌套的信封个数。

前面说的标准 LIS 算法只能在一维数组中寻找最长子序列，而我们的信封是由 (w, h) 这样的二维数对形式表示的，如何把 LIS 算法运用过来呢？

$$LIS = [1, 3, 4]$$
$$len(LIS) = 3$$

读者也许会想，通过 `w × h` 计算面积，然后对面积进行标准的 LIS 算法。但是稍加思考就会发现这样不行，比如 `1 × 10` 大于 `3 × 3`，但是显然这样的两个信封是无法互相嵌套的。

这道题的解法思路比较巧妙：

先对宽度 w 进行升序排序，如果遇到 w 相同的情况，则按照高度 h 降序排序；之后把所有的 h 作为一个数组，在这个数组上计算出的 LIS 的长度就是答案。

画一张图理解一下，先对这些数对进行排序：

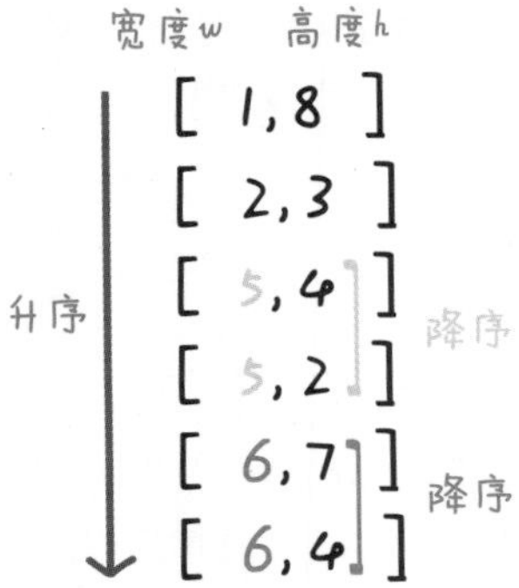

然后在 h 上寻找最长递增子序列，这个子序列就是最优的嵌套方案：

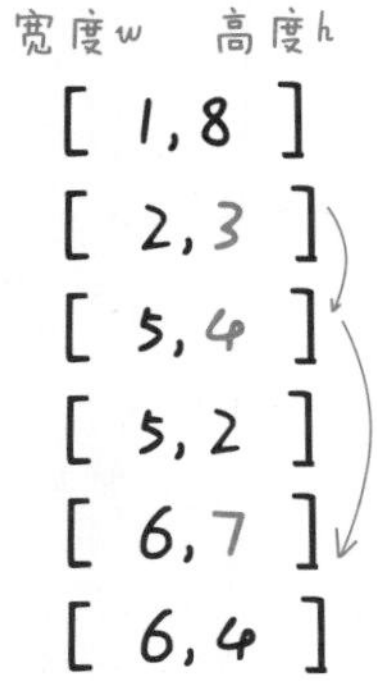

为什么呢？稍微思考一下就明白了：

首先，对宽度 w 从小到大排序，确保了 w 这个维度可以互相嵌套，所以我们只需专注高度 h 这个维度能够互相嵌套即可。

其次，两个 w 相同的信封不能相互包含，所以对于宽度 w 相同的信封，对高度 h 进行降序排序，保证 LIS 中不存在多个 w 相同的信封（因为题目说了长宽相同也无法嵌套）。

下面看解法代码：

```java
// envelopes = [[w, h], [w, h]...]
public int maxEnvelopes(int[][] envelopes) {
    int n = envelopes.length;
    // 按宽度升序排列，如果宽度一样，则按高度降序排列
    Arrays.sort(envelopes, new Comparator<int[]>()
    {
        public int compare(int[] a, int[] b) {
            return a[0] == b[0] ?
                b[1] - a[1] : a[0] - b[0];
        }
    });
    // 对高度数组寻找 LIS
    int[] height = new int[n];
    for (int i = 0; i < n; i++)
        height[i] = envelopes[i][1];

    return lengthOfLIS(height);
}

int lengthOfLIS(int[] nums) {
    // 见前文
}
```

为了清晰，我将代码分为了两个函数，你也可以合并，这样可以节省下 **height** 数组的空间。

如果使用二分搜索版的 **lengthOfLIS** 函数，此算法的时间复杂度为 $O(M\log N)$，因为排序和计算 LIS 各需要 $O(M\log N)$ 的时间，空间复杂度为 $O(N)$，因为计算 LIS 的函数中需要一个 top 数组。

4.2.2 详解最大子数组和

读完本节，你将不仅学到算法套路，还可以顺便解决如下题目：

53. 最大子数组和（简单）

力扣第 53 题 "最大子数组和" 问题和 4.2.1 动态规划设计：最长递增子序列的套路非常相似，代表着一类比较特殊的动态规划问题的思路，题目如下：

给你输入一个整数数组 `nums`，请你在其中找一个和最大的子数组，返回这个子数组的和，函数签名如下：

```
int maxSubArray(int[] nums);
```

比如输入 `nums = [-3,1,3,-1,2,-4,2]`，算法返回 5，因为最大子数组 `[1,3,-1,2]` 的和为 5。

其实第一次看到这道题，我首先想到的是滑动窗口算法，因为我们前文说过，滑动窗口算法就是专门处理子串 / 子数组问题的，这里不就是子数组问题吗？

想用滑动窗口算法，先问自己几个问题：

1. 什么时候应该扩大窗口？

2. 什么时候应该缩小窗口？

3. 什么时候更新答案？

我之前认为这题用不了滑动窗口算法，因为我认为 `nums` 中包含负数，所以无法确定什么时候扩大和缩小窗口。但经过和网友讨论，我发现这道题确实是可以用滑动窗口技巧解决的。

我们可以在窗口内元素之和大于或等于 0 时扩大窗口，在窗口内元素之和小于 0 时缩小窗口，在每次移动窗口时更新答案。 先直接看解法代码：

```
int maxSubArray(int[] nums) {
    int left = 0, right = 0;
    int windowSum = 0, maxSum = Integer.MIN_VALUE;
    while(right < nums.length){
        // 扩大窗口并更新窗口内的元素和
        windowSum += nums[right];
        right++;

        // 更新答案
        maxSum = windowSum > maxSum ? windowSum : maxSum;

        // 判断窗口是否要收缩
        while(windowSum < 0) {
            // 缩小窗口并更新窗口内的元素和
            windowSum -=  nums[left];
            left++;
        }
    }
    return maxSum;
}
```

结合前文给出的滑动窗口代码框架，这段代码的结构应该很清晰，我主要解释为什么这个逻辑是正确的。

首先讨论一种特殊情况，就是 `nums` 中全是负数的时候，此时算法是可以得到正确答案的。

接下来讨论一般情况，`nums` 中有正有负，这种情况下元素和最大的那个子数组一定是以正数开头的（以负数开头的话，把这个负数去掉，就可以得到和更大的子数组了，与假设相矛盾）。那么此时我们需要穷举所有以正数开头的子数组，计算它们的元素和，找到元素和最大的那个子数组。

说到这里，解法代码的逻辑应该就清晰了。算法只有在窗口元素和大于 0 时才会不断扩大窗口，并且在扩大窗口时更新答案，这其实就是在穷举所有正数开头的子数组，寻找子数组和最大的那个，所以这段代码能够得到正确的结果。

一、动态规划思路

解决这个问题还可以用动态规划技巧解决，但是 `dp` 数组的定义比较特殊。按照我们常规的动态规划思路，一般是这样定义 `dp` 数组的：

`nums[0..i]` 中的"**最大子数组和**"为 `dp[i]`。

如果这样定义的话，整个 `nums` 数组的"最大子数组和"就是 `dp[n-1]`。如何找状态转移方程呢？按照数学归纳法，假设我们知道了 `dp[i-1]`，如何推导出 `dp[i]` 呢？

如下图，按照对 `dp` 数组的定义，`dp[i] = 5`，也就是等于 `nums[0..i]` 中的最大子数组和：

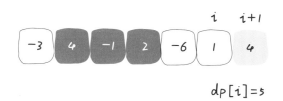

$$dp[i]=5$$

那么在上图这种情况中，利用数学归纳法，你能用 `dp[i]` 推出 `dp[i+1]` 吗？

实际上是不行的，因为子数组一定是连续的，按照我们当前 `dp` 数组定义，并不能保证 `nums[0..i]` 中的最大子数组与 `nums[i+1]` 是相邻的，也就没办法从 `dp[i]` 推导出 `dp[i+1]`。

所以说我们这样定义 `dp` 数组是不正确的，无法得到合适的状态转移方程。对于这类子数组问题，我们要重新定义 dp 数组的含义：

以 nums[i] 为结尾的"最大子数组和"为 dp[i]。

在这种定义之下，想得到整个 nums 数组的"最大子数组和"，不能直接返回 dp[n-1]，而需要遍历整个 dp 数组：

```java
int res = Integer.MIN_VALUE;
for (int i = 0; i < n; i++) {
    res = Math.max(res, dp[i]);
}
return res;
```

依然使用数学归纳法来找状态转移关系：假设我们已经算出了 dp[i-1]，如何推导出 dp[i] 呢？

可以做到，dp[i] 有两种"选择"，要么与前面的相邻子数组连接，形成一个和更大的子数组；要么不与前面的子数组连接，自成一派，自己作为一个子数组。

如何进行选择呢？既然要求"最大子数组和"，当然选择结果更大的那个啦：

```java
// 要么自成一派，要么和前面的子数组合并
dp[i] = Math.max(nums[i], nums[i] + dp[i - 1]);
```

至此，我们已经写出了状态转移方程，接下来就可以直接写出解法了：

```java
int maxSubArray(int[] nums) {
    int n = nums.length;
    if (n == 0) return 0;
    // 定义：dp[i] 记录以 nums[i] 为结尾的"最大子数组和"
    int[] dp = new int[n];
    // base case
    // 第一个元素前面没有子数组
    dp[0] = nums[0];
    // 状态转移方程
    for (int i = 1; i < n; i++) {
        dp[i] = Math.max(nums[i], nums[i] + dp[i - 1]);
    }
    // 得到 nums 的最大子数组
    int res = Integer.MIN_VALUE;
    for (int i = 0; i < n; i++) {
        res = Math.max(res, dp[i]);
    }
    return res;
}
```

以上解法的时间复杂度是 $O(N)$，空间复杂度也是 $O(N)$，较暴力解法已经很优秀了，不过注意 **dp[i]** **仅仅和** **dp[i-1]** **的状态有关**，那么我们可以施展 4.1.4 动态规划的降维打击：空间压缩技巧 讲的技巧进行进一步优化，将空间复杂度降低：

```java
int maxSubArray(int[] nums) {
    int n = nums.length;
    if (n == 0) return 0;
    // base case
    int dp_0 = nums[0];
    int dp_1 = 0, res = dp_0;

    for (int i = 1; i < n; i++) {
        // dp[i] = max(nums[i], nums[i] + dp[i-1])
        dp_1 = Math.max(nums[i], nums[i] + dp_0);
        dp_0 = dp_1;
        // 顺便计算最大的结果
        res = Math.max(res, dp_1);
    }

    return res;
}
```

二、前缀和思路

在动态规划解法中，我们通过状态转移方程推导以 `nums[i]` 结尾的最大子数组和，其实用 2.1.3 小而美的算法技巧：前缀和数组 讲过的前缀和数组也可以达到相同的效果。

回顾一下，前缀和数组 `preSum` 就是 `nums` 元素的累加和，`preSum[i+1]` - `preSum[j]` 其实就是子数组 `nums[j..i]` 之和（根据 `preSum` 数组的实现，索引 0 是占位符，所以 `i` 有一位索引偏移）。

那么反过来想，以 `nums[i]` 为结尾的最大子数组之和是多少？其实就是 `preSum[i+1]-min(preSum[0..i])`。

所以，我们可以利用前缀和数组计算以每个元素结尾的子数组之和，进而得到和最大的子数组：

```java
// 前缀和技巧解题
int maxSubArray(int[] nums) {
    int n = nums.length;
    int[] preSum = new int[n + 1];
    preSum[0] = 0;
    // 构造 nums 的前缀和数组
    for (int i = 1; i <= n; i++) {
```

```
        preSum[i] = preSum[i - 1] + nums[i - 1];
    }

    int res = Integer.MIN_VALUE;
    int minVal = Integer.MAX_VALUE;
    for (int i = 0; i < n; i++) {
        // 维护 minVal 是 preSum[0..i] 的最小值
        minVal = Math.min(minVal, preSum[i]);
        // 以 nums[i] 结尾的最大子数组和就是 preSum[i+1] - min(preSum[0..i])
        res = Math.max(res, preSum[i + 1] - minVal);
    }
    return res;
}
```

至此，前缀和解法也完成了。

简单总结下动态规划解法，虽然说状态转移方程确实有那么点"玄学"，但大部分还是有规律可循的，跑不出那几个套路。像子数组、子序列这类问题，你就可以尝试定义 `dp[i]` 是以 `nums[i]` 为结尾的最大子数组和 / 最长递增子序列，因为这样定义更容易将 `dp[i+1]` 和 `dp[i]` 建立起联系，利用数学归纳法写出状态转移方程。

4.2.3 详解编辑距离问题

读完本节，你将不仅学到算法套路，还可以顺便解决如下题目：

> 72. 编辑距离（困难）

之前看了一份某互联网大厂的面试题，算法部分一大半是动态规划，最后一题就是写一个计算编辑距离的函数，本节专门来探讨这个问题。我个人很喜欢编辑距离这个问题，因为它看起来十分困难，解法却出奇地简单漂亮，而且它是少有的比较实用的算法。

力扣第 72 题"编辑距离"就是这个问题，先看下题目：

你可以对一个字符串进行三种操作：**插入**一个字符，**删除**一个字符，**替换**一个字符。现在给你两个字符串 **s1** 和 **s2**,请计算将 **s1** 转换成 **s2** 最少需要多少次操作,函数签名如下：

```
int minDistance(String s1, String s2)
```

为什么说这个问题难呢，因为对动态规划不熟悉的人会感到无从下手，望而生畏。但为什么说它实用呢，因为我就在日常工作中用到了这个算法。之前有一篇公众号文章由于疏忽，写错位了一段内容，我决定修改这部分内容让逻辑通顺。但是已发出的公众号文章最多只能修改 20 个字，且只支持增、删、替换操作（和编辑距离问题一模一样），于是我就用算法求出了一个最优方案，只用了 16 步就完成了修改。

再比如"高大上"一点儿的应用，DNA 序列是由 A,G,C,T 组成的序列，可以类比成字符串。编辑距离可以衡量两个 DNA 序列的相似度，编辑距离越小，说明这两段 DNA 越相似，说不定这两个 DNA 的主人是远古近亲之类的。

下面言归正传，详细讲解编辑距离该怎么算，相信本节会让你有所收获。

一、思路

编辑距离问题就是给我们两个字符串 s1 和 s2，只能用三种操作来把 s1 变成 s2，求最少的操作步骤数。需要明确的是，不管是把 s1 变成 s2，还是反过来，结果都是一样的，所以后文就以 s1 变成 s2 举例。

在 4.2.4 详解最长公共子序列问题将会讲到，**解决两个字符串的动态规划问题，一般都是用两个指针 i 和 j 分别指向两个字符串的最后，然后一步步往前移动，缩小问题的规模**。

> 注意：其实让 i 和 j 从前往后移动也可以，改一下 dp 函数 / 数组的定义即可，思路是完全一样的。

设两个字符串分别为 "rad" 和 "apple"，为了把 s1 变成 s2，算法会这样进行，扫二维码观看动画效果：

请记住这个过程，这样就能算出编辑距离。关键在于如何做出正确的操作，后面会讲。

根据上面的过程，可以发现操作不只有三个，其实还有第四个操作，就是什么都不要做（skip）。比如这个情况：

因为这两个字符本来就相同，为了使编辑距离最小，显然不应该对它们有任何操作，直接往前移动 `i` 和 `j` 即可。

还有一个很容易处理的情况，就是 `j` 走完 `s2` 时，如果 `i` 还没走完 `s1`，那么只能用删除操作把 `s1` 缩短为 `s2`。比如这种情况：

类似地，如果 `i` 走完 `s1` 时 `j` 还没走完了 `s2`，那就只能用插入操作把 `s2` 剩下的字符全部插入 `s1`。下面会看到，这两种情况就是算法的 base case。

二、代码详解

先梳理一下之前的思路：

base case 是 `i` 走完 `s1` 或 `j` 走完 `s2`，可以直接返回另一个字符串剩下的长度。

对于每对字符 `s1[i]` 和 `s2[j]`，可以有 4 种操作：

```
if s1[i] == s2[j]:
    什么都别做（skip）
    i 和 j 同时向前移动
else:
    三选一：
        插入（insert）
        删除（delete）
        替换（replace）
```

有这个框架，问题就已经解决了。读者也许会问，这个"三选一"到底该怎么选择呢？很简单，穷举嘛，全试一遍，哪个操作最后得到的编辑距离最小，就选哪个。不过这里需要递归技巧，理解需要一点儿技巧，先看看暴力解法代码：

```
int minDistance(String s1, String s2) {
    int m = s1.length(), n = s2.length();
    // i 和 j 初始化指向最后一个索引
    return dp(s1, m - 1, s2, n - 1);
}
```

```java
// 定义：返回 s1[0..i] 和 s2[0..j] 的最小编辑距离
int dp(String s1, int i, String s2, int j) {
    // base case
    if (i == -1) return j + 1;
    if (j == -1) return i + 1;

    if (s1.charAt(i) == s2.charAt(j)) {
        return dp(s1, i - 1, s2, j - 1); // 什么都不做
    }
    return min(
        dp(s1, i, s2, j - 1) + 1,    // 插入
        dp(s1, i - 1, s2, j) + 1,    // 删除
        dp(s1, i - 1, s2, j - 1) + 1 // 替换
    );
}

int min(int a, int b, int c) {
    return Math.min(a, Math.min(b, c));
}
```

下面来详细解释一下这段递归代码，base case 应该不用解释了，主要解释递归部分。

都说递归代码的可解释性很好，这是有道理的，只要理解函数的定义，就能很清楚地理解算法的逻辑，**dp** 函数的定义是这样的：

```java
// 定义：返回 s1[0..i] 和 s2[0..j] 的最小编辑距离
int dp(String s1, int i, String s2, int j) {
```

记住这个定义之后，先来看这段代码：

```python
if s1[i] == s2[j]:
    return dp(s1, i - 1, s2, j - 1); # 什么都不做
# 解释:
# 本来就相等，不需要任何操作
# s1[0..i] 和 s2[0..j] 的最小编辑距离等于
# s1[0..i-1] 和 s2[0..j-1] 的最小编辑距离
# 也就是说 dp(i, j) 等于 dp(i-1, j-1)
```

如果 **s1[i] != s2[j]**，就要对三个操作递归了，稍微需要一些思考：

```python
dp(s1, i, s2, j - 1) + 1,    # 插入
# 解释:
# 直接在 s1[i] 插入一个和 s2[j] 一样的字符
# 那 s2[j] 就被匹配了，前移 j，继续和 i 对比
# 别忘了操作数加 1
```

$$s1[i]!=s2[j]$$

insert "p"

s1 r a d l e

s2 a p p l e

```
dp(s1, i - 1, s2, j) + 1,    # 删除
# 解释:
# 直接把 s[i] 这个字符删掉
# 前移 i, 继续和 j 对比
# 操作数加 1
```

---

s2 走完了

delete

s1 r a p p l e

s2 a p p l e

```
dp(s1, i - 1, s2, j - 1) + 1 # 替换
# 解释:
# 直接把 s1[i] 替换成 s2[j], 这样它俩就匹配了
# 同时前移 i 和 j, 继续对比
# 操作数加 1
```

$$s1[i]!=s2[j]$$

replace "p"

s1 r a d p l e

s2 a p p l e

现在，你应该完全理解这段短小精悍的代码了。这里还有点小问题就是，这个解法是暴力解法，存在重叠子问题，需要用动态规划技巧来优化。

怎么能一眼看出存在重叠子问题呢? 前文提过，这里再简单提一下，需要抽象出本

节算法的递归框架：

```
int dp(i, j) {
    dp(i - 1, j - 1); // #1
    dp(i, j - 1);     // #2
    dp(i - 1, j);     // #3
}
```

对于子问题 **dp(i-1, j-1)**，如何通过原问题 **dp(i, j)** 得到呢？有不止一条路径，比如 **dp(i, j) -> #1** 和 **dp(i, j) -> #2 -> #3**。一旦发现一条重复路径，就说明存在巨量重复路径，也就是重叠子问题。

三、动态规划优化

对于重叠子问题呢，**1.3 动态规划解题套路框架** 详细介绍过，优化方法无非是备忘录或者 DP table。

备忘录很好加，原来的代码稍加修改即可：

```
// 备忘录
int[][] memo;

public int minDistance(String s1, String s2) {
    int m = s1.length(), n = s2.length();
    // 备忘录初始化为特殊值，代表还未计算
    memo = new int[m][n];
    for (int[] row : memo) {
        Arrays.fill(row, -1);
    }
    return dp(s1, m - 1, s2, n - 1);
}

int dp(String s1, int i, String s2, int j) {
    if (i == -1) return j + 1;
    if (j == -1) return i + 1;
    // 查备忘录，避免重叠子问题
    if (memo[i][j] != -1) {
        return memo[i][j];
    }
    // 状态转移，结果存入备忘录
    if (s1.charAt(i) == s2.charAt(j)) {
        memo[i][j] = dp(s1, i - 1, s2, j - 1);
    } else {
        memo[i][j] =  min(
```

```
            dp(s1, i, s2, j - 1) + 1,
            dp(s1, i - 1, s2, j) + 1,
            dp(s1, i - 1, s2, j - 1) + 1
        );
    }
    return memo[i][j];
}

int min(int a, int b, int c) {
    return Math.min(a, Math.min(b, c));
}
```

主要说下 DP table 的解法。

首先明确 dp 数组的含义，dp 数组是一个二维数组，类似这样：

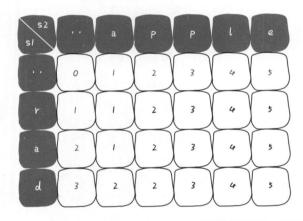

有了之前递归解法的铺垫，应该很容易理解。dp[..][0] 和 dp[0][..] 对应 base case，dp[i][j] 的含义和之前的 dp 函数类似：

```
int dp(String s1, int i, String s2, int j)
// 返回 s1[0..i] 和 s2[0..j] 的最小编辑距离

dp[i-1][j-1]
// 存储 s1[0..i] 和 s2[0..j] 的最小编辑距离
```

dp 函数的 base case 是 i 和 j 等于 -1，而数组索引至少是 0，所以 dp 数组会偏移一位。

既然 dp 数组和递归 dp 函数含义一样，也就可以直接套用之前的思路写代码，**唯一不同的是，DP table 是自底向上求解，递归解法是自顶向下求解**：

```
int minDistance(String s1, String s2) {
    int m = s1.length(), n = s2.length();
```

```java
// 定义: s1[0..i] 和 s2[0..j] 的最小编辑距离是 dp[i+1][j+1]
int[][] dp = new int[m + 1][n + 1];
// base case
for (int i = 1; i <= m; i++)
    dp[i][0] = i;
for (int j = 1; j <= n; j++)
    dp[0][j] = j;
// 自底向上求解
for (int i = 1; i <= m; i++) {
    for (int j = 1; j <= n; j++) {
        if (s1.charAt(i-1) == s2.charAt(j-1)) {
            dp[i][j] = dp[i - 1][j - 1];
        } else {
            dp[i][j] = min(
                dp[i - 1][j] + 1,
                dp[i][j - 1] + 1,
                dp[i - 1][j - 1] + 1
            );
        }
    }
}
// 储存着整个 s1 和 s2 的最小编辑距离
return dp[m][n];
}

int min(int a, int b, int c) {
    return Math.min(a, Math.min(b, c));
}
```

四、扩展延伸

一般来说，处理两个字符串的动态规划问题，都是按本节的思路处理，建立 DP table。为什么呢，因为易于找出状态转移的关系，比如编辑距离的 DP table：

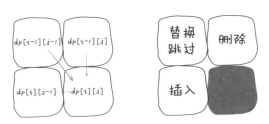

还有一个细节，既然每个 `dp[i][j]` 只和它附近的三个状态有关，空间复杂度是可以压缩成 $O(\min(M,N))$ 的（M，N 是两个字符串的长度）。不难，但是可解释性大大降低，

读者可以自己根据 4.1.4 动态规划的降维打击：空间压缩技巧 尝试优化。

你可能还会问，**这里只求出了最小的编辑距离，那具体的操作是什么？** 根据之前举的例子可知，只有一个最小编辑距离肯定不够，还知道具体怎么修改才行。这个其实很简单，代码稍加修改，给 `dp` 数组增加额外的信息即可：

```
// int[][] dp;
Node[][] dp;

class Node {
    int val;
    int choice;
    // 0 代表什么都不做
    // 1 代表插入
    // 2 代表删除
    // 3 代表替换
}
```

`val` 属性就是之前的 `dp` 数组的数值，`choice` 属性代表操作。在做最优选择时，顺便把操作记录下来，然后就从结果反推具体操作。

我们的最终结果不是 `dp[m][n]` 吗，这里的 `val` 存着最小编辑距离，`choice` 存着最后一个操作，比如插入操作，那么就可以左移一格：

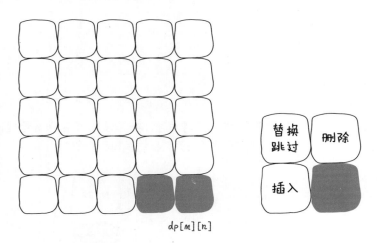

dp[m][n]

重复此过程，可以一步步回到起点 `dp[0][0]`，形成一条路径，按这条路径上的操作进行编辑，就是最佳方案：

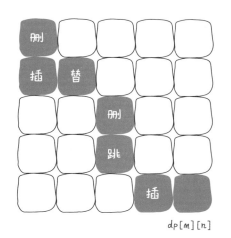

$dp[m][n]$

4.2.4　详解最长公共子序列问题

读完本节，你将不仅学到算法套路，还可以顺便解决如下题目：

1143. 最长公共子序列（中等）	583. 两个字符串的删除操作（中等）
712. 两个字符串的最小 ASCII 删除和（中等）	

不知道大家做算法题有什么感觉，我总结出来做算法题的技巧就是，把大的问题细化到一个点，先研究在这个小的点上如何解决问题，然后再通过递归、迭代的方式扩展到整个问题。

比如解决二叉树的题目时，我们就会把整个问题细化到某一个节点上，想象自己站在某个节点上，需要做什么，然后套二叉树递归框架就行了。你只要把一个节点的工作安排好，递归函数会帮你让所有节点都有序工作。

动态规划系列问题也是一样，尤其是子序列相关的问题。本节从最长公共子序列问题展开，总结三道子序列问题，解题过程中仔细讲讲这种子序列问题的套路，你就能感受到这种思维方式了。

一、最长公共子序列

计算最长公共子序列（Longest Common Subsequence，简称 LCS）是一道经典的动态规划题目，力扣第 1143 题"最长公共子序列"就是这个问题：

给你输入两个字符串 s1 和 s2，请找出它们的最长公共子序列，返回这个子序列的长度，函数签名如下：

```
int longestCommonSubsequence(String s1, String s2);
```

比如输入 `s1 = "zabcde"`，`s2 = "acez"`，它俩的最长公共子序列是 `lcs = "ace"`，长度为 3，所以算法返回 3。

如果没有做过这道题，一个最简单的暴力算法就是，把 `s1` 和 `s2` 的所有子序列都穷举出来，看看有没有公共的，然后在所有公共子序列里再寻找一个最长的。

显然，这种思路的复杂度非常高，你要穷举出所有子序列，这个复杂度就是指数级的，肯定不实际。

正确的思路是不要考虑整个字符串，而是细化到 `s1` 和 `s2` 的每个字符。我们将在 4.2.6 子序列问题解题模板中总结出一个规律：

对于两个字符串求子序列的问题，都是用两个指针 i 和 j 分别在两个字符串上移动，大概率是动态规划思路。

最长公共子序列的问题也可以遵循这个规律，我们可以先写一个 `dp` 函数：

```
// 定义：计算 s1[i..] 和 s2[j..] 的最长公共子序列长度
int dp(String s1, int i, String s2, int j)
```

这个 `dp` 函数的定义是：`dp(s1, i, s2, j)` 计算 `s1[i..]` 和 `s2[j..]` 的最长公共子序列长度。

根据这个定义，那么我们想要的答案就是 `dp(s1, 0, s2, 0)`，且 base case 就是 `i == len(s1)` 或 `j == len(s2)` 时，因为这时候 `s1[i..]` 或 `s2[j..]` 就相当于空串了，最长公共子序列的长度显然是 0：

```
int longestCommonSubsequence(String s1, String s2) {
    return dp(s1, 0, s2, 0);
}

/* 主函数 */
int dp(String s1, int i, String s2, int j) {
    // base case
    if (i == s1.length() || j == s2.length()) {
        return 0;
    }
    // ...
```

接下来，我们不要看 `s1` 和 `s2` 两个字符串，而是要具体到每一个字符，思考每个字符该做什么。

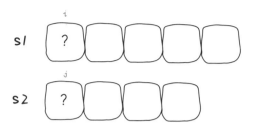

我们只看 **s1[i]** 和 **s2[j]**，如果 **s1[i] == s2[j]**，说明这个字符一定在 lcs 中：

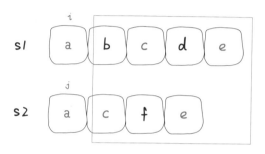

这样，就找到了一个 `lcs` 中的字符，根据 `dp` 函数的定义，可以完善一下代码：

```
// 定义：计算 s1[i..] 和 s2[j..] 的最长公共子序列长度
int dp(String s1, int i, String s2, int j) {
    if (s1.charAt(i) == s2.charAt(j)) {
        // s1[i] 和 s2[j] 必然在 lcs 中，
        // 加上 s1[i+1..] 和 s2[j+1..] 中的 lcs 长度，就是答案
        return 1 + dp(s1, i + 1, s2, j + 1)
    } else {
        // ...
    }
}
```

刚才说的是 **s1[i] == s2[j]** 的情况，但如果 **s1[i] != s2[j]**，应该怎么办呢？

s1[i] != s2[j] 意味着，**s1[i]** 和 **s2[j]** 中至少有一个字符不在 lcs 中：

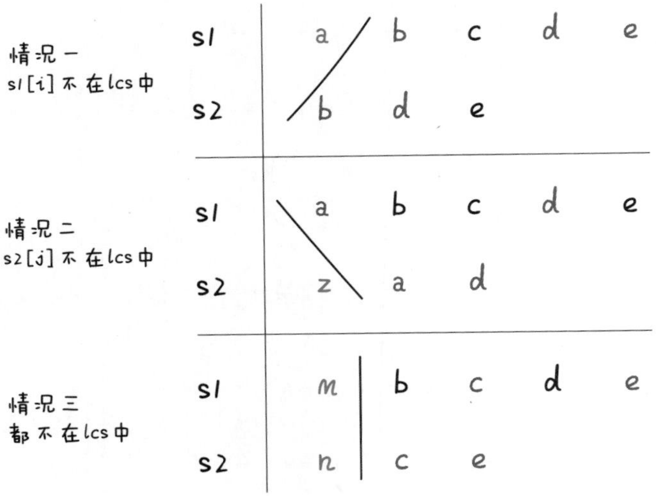

如上图，总共可能有三种情况，怎么知道具体是哪种情况呢？

其实我们也不知道，那就把这三种情况的答案都算出来，取其中结果最大的那个，因为题目让我们算"最长"公共子序列的长度嘛。

这三种情况的答案怎么算？回想一下 **dp** 函数定义，不就是专门为了计算它们而设计的嘛！

代码可以再进一步：

```
// 定义：计算 s1[i..] 和 s2[j..] 的最长公共子序列长度
int dp(String s1, int i, String s2, int j) {
    if (s1.charAt(i) == s2.charAt(j)) {
        return 1 + dp(s1, i + 1, s2, j + 1)
    } else {
        // s1[i] 和 s2[j] 中至少有一个字符不在 lcs 中，
        // 穷举三种情况的结果，取其中的最大结果
        return max(
            // 情况一，s1[i] 不在 lcs 中
            dp(s1, i + 1, s2, j),
            // 情况二，s2[j] 不在 lcs 中
            dp(s1, i, s2, j + 1),
            // 情况三，都不在 lcs 中
            dp(s1, i + 1, s2, j + 1)
        );
    }
}
```

这里就已经非常接近我们的最终答案了，**还有一个小的优化，情况三"s1[i] 和**

s2[j] 都不在 lcs 中" 其实可以直接忽略。

因为我们在求最大值嘛，情况三在计算 **s1[i+1..]** 和 **s2[j+1..]** 的 **lcs** 长度，这个长度肯定是小于或等于情况二 **s1[i..]** 和 **s2[j+1..]** 中的 **lcs** 长度的，因为 **s1[i+1..]** 比 **s1[i..]** 短，那从这里面算出的 **lcs** 当然也不可能更长。

同理，情况三的结果肯定也小于或等于情况一。**说白了，情况三被情况一和情况二包含了**，所以可以直接忽略掉情况三，完整代码如下：

```java
// 备忘录，消除重叠子问题
int[][] memo;

/* 主函数 */
int longestCommonSubsequence(String s1, String s2) {
    int m = s1.length(), n = s2.length();
    // 备忘录值为 -1 代表未曾计算
    memo = new int[m][n];
    for (int[] row : memo)
        Arrays.fill(row, -1);
    // 计算 s1[0..] 和 s2[0..] 的 lcs 长度
    return dp(s1, 0, s2, 0);
}

// 定义：计算 s1[i..] 和 s2[j..] 的最长公共子序列长度
int dp(String s1, int i, String s2, int j) {
    // base case
    if (i == s1.length() || j == s2.length()) {
        return 0;
    }
    // 如果之前计算过，则直接返回备忘录中的答案
    if (memo[i][j] != -1) {
        return memo[i][j];
    }
    // 根据 s1[i] 和 s2[j] 的情况做选择
    if (s1.charAt(i) == s2.charAt(j)) {
        // s1[i] 和 s2[j] 必然在 lcs 中
        memo[i][j] = 1 + dp(s1, i + 1, s2, j + 1);
    } else {
        // s1[i] 和 s2[j] 至少有一个不在 lcs 中
        memo[i][j] = Math.max(
            dp(s1, i + 1, s2, j),
            dp(s1, i, s2, j + 1)
        );
    }
    return memo[i][j];
}
```

以上思路完全就是按照我们之前的动态规划套路框架来的，应该是很容易理解的。至于为什么要加 `memo` 备忘录，这里还是再简单分析一下吧，首先抽象出核心 `dp` 函数的递归框架：

```
int dp(int i, int j) {
    dp(i + 1, j + 1); // #1
    dp(i, j + 1);     // #2
    dp(i + 1, j);     // #3
}
```

你看，假设我想从 `dp(i, j)` 转移到 `dp(i+1, j+1)`，有不止一种方式，可以直接走 `#1`，也可以走 `#2 -> #3`，还可以走 `#3 -> #2`。

这就是重叠子问题，如果不用 `memo` 备忘录消除子问题，那么 `dp(i+1, j+1)` 就会被多次计算，这是没有必要的。

至此，最长公共子序列问题就完全解决了，用的是自顶向下带备忘录的动态规划思路，当然也可以使用自底向上的迭代的动态规划思路，和我们的递归思路一样，关键是如何定义 `dp` 数组，这里也写一下自底向上的解法：

```
int longestCommonSubsequence(String s1, String s2) {
    int m = s1.length(), n = s2.length();
    int[][] dp = new int[m + 1][n + 1];
    // 定义: s1[0..i-1] 和 s2[0..j-1] 的 lcs 长度为 dp[i][j]
    // 目标: s1[0..m-1] 和 s2[0..n-1] 的 lcs 长度，即 dp[m][n]
    // base case: dp[0][..] = dp[..][0] = 0

    for (int i = 1; i <= m; i++) {
        for (int j = 1; j <= n; j++) {
            // 现在 i 和 j 从 1 开始，所以要减 1
            if (s1.charAt(i - 1) == s2.charAt(j - 1)) {
                // s1[i-1] 和 s2[j-1] 必然在 lcs 中
                dp[i][j] = 1 + dp[i - 1][j - 1];
            } else {
                // s1[i-1] 和 s2[j-1] 至少有一个不在 lcs 中
                dp[i][j] = Math.max(dp[i][j - 1], dp[i - 1][j]);
            }
        }
    }

    return dp[m][n];
}
```

自底向上的解法中 `dp` 数组定义的方式和我们的递归解法有一点差异，而且由于数组索引从 0 开始, 有索引偏移, 不过思路和我们的递归解法完全相同, 如果你看懂了递归解法, 这个解法应该不难理解。

另外, 自底向上的解法可以通过 4.1.4 节讲过的空间压缩技巧进行优化, 把空间复杂度压缩为 $O(N)$, 这里由于篇幅所限, 就不展开了。

下面, 来看两道和最长公共子序列相似的题目。

二、字符串的删除操作

这是力扣第 583 题 "两个字符串的删除操作", 看下题目:

给定两个单词 s1 和 s2 , 返回使得 s1 和 s2 相同所需的最小步数。每步可以删除任意一个字符串中的一个字符。

函数签名如下:

```
int minDistance(String s1, String s2);
```

比如输入 s1 = "sea" s2 = "eat", 算法返回 2, 第一步将 "sea" 变为 "ea" , 第二步将 "eat" 变为 "ea"。

题目让我们计算将两个字符串变得相同的最少删除次数, 那我们可以思考一下, 最后这两个字符串会被删成什么样子? 删除的结果不就是它俩的最长公共子序列嘛!

那么, 要计算删除的次数, 就可以通过最长公共子序列的长度推导出来:

```
int minDistance(String s1, String s2) {
    int m = s1.length(), n = s2.length();
    // 复用前文计算 lcs 长度的函数
    int lcs = longestCommonSubsequence(s1, s2);
    return m - lcs + n - lcs;
}
```

这道题就解决了!

三、最小 ASCII 删除和

这是力扣第 712 题 "两个字符串的最小 ASCII 删除和", 题目和上一道类似, 只不过上道题要求删除次数最小化, 这道题要求删掉的字符 ASCII 码之和最小化。

函数签名如下:

```
int minimumDeleteSum(String s1, String s2)
```

比如输入 s1 = "sea", s2 = "eat"，算法返回 231。

因为在 "sea" 中删除 "s"，在 "eat" 中删除 "t"，可使得两个字符串相等，且删掉字符的 ASCII 码之和最小，即 s(115) + t(116) = 231。

这道题不能直接复用计算最长公共子序列的函数，但是可以依照之前的思路，稍微修改 base case 和状态转移部分即可直接写出解法代码：

```java
// 备忘录
int memo[][];
/* 主函数 */
int minimumDeleteSum(String s1, String s2) {
    int m = s1.length(), n = s2.length();
    // 备忘录值为 -1 代表未曾计算
    memo = new int[m][n];
    for (int[] row : memo)
        Arrays.fill(row, -1);

    return dp(s1, 0, s2, 0);
}

// 定义: 将 s1[i..] 和 s2[j..] 删除成相同字符串,
// 最小的 ASCII 码之和为 dp(s1, i, s2, j)。
int dp(String s1, int i, String s2, int j) {
    int res = 0;
    // base case
    if (i == s1.length()) {
        // 如果 s1 到头了，那么 s2 剩下的都要删除
        for (; j < s2.length(); j++)
            res += s2.charAt(j);
        return res;
    }
    if (j == s2.length()) {
        // 如果 s2 到头了，那么 s1 剩下的都要删除
        for (; i < s1.length(); i++)
            res += s1.charAt(i);
        return res;
    }

    if (memo[i][j] != -1) {
        return memo[i][j];
    }

    if (s1.charAt(i) == s2.charAt(j)) {
        // s1[i] 和 s2[j] 都是在 lcs 中的, 不用删除
        memo[i][j] = dp(s1, i + 1, s2, j + 1);
```

```
    } else {
        // s1[i] 和 s2[j] 至少有一个不在 lcs 中，删一个
        memo[i][j] = Math.min(
            s1.charAt(i) + dp(s1, i + 1, s2, j),
            s2.charAt(j) + dp(s1, i, s2, j + 1)
        );
    }
    return memo[i][j];
}
```

base case 有一定区别，计算 `lcs` 长度时，如果一个字符串为空，那么 `lcs` 长度必然是 0；但是这道题如果一个字符串为空，另一个字符串必然要被全部删除，所以需要计算另一个字符串所有字符的 ASCII 码之和。

关于状态转移，当 **s1[i]** 和 **s2[j]** 相同时不需要删除，不同时需要删除，所以可以利用 **dp** 函数计算两种情况，得出最优的结果。其他的大同小异，就不具体展开了。

至此，三道子序列问题就解决完了，关键在于将问题细化到字符，根据每两个字符是否相同来判断它们是否在结果子序列中，从而避免了对所有子序列进行穷举。

这也算是在两个字符串中求子序列的常用思路，建议大家好好体会，多多练习。

4.2.5 详解正则匹配问题

读完本节，你将不仅学到算法套路，还可以顺便解决如下题目：

10. 正则表达式匹配（困难）

正则表达式是一个非常强力的工具，本节就来具体看一看正则表达式的底层原理是什么。力扣第 10 题"正则表达式匹配"就要求我们实现一个简单的正则匹配算法，包括"."通配符和"*"通配符，其中点号"."可以匹配任意一个字符，星号"*"可以让之前的那个字符重复任意次数（包括 0 次）。

比如模式串 **".a*b"** 就可以匹配文本 **"zaaab"**，也可以匹配 **"cb"**；模式串 **"a..b"** 可以匹配文本 **"amnb"**；而模式串 **".*"** 就比较牛了，它可以匹配任何文本。

题目会给我们输入两个字符串 **s** 和 **p**，**s** 代表文本，**p** 代表模式串，请你判断模式串 **p** 是否可以匹配文本 **s**。我们可以假设模式串只包含小写字母和上述两种通配符且一定合法，不会出现 *a 或者 b** 这种不合法的模式串。

函数签名如下：

```
bool isMatch(string s, string p);
```

注意：本节涉及较多的字符串处理操作，所以用 C++ 编写代码讲解思路。

对于我们将要实现的这个正则表达式，难点在哪里呢？

点号通配符其实很好实现，s 中的任何字符，只要遇到 . 通配符，直接匹配就完事了。主要是这个星号通配符不好实现，一旦遇到 * 通配符，前面的那个字符可以选择重复一次，可以重复多次，也可以一次都不出现，这该怎么办？

对于这个问题，答案很简单，对于所有可能出现的情况，全部穷举一遍，只要有一种情况可以完成匹配，就认为 p 可以匹配 s。那么一旦涉及两个字符串的穷举，我们就应该条件反射地想到动态规划的技巧了。

一、思路分析

我们先想一下，s 和 p 相互匹配的过程大致是，两个指针 i, j 分别在 s 和 p 上移动，如果最后两个指针都能移动到字符串的末尾，那么就匹配成功，反之则匹配失败。

如果不考虑 * 通配符，面对两个待匹配字符 s[i] 和 p[j]，我们唯一能做的就是看它们是否匹配：

```
bool isMatch(string s, string p) {
    int i = 0, j = 0;
    while (i < s.size() && j < p.size()) {
        // "." 通配符就是万金油
        if (s[i] == p[j] || p[j] == '.') {
            // 匹配，接着匹配 s[i+1..] 和 p[j+1..]
            i++; j++;
        } else {
            // 不匹配
            return false;
        }
    }
    return i == j;
}
```

那么考虑一下，如果加入 * 通配符，局面就会稍微复杂一些，不过只要分情况来分析，也不难理解。

当 p[j + 1] 为 * 通配符时，我们分情况讨论下：

1. 如果 s[i] == p[j]，那么有两种情况：

1-1 **p[j]** 有可能会匹配多个字符，比如 **s="aaa"**, **p="a*"**，那么 **p[0]** 会通过 ***** 匹配 3 个字符 **"a"**。

1-2 **p[i]** 也有可能匹配 0 个字符，比如 **s="aa"**, **p="a*aa"**，由于后面的字符可以匹配 **s**，所以 **p[0]** 只能匹配 0 次。

2. 如果 **s[i]** != **p[j]**，只有一种情况：

   p[j] 只能匹配 0 次，然后看下一个字符是否能和 **s[i]** 匹配。比如 **s = "aa"**, **p = "b*aa"**，此时 **p[0]** 只能匹配 0 次。

综上，可以把之前的代码针对 ***** 通配符进行改造：

```
if (s[i] == p[j] || p[j] == '.') {
    // 匹配
    if (j < p.size() - 1 && p[j + 1] == '*') {
        // 有 * 通配符，可以匹配 0 次或多次
    } else {
        // 无 * 通配符，老老实实匹配 1 次
        i++; j++;
    }
} else {
    // 不匹配
    if (j < p.size() - 1 && p[j + 1] == '*') {
        // 有 * 通配符，只能匹配 0 次
    } else {
        // 无 * 通配符，匹配无法进行下去了
        return false;
    }
}
```

整体的思路已经很清晰了，但现在的问题是，遇到 ***** 通配符时，到底应该匹配 0 次还是匹配多次？多次是几次？

你看，这就是一个做"选择"的问题，要把所有可能的选择都穷举一遍才能得出结果。动态规划算法的核心就是"状态"和"选择"，**"状态"无非就是 i 和 j 两个指针的位置，"选择"就是 p[j] 选择匹配几个字符。**

二、动态规划解法

根据"状态"，我们可以定义一个 **dp** 函数：

```
bool dp(string& s, int i, string& p, int j);
```

dp 函数的定义如下：

若 `dp(s, i, p, j)` = true,则表示 `s[i..]` 可以匹配 `p[j..]`; 若 `dp(s, i, p, j)` = false, 则表示 `s[i..]` 无法匹配 `p[j..]`。

根据这个定义，我们想要的答案就是 `i = 0, j = 0` 时 `dp` 函数的结果，所以可以这样使用这个 `dp` 函数：

```cpp
bool isMatch(string s, string p) {
    // 指针 i, j 从索引 0 开始移动
    return dp(s, 0, p, 0);
}
```

可以根据之前的代码写出 `dp` 函数的主要逻辑：

```cpp
bool dp(string& s, int i, string& p, int j) {
    if (s[i] == p[j] || p[j] == '.') {
        // 匹配
        if (j < p.size() - 1 && p[j + 1] == '*') {
            // 1.1 通配符匹配 0 次或多次
            return dp(s, i, p, j + 2)
                || dp(s, i + 1, p, j);
        } else {
            // 1.2 常规匹配 1 次
            return dp(s, i + 1, p, j + 1);
        }
    } else {
        // 不匹配
        if (j < p.size() - 1 && p[j + 1] == '*') {
            // 2.1 通配符匹配 0 次
            return dp(s, i, p, j + 2);
        } else {
            // 2.2 无法继续匹配
            return false;
        }
    }
}
```

根据 `dp` 函数的定义，代码注释中的几种情况都很好解释：

1.1 通配符匹配 0 次或多次

将 `j` 加 2，`i` 不变，含义就是直接跳过 `p[j]` 和之后的通配符，即通配符匹配 0 次。

即便 `s[i] == p[j]`，依然可能出现这种情况，如下图：

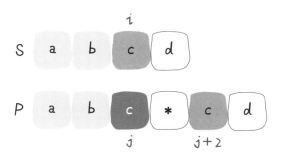

将 i 加 1，j 不变，含义就是 p[j] 匹配了 s[i]，但 p[j] 还可以继续匹配，即通配符匹配多次的情况：

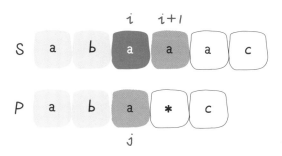

两种情况只要有一种可以完成匹配即可，所以对上面两种情况求或运算。

1.2 常规匹配 1 次
由于这个条件分支是无 * 的常规匹配，那么如果 s[i] == p[j]，就是 i 和 j 分别加 1：

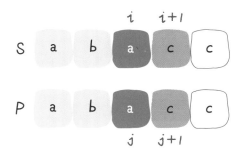

2.1 通配符匹配 0 次
类似情况 1.1，将 j 加 2，i 不变：

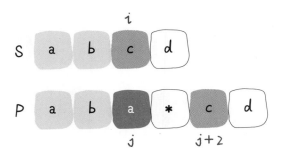

2.2 如果没有 * 通配符，也无法匹配，那只能说明匹配失败了：

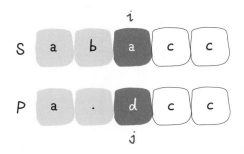

看图理解应该很容易了，现在可以思考 dp 函数的 base case：

一个 base case 是 `j == p.size()` 时，按照 dp 函数的定义，这意味着模式串 p 已经被匹配完了，那么应该看看文本串 s 匹配到哪里了，如果 s 也恰好被匹配完，则说明匹配成功：

```
if (j == p.size()) {
    return i == s.size();
}
```

另一个 base case 是 `i == s.size()` 时，按照 dp 函数的定义，这种情况意味着文本串 s 已经全部被匹配了，那么是不是只要简单地检查一下 p 是否也匹配完就行了呢？

```
if (i == s.size()) {
    // 这样行吗？
    return j == p.size();
}
```

这是不正确的，此时并不能根据 j 是否等于 p.size() 来判断是否完成匹配，只要 p[j..] 能够匹配空串，就可以算完成匹配。比如 s = "a", p = "ab*c*"，当 i 走到 s

末尾的时候，**j** 并没有走到 **p** 的末尾，但是 **p** 依然可以匹配 **s**。

所以我们可以写出如下代码：

```
int m = s.size(), n = p.size();

if (i == s.size()) {
    // 如果能匹配空串，一定是字符和 * 成对出现
    if ((n - j) % 2 == 1) {
        return false;
    }
    // 检查是否为 x*y*z* 这种形式
    for (; j + 1 < p.size(); j += 2) {
        if (p[j + 1] != '*') {
            return false;
        }
    }
    return true;
}
```

根据以上思路，就可以写出完整的代码：

```
// 备忘录
vector<vector<int>> memo;

bool isMatch(string s, string p) {
    int m = s.size(), n = p.size();
    memo = vector<vector<int>>(m, vector<int>(n, -1));
    // 指针 i, j 从索引 0 开始移动
    return dp(s, 0, p, 0);
}

/* 计算 p[j..] 是否匹配 s[i..] */
bool dp(string& s, int i, string& p, int j) {
    int m = s.size(), n = p.size();
    // base case
    if (j == n) {
        return i == m;
    }
    if (i == m) {
        if ((n - j) % 2 == 1) {
            return false;
        }
        for (; j + 1 < n; j += 2) {
            if (p[j + 1] != '*') {
                return false;
```

```
            }
        }
        return true;
    }

    // 查备忘录，防止重复计算
    if (memo[i][j] != -1) {
        return memo[i][j];
    }

    bool res = false;

    if (s[i] == p[j] || p[j] == '.') {
        if (j < n - 1 && p[j + 1] == '*') {
            res = dp(s, i, p, j + 2)
                    || dp(s, i + 1, p, j);
        } else {
            res = dp(s, i + 1, p, j + 1);
        }
    } else {
        if (j < n - 1 && p[j + 1] == '*') {
            res = dp(s, i, p, j + 2);
        } else {
            res = false;
        }
    }
    // 将当前结果记入备忘录
    memo[i][j] = res;
    return res;
}
```

代码中用了一个哈希表 memo 消除重叠子问题，因为正则表达算法的递归框架如下：

```
bool dp(string& s, int i, string& p, int j) {
    dp(s, i, p, j + 2);      // 1
    dp(s, i + 1, p, j);      // 2
    dp(s, i + 1, p, j + 1);  // 3
    dp(s, i, p, j + 2);      // 4
}
```

那么，如果让你从 dp(s, i, p, j) 得到 dp(s, i+2, p, j+2)，至少有两条路径：1 -> 2 -> 2 和 3 -> 3，那么就说明 (i+2, j+2) 这个状态存在重复，这就说明存在重叠子问题。

动态规划的时间复杂度为"状态的总数"×"每次递归花费的时间"，本题中状态的总数当然就是 i 和 j 的组合，也就是 $M \times N$（M 为 s 的长度，N 为 p 的长度）；递归函数 dp 中没有循环（base case 中的不考虑，因为 base case 的触发次数有限），所以一次递归花费的时间为常数。二者相乘，总的时间复杂度为 $O(M \times N)$。

空间复杂度很简单，就是备忘录 memo 的大小，即 $O(M \times N)$。

4.2.6 子序列问题解题模板

读完本节，你将不仅学到算法套路，还可以顺便解决如下题目：

516. 最长回文子序列（中等）	1312. 让字符串成为回文串的最少插入次数（困难）

子序列问题是常见的算法问题，而且并不好解决。

首先，子序列问题本身就相对子串、子数组更困难一些，因为前者是不连续的序列，而后两者是连续的，就算穷举你都不一定会，更别说求解相关的算法问题了。

而且，子序列问题很可能涉及两个字符串，比如 4.2.4 详解最长公共子序列问题，如果没有一定的处理经验，真的不容易想出来。所以本节就来扒一扒子序列问题的套路，其实就有两种模板，相关问题只要往这两种思路上想，十拿九稳。

一般来说，这类问题都是让你求一个**最长子序列**，因为最短子序列就是一个字符嘛，没什么可问的。一旦涉及子序列和最值，那几乎可以肯定，**考查的是动态规划技巧，时间复杂度一般都是** $O(N^2)$。

原因很简单，你想想一个字符串，它的子序列有多少种可能？起码是指数级的吧，这种情况下，不用动态规划技巧，还想怎么着？

既然要用动态规划，那就要定义 dp 数组，找状态转移关系。我们说的两种思路模板，就是 dp 数组的定义思路。不同的问题可能需要不同的 dp 数组定义来解决。

一、两种思路

1. 第一种思路模板是一个一维的 dp 数组：

```java
int n = array.length;
int[] dp = new int[n];

for (int i = 1; i < n; i++) {
    for (int j = 0; j < i; j++) {
        dp[i] = 最值(dp[i], dp[j] + ...)
    }
}
```

比如 4.2.1 动态规划设计：最长递增子序列和 4.2.2 经典动态规划：最大子数组和都是这个思路。

在这个思路中 dp 数组的定义是：

在子数组 arr[0..i] 中，以 arr[i] 结尾的子序列的长度是 dp[i]。

为什么最长递增子序列需要这种思路呢？前文说得很清楚了，因为这样符合归纳法，可以找到状态转移的关系，这里就不具体展开了。

2. **第二种思路模板是一个二维的 dp 数组：**

```
int n = arr.length;
int[][] dp = new dp[n][n];

for (int i = 0; i < n; i++) {
    for (int j = 0; j < n; j++) {
        if (arr[i] == arr[j])
            dp[i][j] = dp[i][j] + ...
        else
            dp[i][j] = 最值 (...)
    }
}
```

这种思路运用相对更多一些，尤其是涉及两个字符串 / 数组的子序列时，比如前文讲的 4.2.4 详解最长公共子序列问题和 4.2.3 详解编辑距离问题；这种思路也可以用于只涉及一个字符串 / 数组的情景，比如本节讲的回文子序列问题。

2-1 涉及两个字符串 / 数组的场景，dp 数组的定义如下：

在子数组 arr1[0..i] 和子数组 arr2[0..j] 中，我们要求的子序列长度为 dp[i][j]。

2-2 只涉及一个字符串 / 数组的场景，dp 数组的定义如下：

在子数组 array[i..j] 中，我们要求的子序列的长度为 dp[i][j]。

下面就看看最长回文子序列问题，详解第二种情况下如何使用动态规划。

二、最长回文子序列

之前解决了 2.1.2 数组双指针的解题套路的问题，这次提升难度，看看力扣第 516 题"最长回文子序列"，求最长回文子序列的长度：

输入一个字符串 s，请你找出 s 中的最长回文子序列长度，函数签名如下：

```
int longestPalindromeSubseq(String s);
```

比如输入 `s = "aecda"`，算法返回 3，因为最长回文子序列是 `"aca"`，长度为 3。

我们对 `dp` 数组的定义是：**在子串 `s[i..j]` 中，最长回文子序列的长度为 `dp[i][j]`**。一定要记住这个定义才能理解算法。

为什么这个问题要这样定义二维的 `dp` 数组呢？我在 4.2.1 动态规划设计：最长递增子序列提到，找状态转移需要归纳思维，说白了就是如何从已知的结果推出未知的部分，而这样定义能够进行归纳，容易发现状态转移关系。

具体来说，如果想求 `dp[i][j]`，假设你知道了子问题 `dp[i+1][j-1]` 的结果（`s[i+1..j-1]` 中最长回文子序列的长度），是否能想办法算出 `dp[i][j]` 的值（`s[i..j]` 中，最长回文子序列的长度）呢？

$$dp[i+1][j-1]=3$$

可以！这取决于 `s[i]` 和 `s[j]` 的字符：

如果它俩相等，那么它俩加上 `s[i+1..j-1]` 中的最长回文子序列就是 `s[i..j]` 的最长回文子序列：

$$dp[i][j]=3+2=5$$

如果它俩不相等，说明它俩**不可能同时**出现在 `s[i..j]` 的最长回文子序列中，那么把它俩分别加入 `s[i+1..j-1]` 中，看看哪个子串产生的回文子序列更长即可：

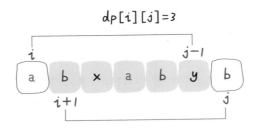

以上两种情况写成代码就是这样的：

```
if (s[i] == s[j])
    // 它俩一定在最长回文子序列中
    dp[i][j] = dp[i + 1][j - 1] + 2;
else
    // s[i+1..j] 和 s[i..j-1] 谁的回文子序列更长？
    dp[i][j] = max(dp[i + 1][j], dp[i][j - 1]);
```

至此，状态转移方程就写出来了，根据 dp 数组的定义，我们要求的就是 dp[0][n-1]，也就是整个 s 的最长回文子序列的长度。

三、代码实现

首先来明确 base case，如果只有一个字符，显然最长回文子序列长度是 1，也就是 dp[i][j] = 1 (i == j)。

因为 i 肯定小于或等于 j，所以对于那些 i>j 的位置，根本不存在什么子序列，应该初始化为 0。

其次，看看刚才写的状态转移方程，想求 dp[i][j] 需要知道 dp[i+1][j-1]，dp[i+1][j]，dp[i][j-1] 这三个位置；再看看已经确定的 base case，填入 dp 数组之后是这样的：

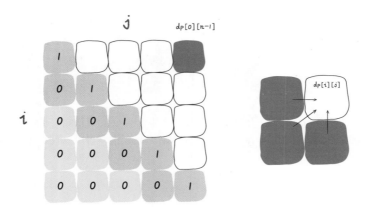

为了保证每次计算 `dp[i][j]`，左、下、右方向的位置已经被计算出来，只能斜着遍历或者反着遍历：

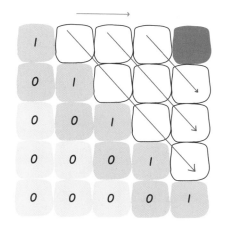 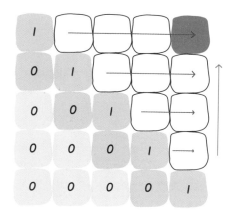

我选择反着遍历，代码如下：

```java
int longestPalindromeSubseq(String s) {
    int n = s.length();
    // dp 数组全部初始化为 0
    int[][] dp = new int[n][n];
    // base case
    for (int i = 0; i < n; i++) {
        dp[i][i] = 1;
    }
    // 反着遍历保证正确的状态转移
    for (int i = n - 1; i >= 0; i--) {
        for (int j = i + 1; j < n; j++) {
            // 状态转移方程
            if (s.charAt(i) == s.charAt(j)) {
                dp[i][j] = dp[i + 1][j - 1] + 2;
            } else {
                dp[i][j] = Math.max(dp[i + 1][j], dp[i][j - 1]);
            }
        }
    }
    // 整个 s 的最长回文子串长度
    return dp[0][n - 1];
}
```

至此，最长回文子序列的问题就解决了。

四、拓展延伸

虽然回文相关的问题没有什么特别广泛的使用场景，但是你会算最长回文子序列之后，一些类似的题目也可以顺手做掉。

比如力扣第 1312 题"让字符串成为回文串的最少插入次数"：

输入一个字符串 s，你可以在字符串的任意位置插入任意字符。如果要把 s 变成回文串，请你计算最少要进行多少次插入？

函数签名如下：

```
int minInsertions(String s);
```

比如输入 s="abcea"，算法返回 2，因为可以给 s 插入 2 个字符变成回文串 "abeceba" 或者 "aebcbea"。如果输入 s = "aba"，则算法返回 0，因为 s 已经是回文串，不用插入任何字符。

这也是一道单字符串的子序列问题，所以也可以使用一个二维 dp 数组，其中 dp[i][j] 的定义如下：

对字符串 s[i..j]，最少需要进行 dp[i][j] 次插入才能变成回文串。

根据 dp 数组的定义，base case 就是 dp[i][i] = 0，因为单个字符本身就是回文串，不需要插入。

然后使用数学归纳法，假设已经计算出了子问题 dp[i+1][j-1] 的值了，思考如何推出 dp[i][j] 的值：

实际上和最长回文子序列问题的状态转移方程非常类似，这里也分两种情况：

```
if (s[i] == s[j]) {
    // 不需要插入任何字符
    dp[i][j] = dp[i + 1][j - 1];
} else {
```

```
        // 把 s[i+1..j] 和 s[i..j-1] 变成回文串，选插入次数较少的
        // 然后还要再插入一个 s[i] 或 s[j]，使 s[i..j] 配成回文串
        dp[i][j] = min(dp[i + 1][j], dp[i][j - 1]) + 1;
    }
```

最后，依然采取倒着遍历 **dp** 数组的方式，写出代码：

```java
int minInsertions(String s) {
    int n = s.length();
    // dp[i][j] 表示把字符串 s[i..j] 变成回文串的最少插入次数
    // dp 数组全部初始化为 0
    int[][] dp = new int[n][n];
    // 反着遍历保证正确的状态转移
    for (int i = n - 1; i >= 0; i--) {
        for (int j = i + 1; j < n; j++) {
            // 状态转移方程
            if (s.charAt(i) == s.charAt(j)) {
                dp[i][j] = dp[i + 1][j - 1];
            } else {
                dp[i][j] = Math.min(dp[i + 1][j], dp[i][j - 1]) + 1;
            }
        }
    }
    // 整个 s 的最少插入次数
    return dp[0][n - 1];
}
```

至此，这道题也使用子序列解题模板解决了，整体逻辑和最长回文子序列非常相似，那么这个问题是否可以直接复用回文子序列的解法呢？

其实是可以的，我们甚至都不用写状态转移方程，你仔细想想：

我先算出字符串 s 中的最长回文子序列，那些不在最长回文子序列中的字符，不就是需要插入的字符吗？

所以这道题可以直接复用之前实现的 `longestPalindromeSubseq` 函数：

```java
// 计算把 s 变成回文串的最少插入次数
public int minInsertions(String s) {
    return s.length() - longestPalindromeSubseq(s);
}

// 计算 s 中的最长回文子序列长度
int longestPalindromeSubseq(String s) {
    // 见上文
}
```

好了，子序列相关的算法就讲到这里，希望对你有所启发。

4.3 背包问题

标准的 0-1 背包问题是一种经典的动态规划算法，其关键是对状态转移的定义。只要你熟悉了背包问题的状态转移方程，就能很容易地解题了。

4.3.1 0–1 背包问题解题框架

很多读者可能对背包问题比较头疼，这个问题其实会者不难，关键是这类问题的状态转移方程比较特殊。记住状态转移方程之后再借助动态规划解题框架，背包问题也无非就是状态 + 选择，没什么特别之处。

本节就来说一说背包问题，以最常说的 0-1 背包问题为例。问题描述：

给你一个可装载重量为 W 的背包和 N 个物品，每个物品有重量和价值两个属性。其中第 i 个物品的重量为 wt[i]，价值为 val[i]，现在让你用这个背包装物品，最多能装的价值是多少？

举个简单的例子，输入如下：

```
N = 3, W = 4
wt = [2, 1, 3]
val = [4, 2, 3]
```

算法返回 6，选择前两件物品装进背包，总重量 3 小于 W，可以获得最大价值 6。

题目就是这么简单，这是一个典型的动态规划问题。这个题目中的物品不可以分割，要么装进包里，要么不装，不能说切成两块装一半。这就是 0-1 背包这个名词的来历。

解决这个问题没什么特别巧妙的方法，只能穷举所有可能，根据 1.3 动态规划解题套路框架中的套路，直接走流程就行了。

第一步要明确两点，"状态"和"选择"。

先说状态，如何才能描述一个问题局面？只要给几个物品和一个背包的容量限制，就形成了一个背包问题呀。**所以状态有两个，就是"背包的容量"和"可选择的物品"。**

再说选择，这也很容易想到，对于每件物品，你能选择什么？**选择就是"装进背包"或者"不装进背包"嘛。**

明白了状态和选择，动态规划问题基本上就解决了，只要往这个框架套就完事了：

```
for 状态 1 in 状态 1 的所有取值：
    for 状态 2 in 状态 2 的所有取值：
        for ...
            dp[ 状态 1][ 状态 2][...] = 择优 ( 选择 1，选择 2...)
```

第二步要明确 dp 数组的定义。

首先看看刚才找到的"状态"，有两个，也就是说我们需要一个二维 **dp** 数组。

dp[i][w] 的定义如下：对于前 **i** 个物品，当前背包的容量为 **w**，这种情况下可以装的最大价值是 **dp[i][w]**。

比如，如果 **dp[3][5] = 6**，其含义为：对于给定的一系列物品，若只对前 3 个物品进行选择，当背包容量为 5 时，最多可以装下的价值为 6。

> **注意：** 为什么要这么定义？你可以理解为这就是背包类型问题的套路，记下来就行了，任何动态规划问题如果能转化成背包问题，就这样定义。

根据这个定义，我们想求的最终答案就是 **dp[N][W]**。base case 就是 **dp[0][..] = dp[..][0] = 0**，因为没有物品或者背包没有空间的时候，能装的最大价值就是 0。

细化上面的框架：

```
int[][] dp[N+1][W+1]
dp[0][..] = 0
dp[..][0] = 0

for i in [1..N]:
    for w in [1..W]:
        dp[i][w] = max(
            把物品 i 装进背包，
            不把物品 i 装进背包
        )
return dp[N][W]
```

第三步，根据"选择"，思考状态转移的逻辑。

简单说就是，上面伪码中"把物品 **i** 装进背包"和"不把物品 **i** 装进背包"怎么用代码体现出来呢？

这就要结合对 **dp** 数组的定义，看看这两种选择会对状态产生什么影响：

先重申一下前面的 **dp** 数组的定义：

`dp[i][w]` 表示：对于前 `i` 个物品（从 1 开始计数），当前背包的容量为 `w` 时，这种情况下可以装下的最大价值是 `dp[i][w]`。

如果你没有把这第 `i` 个物品装入背包，那么很显然，最大价值 `dp[i][w]` 应该等于 `dp[i-1][w]`，继承之前的结果。

如果你把这第 `i` 个物品装入了背包，那么 `dp[i][w]` 应该等于 `val[i-1]+dp[i-1][w-wt[i-1]]`。

首先，由于数组索引从 0 开始，而我们定义中的 `i` 是从 1 开始计数的，所以 `val[i-1]` 和 `wt[i-1]` 表示第 `i` 个物品的价值和重量。

你如果选择将第 `i` 个物品装进背包，那么第 `i` 个物品的价值 `val[i-1]` 肯定就到手了，接下来你就要在剩余容量 `w - wt[i-1]` 的限制下，在前 `i - 1` 个物品中挑选，求最大价值，即 `dp[i-1][w - wt[i-1]]`。

以上就是两种选择，都已经分析完毕，也就是写出来了状态转移方程，可以进一步细化代码：

```
for i in [1..N]:
    for w in [1..W]:
        dp[i][w] = max(
            dp[i-1][w],
            dp[i-1][w - wt[i-1]] + val[i-1]
        )
return dp[N][W]
```

最后一步，把伪码翻译成代码，处理一些边界情况。

我用 Java 写的代码，把上面的思路完全翻译了一遍，并且处理了 `w - wt[i-1]` 可能小于 0 导致数组索引越界的问题：

```
int knapsack(int W, int N, int[] wt, int[] val) {
    assert N == wt.length;
    // base case 已初始化
    int[][] dp = new int[N + 1][W + 1];
    for (int i = 1; i <= N; i++) {
        for (int w = 1; w <= W; w++) {
            if (w - wt[i - 1] < 0) {
                // 这种情况下只能选择不装入背包
                dp[i][w] = dp[i - 1][w];
            } else {
                // 装入或者不装入背包，择优
                dp[i][w] = Math.max(
```

```
                    dp[i - 1][w - wt[i-1]] + val[i-1],
                    dp[i - 1][w]
                );
            }
        }
    }

    return dp[N][W];
}
```

> **注意**：其实函数签名中的物品数量 N 就是 wt 数组的长度，所以实际上这个参数 N 多此一举。但为了体现原汁原味的 0-1 背包问题，我就带上这个参数 N 了，你自己写的话可以省略。

至此，背包问题就解决了，相比而言，我觉得这是比较简单的动态规划问题，因为状态转移的推导比较自然，只要你明确了 dp 数组的定义，就可以理所当然地确定状态转移了。

4.3.2　背包问题变体之子集分割

读完本节，你将不仅学到算法套路，还可以顺便解决如下题目：

> 416. 分割等和子集（中等）

前面详解了通用的 0-1 背包问题，本节来看看背包问题的思想能够如何运用到其他算法题目上。

一、问题分析

看一下力扣第 416 题 "分割等和子集"：

输入一个只包含正整数的非空数组 nums，请你写一个算法，判断这个数组是否可以被分割成两个子集，使得两个子集的元素和相等。算法的函数签名如下：

```
// 输入一个集合，返回是否能够分割成和相等的两个子集
boolean canPartition(int[] nums);
```

比如输入 nums = [1,5,11,5]，算法返回 true，因为 nums 可以分割成 [1,5,5] 和 [11] 这两个子集。如果输入 nums = [1,3,2,5]，算法返回 false，因为 nums 无论如何都不能分割成两个和相等的子集。

对于这个问题，看起来和背包没有任何关系，为什么说它是背包问题呢？首先回忆

一下背包问题大致的描述是什么：

给你一个可装载重量为 `W` 的背包和 N 个物品，每个物品有重量和价值两个属性。其中第 `i` 个物品的重量为 `wt[i]`，价值为 `val[i]`，现在让你用这个背包装物品，最多能装的价值是多少？

那么对于这个问题，可以先对集合求和，得出 `sum`，把问题转化为背包问题：

给一个可装载重量为 `sum/2` 的背包和 N 个物品，每个物品的重量为 `nums[i]`。现在让你装物品，是否存在一种装法，能够恰好将背包装满？

你看，这就是背包问题的模型，甚至比我们之前的经典背包问题还要简单一些，下面我们就直接转换成背包问题，开始套前面讲过的背包问题框架即可。

二、解法分析

第一步要明确两点，"状态"和"选择"。

前面已经详细解释过了，状态就是"背包的容量"和"可选择的物品"，选择就是"装进背包"或者"不装进背包"。

第二步要明确 `dp` 数组的定义。

按照背包问题的套路，可以给出如下定义：

`dp[i][j] = x` 表示，对于前 `i` 个物品（`i` 从 1 开始计数），当前背包的容量为 `j` 时，若 `x` 为 `true`，则说明可以恰好将背包装满，若 `x` 为 `false`，则说明不能恰好将背包装满。

比如，如果 `dp[4][9] = true`，其含义为：对于容量为 9 的背包，若只是用前 4 个物品，可以有一种方法把背包恰好装满。

或者说对于本题，含义是对于给定的集合，若只对前 4 个数字进行选择，存在一个子集的和可以恰好凑出 9。

根据这个定义，我们想求的最终答案就是 `dp[N][sum/2]`，base case 就是 `dp[..][0] = true` 和 `dp[0][..] = false`，因为背包没有空间的时候，就相当于装满了，而当没有物品可选择的时候，肯定没办法装满背包。

第三步，根据"选择"，思考状态转移的逻辑。

回想刚才的 `dp` 数组含义，可以根据"选择"对 `dp[i][j]` 得到以下状态转移：

如果不把 `nums[i]` 算入子集，**或者说你不把这第 `i` 个物品装入背包**，那么是否能够恰好装满背包，取决于上一个状态 `dp[i-1][j]`，继承之前的结果。

如果把 `nums[i]` 算入子集，**或者说你把这第 `i` 个物品装入了背包**，那么是否能够恰好装满背包，取决于状态 dp[i-1][j-nums[i-1]]。

> 注意：由于 dp 数组定义中的 i 是从 1 开始计数，而数组索引是从 0 开始的，所以第 i 个物品的重量应该是 nums[i-1]，这一点不要搞混。

dp[i-1][j-nums[i-1]] 也很好理解：你如果装了第 i 个物品，就要看背包的剩余重量 j-nums[i-1] 限制下是否能够被恰好装满。

换句话说，如果 j-nums[i-1] 的重量可以被恰好装满，那么只要把第 i 个物品装进去，也可恰好装满 j 的重量；否则的话，重量 j 肯定是装不满的。

最后一步，把伪码翻译成代码，处理一些边界情况。

以下是我的 Java 代码，完全翻译了之前的思路，并处理了一些边界情况：

```java
boolean canPartition(int[] nums) {
    int sum = 0;
    for (int num : nums) sum += num;
    // 和为奇数时，不可能划分成两个和相等的集合
    if (sum % 2 != 0) return false;
    int n = nums.length;
    sum = sum / 2;
    boolean[][] dp = new boolean[n + 1][sum + 1];
    // base case
    for (int i = 0; i <= n; i++)
        dp[i][0] = true;

    for (int i = 1; i <= n; i++) {
        for (int j = 1; j <= sum; j++) {
            if (j - nums[i - 1] < 0) {
                // 背包容量不足，不能装入第 i 个物品
                dp[i][j] = dp[i - 1][j];
            } else {
                // 装入或不装入背包
                dp[i][j] = dp[i - 1][j] || dp[i - 1][j - nums[i - 1]];
            }
        }
    }
    return dp[n][sum];
}
```

三、进一步优化

再进一步，是否可以优化这个代码呢？**可以看到 dp[i][j] 都是通过上一行 dp[i-1][..] 转移过来的**，之前的数据都不会再使用了。

所以，可以根据 4.1.4 节介绍的空间压缩技巧，将二维 dp 数组压缩为一维，降低空间复杂度：

```java
boolean canPartition(int[] nums) {
    int sum = 0;
    for (int num : nums) sum += num;
    // 和为奇数时，不可能划分成两个和相等的集合
    if (sum % 2 != 0) return false;
    int n = nums.length;
    sum = sum / 2;
    boolean[] dp = new boolean[sum + 1];

    // base case
    dp[0] = true;

    for (int i = 0; i < n; i++) {
        for (int j = sum; j >= 0; j--) {
            if (j - nums[i] >= 0) {
                dp[j] = dp[j] || dp[j - nums[i]];
            }
        }
    }
    return dp[sum];
}
```

其实这段代码和之前的解法思路完全相同，只在一行 dp 数组上操作，i 每进行一轮迭代，dp[j] 其实就相当于 dp[i-1][j]，所以只需要一维数组就够用了。

唯一需要注意的是 j 应该从后往前反向遍历，因为每个物品（或者说数字）只能用一次，以免之前的结果影响其他的结果。至此，子集分割的问题就完全解决了，时间复杂度为 $O(N \times sum)$，空间复杂度为 $O(sum)$。

4.3.3　背包问题之零钱兑换

读完本节，你将不仅学到算法套路，还可以顺便解决如下题目：

> 518. 零钱兑换 II（中等）

读本节之前，希望你已经看过了动态规划和背包问题的套路，本节继续按照背包问题的套路，列举一个背包问题的变形。

本节讲的是力扣第 518 题"零钱兑换 II"，描述一下题目：

给定不同面额的硬币 coins 和一个总金额 amount，写一个函数来计算可以凑成总金

额的硬币组合数。**假设每一种面额的硬币有无限个**。我们要完成的函数的签名如下：

```
int change(int amount, int[] coins);
```

比如输入 `amount = 5, coins = [1,2,5]`，算法应该返回 4，因为有如下 4 种方式可以凑出目标金额：

```
5=5
5=2+2+1
5=2+1+1+1
5=1+1+1+1+1
```

如果输入的 `amount = 5, coins = [3]`，算法应该返回 0，因为用面额为 3 的硬币无法凑出总金额 5。

我们可以把这个问题转化为背包问题的描述形式：

有一个背包，最大容量为 `amount`，有一系列物品 `coins`，每个物品的重量为 `coins[i]`，**每个物品的数量无限**。请问有多少种方法，能够把背包恰好装满？

这个问题和我们前面讲过的两个背包问题，有一个最大的区别就是，每个物品的数量是无限的，这也就是传说中的"**完全背包问题**"，没什么"高大上"的，无非就是状态转移方程有一点儿变化而已。

下面就以背包问题的描述形式，继续按照流程来分析。

第一步要明确两点，"状态"和"选择"。

状态有两个，就是"背包的容量"和"可选择的物品"，选择就是"装进背包"或者"不装进背包"嘛，背包问题的套路都是这样的。

明白了状态和选择，动态规划问题基本上就解决了，只要往这个框架套就完事了：

```
for 状态1 in 状态1 的所有取值:
    for 状态2 in 状态2 的所有取值:
        for ...
            dp[状态1][状态2][...] = 计算(选择1，选择2..)
```

第二步要明确 dp 数组的定义。

首先看看刚才找到的"状态"，有两个，也就是说我们需要一个二维 `dp` 数组。

背包问题中 `dp[i][j]` 的定义属于套路了，如下：

若只使用前 `i` 个物品（可以重复使用），当背包容量为 `j` 时，有 `dp[i][j]` 种方法可以装满背包。

换句话说，翻译这道题目的意思就是：

若只使用 coins 中的前 i 个（i 从 1 开始计数）硬币的面值，若想凑出金额 j，有 dp[i][j] 种凑法。

经过以上的定义，可以得到：

base case 为 dp[0][..] = 0，dp[..][0] = 1。i = 0 代表不使用任何硬币面值，这种情况下显然无法凑出任何金额；j = 0 代表需要凑出的目标金额为 0，那么什么都不做就是唯一的一种凑法。

我们最终想得到的答案就是 dp[N][amount]，其中 N 为 coins 数组的大小。

大致的伪码思路如下：

```
int dp[N+1][amount+1]
dp[0][..] = 0
dp[..][0] = 1

for i in [1..N]:
    for j in [1..amount]:
        把物品 i 装进背包，
        不把物品 i 装进背包
return dp[N][amount]
```

第三步，根据"选择"，思考状态转移的逻辑。

注意，我们这个问题的特殊点在于物品的数量是无限的，所以这里 4.3.1 0–1 背包问题解题框架 有所不同。

如果你不把第 i 个物品装入背包，也就是说你不使用 coins[i-1] 这个面值的硬币，那么凑出面额 j 的方法数 dp[i][j] 应该等于 dp[i-1][j]，继承之前的结果。

如果你把这第 i 个物品装入背包，也就是说你使用 coins[i-1] 这个面值的硬币，那么 dp[i][j] 应该等于 dp[i][j-coins[i-1]]。

> 注意：由于定义中的 i 是从 1 开始计数的，所以 coins 的索引是 i-1 时表示第 i 个硬币的面值。

dp[i][j-coins[i-1]] 也不难理解，如果你决定使用这个面值的硬币，那么就应该关注如何凑出金额 j - coins[i-1]。

比如，你想用面值为 2 的硬币凑出金额 5，那么如果你知道了凑出金额 3 的方法，再加上一枚面额为 2 的硬币，不就可以凑出 5 了嘛。

以上就是两种选择，而我们想求的 dp[i][j] 是 "共有多少种凑法"，所以 dp[i][j] 的值应该是以上两种选择的结果之和：

```
for (int i = 1; i <= n; i++) {
    for (int j = 1; j <= amount; j++) {
        if (j - coins[i-1] >= 0)
            dp[i][j] = dp[i - 1][j]
                     + dp[i][j-coins[i-1]];
return dp[N][W]
```

有的读者在这里可能会有疑问，不是说可以重复使用硬币吗？那么如果我确定 "使用第 i 个面值的硬币"，怎么确定这个面值的硬币被使用了多少枚？简单的一个 dp[i][j-coins[i-1]] 可以包含重复使用第 i 个硬币的情况吗？

对于这个问题，建议你再仔细阅读一下我们对 dp 数组的定义，然后把这个定义代入 dp[i][j-coins[i-1]] 看看：

若只使用前 i 个物品（可以重复使用），当背包容量为 j-coins[i-1] 时，有 dp[i][j-coins[i-1]] 种方法可以装满背包。

看到了吗，dp[i][j-coins[i-1]] 也是允许你使用第 i 个硬币的，所以说已经包含了重复使用硬币的情况，你尽管放心好了。

最后一步，把伪码翻译成代码，处理一些边界情况。

我用 Java 写的代码，把上面的思路完全翻译了一遍，并且处理了一些边界问题：

```java
int change(int amount, int[] coins) {
    int n = coins.length;
    int[][] dp = int[n + 1][amount + 1];
    // base case
    for (int i = 0; i <= n; i++)
        dp[i][0] = 1;

    for (int i = 1; i <= n; i++) {
        for (int j = 1; j <= amount; j++)
            if (j - coins[i-1] >= 0)
                dp[i][j] = dp[i - 1][j]
                         + dp[i][j - coins[i-1]];
            else
                dp[i][j] = dp[i - 1][j];
    }
    return dp[n][amount];
}
```

而且，通过观察可以发现，`dp` 数组的转移只和 `dp[i][..]` 和 `dp[i-1][..]` 有关，所以可以使用 4.1.4 节讲过的空间压缩技巧，进一步降低算法的空间复杂度：

```
int change(int amount, int[] coins) {
    int n = coins.length;
    int[] dp = new int[amount + 1];
    dp[0] = 1; // base case
    for (int i = 0; i < n; i++)
        for (int j = 1; j <= amount; j++)
            if (j - coins[i] >= 0)
                dp[j] = dp[j] + dp[j-coins[i]];

    return dp[amount];
}
```

这个解法和之前的思路完全相同，将二维 `dp` 数组压缩为一维，时间复杂度为 $O(N \times amount)$，空间复杂度为 $O(amount)$。

至此，这道零钱兑换问题也通过背包问题的框架解决了。

4.4　用动态规划玩游戏

动态规划算法在现实生活中的运用非常广泛，因为很多问题的穷举过程中都会出现重叠子问题，本小节就带你看一些有些难度但不失趣味性的问题。

4.4.1　最小路径和问题

读完本节，你将不仅学到算法套路，还可以顺便解决如下题目：

> 64. 最小路径和（中等）

本节讲一道经典的动态规划题目，它是力扣第 64 题"最小路径和"，我来简单描述一下题目：

现在给你输入一个二维数组 `grid`，其中的元素都是**非负整数**，现在你站在左上角，**只能向右或者向下移动**，需要到达右下角。现在请你计算，经过的路径和最小是多少？函数签名如下：

```
int minPathSum(int[][] grid);
```

比如题目举的例子，输入如下的 `grid` 数组：

算法应该返回 7，最小路径和为 7，就是上图蓝色的路径。

其实这道题难度不算大，但这个问题还有一些难度比较大的变体，所以讲一下这种问题的通用思路。一般来说，让你在二维矩阵中求最优化问题（最大值或者最小值），肯定需要递归 + 备忘录，也就是动态规划技巧。

就拿题目举的例子来说，我给图中的几个格子编上号以方便描述：

我们想计算从起点 D 到达 B 的最小路径和，那你说怎么才能到达 B 呢？题目说了只能向右或者向下走，所以只有从 A 或者 C 走到 B。

那么算法怎么知道从 A 走到 B，而不是从 C 走到 B，才能使路径和最小呢？难道是因为位置 A 的元素大小是 1，位置 C 的元素是 2，1 小于 2，所以一定要从 A 走到 B 才能使路径和最小吗？

其实不是的，**真正的原因是，从 D 走到 A 的最小路径和是 6，而从 D 走到 C 的最小路径和是 8，6 小于 8，所以一定要从 A 走到 B 才能使路径和最小**。换句话说，我们把"从 D 走到 B 的最小路径和"这个问题转化成了"从 D 走到 A 的最小路径和"和"从 D 走到 C 的最小路径和"这两个问题。

理解了上面的分析，不难看出这不就是状态转移方程吗？所以这个问题肯定会用到动态规划技巧来解决，比如我们写一个 dp 函数：

```
int dp(int[][] grid, int i, int j);
```

这个 dp 函数的定义如下：

从左上角位置 (0, 0) 走到位置 (i, j) 的最小路径和为 dp(grid, i, j)。

根据这个定义，我们想求的最小路径和就可以通过调用这个 dp 函数计算出来：

```java
int minPathSum(int[][] grid) {
    int m = grid.length;
    int n = grid[0].length;
    // 计算从左上角走到右下角的最小路径和
    return dp(grid, m - 1, n - 1);
}
```

再根据刚才的分析，很容易发现，dp(grid, i, j) 的值取决于 dp(grid, i - 1, j) 和 dp(grid, i, j - 1) 返回的值。我们可以直接写代码了：

```java
int dp(int[][] grid, int i, int j) {
    // base case
    if (i == 0 && j == 0) {
        return grid[0][0];
    }
    // 如果索引出界，返回一个很大的值，
    // 保证在取 min 的时候不会被取到
    if (i < 0 || j < 0) {
        return Integer.MAX_VALUE;
    }

    // 左边和上面的最小路径和加上 grid[i][j]
    // 就是到达 (i, j) 的最小路径和
    return Math.min(
            dp(grid, i - 1, j),
            dp(grid, i, j - 1)
    ) + grid[i][j];
}
```

上述代码逻辑已经完整了，接下来就分析，这个递归算法是否存在重叠子问题？是否需要用备忘录优化执行效率？

前文多次说过判断重叠子问题的技巧，首先抽象出上述代码的递归框架：

```java
int dp(int i, int j) {
    dp(i - 1, j); // #1
    dp(i, j - 1); // #2
}
```

如果我想从 dp(i, j) 递归到 dp(i-1, j-1)，有几种不同的递归调用路径？

可以是 dp(i, j)->#1->#2 或者 dp(i, j)->#2->#1,不止一种,说明 dp(i-1, j-1) 会被多次计算,所以一定存在重叠子问题,那么可以使用备忘录技巧进行优化:

```java
int[][] memo;

int minPathSum(int[][] grid) {
    int m = grid.length;
    int n = grid[0].length;
    // 构造备忘录,初始值全部设为 -1
    memo = new int[m][n];
    for (int[] row : memo)
        Arrays.fill(row, -1);

    return dp(grid, m - 1, n - 1);
}

int dp(int[][] grid, int i, int j) {
    // base case
    if (i == 0 && j == 0) {
        return grid[0][0];
    }
    if (i < 0 || j < 0) {
        return Integer.MAX_VALUE;
    }
    // 避免重复计算
    if (memo[i][j] != -1) {
        return memo[i][j];
    }
    // 将计算结果记入备忘录
    memo[i][j] = Math.min(
        dp(grid, i - 1, j),
        dp(grid, i, j - 1)
    ) + grid[i][j];

    return memo[i][j];
}
```

至此,本题就算是解决了,时间复杂度和空间复杂度都是 $O(M \times N)$,采用的是标准的自顶向下动态规划解法。有的读者可能会问,能不能用自底向上的迭代解法来做这道题呢?完全可以。

首先,类似刚才的 dp 函数,我们需要一个二维 dp 数组,定义如下:

从左上角位置 (0, 0) 走到位置 (i, j) 的最小路径和为 dp[i][j]。

状态转移方程当然不会变,dp[i][j] 依然取决于 dp[i-1][j] 和 dp[i][j-1],直接看代码吧：

```
int minPathSum(int[][] grid) {
    int m = grid.length;
    int n = grid[0].length;
    int[][] dp = new int[m][n];

    /**** base case ****/
    dp[0][0] = grid[0][0];

    for (int i = 1; i < m; i++)
        dp[i][0] = dp[i - 1][0] + grid[i][0];

    for (int j = 1; j < n; j++)
        dp[0][j] = dp[0][j - 1] + grid[0][j];
    /*******************/

    // 状态转移
    for (int i = 1; i < m; i++) {
        for (int j = 1; j < n; j++) {
            dp[i][j] = Math.min(
                dp[i - 1][j],
                dp[i][j - 1]
            ) + grid[i][j];
        }
    }

    return dp[m - 1][n - 1];
}
```

这个解法的 base case 看起来和递归解法略有不同，但实际上是一样的。因为状态转移为下面这段代码：

```
dp[i][j] = Math.min(
    dp[i - 1][j],
    dp[i][j - 1]
) + grid[i][j];
```

那如果 **i** 或者 **j** 等于 0 的时候，就会出现索引越界的错误。所以我们需要提前计算出 **dp[0][..]** 和 **dp[..][0]**，然后让 **i** 和 **j** 的值从 1 开始迭代。

dp[0][..] 和 **dp[..][0]** 的值怎么算呢？其实很简单，第一行和第一列的路径和只有下面这一种情况嘛：

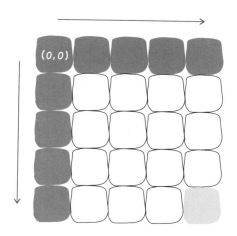

那么按照 dp 数组的定义，`dp[i][0] = sum(grid[0..i][0])`，`dp[0][j] = sum(grid[0][0..j])`，也就是如下代码：

```
/**** base case ****/
dp[0][0] = grid[0][0];

for (int i = 1; i < m; i++)
    dp[i][0] = dp[i - 1][0] + grid[i][0];

for (int j = 1; j < n; j++)
    dp[0][j] = dp[0][j - 1] + grid[0][j];
/*******************/
```

到这里，自底向上的迭代解法也搞定了，那有的读者可能又要问了，能不能优化一下算法的空间复杂度呢？4.1.4 动态规划的降维打击：空间压缩技巧讲过降低 dp 数组的技巧，这里也是适用的，不过略微复杂些，由于篇幅所限这里就不写了，有兴趣的读者可以自行尝试。

4.4.2　动态规划算法通关《魔塔》

读完本节，你将不仅学到算法套路，还可以顺便解决如下题目：

> 174. 地下城游戏（困难）

"魔塔"是一款经典的地牢类游戏，碰怪物要掉血，吃血瓶能加血，你要收集钥匙，一层一层上楼，最后救出美丽的公主，现在手机上仍然可以玩这款游戏：

嗯，相信这款游戏承包了不少人的童年回忆，记得小时候，一个人拿着游戏机玩，两三个人围在左右指手画脚，这导致玩游戏的人体验极差，而围观的人异常快乐。

力扣第 174 题"地下城游戏"是一道类似的题目，我简单描述一下：

输入一个存储着整数的二维数组 grid，如果 grid[i][j] > 0，说明这个格子装着血瓶，经过它可以增加对应的生命值；如果 grid[i][j] == 0，则这是一个空格子，经过它不会发生任何事情；如果 grid[i][j] < 0，说明这个格子有怪物，经过它会损失对应的生命值。现在你是一名骑士，将会出现在左上角，公主被困在右下角，你只能向右和向下移动，请问你初始至少需要多少生命值才能成功救出公主？

换句话说，就是问你至少需要多少初始生命值，能够让骑士从左上角移动到右下角，且任何时候生命值都要大于 0，函数签名如下：

```
int calculateMinimumHP(int[][] grid);
```

比如题目给我们举的例子，输入如下一个二维数组 grid，用 K 表示骑士，用 P 表示公主。

算法应该返回 7，也就是说骑士的初始生命值**至少**为 7 时才能成功救出公主，行进路线如下图中的箭头所示。

在 4.4.1 动态规划之最小路径和中，我们写过类似的问题，问你从左上角到右下角的最小路径和是多少。我们做算法题一定要尝试举一反三，感觉本节这道题和最小路径和有点关系对吧？

想要最小化骑士的初始生命值，是不是意味着要最大化骑士行进路线上的血瓶？是不是相当于求"最大路径和"？是不是可以直接套用计算"最小路径和"的思路？

但是稍加思考，发现这个推论并不成立，吃到最多的血瓶，并不一定就能获得最小的初始生命值。比如如下这种情况，如果想要吃到最多的血瓶获得"最大路径和"，应该按照下图箭头所示的路径行进，初始生命值需要 11：

但也很容易看到，正确的答案应该是下图箭头所示的路径，初始生命值只需要 1：

所以，关键不在于吃最多的血瓶，而是在于如何损失最少的生命值。

这类求最值的问题，肯定要借助动态规划技巧，要合理设计 dp 数组 / 函数的定义，但是这道题对 dp 函数的定义比较有意思。

类比 4.4.1 动态规划之最小路径和，dp 函数签名肯定长这样：

```
int dp(int[][] grid, int i, int j);
```

按照常理，这个 dp 函数的定义应该是：

从左上角（grid[0][0]）走到 grid[i][j] 至少需要 dp(grid, i, j) 的生命值。

这样定义的话，base case 就是 i, j 都等于 0 的时候，可以这样写代码：

```
int calculateMinimumHP(int[][] grid) {
    int m = grid.length;
    int n = grid[0].length;
    // 我们想计算左上角到右下角所需的最小生命值
    return dp(grid, m - 1, n - 1);
}

int dp(int[][] grid, int i, int j) {
    // base case
    if (i == 0 && j == 0) {
        // 保证骑士落地不死就行了
        return gird[i][j] > 0 ? 1 : -grid[i][j] + 1;
    }
    ...
}
```

> 注意：为了简洁，之后 dp(grid, i, j) 就简写为 dp(i, j)，大家理解就好。

接下来需要找状态转移了，还记得如何找状态转移方程吗？我们这样定义 dp 函数能否正确进行状态转移呢？

我们希望 dp(i, j) 能够通过 dp(i-1, j) 和 dp(i, j-1) 推导出来，这样就能不断逼近 base case，也就能够正确进行状态转移。

具体来说，我们希望"到达 A 的最小生命值"能够由"到达 B 的最小生命值"和"到达 C 的最小生命值"推导出来：

但问题是，能推出来吗？实际上是不能的。

因为按照 dp 函数的定义，你只知道"能够从左上角到达 B 的最小生命值"，并不知道"到达 B 时的生命值"。"到达 B 时的生命值"是进行状态转移的必要参考，举个例子你就明白了，假设下图这种情况：

你说这种情况下，骑士救公主的最优路线是什么？

显然是按照图中蓝色的线走到 B，最后走到 A 对吧，这样初始血量只需要 1 就可以；如果走灰色箭头这条路，先走到 C 然后走到 A，初始血量至少需要 6。

为什么会这样呢？骑士走到 B 和 C 的最少初始血量都是 1，为什么最后是从 B 走到 A，而不是从 C 走到 A 呢？

因为骑士走到 B 的时候生命值为 11，而走到 C 的时候生命值依然是 1。

如果骑士执意要通过 C 走到 A，那么初始血量必须加到 6 才行；而如果通过 B 走到 A，初始血量为 1 就够了，因为路上吃到血瓶了，生命值足够抗住 A 上面怪物的伤害。

这下应该说得很清楚了，再回顾我们对 dp 函数的定义，上图的情况，算法只知道 dp(1, 2) = dp(2, 1) = 1，都是一样的，怎么做出正确的决策，计算出 dp(2, 2) 呢？

所以说，我们之前对 dp 数组的定义是错误的，信息量不足，算法无法做出正确的状态转移。

正确的做法需要反向思考，依然是如下的 dp 函数：

```
int dp(int[][] grid, int i, int j);
```

但是要修改 dp 函数的定义：

从 grid[i][j] 到达终点（右下角）所需的最少生命值是 dp(grid, i, j)。

那么可以这样写代码：

```
int calculateMinimumHP(int[][] grid) {
    // 我们想计算左上角到右下角所需的最小生命值
    return dp(grid, 0, 0);
}

int dp(int[][] grid, int i, int j) {
    int m = grid.length;
    int n = grid[0].length;
    // base case
    if (i == m - 1 && j == n - 1) {
        return grid[i][j] >= 0 ? 1 : -grid[i][j] + 1;
    }
    ...
}
```

根据新的 `dp` 函数定义和 base case，我们想求 `dp(0, 0)`，那就应该试图通过 `dp(i, j+1)` 和 `dp(i+1, j)` 推导出 `dp(i, j)`，这样才能不断逼近 base case，正确进行状态转移。

具体来说，"从 A 到达右下角的最少生命值"应该由"从 B 到达右下角的最少生命值"和"从 C 到达右下角的最少生命值"推导出来：

能不能推导出来呢？这次是可以的，假设 `dp(0, 1) = 5`，`dp(1, 0) = 4`，那么可以肯定要从 A 走向 C，因为 4 小于 5 嘛。

那么怎么推出 `dp(0, 0)` 是多少呢？

假设 A 的值为 1，既然知道下一步要往 C 走，且 `dp(1, 0) = 4` 意味着走到 `grid[1][0]` 的时候至少要有 4 点生命值，那么就可以确定骑士出现在 A 点时需要 4 - 1 = 3 点初始生命值，对吧。

那如果 A 的值为 10，落地就能捡到一个大血瓶，超出了后续需求，4 - 10 = -6 意味着骑士的初始生命值为负数，这显然不可以，骑士的生命值小于 1 就挂了，所以这种情况下骑士的初始生命值应该是 1。

综上，状态转移方程已经推出来了：

```
int res = min(
    dp(i + 1, j),
    dp(i, j + 1)
) - grid[i][j];

dp(i, j) = res <= 0 ? 1 : res;
```

根据这个核心逻辑，加 1 个备忘录消除重叠子问题，就可以直接写出最终的代码了：

```java
/* 主函数 */
int calculateMinimumHP(int[][] grid) {
    int m = grid.length;
    int n = grid[0].length;
    // 备忘录中都初始化为 -1
    memo = new int[m][n];
    for (int[] row : memo) {
        Arrays.fill(row, -1);
    }

    return dp(grid, 0, 0);
}

// 备忘录，消除重叠子问题
int[][] memo;

/* 定义：从 (i, j) 到达右下角，需要的初始血量至少是多少 */
int dp(int[][] grid, int i, int j) {
    int m = grid.length;
    int n = grid[0].length;
    // base case
    if (i == m - 1 && j == n - 1) {
        return grid[i][j] >= 0 ? 1 : -grid[i][j] + 1;
    }
    if (i == m || j == n) {
        return Integer.MAX_VALUE;
    }
    // 避免重复计算
    if (memo[i][j] != -1) {
        return memo[i][j];
    }
    // 状态转移逻辑
    int res = Math.min(
            dp(grid, i, j + 1),
            dp(grid, i + 1, j)
        ) - grid[i][j];
    // 骑士的生命值至少为 1
    memo[i][j] = res <= 0 ? 1 : res;
```

```
        return memo[i][j];
    }
```

这就是自顶向下带备忘录的动态规划解法，参考 **1.3 动态规划解题套路框架** 很容易就可以改写成 `dp` 数组的迭代解法，这里就不写了，读者可以尝试自己写一写。

这道题的核心是定义 `dp` 函数，找到正确的状态转移方程，从而计算出正确的答案。

4.4.3　高楼扔鸡蛋问题

读完本节，你将不仅学到算法套路，还可以顺便解决如下题目：

> 887. 鸡蛋掉落（困难）

本节要讲一个很经典的算法问题，有若干层楼，若干个鸡蛋，让你算出最少的尝试次数，找到鸡蛋恰好摔不碎的那层楼。国内大厂以及谷歌、脸书面试都经常考查这道题，只不过他们觉得扔鸡蛋太浪费，改成扔杯子、扔破碗什么的。

具体的问题稍后再说，但是这道题的解法技巧很多，仅动态规划就有好几种效率不同的思路，最后还有一种极其高效的数学解法。秉承本书一贯的作风，拒绝过于诡异的技巧，因为这些技巧无法举一反三，学了也不划算。

下面就来用我们一直强调的动态规划通用思路来研究这道题。

一、解析题目

这是力扣第 887 题"鸡蛋掉落"，我描述一下题目：

你面前有一栋从 1 到 N 共 N 层的楼，然后给你 K 个鸡蛋（K 至少为 1）。现在确定这栋楼存在楼层 `0 <= F <= N`，在这层楼将鸡蛋扔下去，鸡蛋**恰好没摔碎**（从高于 F 的楼层往下扔都会碎，从低于 F 的楼层往下扔都不会碎，如果鸡蛋没碎，可以捡回来继续扔）。现在问你，**最坏**情况下，你至少要扔几次鸡蛋，才能**确定**这个楼层 F 呢？

也就是让你找摔不碎鸡蛋的最高楼层 F，但什么叫"最坏情况"下"至少"要扔几次呢？分别举个例子就明白了。

比如**现在先不管鸡蛋个数的限制**，有 7 层楼，你怎么去找鸡蛋恰好摔碎的那层楼？

最原始的方式就是线性扫描：我先在 1 楼扔一下，没碎，我再去 2 楼扔一下，没碎，我再去 3 楼……

以这种策略，**最坏**情况应该就是我试到第 7 层鸡蛋也没碎（F = 7），也就是我扔了 7 次鸡蛋。

现在你应该理解什么叫"最坏情况"下了，**鸡蛋破碎一定发生在搜索区间穷尽时**，不会说你在第 1 层摔一下鸡蛋就碎了，这是你运气好，不是最坏情况。

现在再来理解一下什么叫"至少"要扔几次。依然不考虑鸡蛋个数限制，同样是 7 层楼，我们可以优化策略。

最好的策略是使用二分搜索思路，我先去第 `(1 + 7) / 2 = 4` 层扔一下：

如果碎了说明 F 小于 4，就去第 `(1 + 3) / 2 = 2` 层试……

如果没碎说明 F 大于或等于 4，就去第 `(5 + 7) / 2 = 6` 层试……

以这种策略，**最坏**情况应该是试到第 7 层鸡蛋还没碎（ F = 7 ），或者鸡蛋一直碎到第 1 层（ F = 0 ）。然而无论哪种最坏情况，只需要试 `log7` 向上取整等于 3 次，比刚才尝试 7 次要少，这就是所谓的至少要扔几次。

实际上，如果不限制鸡蛋个数，二分思路显然可以得到最少尝试的次数，但问题是，**现在给你了鸡蛋个数的限制 K，直接使用二分思路就不行了。**

比如只给你 1 个鸡蛋，7 层楼，你敢用二分吗？你直接去第 4 层扔一下，如果鸡蛋没碎还好，但如果碎了你就没有鸡蛋继续测试了，无法确定鸡蛋恰好摔不碎的楼层 F 了。这种情况下只能用线性扫描的方法，算法返回结果应该是 7。

有的读者也许会有这种想法：二分搜索排除楼层的速度无疑是最快的，那干脆先用二分搜索，等到只剩 1 个鸡蛋的时候再执行线性扫描，这样得到的结果是不是就是最少的扔鸡蛋次数呢？

很遗憾，并不是，比如把楼层变高一些，100 层，给你 2 个鸡蛋，你在 50 层往下扔，碎了，那就只能线性扫描第 1 ~ 49 层了，最坏情况下要扔 50 次。

如果不要"二分"，变成"五分""十分"都会大幅减少最坏情况下的尝试次数。比如第一个鸡蛋每隔 10 层楼扔一次，在哪里碎了再拿第二个鸡蛋一层层线性扫描，总共不会超过 20 次。最优解其实是 14 次。最优策略非常多，而且并没有什么规律可言。

说了这么多，就是确保大家理解了题目的意思，而且认识到这个题目确实复杂，就连我们手算都不容易，如何用算法解决呢？

二、思路分析

对动态规划问题，直接套书中已多次强调的框架即可：这个问题有什么"状态"，有什么"选择"，然后穷举。

"状态"很明显，就是当前拥有的鸡蛋数 K 和需要测试的楼层数 N。随着测试的进行，鸡蛋个数可能减少，楼层的搜索范围会减小，这就是状态的变化。

"选择" 其实就是去选择哪层楼扔鸡蛋。回顾刚才的线性扫描和二分思路，二分搜索每次选择到楼层区间的中间去扔鸡蛋，而线性扫描选择一层层向上测试。不同的选择会造成状态的转移。

现在明确了"状态"和"选择"，**动态规划的基本思路就形成了**：肯定是个二维的 `dp` 数组或者带有两个状态参数的 `dp` 函数来表示状态转移；外加 1 个 for 循环来遍历所有选择，择最优的选择更新状态：

```
// 定义：当前状态为 K 个鸡蛋，面对 N 层楼
// 返回这个状态下最少的扔鸡蛋次数
int dp(int K, int N):
    int res
    for 1 <= i <= N:
        res = min(res, 这次在第 i 层楼扔鸡蛋 )
    return res
```

这段伪码还没有展示递归和状态转移，不过大致的算法框架已经完成了。

我们选择在第 **i** 层楼扔了鸡蛋之后，可能出现两种情况：鸡蛋碎了，鸡蛋没碎。**注意，这时候状态转移就来了：**

如果鸡蛋碎了，那么鸡蛋的个数 K 应该减 1，搜索的楼层区间应该从 `[1..N]` 变为 `[1..i-1]` 共 `i-1` 层楼；

如果鸡蛋没碎，那么鸡蛋的个数 K 不变，搜索的楼层区间应该从 `[1..N]` 变为 `[i+1..N]` 共 `N-i` 层楼。

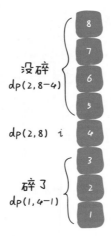

注意：细心的读者可能会问，在第 **i** 层楼扔鸡蛋如果没碎，楼层的搜索区间缩小至上面的楼层，是不是应该包含第 **i** 层楼呀？不必，因为已经包含了。开头说了 **F** 是可以等于 0 的，向上递归后，第 **i** 层楼其实就相当于第 0 层，可以被取到，所以说并没有错误。

因为要求的是**最坏情况**下扔鸡蛋的次数，所以鸡蛋在第 **i** 层楼碎没碎，取决于哪种情况的结果**更大**：

```
int dp(int K, int N):
    for 1 <= i <= N:
        // 最坏情况下的最少扔鸡蛋次数
        res = min(res,
                max(
                    dp(K - 1, i - 1), // 碎
                    dp(K, N - i)      // 没碎
                ) + 1 // 在第 i 楼扔了一次
            )
    return res
```

递归的 base case 很容易理解，当楼层数 **N** 等于 0 时，显然不需要扔鸡蛋；当鸡蛋数 **K** 为 1 时，显然只能线性扫描所有楼层：

```
int dp(int K, int N) {
    // base case
    if (K == 1) return N;
    if (N == 0) return 0;
    // ...
}
```

至此，其实这道题就已经解决了！只要添加 1 个备忘录消除重叠子问题即可：

```
// 备忘录
int[][] memo;

public int superEggDrop(int K, int N) {
    // m 最多不会超过 N 次（线性扫描）
    memo = new int[K + 1][N + 1];
    for (int[] row : memo) {
        Arrays.fill(row, -666);
    }
    return dp(K, N);
}

// 定义：手握 K 个鸡蛋，面对 N 层楼，最少的扔鸡蛋次数为 dp(K, N)
int dp(int K, int N) {
```

```
// base case
if (K == 1) return N;
if (N == 0) return 0;

// 查备忘录避免冗余计算
if (memo[K][N] != -666) {
    return memo[K][N];
}
// 状态转移方程
int res = Integer.MAX_VALUE;
for (int i = 1; i <= N; i++) {
    // 在所有楼层进行尝试，取最少扔鸡蛋次数
    res = Math.min(
        res,
        // 碎和没碎取最坏情况
        Math.max(dp(K, N - i), dp(K - 1, i - 1)) + 1
    );
}
// 结果存入备忘录
memo[K][N] = res;
return res;
}
```

这个算法的时间复杂度是多少呢？**动态规划算法的时间复杂度就是子问题个数 × 函数本身的复杂度。**

函数本身的复杂度就是忽略递归部分的复杂度，这里 dp 函数中有一个 for 循环，所以函数本身的复杂度是 $O(N)$。

子问题个数也就是不同状态组合的总数，显然是两个状态的乘积，也就是 $O(K \times N)$，所以算法的总时间复杂度是 $O(K \times N^2)$，空间复杂度是 $O(K \times N)$。

这个问题很复杂，但是算法代码却十分简洁，这就是动态规划的特性，穷举加备忘录 /DP table 优化，真的没啥新意。

有读者可能不理解代码中为什么用一个 for 循环遍历楼层 `[1..N]`，也许会把这个逻辑和之前探讨的线性扫描混为一谈。其实不是的，**这只是在做一次"选择"。**

比如你有 2 个鸡蛋，面对 10 层楼，你这次选择去哪一层楼扔呢？不知道，那就把这 10 层楼全试一遍。至于下次怎么选择不用你操心，有正确的状态转移，递归算法会把每个选择的代价都算出来，我们取最优的那个就是最优解。

另外，这个问题还有更好的解法，比如修改代码中的 for 循环为二分搜索，可以将时间复杂度降为 $O(K \times N \times \log N)$；再改进动态规划解法可以进一步降为 $O(K \times N)$；使用数学方法解决，时间复杂度达到最优 $O(K \times \log N)$，空间复杂度达到 $O(1)$。

二分的解法也有点误导性，你很可能以为它和之前讨论的二分思路扔鸡蛋有关系，实际上没有任何关系。能用二分搜索是因为状态转移方程的函数图像具有单调性，可以快速找到最值。

接下来我们看一看如何优化。

三、二分搜索优化

二分搜索优化的核心是状态转移方程的单调性，首先简述原始动态规划的思路：

1. 暴力穷举尝试在所有楼层 `1 <= i <= N` 扔鸡蛋，每次选择尝试次数**最少**的那一层；

2. 每次扔鸡蛋有两种可能，要么碎，要么没碎；

3. 如果鸡蛋碎了，`F` 应该在第 `i` 层下面，否则，`F` 可能在第 `i` 层上面；

4. 鸡蛋是碎了还是没碎，取决于哪种情况下尝试次数**更多**，因为我们想求的是最坏情况下的结果。

核心的状态转移代码是这段：

```
// 当前状态为 K 个鸡蛋，面对 N 层楼
// 返回这个状态下的最优结果
int dp(int K, int N):
    for 1 <= i <= N:
        // 最坏情况下的最少扔鸡蛋次数
        res = min(res,
                max(
                    dp(K - 1, i - 1), // 碎
                    dp(K, N - i)      // 没碎
                ) + 1 // 在第 i 楼扔了一次
            )
    return res
```

这个 for 循环就是下面这个状态转移方程的具体代码实现：

$$dp(K, N) = \min_{0 <= i <= N}\{\max\{dp(K - 1, i - 1), dp(K, N - i)\} + 1\}$$

如果能够理解这个状态转移方程，那么就很容易理解二分搜索的优化思路。

首先根据 **dp(K, N)** 数组的定义（有 K 个鸡蛋面对 N 层楼，最少需要扔几次），**很容易知道 K 固定时，这个函数随着 N 的增加一定是单调递增的**，无论你的策略多聪明，楼层增加测试次数一定要增加。

那么注意 `dp(K - 1, i - 1)` 和 `dp(K, N - i)` 这两个函数，其中 `i` 是从 1 到 N 单调递增的，如果固定 `K` 和 `N`，把这两个函数看作关于 `i` 的函数，前者随着 `i` 的增加应该也是单调递增的，而后者随着 `i` 的增加应该是单调递减的：

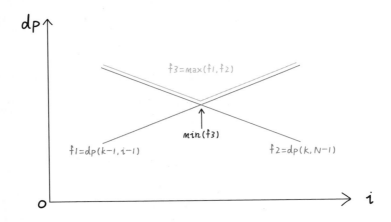

这时求二者的较大值，再求这些最大值之中的最小值，其实就是求这两条直线的交点，也就是浅蓝色折线的最低点 `min(f3)` 嘛。

在 5.5 二分搜索题型套路分析 将会讲，二分搜索的运用很广泛，只要能够找到具有单调性的函数，都很有可能可以运用二分搜索来优化线性搜索的复杂度。回顾这两个 `dp` 函数的曲线，我们要找的最低点其实就是这种情况：

```
for (int i = 1; i <= N; i++) {
    if (dp(K - 1, i - 1) == dp(K, N - i))
        return dp(K, N - i);
}
```

熟悉二分搜索的读者肯定敏感地想到了，这不就是相当于求 Valley（山谷）值嘛，可以用二分搜索来快速寻找这个点，直接看代码吧，将 `dp` 函数的线性搜索改造成了二分搜索，加快了搜索速度：

```
int dp(int K, int N) {
    // base case
    if (K == 1) return N;
    if (N == 0) return 0;

    if (memo[K][N] != -666) {
        return memo[K][N];
    }
}
```

```
// for (int i = 1; i <= N; i++) {
//     res = Math.min(
//         res,
//         Math.max(dp(K, N - i), dp(K - 1, i - 1)) + 1
//     );
// }

// 用二分搜索代替线性搜索
int res = Integer.MAX_VALUE;
int lo = 1, hi = N;
while (lo <= hi) {
    int mid = lo + (hi - lo) / 2;
    // 鸡蛋在第 mid 层碎了和没碎两种情况
    int broken = dp(K - 1, mid - 1);
    int not_broken = dp(K, N - mid);
    // res = min(max( 碎, 没碎 ) + 1)
    if (broken > not_broken) {
        hi = mid - 1;
        res = Math.min(res, broken + 1);
    } else {
        lo = mid + 1;
        res = Math.min(res, not_broken + 1);
    }
}
memo[K][N] = res;
return res;
}
```

这个算法的时间复杂度是多少呢？**动态规划算法的时间复杂度就是子问题个数 × 函数本身的复杂度。**

函数本身的复杂度就是忽略递归部分的复杂度，这里 **dp** 函数中用了一个二分搜索，所以函数本身的复杂度是 $O(\log N)$。

子问题个数也就是不同状态组合的总数，显然是两个状态的乘积，也就是 $O(K \times N)$。

所以算法的总时间复杂度是 $O(K \times N \times \log N)$，空间复杂度是 $O(K \times N)$，效率上比之前的算法 $O(K \times N^2)$ 要高一些。

四、重新定义状态转移

找动态规划的状态转移本来就是见仁见智、比较"玄学"的事情，不同的状态定义可以衍生出不同的解法，其解法和复杂程度都可能有巨大差异，这里就是一个很好的例子。

再回顾一下我们之前定义的 **dp** 数组含义：

```
int dp(int k, int n)
// 当前状态为 k 个鸡蛋，面对 n 层楼
// 返回这个状态下最少的扔鸡蛋次数
```

用 dp 数组表示也是一样的：

```
dp[k][n] = m
// 当前状态为 k 个鸡蛋，面对 n 层楼
// 这个状态下最少的扔鸡蛋次数为 m
```

按照这个定义，就是**确定当前的鸡蛋个数和面对的楼层数，就知道最小扔鸡蛋次数**。最终我们想要的答案就是 dp(K, N) 的结果。

在这种思路下，肯定要穷举所有可能的扔法，用二分搜索优化也只是做了"剪枝"，减小了搜索空间，但本质思路没有变，还是穷举。

现在，我们稍微修改 dp 数组的定义，**确定当前的鸡蛋个数和最多允许的扔鸡蛋次数，就知道能够确定 F 的最高楼层数**。具体来说是这个意思：

```
dp[k][m] = n
// 当前有 k 个鸡蛋，可以尝试扔 m 次鸡蛋
// 这个状态，最坏情况下最多能确切测试一栋 n 层的楼

// 比如 dp[1][7] = 7 表示：
// 现在有 1 个鸡蛋，允许你扔 7 次；
// 这个状态下最多给你 7 层楼，
// 使得你可以确定楼层 F 扔鸡蛋恰好摔不碎
// （一层一层线性探查嘛）
```

这其实就是我们原始思路的一个"反向"版本，先不管这种思路的状态转移怎么写，先来思考一下这种定义之下，最终求解的答案是什么。

我们最终要求的其实是扔鸡蛋次数 m，但是这时候 m 在状态之中而不是 dp 数组的结果，可以这样处理：

```
int superEggDrop(int K, int N) {

    int m = 0;
    while (dp[K][m] < N) {
        m++;
        // 状态转移……
    }
    return m;
}
```

题目不是**给了 K 个鸡蛋，N 层楼，让你求最坏情况下最少的测试次数 m 吗？** `while` 循环结束的条件是 `dp[K][m] == N`，也就是**给你 K 个鸡蛋，测试 m 次，最坏情况下最多能测试 N 层楼。**

注意看这两段描述，是完全一样的！所以说这样组织代码是正确的，关键是状态转移方程怎么找。还要从我们原始的思路开始讲。之前的解法配了这张图帮助大家理解状态转移思路：

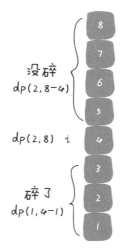

这张图描述的仅仅是某一个楼层 **i**，原始解法还得线性或者二分扫描所有楼层，要求最大值、最小值。但是现在这种 `dp` 定义根本不需要这些了，基于下面两个事实：

1. **无论你在哪层楼扔鸡蛋，鸡蛋只可能摔碎或者没摔碎，碎了的话就测楼下，没碎的话就测楼上。**

2. **无论你上楼还是下楼，总的楼层数 = 楼上的楼层数 + 楼下的楼层数 + 1（当前这层楼）。**

根据这个特点，可以写出下面的状态转移方程：

```
dp[k][m] = dp[k][m - 1] + dp[k - 1][m - 1] + 1
```

`dp[k][m - 1]` 就是楼上的楼层数，因为鸡蛋个数 k 不变，也就是鸡蛋没碎，扔鸡蛋次数 m 减 1；

`dp[k - 1][m - 1]` 就是楼下的楼层数，因为鸡蛋个数 k 减 1，也就是鸡蛋碎了，同时扔鸡蛋次数 m 减 1。

注意：这个 m 为什么要减 1 而不是加 1 ？之前定义得很清楚，这个 m 是一个允许扔鸡蛋的次数上界，而不是扔了几次。

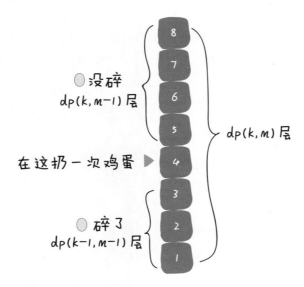

至此，整个思路就完成了，只要把状态转移方程填进框架即可：

```java
int superEggDrop(int K, int N) {
    // m 最多不会超过 N 次（线性扫描）
    int[][] dp = new int[K + 1][N + 1];
    // base case:
    // dp[0][..] = 0
    // dp[..][0] = 0
    // Java 默认初始化数组都为 0
    int m = 0;
    while (dp[K][m] < N) {
        m++;
        for (int k = 1; k <= K; k++)
            dp[k][m] = dp[k][m - 1] + dp[k - 1][m - 1] + 1;
    }
    return m;
}
```

如果你还觉得这段代码有点难以理解，其实它就等同于这样写：

```java
for (int m = 1; dp[K][m] < N; m++)
    for (int k = 1; k <= K; k++)
        dp[k][m] = dp[k][m - 1] + dp[k - 1][m - 1] + 1;
```

看到这种代码形式就熟悉多了吧，因为我们要求的不是 `dp` 数组里的值，而是某个符合条件的索引 `m`，所以用 `while` 循环来找到这个 `m` 而已。

这个算法的时间复杂度是多少？很明显就是两个嵌套循环的复杂度 $O(K \times N)$。

另外，可以看到 `dp[m][k]` 转移只和左边和左上的两个状态有关，可以根据 4.1.4 动态规划的降维打击：空间压缩技巧 的内容优化成一维 `dp` 数组，这里就不写了。

五、还可以再优化

再往下还可以继续优化，我就不具体展开了，仅仅简单提一下思路吧。

在刚才的思路之上，**注意函数 `dp(m, k)` 是随着 `m` 单调递增的，因为鸡蛋个数 `k` 不变时，允许的测试次数越多，可测试的楼层就越高。**

这里又可以借助二分搜索算法快速逼近 `dp[K][m]` == `N` 这个终止条件，时间复杂度进一步下降为 $O(K \times \log N)$。不过我觉得我们能够写出 $O(K \times N \times \log N)$ 的二分优化算法就行了，后面的这些解法呢，我认为不太有必要掌握，把欲望限制在能力的范围之内才能拥有快乐！

不过可以肯定的是，根据二分搜索代替线性扫描 `m` 的取值，代码的大致框架肯定是修改穷举 `m` 的 while 循环：

```
// 把线性搜索改成二分搜索
// for (int m = 1; dp[K][m] < N; m++)
int lo = 1, hi = N;
while (lo < hi) {
    int mid = (lo + hi) / 2;
    if (... < N) {
        lo = ...
    } else {
        hi = ...
    }

    for (int k = 1; k <= K; k++) {
        // 状态转移方程
    }
}
```

简单总结一下，第一个二分优化是利用了 `dp` 函数的单调性，用二分搜索技巧快速搜索答案；第二种优化是巧妙地修改了状态转移方程，简化了求解流程，但相应地，解题逻辑比较难以想到。后续还可以用一些数学方法和二分搜索进一步优化第二种解法，不过不太值得掌握。

4.4.4 戳气球问题

读完本节，你将不仅学到算法套路，还可以顺便解决如下题目：

312. 戳气球（困难）

本节要讲的这道题和 4.4.2 高楼扔鸡蛋问题分析过的高楼扔鸡蛋问题类似，知名度很高，但难度确实也很大。因此专门用一节来了解这道题目到底有多难。

它是力扣第 312 题"戳气球"，题目如下：

输入一个包含非负整数的数组 nums 代表一排气球，nums[i] 代表第 i 个气球的分数。现在，**你要戳破所有气球，请计算最多可能获得多少分？**

分数的计算规则比较特别，当你戳破第 i 个气球时，可以获得

$$nums[left] \times nums[i] \times mums[right]$$

的分数，其中 nums[left] 和 nums[right] 代表气球 i 的左右相邻气球的分数。

> 注意：nums[left] 不一定就是 nums[i-1]，nums[right] 不一定就是 nums[i+1]。比如戳破了 nums[3]，现在 nums[4] 的左侧就和 nums[2] 相邻了。

另外，可以假设 nums[-1] 和 nums[len(nums)] 是两个虚拟气球，它们的值都是 1。

必须要说明的是，这个题目的状态转移方程真的比较巧妙，所以如果你看了题目之后完全没有思路恰恰是正常的。虽然最优答案不容易想出来，但基本的思路分析是我们应该力求做到的。所以本节会先分析常规思路，然后再引入动态规划解法。

一、回溯思路

先来顺一下解决这种问题的套路：

前文多次强调过，很显然只要涉及求最值，没有任何特殊技巧，一定是穷举所有可能的结果，然后对比得出最值。

所以说，只要遇到求最值的算法问题，首先要思考的就是：如何穷举出所有可能的结果。

穷举主要有两种算法，回溯算法和动态规划，前者就是暴力穷举，而后者是根据状态转移方程推导"状态"。

如何将扎气球问题转化成回溯算法呢？这个应该是不难想到的，**其实就是想穷举戳气球的顺序**，不同的戳气球顺序可能得到不同的分数，我们需要把所有可能的分数中最

高的那个找出来，对吧?

那么，这不就是一个"全排列"问题嘛，1.4 回溯算法解题套路框架中有全排列算法的详解和代码，其实只要稍微改一下逻辑即可，伪码思路如下:

```
int res = Integer.MIN_VALUE;
/* 输入一组气球，返回戳破它们获得的最大分数 */
int maxCoins(int[] nums) {
    backtrack(nums, 0);
    return res;
}
/* 回溯算法的伪码解法 */
void backtrack(int[] nums, int socre) {
    if (nums 为空) {
        res = max(res, score);
        return;
    }
    for (int i = 0; i < nums.length; i++) {
        int point = nums[i-1] * nums[i] * nums[i+1];
        int temp = nums[i];
        // 做选择
        在 nums 中删除元素 nums[i]
        // 递归回溯
        backtrack(nums, score + point);
        // 撤销选择
        将 temp 还原到 nums[i]
    }
}
```

回溯算法就是这么简单粗暴，但是相应地，算法的效率非常低。这个解法等同于全排列，所以时间复杂度是阶乘级别，非常高，题目里 **nums** 的大小 n 最多为 500，所以回溯算法肯定是不能通过所有测试用例的。

二、动态规划思路

这个动态规划问题和书中之前的动态规划问题相比有什么特别之处? 为什么它比较难呢?

原因在于，这个问题中我们每戳破一个气球 nums[i]，得到的分数和该气球相邻的气球 nums[i-1] 和 nums[i+1] 是有相关性的。

1.3 动态规划解题套路框架 讲过运用动态规划算法的一个重要条件: **子问题必须独立**。所以对于这个戳气球问题，如果想用动态规划，必须巧妙地定义 dp 数组的含义，避免子问题产生相关性，才能推出合理的状态转移方程。

如何定义 dp 数组呢，这里需要对问题进行一个简单的转化。题目说可以认为 nums[-1] =nums[n]=1，那么我们先直接把这两个边界加进去，形成一个新的数组 points：

```java
int maxCoins(int[] nums) {
    int n = nums.length;
    // 两端加入两个虚拟气球
    int[] points = new int[n + 2];
    points[0] = points[n + 1] = 1;
    for (int i = 1; i <= n; i++) {
        points[i] = nums[i - 1];
    }
    // ...
}
```

现在气球的索引变成了从 1 到 n，points[0] 和 points[n+1] 可以被认为是两个"虚拟气球"。

那么我们可以改变问题：**在一排气球 points 中，请你戳破气球 0 和气球 n+1 之间的所有气球（不包括 0 和 n+1），使得最终只剩下气球 0 和气球 n+1 两个气球，最多能够得到多少分？**

现在可以定义 dp 数组的含义：

dp[i][j] = x 表示，戳破气球 i 和气球 j 之间（开区间，不包括 i 和 j）的所有气球，可以获得的最高分数为 x。

那么根据这个定义，题目要求的结果就是 dp[0][n+1] 的值，而 base case 就是 dp[i][j] = 0，其中 0 <= i <= n+1，j <= i+1，因为这种情况下，开区间 (i, j) 中间根本没有气球可以戳。

```java
// base case 已经都被初始化为 0
int[][] dp = new int[n + 2][n + 2];
```

现在我们要根据这个 dp 数组来推导状态转移方程了，根据前文的套路，所谓的推导"状态转移方程"，实际上就是在思考怎么"做选择"，也就是这道题目最有技巧的部分：

不就是想求戳破气球 i 和气球 j 之间的最高分数吗，如果"正向思考"，就只能写出前文的回溯算法；**我们需要"反向思考"，想一想气球 i 和气球 j 之间最后一个被戳破的气球可能是哪一个？**

其实气球 i 和气球 j 之间的所有气球都可能是最后被戳破的那一个，不妨假设为 k。回顾动态规划的套路，这里其实已经找到了"状态"和"选择"：i 和 j 就是两个"状态"，最后戳破的那个气球 k 就是"选择"。

根据刚才对 dp 数组的定义，如果最后一个戳破气球 k，dp[i][j] 的值应该为：

```
dp[i][j] = dp[i][k] + dp[k][j]
         + points[i]*points[k]*points[j]
```

你不是要最后戳破气球 k 嘛，那得先把开区间 (i, k) 的气球都戳破，再把开区间 (k, j) 的气球都戳破；最后剩下的气球 k，相邻的就是气球 i 和气球 j，这时候戳破 k 的话得到的分数就是 points[i] × points[k] × points[j]。

那么戳破开区间 (i, k) 和开区间 (k, j) 的气球最多能得到的分数是多少呢？嘿嘿，就是 dp[i][k] 和 dp[k][j]，这恰好就是我们对 dp 数组的定义嘛！

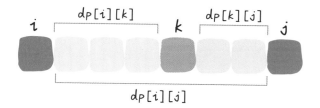

结合这个图，就能体会出 dp 数组定义的巧妙了。由于是开区间，dp[i][k] 和 dp[k][j] 不会影响气球 k；而戳破气球 k 时，旁边相邻的就是气球 i 和气球 j 了，最后还会剩下气球 i 和气球 j，这也恰好满足了 dp 数组开区间的定义。

那么，对于一组给定的 i 和 j，只要穷举 i < k < j 的所有气球 k，选择得分最高的作为 dp[i][j] 的值即可，这也就是状态转移方程：

```
// 最后戳破的气球是哪个？
for (int k = i + 1; k < j; k++) {
    // 择优做选择，使得 dp[i][j] 最大
    dp[i][j] = Math.max(
        dp[i][j],
        dp[i][k] + dp[k][j] + points[i]*points[j]*points[k]
    );
}
```

写出状态转移方程就完成这道题的一大半了，但是还有问题：对于 k 的穷举仅仅是在做"选择"，但是应该如何穷举"状态" i 和 j 呢？

```
for (int i = ...; ; )
    for (int j = ...; ; )
```

```
        for (int k = i + 1; k < j; k++) {
            dp[i][j] = Math.max(
                dp[i][j],
                dp[i][k] + dp[k][j] + points[i]*points[j]*points[k]
            );
    return dp[0][n+1];
```

三、写出代码

关于"状态"的穷举，最重要的一点就是：状态转移所依赖的状态必须被提前计算出来。

拿这道题举例，`dp[i][j]` 所依赖的状态是 `dp[i][k]` 和 `dp[k][j]`，那么我们必须保证：在计算 `dp[i][j]` 时，`dp[i][k]` 和 `dp[k][j]` 已经被计算出来了（其中 `i < k < j`）。

那么应该如何安排 `i` 和 `j` 的遍历顺序，来提供上述的保证呢？ 4.1.2 最优子结构和 dp 数组的遍历方向怎么定 讲过处理这种问题的一个"狡猾"的技巧：**根据 base case 和最终状态进行推导。**

注意：最终状态就是指题目要求的结果，对于这道题目也就是 `dp[0][n+1]`。

我们先把 base case 和最终的状态在 DP table 上画出来：

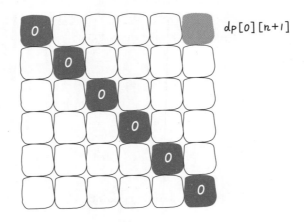

对于任意 `dp[i][j]`，我们希望所有 `dp[i][k]` 和 `dp[k][j]` 已经被计算，画在图上就是这种情况：

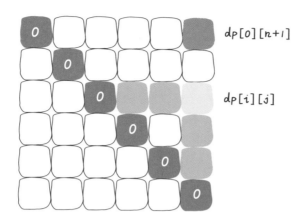

　　那么，为了达到这个要求，可以有两种遍历方法，要么斜着遍历，要么从下到上从左到右遍历：

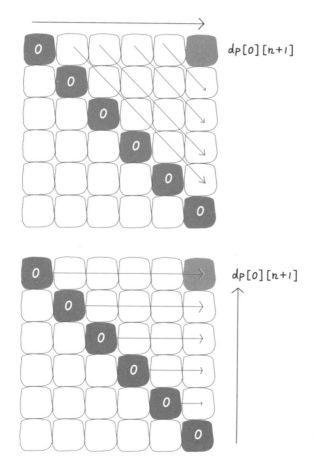

斜着遍历有一点难写，所以一般我们就从下往上遍历，下面看完整代码：

```java
int maxCoins(int[] nums) {
    int n = nums.length;
    // 添加两侧的虚拟气球
    int[] points = new int[n + 2];
    points[0] = points[n + 1] = 1;
    for (int i = 1; i <= n; i++) {
        points[i] = nums[i - 1];
    }
    // base case 已经都被初始化为 0
    int[][] dp = new int[n + 2][n + 2];
    // 开始状态转移
    // i 应该从下往上
    for (int i = n; i >= 0; i--) {
        // j 应该从左往右
        for (int j = i + 1; j < n + 2; j++) {
            // 最后戳破的气球是哪个？
            for (int k = i + 1; k < j; k++) {
                // 择优做选择
                dp[i][j] = Math.max(
                    dp[i][j],
                    dp[i][k] + dp[k][j] + points[i]*points[j]*points[k]
                );
            }
        }
    }
    return dp[0][n + 1];
}
```

关键在于 **dp** 数组的定义，需要避免子问题互相影响，所以我们反向思考，将 **dp[i][j]** 的定义设为开区间，考虑最后戳破的气球是哪一个，以此构建了状态转移方程。对于如何穷举 "状态"，我们使用了小技巧，通过 base case 和最终状态推导出 **i, j** 的遍历方向，保证正确的状态转移。

至此，这道题目就完全解决了，十分巧妙，但也不是那么难，对吧？

第 5 章

/

高频面试系列

经过前面几章的学习，你已经对整个算法的知识架构有了一个比较深入的理解，是否克服了对算法的恐惧呢？题目看似复杂，但从根本上说，它们都有共性，并不是完全无迹可寻的。

接下来的这一章将会把前面学过的数据结构和算法技巧结合起来，形成一套组合拳，解决一些有趣的高频面试题。学完这些题目，你就顺利毕业，可以独自到题海中遨游了！

5.1　链表操作的递归思维一览

读完本节，你将不仅学到算法套路，还可以顺便解决如下题目：

206. 反转链表（简单）	92. 反转链表 II（中等）

反转单链表的迭代实现不是一个困难的事情，但是递归实现就有点难度了，如果再加一点难度，让你仅仅反转单链表中的一部分，你是否能够**递归实现**呢？本节就来由浅入深，一步步地解决这个问题。如果你还不会递归地反转单链表也没关系，**本节会从递归反转整个单链表开始拓展**，只要你明白单链表的结构，相信会有所收获。

```
// 单链表节点的结构
class ListNode {
    int val;
    ListNode next;
    ListNode(int x) { val = x; }
}
```

什么叫反转单链表的一部分呢，就是给你一个索引区间，让你把单链表中这部分元素反转，其他部分不变，看下力扣第 92 题"反转链表 II"：

输入一条单链表，和两个索引 m 和 n（**索引从 1 开始算**，**m < n**，且可以假定 m 和 n 都不会超过链表长度），请你反转链表中位置 m 到位置 n 的节点，返回反转后的链表，函数签名如下：

```
ListNode reverseBetween(ListNode head, int m, int n);
```

比如输入的链表是 `1->2->3->4->5->NULL`，`m = 2, n = 4`，则返回的链表为 `1->4->3->2->5->NULL`。

迭代的思路大概是：先用一个 for 循环找到第 m 个位置，然后再用一个 for 循环将 m 和 n 之间的元素反转。但是我们的递归解法不用一个 for 循环，纯递归实现反转。迭代实现思路看起来虽然简单，但是细节问题很多，相反，递归实现就很简洁优美，下面就由浅入深，先从反转整个单链表说起。

5.1.1 递归反转整个链表

这也是力扣第 206 题"反转链表"，递归反转单链表的算法可能很多读者都听说过，这里详细介绍一下，直接看代码实现：

```
ListNode reverse(ListNode head) {
    if (head == null || head.next == null) {
        return head;
    }
    ListNode last = reverse(head.next);
    head.next.next = head;
    head.next = null;
    return last;
}
```

看起来是不是感觉不知所云，完全不能理解这样为什么能够反转链表？这就对了，这个算法常常拿来显示递归的巧妙和优美，下面来详细解释这段代码。

对于递归算法，最重要的就是明确递归函数的定义。具体来说，我们的 reverse 函数定义是这样的：

输入一个节点 head，将"以 head 为起点"的链表反转，并返回反转之后的头节点。

明白了函数的定义，再来看这个问题。比如我们想反转这个链表：

那么输入 **reverse(head)** 后，会在这里进行递归：

```
ListNode last = reverse(head.next);
```

不要跳进递归（你的脑袋能压几个栈呀？），而是要根据刚才的函数定义，来弄清楚这段代码会产生什么结果：

这个 **reverse(head.next)** 执行完成后，整个链表就成了这样：

并且根据函数定义，**reverse** 函数会返回反转之后的头节点，我们用变量 **last** 接收了。

现在再来看下面的代码：

```
head.next.next = head;
```

head.next.next=head

接下来：

```
head.next = null;
return last;
```

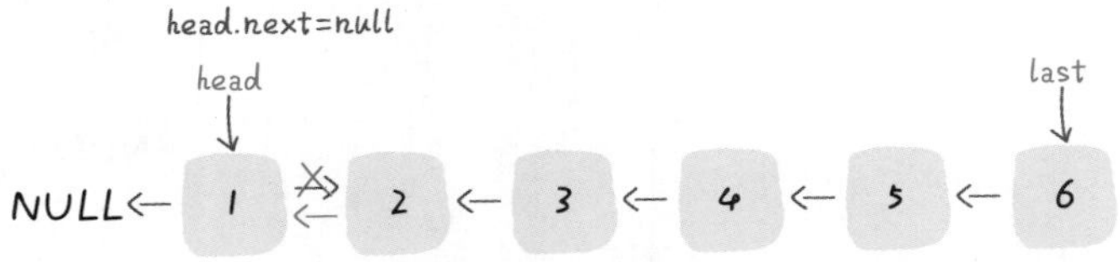

神不神奇，这样整个链表就反转过来了！递归代码就是这么简洁优雅，不过其中有两个地方需要注意：

1. 递归函数要有 base case，也就是这句：

```
if (head.next == null || head.next == null) return head;
```

意思是如果链表为空或者只有一个节点，反转也是它自己，直接返回即可。

2. 当链表递归反转之后，新的头节点是 `last`，而之前的 `head` 变成了最后一个节点，别忘了链表的末尾要指向 null：

```
head.next = null;
```

理解了这两点后，我们就可以进一步深入了，接下来的问题其实都是在这个算法上的扩展。

5.1.2 反转链表前 N 个节点

这次我们实现一个这样的函数：

```
// 将链表的前 n 个节点反转（n <= 链表长度）
ListNode reverseN(ListNode head, int n)
```

比如对于下图链表，执行 **reverseN(head, 3)**:

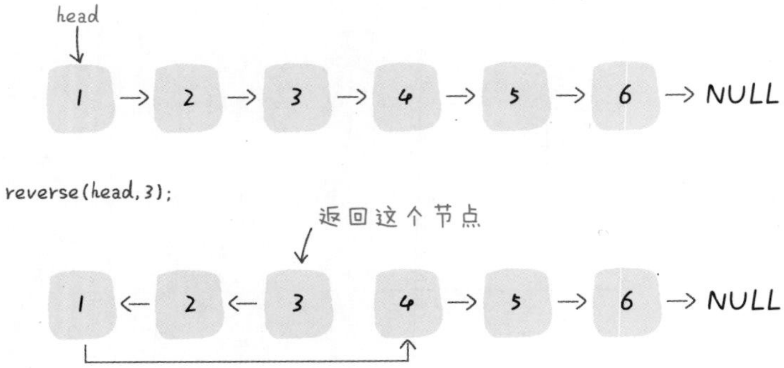

解决思路和反转整个链表差不多，只要稍加修改即可：

```java
ListNode successor = null; // 后驱节点

// 反转以 head 为起点的 n 个节点，返回新的头节点
ListNode reverseN(ListNode head, int n) {
    if (n == 1) {
        // 记录第 n + 1 个节点
        successor = head.next;
        return head;
    }
    // 以 head.next 为起点，需要反转前 n - 1 个节点
    ListNode last = reverseN(head.next, n - 1);

    head.next.next = head;
    // 让反转之后的 head 节点和后面的节点连起来
    head.next = successor;
    return last;
}
```

具体的区别：

1. base case 变为 `n == 1`，反转一个元素，就是它本身，同时**要记录后驱节点**。

2. 刚才我们直接把 `head.next` 设置为 null，因为整个链表反转后原来的 `head` 变成了整个链表的最后一个节点。但现在 `head` 节点在递归反转之后不一定是最后一个节点了，所以要记录后驱 `successor`（第 `n+1` 个节点），反转之后将 `head` 连接上。

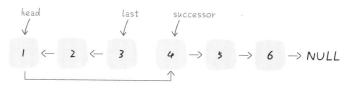

如果这个函数你也能看懂，就离实现"反转一部分链表"不远了。

5.1.3　反转链表的一部分

现在解决前面提出的问题，给一个索引区间 **[m,n]**（索引从 1 开始），仅仅反转区间中的链表元素。

```java
ListNode reverseBetween(ListNode head, int m, int n)
```

首先，如果 **m == 1**，就相当于反转链表开头的 **n** 个元素，也就是我们前面实现的功能：

```java
ListNode reverseBetween(ListNode head, int m, int n) {
```

```
    // base case
    if (m == 1) {
        // 相当于反转前 n 个元素
        return reverseN(head, n);
    }
    // ...
}
```

如果 m != 1 怎么办？如果把 head 的索引视为 1，那么是想从第 m 个元素开始反转对吧；如果把 head.next 的索引视为 1 呢？那么相对于 head.next，反转的区间应该是从第 m-1 个元素开始的；那么对于 head.next.next 呢……

区别于迭代思想，这就是递归思想，所以我们就可以完成代码了：

```
ListNode reverseBetween(ListNode head, int m, int n) {
    // base case
    if (m == 1) {
        return reverseN(head, n);
    }
    // 前进到反转的起点触发 base case
    head.next = reverseBetween(head.next, m - 1, n - 1);
    return head;
}
```

至此，我们的最终目标就被解决了。

最后总结几句，递归的思想相对迭代思想，稍微有点难以理解，处理的技巧是：不要跳进递归，而是利用明确的定义来实现算法逻辑。处理看起来比较困难的问题，可以尝试化整为零，把一些简单的解法进行修改，进而解决困难的问题。

值得一提的是，递归操作链表并不高效。和迭代解法相比，虽然时间复杂度都是 $O(N)$，但是迭代解法的空间复杂度是 $O(1)$，而递归解法需要堆栈，空间复杂度是 $O(N)$。所以递归操作链表可以作为对递归算法的练习或者拿去和小伙伴炫耀，但是考虑效率的话还是使用迭代算法更好。

5.2 田忌赛马背后的算法决策

读完本节，你将不仅学到算法套路，还可以顺便解决如下题目：

870. 优势洗牌（中等）

田忌赛马的故事大家都听说过：

田忌和齐王赛马，两人的马分上中下三等，如果同等级的马对应着比赛，田忌赢不了齐王。但是田忌遇到了孙膑，孙膑就教他用自己的下等马对齐王的上等马，再用自己的上等马对齐王的中等马，最后用自己的中等马对齐王的下等马，结果三局两胜，田忌赢了。

以前学到田忌赛马的课文时，我就在想，如果不是三匹马比赛，而是一百匹马比赛，孙膑还能不能合理地安排比赛的顺序，赢下齐王呢？当时没想出什么好的点子，只觉得这里最核心问题是要尽可能让自己占便宜，让对方吃亏。总结来说就是，**打得过就打，打不过就拿自己的垃圾和对方的精锐互换**。

不过，我一直没具体把这个思路实现出来，直到最近刷到力扣第 870 题 "优势洗牌"，一眼就发现这是田忌赛马问题的加强版：

给你输入两个**长度相等**的数组 `nums1` 和 `nums2`，请你重新组织 `nums1` 中元素的位置，使得 `nums1` 的 "优势" 最大化。如果 `nums1[i] > nums2[i]`，就是说 `nums1` 在索引 `i` 上对 `nums2[i]` 有 "优势"。优势最大化也就是说让你重新组织 `nums1`，尽可能多地让 `nums1[i] > nums2[i]`。

算法签名如下：

```
int[] advantageCount(int[] nums1, int[] nums2);
```

比如输入：

```
nums1 = [12,24,8,32]
nums2 = [13,25,32,11]
```

你的算法应该返回 `[24,32,8,12]`，因为这样排列 `nums1` 的话有三个元素都有"优势"。

这就像田忌赛马的情景，`nums1` 就是田忌的马，`nums2` 就是齐王的马，数组中的元素就是马的战斗力，你就是孙膑，展示你真正的技术吧。

仔细想想，这道题的解法还是有点扑朔迷离的。什么时候应该用下等马故意认输，什么时候应该 "硬刚"？这里面应该有一种算法策略来最大化 "优势"，认输一定是迫不得已而为之的权宜之计，否则田忌就会以为你是齐王买来的演员。只有田忌的上等马比不过齐王的上等马时，才会用下等马去和齐王的上等马互换。

对于比较复杂的问题，可以尝试从特殊情况考虑。

你想，谁应该去应对齐王最快的马？肯定是田忌最快的那匹马，我们简称一号选手。

如果田忌的一号选手比不过齐王的一号选手，那其他马肯定是白给了，显然这种情况应该用田忌垫底的马去认输，降低己方损失，保存实力，增加接下来比赛的胜率。

但如果田忌的一号选手能比得过齐王的一号选手，那就和齐王"硬刚"好了，反正这把田忌可以赢。

你也许说，这种情况下说不定田忌的二号选手也能干得过齐王的一号选手。如果可以的话，让二号选手去对决齐王的一号选手，不是更节约？就好比，如果考 60 分就能过的话，何必考 90 分？每多考一分就亏一分，刚刚好卡在 60 分是最划算的。

这种节约的策略是没问题的，但是没有必要。这也是本题有趣的地方，需要开动脑筋想一想：

我们暂且把田忌的一号选手称为 `T1`，二号选手称为 `T2`，齐王的一号选手称为 `Q1`。

如果 `T2` 能赢 `Q1`，你试图保存己方实力，让 `T2` 去战 `Q1`，把 `T1` 留着是为了对付谁？显然，你担心齐王还有战力大于 `T2` 的马，可以让 `T1` 去对付。

但是你仔细想想，现在 `T2` 已经是可以战胜 `Q1` 的，`Q1` 可是齐王最快的马耶，齐王剩下的那些马里，怎么可能还有比 `T2` 更强的马？

所以，没必要节约，最后我们得出的策略就是：

将齐王和田忌的马按照战斗力排序，然后按照排名一一对比。如果田忌的马能赢，那就比赛，如果赢不了，那就换个垫底的来直接认输，保存实力。

上述思路的代码逻辑如下：

```
int n = nums1.length;

sort(nums1); // 田忌的马
sort(nums2); // 齐王的马

// 从最快的马开始比
for (int i = n - 1; i >= 0; i--) {
    if (nums1[i] > nums2[i]) {
        // 比得过，跟它比
    } else {
        // 比不过，换个垫底的来直接认输
    }
}
```

根据这个思路，我们需要对两个数组排序，但是 `nums2` 中元素的顺序不能改变，因为计算结果的顺序依赖 `nums2` 的顺序，所以不能直接对 `nums2` 进行排序，而是利用其他数据结构来辅助。

同时，最终的解法还用到 2.1.2 数组双指针的解题套路 总结的双指针算法模板，用以处理认输的情况：

```java
int[] advantageCount(int[] nums1, int[] nums2) {
    int n = nums1.length;
    // 给 nums2 降序排序
    PriorityQueue<int[]> maxpq = new PriorityQueue<>(
        (int[] pair1, int[] pair2) -> {
            return pair2[1] - pair1[1];
        }
    );
    for (int i = 0; i < n; i++) {
        maxpq.offer(new int[]{i, nums2[i]});
    }
    // 给 nums1 升序排序
    Arrays.sort(nums1);

    // nums1[left] 是最小值，nums1[right] 是最大值
    int left = 0, right = n - 1;
    int[] res = new int[n];

    while (!maxpq.isEmpty()) {
        int[] pair = maxpq.poll();
        // maxval 是 nums2 中的最大值，i 是对应索引
        int i = pair[0], maxval = pair[1];
        if (maxval < nums1[right]) {
            // 如果 nums1[right] 能胜过 maxval，那就自己上
            res[i] = nums1[right];
            right--;
        } else {
            // 否则用最小值混一下，养精蓄锐
            res[i] = nums1[left];
            left++;
        }
    }
    return res;
}
```

算法的时间复杂度很好分析，也就是二叉堆和排序的复杂度为 $O(N \times \log N)$。至此，这道田忌赛马的题就解决了，其代码实现上用到了双指针技巧，从最快的马开始，比得过就比，比不过就认输，这样就能对任意数量的马求取一个最优的比赛策略了。

5.3 一道数组去重的算法题把我整蒙了

读完本节，你将不仅学到算法套路，还可以顺便解决如下题目：

> 316. 去除重复字母（中等）

关于去重算法，应该没什么难度，往哈希集合里面塞不就行了吗？最多给你加点限制，问你怎么给有序数组原地去重，这个在 2.1.2 数组双指针的解题套路 讲过。

本节讲的问题应该是去重相关算法中难度较大的了，这是力扣第 316 题"去除重复字母"，题目如下：

给你一个字符串 **s**，请你去除字符串中重复的字母，使得每个字母只出现一次。需保证**返回结果的字典序最小，且不能打乱字符的相对位置。**

> 注意：这道题和第 1081 题"不同字符的最小子序列"的解法是完全相同的，你可以把这道题的解法代码直接粘过去把 1081 题也做掉。

题目的要求总结出来有三点：

要求一、**要去重。**

要求二、去重字符串中的字符顺序**不能打乱 s 中字符出现的相对顺序。**

要求三、在所有符合要求二的去重字符串中，**字典序最小**的作为最终结果。

上述三条要求结合起来可能有点难理解，我举个例子，比如输入字符串 s = **"bebc"**，去重且符合相对位置的字符串有两个，分别是 **"bec"** 和 **"ebc"**，但是我们的算法要返回 **"bec"**，因为它的字典序更小。

按理说，如果我们想要有序的结果，那就得对原字符串排序对吧，但是排序后就不能保证符合 s 中字符出现顺序了，这似乎是矛盾的。其实这里会借鉴 2.2.4 单调栈结构解决三道算法题中讲到的"单调栈"的思路，没看过也无妨，马上你就明白了。

我们先暂时忽略要求三，用"栈"来实现要求一和要求二，至于为什么用栈来实现，后面你就知道了：

```
String removeDuplicateLetters(String s) {
    // 存放去重的结果
    Stack<Character> stk = new Stack<>();
    // 布尔数组初始值为 false，记录栈中是否存在某个字符
    // 输入字符均为 ASCII 字符，所以大小为 256 就够用了
    boolean[] inStack = new boolean[256];
```

```
    for (char c : s.toCharArray()) {
        // 如果字符 c 存在栈中，直接跳过
        if (inStack[c]) continue;
        // 若不存在，则插入栈顶并标记为存在
        stk.push(c);
        inStack[c] = true;
    }

    StringBuilder sb = new StringBuilder();
    while (!stk.empty()) {
        sb.append(stk.pop());
    }
    // 栈中元素插入顺序是反的，需要 reverse 一下
    return sb.reverse().toString();
}
```

这段代码的逻辑很简单吧，就是用布尔数组 **inStack** 记录栈中元素，达到去重的目的，**此时栈中的元素都是没有重复的。**

如果输入 s = "bcabc"，这个算法会返回 "bca"，已经符合要求一和要求二了，但是题目希望要的答案是 "abc"。

那我们想一想，如果想满足要求三，保证字典序，需要做些什么修改？

在向栈 **stk** 中插入字符 'a' 的这一刻，我们的算法需要知道，字符 'a' 的字典序和之前的两个字符 'b' 和 'c' 相比，谁大谁小？

如果当前字符 'a' 比之前的字符字典序小，就有可能需要把前面的字符 pop 出栈，让 'a' 排在前面，对吧？

那么，我们先改一版代码：

```
String removeDuplicateLetters(String s) {
    Stack<Character> stk = new Stack<>();
    boolean[] inStack = new boolean[256];

    for (char c : s.toCharArray()) {
        if (inStack[c]) continue;

        // 插入之前，和之前的元素比较大小
        // 如果字典序比前面的小，pop 前面的元素
        while (!stk.isEmpty() && stk.peek() > c) {
            // 弹出栈顶元素，并把该元素标记为不在栈中
            inStack[stk.pop()] = false;
        }
```

```
        stk.push(c);
        inStack[c] = true;
    }

    StringBuilder sb = new StringBuilder();
    while (!stk.empty()) {
        sb.append(stk.pop());
    }
    return sb.reverse().toString();
}
```

这段代码也好理解，就是插入了一个 while 循环，连续 pop 出比当前字符小的栈顶字符，直到栈顶元素比当前元素的字典序还小为止。这是不是有点"单调栈"的意思了？

这样，对于输入 s = "bcabc"，我们可以得出正确结果 "abc" 了。

但是，如果我改一下输入，假设 s = "bcac"，按照刚才的算法逻辑，返回的结果是 "ac"，而正确答案应该是 "bac"，分析一下这是怎么回事。

很容易发现，因为 s 中只有唯一一个 'b'，即便字符 'a' 的字典序比字符 'b' 要小，字符 'b' 也不应该被 pop 出去。

那问题出在哪里？

我们的算法在 stk.peek() > c 时才会 pop 元素，其实这时候应该分两种情况：

情况一、如果 stk.peek() 这个字符之后还会出现，那么可以把它 pop 出去，反正后面还有嘛，后面再 push 到栈里，刚好符合字典序的要求。

情况二、如果 stk.peek() 这个字符之后不会出现了，前面也说了栈中不会存在重复的元素，那么就不能把它 pop 出去，否则你就永远失去了这个字符。

回到 s = "bcac" 这个例子，插入字符 'a' 的时候，发现前面的字符 'c' 的字典序比 'a' 大，且在 'a' 之后还存在字符 'c'，那么栈顶的这个 'c' 就会被 pop 掉。

while 循环继续判断，发现前面的字符 'b' 的字典序还是比 'a' 大，但是在 'a' 之后再没有字符 'b' 了，所以不应该把 'b' pop 出去。

那么关键就在于，如何让算法知道字符 'a' 之后有几个 'b' 有几个 'c' 呢？

也不难，只要再改一版代码：

```
String removeDuplicateLetters(String s) {
    Stack<Character> stk = new Stack<>();
```

```java
    // 维护一个计数器记录字符串中字符的数量
    // 因为输入为 ASCII 字符，大小为 256 就够用了
    int[] count = new int[256];
    for (int i = 0; i < s.length(); i++) {
        count[s.charAt(i)]++;
    }

    boolean[] inStack = new boolean[256];
    for (char c : s.toCharArray()) {
        // 每遍历过一个字符，都将对应的计数减 1
        count[c]--;

        if (inStack[c]) continue;

        while (!stk.isEmpty() && stk.peek() > c) {
            // 若之后不存在栈顶元素了，则停止 pop
            if (count[stk.peek()] == 0) {
                break;
            }
            // 若之后还有，则可以 pop
            inStack[stk.pop()] = false;
        }
        stk.push(c);
        inStack[c] = true;
    }

    StringBuilder sb = new StringBuilder();
    while (!stk.empty()) {
        sb.append(stk.pop());
    }
    return sb.reverse().toString();
}
```

我们用了一个计数器 count，当字典序较小的字符试图"挤掉"栈顶元素的时候，在 count 中检查栈顶元素是否是唯一的，只有当后面还存在栈顶元素的时候才能挤掉，否则不能挤掉。至此，这个算法就结束了，时间空间复杂度都是 $O(N)$。

你还记得前面提到的三个要求吗？我们是怎么达成这三个要求的？

针对要求一，通过 inStack 这个布尔数组做到栈 stk 中不存在重复元素。

针对要求二，我们顺序遍历字符串 s，通过"栈"这种顺序结构的 push/pop 操作记录结果字符串，保证了字符出现的顺序和 s 中出现的顺序一致。这里也可以想到为什么要用"栈"这种数据结构，因为先进后出的结构允许我们立即操作刚插入的字符，如果用"队列"肯定是做不到的。

针对要求三，我们用类似单调栈的思路，配合计数器 `count` 不断 pop 掉不符合最小字典序的字符，保证了最终得到的结果字典序最小。当然，由于栈的结构特点，我们最后需要把栈中元素取出后再反转一次才是最终结果。这应该是数组去重的最高境界了，没做过还真不容易想出来。你学会了吗？

5.4 带权重的随机选择算法

读完本节，你将不仅学到算法套路，还可以顺便解决如下题目：

> 528. 按权重随机选择（中等）

想必大家在玩类似英雄联盟这样的排位竞技类游戏时都吐槽过游戏的匹配机制，比如系统经常给你匹配技术比较"菜"的队友，导致游戏体验比较糟糕。具体的匹配机制我不清楚，毕竟匹配机制是所有竞技类游戏的核心环节，想必非常复杂，不是简单几个指标就能搞定的。但是如果把游戏的匹配机制简化，倒是一个值得思考的算法问题：

系统如何在不同的概率约束下进行随机匹配？或者简单点说，如何带权重地做随机选择？

不要觉得这个很容易，如果给你一个长度为 `n` 的数组，让你从中等概率随机抽取一个元素，你肯定会做，随机出来一个 `[0，n-1]` 的数字作为索引就行了，每个元素被随机选到的概率都是 `1/n`。但假设每个元素都有不同的权重，权重的大小代表随机选到这个元素的概率大小，你如何写算法去随机获取元素呢？

力扣第 528 题"按权重随机选择"就是这样一个问题，请你实现下面这个类：

```
class Solution {
    // 构造函数
    public Solution(int[] w);

    // 随机选择函数
    public int pickIndex();
}
```

构造函数输入一个权重数组 `w`，其中的每个元素 `w[i]` 代表选中该元素的随机权重，`pickIndex` 在 `w` 中按照权重随机选择一个元素，返回其索引。比如输入 `w = [1,3]`，那么 `pickIndex` 函数返回索引 0 的概率应该是 25%，返回索引 1 的概率应该是 75%。

下面就来思考一下这个问题，解决按照权重随机选择元素的问题。

5.4.1 解法思路

首先回顾一下和随机算法有关的章节：

2.2.3 *O*(1) 时间删除 / 查找数组中的任意元素 主要考查的是数据结构的使用，每次把元素移到数组尾部再删除，可以避免数据搬移。不过 2.2.3 节并不能解决本节提出的问题，反而是 2.1.3 小而美的算法技巧：前缀和数组**加上** 1.7 我写了首诗，保你闭着眼睛都能写出二分搜索算法**能够解决带权重的随机选择算法**。

这个随机算法和前缀和技巧及二分搜索技巧能扯上啥关系？假设给你输入的权重数组是 `w = [1,3,2,1]`，我们想让概率符合权重，那么可以抽象一下，根据权重画出这么一条线段：

如果我在线段上随机丢一颗石子，石子落在哪个颜色上，我就选择该颜色对应的权重索引，那么每个索引被选中的概率是不是就是和权重相关联了？

所以，你再仔细看看这条彩色的线段像什么？这不就是前缀和数组嘛：

那么接下来，如何模拟在线段上扔石子？当然是随机数，比如上述前缀和数组 `preSum`，取值范围是 `[1, 7]`，那么生成一个在这个区间的随机数 `target = 5`，就好像在这条线段中随机扔了一颗石子：

还有一个问题，`preSum` 中并没有 5 这个元素，我们应该选择比 5 大的最小元素，也就是 6，即 `preSum` 数组的索引 3：

如何快速寻找数组中大于或等于目标值的最小元素？二分搜索算法就是我们想要的。

到这里，这道题的核心思路就说完了，主要分几步：

1. 根据权重数组 `w` 生成前缀和数组 `preSum`。

2. 生成一个取值在 `preSum` 之内的随机数，用二分搜索算法寻找大于或等于这个随机数的最小元素索引。

3. 最后对这个索引减 1（因为前缀和数组有一位索引偏移），就可以作为权重数组的索引，即最终答案：

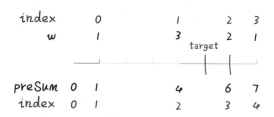

5.4.2　解法代码

上述思路应该不难理解，但是写代码的时候坑可就多了。要知道涉及开闭区间、索引偏移和二分搜索的题目，需要你对算法的细节把控非常精确，否则会出各种难以排查的 bug。

下面来抠细节，继续前面的例子：

比如这个 `preSum` 数组，你觉得随机数 `target` 应该在什么范围取值？闭区间 `[0, 7]` 还是左闭右开 `[0, 7)`？都不是，应该在闭区间 `[1, 7]` 中选择，**因为前缀和数组中 0 本质上是个占位符**，仔细体会一下：

所以要这样写代码：

```
int n = preSum.length;
// target 取值范围是闭区间 [1, preSum[n - 1]]
int target = rand.nextInt(preSum[n - 1]) + 1;
```

接下来，在 **preSum** 中寻找大于或等于 **target** 的最小元素索引，应该用什么类型的二分搜索？搜索左侧边界的还是搜索右侧边界的？实际上应该使用搜索左侧边界的二分搜索：

```
// 搜索左侧边界的二分搜索
int left_bound(int[] nums, int target) {
    if (nums.length == 0) return -1;
    int left = 0, right = nums.length;
    while (left < right) {
        int mid = left + (right - left) / 2;
        if (nums[mid] == target) {
            right = mid;
        } else if (nums[mid] < target) {
            left = mid + 1;
        } else if (nums[mid] > target) {
            right = mid;
        }
    }
    return left;
}
```

1.7 我写了首诗，保你闭着眼睛都能写出二分搜索算法 着重讲了数组中存在目标元素重复的情况，没仔细讲目标元素不存在的情况，这里补充一下。

当目标元素 target 不存在于数组 nums 中时，搜索左侧边界的二分搜索的返回值可以做以下几种解读：

1. 返回的这个值是 **nums** 中大于或等于 **target** 的最小元素索引。

2. 返回的这个值是 **target** 应该插入在 **nums** 中的索引位置。

3. 返回的这个值是 **nums** 中小于 **target** 的元素个数。

比如在有序数组 **nums = [2,3,5,7]** 中搜索 **target = 4**，搜索左边界的二分算法会返回 2，你带入上面的说法，都是对的。所以以上三种解读都是等价的，可以根据具体题目场景灵活运用，显然这里我们需要的是第一种。

综上，可以写出最终解法代码：

```
class Solution {
    // 前缀和数组
```

```java
private int[] preSum;
private Random rand = new Random();

public Solution(int[] w) {
    int n = w.length;
    // 构建前缀和数组，偏移一位留给 preSum[0]
    preSum = new int[n + 1];
    preSum[0] = 0;
    // preSum[i] = sum(w[0..i-1])
    for (int i = 1; i <= n; i++) {
        preSum[i] = preSum[i - 1] + w[i - 1];
    }
}

public int pickIndex() {
    int n = preSum.length;
    // 在闭区间 [1, preSum[n - 1]] 中随机选择一个数字
    int target = rand.nextInt(preSum[n - 1]) + 1;
    // 获取 target 在前缀和数组 preSum 中的索引
    // 别忘了前缀和数组 preSum 和原始数组 w 有一位索引偏移
    return left_bound(preSum, target) - 1;
}

// 搜索左侧边界的二分搜索
private int left_bound(int[] nums, int target) {
    // 见上文
}
}
```

有了之前的铺垫，相信你能够完全理解上述代码，这道随机权重的题目就解决了。

最后说几句，经常有读者调侃，每次看书都是"云刷题"，看完就会了，也不用亲自动手刷了。但我想说的是，很多题目思路一说就懂，但是深入一些的话很多细节都可能有坑，本节讲的这道题就是一个例子，所以还是建议多实践，多总结，纸上得来终觉浅，绝知此事要躬行。

5.5　二分搜索题型套路分析

读完本节，你将不仅学到算法套路，还可以顺便解决如下题目：

875. 爱吃香蕉的珂珂（中等）	1011. 在 D 天内送达包裹的能力（中等）
410. 分割数组的最大值（困难）	

我们在第 1 章就详细介绍了二分搜索的细节问题，探讨了"搜索一个元素""搜索左侧边界""搜索右侧边界"这三个情况，教你如何写出正确无 bug 的二分搜索算法。

但是前文总结的二分搜索代码框架局限于"在有序数组中搜索指定元素"这个基本场景，具体的算法问题没有这么直接，可能你都很难看出这个问题能够用到二分搜索。

所以本节就来总结一套二分搜索算法运用的框架套路，帮你在遇到二分搜索算法相关的实际问题时，能够有条理地思考分析，步步为营，写出答案。

5.5.1 原始的二分搜索代码

二分搜索的原型就是在"**有序数组**"中搜索一个元素 `target`，返回该元素对应的索引。如果该元素不存在，那可以返回一个什么特殊值，这种细节问题只要微调算法实现就可实现。

还有一个重要的问题，如果有序数组中存在多个 `target` 元素，那么这些元素肯定挨在一起，这里就涉及算法应该返回最左侧的那个 `target` 元素的索引还是最右侧的那个 `target` 元素的索引，也就是所谓的"搜索左侧边界"和"搜索右侧边界"，这个也可以通过微调算法的代码来实现。

在具体的算法问题中，常用到的是"搜索左侧边界"和"搜索右侧边界"这两种场景，很少让你单独"搜索一个元素"。

因为算法题一般都让你求最值，比如让你求吃香蕉的"最小速度"，让你求轮船的"最低运载能力"，求最值的过程，必然是搜索一个边界的过程，所以下面就详细分析这两种搜索边界的二分算法代码。

> 注意：本节使用的都是左闭右开的二分搜索写法，如果你喜欢两端都闭的写法，可自行改写。

"搜索左侧边界"的二分搜索算法的具体代码实现如下：

```
// 搜索左侧边界
int left_bound(int[] nums, int target) {
    if (nums.length == 0) return -1;
    int left = 0, right = nums.length;

    while (left < right) {
        int mid = left + (right - left) / 2;
        if (nums[mid] == target) {
            // 当找到 target 时，收缩右侧边界
            right = mid;
        } else if (nums[mid] < target) {
```

```
            left = mid + 1;
        } else if (nums[mid] > target) {
            right = mid;
        }
    },
    return left;
}
```

假设输入的数组 `nums = [1,2,3,3,3,5,7]`，想搜索的元素 `target = 3`，那么算法就会返回索引 2。

如果画一张图，就是这样：

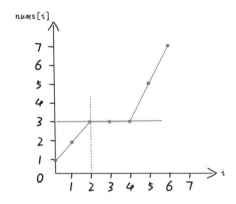

"搜索右侧边界"的二分搜索算法的具体代码实现如下：

```
// 搜索右侧边界
int right_bound(int[] nums, int target) {
    if (nums.length == 0) return -1;
    int left = 0, right = nums.length;

    while (left < right) {
        int mid = left + (right - left) / 2;
        if (nums[mid] == target) {
            // 当找到 target 时，收缩左侧边界
            left = mid + 1;
        } else if (nums[mid] < target) {
            left = mid + 1;
        } else if (nums[mid] > target) {
            right = mid;
        }
    }
    return left - 1;
}
```

输入同上,那么算法就会返回索引 4,如果画一张图,就是这样:

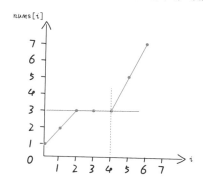

好,上述内容都属于复习,我想读到这里的读者应该都能理解。记住这张图,所有能够抽象出上述图像的问题,都可以使用二分搜索解决。

5.5.2 二分搜索问题的泛化

什么问题可以运用二分搜索算法技巧呢?

首先,你要从题目中抽象出一个自变量 x,一个关于 x 的函数 f(x),以及一个目标值 target。

同时,x,f(x),target 还要满足以下条件:

1. f(x) 必须是在 x 上的单调函数(单调递增单调递减都可以)。

2. 题目是让你计算满足约束条件 f(x) == target 时的 x 的值。

上述规则听起来有点抽象,来举个具体的例子:

给你一个升序排列的有序数组 nums 以及一个目标元素 target,请计算 target 在数组中的索引位置,如果有多个目标元素,返回最小的索引。

这就是"搜索左侧边界"这个基本题型,解法代码之前都写了,但这里面 x,f(x),target 分别是什么呢?

我们可以把数组中元素的索引认为是自变量 x,函数关系 f(x) 就可以这样设定:

```
// 函数 f(x) 是关于自变量 x 的单调递增函数
// 入参 nums 是不会改变的,所以可以忽略,不算自变量
int f(int x, int[] nums) {
    return nums[x];
}
```

其实这个函数 f 就是在访问数组 nums，因为题目给我们的数组 nums 是升序排列的，所以函数 f(x) 就是在 x 上单调递增的函数。

最后，题目让我们求什么来着？是不是让我们计算元素 target 的最左侧索引？是不是就相当于在问我们"满足 f(x) == target 的 x 的最小值是多少"？

画一张图，如下：

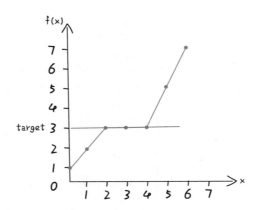

如果遇到一个算法问题，能够把它抽象成这幅图，就可以对它运用二分搜索算法。

算法代码如下：

```
// 函数 f 是关于自变量 x 的单调递增函数
int f(int x, int[] nums) {
    return nums[x];
}

int left_bound(int[] nums, int target) {
    if (nums.length == 0) return -1;
    int left = 0, right = nums.length;

    while (left < right) {
        int mid = left + (right - left) / 2;
        if (f(mid, nums) == target) {
            // 当找到 target 时，收缩右侧边界
            right = mid;
        } else if (f(mid, nums) < target) {
            left = mid + 1;
        } else if (f(mid, nums) > target) {
            right = mid;
        }
    }
}
```

```
    return left;
}
```

这段代码把之前的代码微调了一下，把直接访问 `nums[mid]` 套了一层函数 `f`，其实就是多此一举，但是，这样能抽象出二分搜索思想在具体算法问题中的框架。

5.5.3 运用二分搜索的套路框架

想要运用二分搜索解决具体的算法问题，可以从以下代码框架着手思考：

```
// 函数 f 是关于自变量 x 的单调函数
int f(int x) {
    // ...
}

// 主函数，在 f(x) == target 的约束下求 x 的最值
int solution(int[] nums, int target) {
    if (nums.length == 0) return -1;
    // 问自己：自变量 x 的最小值是多少？
    int left = ...;
    // 问自己：自变量 x 的最大值是多少？
    int right = ... + 1;

    while (left < right) {
        int mid = left + (right - left) / 2;
        if (f(mid) == target) {
            // 问自己：题目是求左边界还是右边界？
            // ...
        } else if (f(mid) < target) {
            // 问自己：怎么让 f(x) 大一点儿？
            // ...
        } else if (f(mid) > target) {
            // 问自己：怎么让 f(x) 小一点儿？
            // ...
        }
    }
    return left;
}
```

具体来说，想要用二分搜索算法解决问题，分为以下几步：

1. 确定 `x`，`f(x)`，`target` 分别是什么，并写出函数 `f` 的代码。

2. 找到 `x` 的取值范围作为二分搜索的搜索区间，初始化 `left` 和 `right` 变量。

3. **根据题目的要求，确定应该使用搜索左侧还是搜索右侧的二分搜索算法，写出解法代码。**

下面用几道例题来讲解这个流程。

5.5.4 例题一：珂珂吃香蕉

这是力扣第 875 题"爱吃香蕉的珂珂"：

输入一个长度为 `N` 的正整数数组 `piles` 代表 `N` 堆香蕉，`piles[i]` 代表第 `i` 堆香蕉的数量。珂珂吃香蕉的速度为每小时 `K` 根，而且每小时他最多吃一堆香蕉，如果吃不下的话留到下一小时再吃；如果吃完了这一堆还有胃口，他也只会等到下一小时才会吃下一堆。

在这个条件下，请你写一个算法，确定珂珂吃香蕉的**最小速度 `K`**，使他能够在 `H` 小时内把这些香蕉都吃完，函数签名如下：

```
int minEatingSpeed(int[] piles, int H);
```

那么，对于这道题，如何运用刚才总结的套路，写出二分搜索解法代码？

按步骤思考即可：

1. 确定 `x, f(x), target` 分别是什么，并写出函数 `f` 的代码。

自变量 `x` 是什么呢？回忆之前的函数图像，二分搜索的本质就是在搜索自变量。所以，题目让求什么，就把什么设为自变量，珂珂吃香蕉的速度就是自变量 `x`。

那么，在 `x` 上单调的函数关系 `f(x)` 是什么？显然，吃香蕉的速度越快，吃完所有香蕉堆所需的时间就越短，速度和时间就是一个单调函数关系。

所以，`f(x)` 函数就可以这样定义：若吃香蕉的速度为 `x` 根 / 小时，则需要 `f(x)` 小时吃完所有香蕉。由于题目给的数据规模较大，所以函数的返回值需要 `long` 类型防止溢出。

代码实现如下：

```
// 定义：速度为 x 时，需要 f(x) 小时吃完所有香蕉
// f(x) 随着 x 的增加单调递减
long f(int[] piles, int x) {
    long hours = 0;
    for (int i = 0; i < piles.length; i++) {
        hours += piles[i] / x;
        if (piles[i] % x > 0) {
            hours++;
```

```
        }
    }
    return hours;
}
```

> 注意：为什么 `f(x)` 的返回值是 `long` 类型？因为你注意题目给的数据范围和 `f` 函数的逻辑。`piles` 数组中元素的最大值是 10^9，最多有 10^4 个元素；那么当 `x` 取值为 1 时，`hours` 变量就会被加到 10^{13} 这个数量级，超过了 `int` 类型的最大值（大概 2×10^9 这个量级），所以这里用 `long` 类型避免可能出现的整型溢出。

`target` 就很明显了，吃香蕉的时间限制 `H` 自然就是 `target`，是对 `f(x)` 返回值的最大约束。

2. 找到 `x` 的取值范围作为二分搜索的搜索区间，初始化 `left` 和 `right` 变量。

珂珂吃香蕉的速度最小是多少？多大是多少？

显然，最小速度应该是 1，最大速度是 `piles` 数组中元素的最大值，因为每小时最多吃一堆香蕉，胃口再大也白搭嘛。

这里可以有两种选择，要么你用一个 for 循环去遍历 `piles` 数组，计算最大值，要么你看题目给的约束，`piles` 中的元素取值范围是多少，然后给 `right` 初始化一个取值范围之外的值。

我选择第二种，假设 `1 <= piles[i] <= 10^9`，那么就可以确定二分搜索的区间边界：

```
public int minEatingSpeed(int[] piles, int H) {
    int left = 1;
    // 注意，我选择左闭右开的二分搜索写法，right 是开区间，所以再加 1
    int right = 1000000000 + 1;

    // ...
}
```

因为我们二分搜索是对数级别的复杂度，所以 `right` 就算是个很大的值，算法的效率依然很高。

3. 根据题目的要求，确定应该使用搜索左侧还是搜索右侧的二分搜索算法，写出解法代码。

现在我们确定了自变量 `x` 是吃香蕉的速度，`f(x)` 是单调递减的函数，`target` 就是吃香蕉的时间限制 `H`，题目要我们计算最小速度，也就是 `x` 要尽可能小：

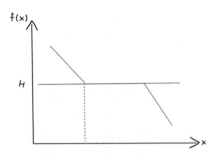

这就是搜索左侧边界的二分搜索嘛，不过注意 **f(x)** 是单调递减的，不要闭眼睛套框架，需要结合上图进行思考，写出代码：

```
public int minEatingSpeed(int[] piles, int H) {
    int left = 1;
    int right = 1000000000 + 1;

    while (left < right) {
        int mid = left + (right - left) / 2;
        if (f(piles, mid) == H) {
            // 搜索左侧边界，则需要收缩右侧边界
            right = mid;
        } else if (f(piles, mid) < H) {
            // 需要让 f(x) 的返回值大一些
            right = mid;
        } else if (f(piles, mid) > H) {
            // 需要让 f(x) 的返回值小一些
            left = mid + 1;
        }
    }
    return left;
}
```

注意：我这里采用的是左闭右开的二分搜索写法，关于这个算法中的细节问题，1.7 我写了首诗，保你闭着眼睛都能写出二分搜索算法 进行了详细分析，这里不展开了。

至此，这道题就解决了。我们的代码框架中多余的 **if** 分支主要是帮助理解的，写出正确解法后建议合并多余的分支，可以提高算法运行的效率：

```
public int minEatingSpeed(int[] piles, int H) {
    int left = 1;
    int right = 1000000000 + 1;

    while (left < right) {
        int mid = left + (right - left) / 2;
```

```
        if (f(piles, mid) <= H) {
            right = mid;
        } else {
            left = mid + 1;
        }
    }
    return left;
}

// f(x) 随着 x的增加单调递减
long f(int[] piles, int x) {
    // 见上文
}
```

注意：我们代码框架中多余的 if 分支主要是帮助理解的，写出正确解法后建议合并多余的分支，可以提高算法运行的效率。

5.5.5 例题二：运送货物

再看看力扣第 1011 题"在 D 天内送达包裹的能力"：

给你一个正整数数组 **weights** 和一个正整数 **D**，其中 **weights** 代表一系列货物，**weights[i]** 的值代表第 **i** 件物品的重量，货物不可分割且必须按顺序运输。现在你有一艘货船，要在 **D** 天内按顺序运完所有货物，货物不可分割，如何确定货船的最小载重呢？

函数签名如下：

```
int shipWithinDays(int[] weights, int days);
```

比如输入 **weights = [1,2,3,4,5,6,7,8,9,10]**，**D = 5**，那么算法需要返回 15。

因为要想在 5 天内完成运输的话，第一天运输五件货物 1，2，3，4，5；第二天运输两件货物 6，7；第三天运输一件货物 8；第四天运输一件货物 9；第五天运输一件货物 10。所以船的最小载重应该是 15，再少就要超过 5 天了。

和上一道题一样，我们按照流程来就行：

1. 确定 **x**, **f(x)**, **target** 分别是什么，并写出函数 **f** 的代码。

题目问什么，什么就是自变量，也就是说船的运载能力就是自变量 **x**。

运输天数和运载能力成反比，所以可以让 **f(x)** 计算 **x** 的运载能力下需要的运输天数，那么 **f(x)** 是单调递减的。

函数 f(x) 的实现如下：

```
// 定义：当运载能力为 x 时，需要 f(x) 天运完所有货物
// f(x) 随着 x 的增加单调递减
int f(int[] weights, int x) {
    int days = 0;
    for (int i = 0; i < weights.length; ) {
        // 尽可能多装货物
        int cap = x;
        while (i < weights.length) {
            if (cap < weights[i]) break;
            else cap -= weights[i];
            i++;
        }
        days++;
    }
    return days;
}
```

对于这道题，target 显然就是运输天数 D，我们要在 f(x) == D 的约束下，算出船的最小载重。

2. 找到 x 的取值范围作为二分搜索的搜索区间，初始化 left 和 right 变量。

船的最小载重是多少？最大载重是多少？

显然，船的最小载重应该是 weights 数组中元素的最大值，因为每次至少得装一件货物走，不能装不下嘛。

最大载重显然就是 weights 数组所有元素之和，也就是一次把所有货物都装走。

这样就确定了搜索区间 [left, right)：

```
public int shipWithinDays(int[] weights, int days) {
    int left = 0;
    // 注意，right 是开区间，所以额外加 1
    int right = 1;
    for (int w : weights) {
        left = Math.max(left, w);
        right += w;
    }

    // ...
}
```

3. 需要根据题目的要求，确定应该使用搜索左侧还是搜索右侧的二分搜索算法，写出解法代码。

现在我们确定了自变量 **x** 是船的载重能力，**f(x)** 是单调递减的函数，**target** 就是运输总天数限制 **D**，题目要我们计算船的最小载重，也就是 **x** 要尽可能小：

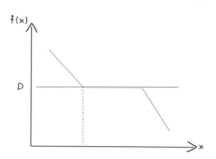

这就是搜索左侧边界的二分搜索嘛，结合上图就可写出二分搜索代码：

```
public int shipWithinDays(int[] weights, int days) {
    int left = 0;
    // 注意，right 是开区间，所以额外加 1
    int right = 1;
    for (int w : weights) {
        left = Math.max(left, w);
        right += w;
    }

    while (left < right) {
        int mid = left + (right - left) / 2;
        if (f(weights, mid) == days) {
            // 搜索左侧边界，则需要收缩右侧边界
            right = mid;
        } else if (f(weights, mid) < days) {
            // 需要让 f(x) 的返回值大一些
            right = mid;
        } else if (f(weights, mid) > days) {
            // 需要让 f(x) 的返回值小一些
            left = mid + 1;
        }
    }

    return left;
}
```

到这里，这道题的解法也写出来了，我们合并一下多余的 if 分支，提高代码运行速度，最终代码如下：

```java
public int shipWithinDays(int[] weights, int days) {
    int left = 0;
    int right = 1;
    for (int w : weights) {
        left = Math.max(left, w);
        right += w;
    }

    while (left < right) {
        int mid = left + (right - left) / 2;
        if (f(weights, mid) <= days) {
            right = mid;
        } else {
            left = mid + 1;
        }
    }

    return left;
}

int f(int[] weights, int x) {
    // 见上文
}
```

5.5.6 例题三：分割数组

我们再实操一下力扣第 410 题"分割数组的最大值"，难度为困难：

输入一个非负整数数组 nums 和一个整数 m，你的算法需要将这个数组分成 m 个非空的连续子数组，且使得这 m 个子数组各自和的最大值最小，返回这 m 个子数组各自元素和的最大值，函数签名如下：

```java
int splitArray(int[] nums, int m);
```

这道题目比较绕，又是最大值又是最小值，简单说，给你输入一个数组 nums 和数字 m，你要把 nums 分割成 m 个子数组。肯定有不止一种分割方法，每种分割方法都会把 nums 分成 m 个子数组，这 m 个子数组中肯定有一个和最大的子数组对吧？

我们想要找一个分割方法，该方法分割出的最大子数组和是所有方法中最大子数组和最小的，请你的算法返回这个分割方法对应的最大子数组和。

我的妈呀，这个题目看了就觉得难得不行，完全没思路，这题怎么运用之前说的套路，转化成二分搜索呢？

其实，这道题和上面讲的运输问题是一模一样的，不相信的话我给你改写一下题目：

你只有一艘货船，现在有若干货物，每个货物的重量是 `nums[i]`，现在你需要在 `m` 天内将这些货物运走，请问你的货船的最小载重是多少？

这不就是刚才我们解决的力扣第 1011 题 "在 D 天内送达包裹的能力" 吗？

货船每天运走的货物就是 `nums` 的一个子数组；在 `m` 天内运完就是将 `nums` 划分成 `m` 个子数组；让货船的载重尽可能小，就是让所有子数组中最大的那个子数组元素之和尽可能小。

所以这道题的解法直接复制粘贴运输问题的解法代码即可：

```
int splitArray(int[] nums, int m) {
    return shipWithinDays(nums, m);
}

int shipWithinDays(int[] weights, int days) {
    // 见上文
}

int f(int[] weights, int x) {
    // 见上文
}
```

本节就到这里，总结一下，如果发现题目中存在单调关系，就可以尝试使用二分搜索的思路来解决。搞清楚单调性和二分搜索的种类，通过分析和画图，就能够写出最终的代码。

5.6　如何高效解决接雨水问题

读完本节，你将不仅学到算法套路，还可以顺便解决如下题目：

42. 接雨水（困难）	11. 盛最多水的容器（中等）

力扣第 42 题 "接雨水" 挺有意思，在面试题中的出现频率还挺高的，本节就来步步优化，讲解一下这道题：

给你输入一个长度为 `n` 的 `nums` 数组代表二维平面内一排宽度为 1 的柱子，每个元素 `nums[i]` 都是非负整数，代表第 `i` 个柱子的高度。现在请你计算，如果下雨了，这些柱子能够装下多少雨水？

　　说白了就是用一个数组表示一个条形图，问你这个条形图最多能接多少水，函数签名如下：

```
int trap(int[] height);
```

　　比如输入 `height = [0,1,0,2,1,0,1,3,1,1,2,1]`，输出为 7，如下图：

　　下面就来由浅入深介绍暴力解法 -> 备忘录解法 -> 双指针解法，在 $O(N)$ 时间 $O(1)$ 空间内解决这个问题。

5.6.1　核心思路

　　所以对于这种问题，我们不要想整体，而应该去想局部；就像之前的章节讲的动态规划处理字符串问题，不要考虑如何处理整个字符串，而是去思考应该如何处理每一个字符。这么一想，可以发现这道题的思路其实很简单，具体来说，仅仅对于位置 `i`，能装下多少水呢？

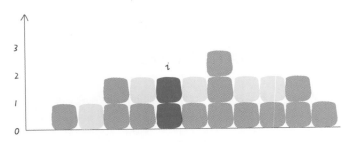

　　在上图的例子中，能装 2 格水，因为 `height[i]` 的高度为 0，且这里最多能盛 2 格水，2-0=2。

　　为什么位置 `i` 最多能盛 2 格水呢？因为，位置 `i` 能达到的水柱高度和其左边的最高柱子、右边的最高柱子有关，我们分别称这两根柱子高度为 `l_max` 和 `r_max`；位置 `i` 最大的水柱高度就是 `min(l_max, r_max)`。

更进一步，对于位置 **i**，能够装的水为：

```
water[i] = min(
            # 左边最高的柱子
            max(height[0..i]),
            # 右边最高的柱子
            max(height[i..end])
        ) - height[i]
```

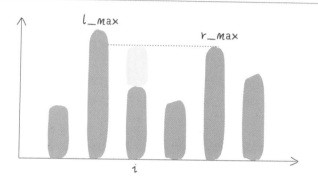

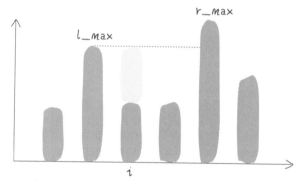

这就是本问题的核心思路，我们可以简单写一个暴力算法：

```java
int trap(int[] height) {
    int n = height.length;
    int res = 0;
    for (int i = 1; i < n - 1; i++) {
        int l_max = 0, r_max = 0;
        // 找右边最高的柱子
        for (int j = i; j < n; j++)
            r_max = Math.max(r_max, height[j]);
        // 找左边最高的柱子
        for (int j = i; j >= 0; j--)
            l_max = Math.max(l_max, height[j]);
```

```
        // 如果自己就是最高的话
        // l_max == r_max == height[i]
        res += Math.min(l_max, r_max) - height[i];
    }
    return res;
}
```

有之前的思路，这个解法应该是很直接粗暴的，时间复杂度为 $O(N^2)$，空间复杂度为 $O(1)$。但是很明显这种计算 r_max 和 l_max 的方式非常笨拙，一般的优化方法就是备忘录。

5.6.2 备忘录优化

之前的暴力解法，不是在每个位置 i 都要计算 r_max 和 l_max 嘛，我们直接把结果都提前计算出来，别每次都遍历，这样时间复杂度不就降下来了嘛。

开两个数组 r_max 和 l_max 充当备忘录，l_max[i] 表示位置 i 左边最高的柱子高度，r_max[i] 表示位置 i 右边最高的柱子高度。预先把这两个数组计算好，避免重复计算：

```
int trap(int[] height) {
    if (height.length == 0) {
        return 0;
    }
    int n = height.length;
    int res = 0;
    // 数组充当备忘录
    int[] l_max = new int[n];
    int[] r_max = new int[n];
    // 初始化 base case
    l_max[0] = height[0];
    r_max[n - 1] = height[n - 1];
    // 从左向右计算 l_max
    for (int i = 1; i < n; i++)
        l_max[i] = Math.max(height[i], l_max[i - 1]);
    // 从右向左计算 r_max
    for (int i = n - 2; i >= 0; i--)
        r_max[i] = Math.max(height[i], r_max[i + 1]);
    // 计算答案
    for (int i = 1; i < n - 1; i++)
        res += Math.min(l_max[i], r_max[i]) - height[i];
    return res;
}
```

这个优化其实和暴力解法思路差不多，就是避免了重复计算，把时间复杂度降为 $O(N)$，已经是最优了，但是空间复杂度是 $O(N)$。下面来看一个精妙一些的解法，能够把空间复杂度降到 $O(1)$。

5.6.3　双指针解法

这种解法的思路和前一节的完全相同，但在实现手法上非常巧妙，我们这次也不要用备忘录提前计算了，而是用双指针**边走边算**，降低空间复杂度。首先，看一部分代码：

```java
int trap(int[] height) {
    int left = 0, right = height.length - 1;
    int l_max = 0, r_max = 0;

    while (left < right) {
        l_max = Math.max(l_max, height[left]);
        r_max = Math.max(r_max, height[right]);
        // 此时 l_max 和 r_max 分别表示什么？
        left++; right--;
    }
}
```

对于这部分代码，请问 **l_max** 和 **r_max** 分别表示什么意义呢？很容易理解，**l_max** 是 `height[0..left]` 中最高柱子的高度，**r_max** 是 `height[right..end]` 的最高柱子的高度。

明白了这一点，直接看解法：

```java
int trap(int[] height) {
    int left = 0, right = height.length - 1;
    int l_max = 0, r_max = 0;

    int res = 0;
    while (left < right) {
        l_max = Math.max(l_max, height[left]);
        r_max = Math.max(r_max, height[right]);

        // res += min(l_max, r_max) - height[i]
        if (l_max < r_max) {
            res += l_max - height[left];
            left++;
        } else {
            res += r_max - height[right];
            right--;
        }
    }
    return res;
}
```

你看，其中的核心思想和之前一模一样，换汤不换药。但是细心的读者可能会发现

此解法还是有些细节上的差异:

之前的备忘录解法, `l_max[i]` 和 `r_max[i]` 分别代表 `height[0..i]` 和 `height[i..end]` 的最高柱子高度。

```
res += Math.min(l_max[i], r_max[i]) - height[i];
```

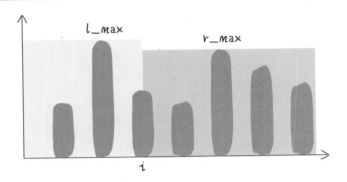

但是双指针解法中, `l_max` 和 `r_max` 代表的是 `height[0..left]` 和 `height[right..end]` 的最高柱子高度。比如这段代码:

```
if (l_max < r_max) {
    res += l_max - height[left];
    left++;
}
```

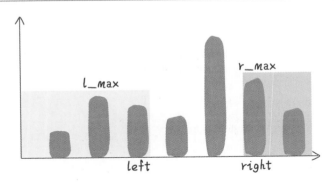

此时的 `l_max` 是 `left` 指针左边的最高柱子,但是 `r_max` 并不一定是 `left` 指针右边最高的柱子,这真的可以得到正确答案吗? 其实这个问题要这样思考,我们只在乎 `min(l_max, r_max)`。对于上图的情况,我们已经知道 `l_max < r_max` 了,至于这个 `r_max` 是不是右边最大的,不重要。重要的是 `height[i]` 能够装的水只和较低的 `l_max` 之差有关:

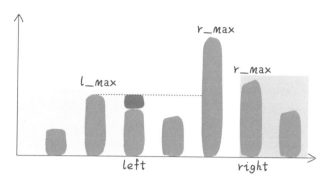

这样，接雨水问题就解决了。

5.6.4 扩展延伸

下面看一道和接雨水问题非常类似的题目，力扣第 11 题"盛最多水的容器"：

给定一个长度为 `n` 的整数数组 `height` 代表 `n` 条垂线，其中第 `i` 条垂线的高度为 `height[i]`。找出其中的两条垂线，使得它们与 x 轴共同构成的容器可以容纳最多的水，返回容器可以储存的最大水量。

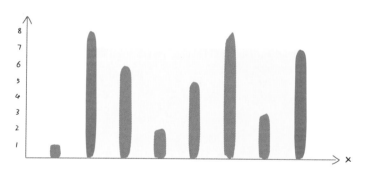

函数签名如下：

```
int maxArea(int[] height);
```

这题和接雨水问题很类似，可以完全套用前文的思路，而且还更简单。两道题的区别在于：

接雨水问题类似一幅直方图，每个横坐标都有宽度，而本题给出的每个横坐标是一条竖线，没有宽度。

前文讨论了很多 `l_max` 和 `r_max` 的内容，实际上都是为了计算 `height[i]` 能够装多少水；而本题中 `height[i]` 没有宽度，那自然就好办多了。

举个例子，如果在接雨水问题中，你知道了 `height[left]` 和 `height[right]` 的高度，能算出 `left` 和 `right` 之间能够盛下多少水吗？不能，因为你不知道 `left` 和 `right` 之间每根柱子具体能盛多少水，要通过每根柱子的 `l_max` 和 `r_max` 来计算才行。

反过来，就本题而言，你知道了 `height[left]` 和 `height[right]` 的高度，能算出 `left` 和 `right` 之间能够盛下多少水吗？可以，因为本题中竖线没有宽度，所以 `left` 和 `right` 之间能够盛的水就是：

```
min(height[left], height[right]) * (right - left)
```

类似接雨水问题，高度是由 `height[left]` 和 `height[right]` 较小的值决定的，所以解决这道题的思路依然是双指针技巧：

用 `left` 和 `right` 两个指针从两端向中心收缩，一边收缩一边计算 `[left, right]` 之间的矩形面积，取最大的面积值即是答案。

先直接看解法代码吧：

```java
int maxArea(int[] height) {
    int left = 0, right = height.length - 1;
    int res = 0;
    while (left < right) {
        // [left, right] 之间的矩形面积
        int cur_area = Math.min(height[left], height[right]) * (right - left);
        res = Math.max(res, cur_area);
        // 双指针技巧，移动较低的一边
        if (height[left] < height[right]) {
            left++;
        } else {
            right--;
        }
    }
    return res;
}
```

代码和接雨水问题大致相同，不过肯定有读者会问，下面这段 if 语句为什么要移动较低的一边：

```java
// 双指针技巧，移动较低的一边
if (height[left] < height[right]) {
    left++;
} else {
    right--;
}
```

其实也好理解，因为矩形的高度是由 `min(height[left], height[right])` 即较低的一边决定的：

如果移动较低的那一边，那条边可能会变高，使得矩形的高度变大，进而就"有可能"使得矩形的面积变大；相反，如果去移动较高的那一边，矩形的高度是无论如何都不会变大的，所以不可能使矩形的面积变得更大。

至此，这道题也解决了。

5.7 一个函数解决 nSum 问题

读完本节，你将不仅学到算法套路，还可以顺便解决如下题目：

15. 三数之和（中等）	18. 四数之和（中等）

经常刷力扣的读者肯定知道鼎鼎有名的两数之和（twoSum）问题，倒不是因为这道题多巧妙，而是因为这道题是题号为 1 的题目。有的朋友颇具幽默感，就说自己背单词背了半年还是 abandon，刷题刷了半年还是 twoSum，以此来调侃自己不爱学习。

言归正传，除了 `twoSum` 问题，力扣上面还有 `3Sum`，`4Sum` 问题，以后如果想出个 `5Sum`，`6Sum` 也不是不可以。

总结来说，这类 `nSum` 问题就是给你输入一个数组 `nums` 和一个目标和 `target`，让你从 `nums` 选择 n 个数，使得这些数字之和为 `target`。

那么，对于这种问题有没有什么好办法用套路解决呢？本节就由浅入深，层层推进，用一个函数来解决所有 `nSum` 类型的问题。

提前说一下，对于本节探讨的题目，使用 C++ 编写的代码最方便也最清晰易懂，所以本节给出的都是 C++ 代码，你可以自行翻译成熟悉的语言。

5.7.1 twoSum 问题

这里我来编一道 twoSum 题目：

如果假设输入一个数组 `nums` 和一个目标和 `target`，请你返回 `nums` 中能够凑出 `target` 的两个元素的值，比如输入 `nums = [1,3,5,6]`，`target = 9`，那么算法返回两个元素 `[3,6]`。可以假设有且仅有一对元素可以凑出 `target`。

我们可以先对 nums 排序，然后利用 2.1.2 数组双指针的解题套路 写过的左右双指针技巧，从两端相向而行就行了：

```cpp
vector<int> twoSum(vector<int>& nums, int target) {
    // 先对数组排序
    sort(nums.begin(), nums.end());
    // 左右指针
    int lo = 0, hi = nums.size() - 1;
    while (lo < hi) {
        int sum = nums[lo] + nums[hi];
        // 根据 sum 和 target 的比较，移动左右指针
        if (sum < target) {
            lo++;
        } else if (sum > target) {
            hi--;
        } else if (sum == target) {
            return {nums[lo], nums[hi]};
        }
    }
    return {};
}
```

这样就可以解决这个问题了，不过我们要继续调整题目，把这个题目变得更泛化，更困难一点儿：

nums 中可能有多对元素之和都等于 target，请你的算法返回所有和为 target 的元素对，其中不能出现重复。

函数签名如下：

```cpp
vector<vector<int>> twoSumTarget(vector<int>& nums, int target);
```

比如输入为 nums = [1,3,1,2,2,3], target = 4，那么算法返回的结果就是：[[1,3],[2,2]]（注意，我要求返回元素，而不是索引）。

对于修改后的问题，关键难点是现在可能有多个和为 target 的数对，还不能重复，比如上述例子中 [1,3] 和 [3,1] 就算重复，只能算一次。

首先，基本思路肯定还是排序加双指针：

```cpp
vector<vector<int>> twoSumTarget(vector<int>& nums, int target) {
    // 先对数组排序
    sort(nums.begin(), nums.end());
    vector<vector<int>> res;
    int lo = 0, hi = nums.size() - 1;
```

```
    while (lo < hi) {
        int sum = nums[lo] + nums[hi];
        // 根据 sum 和 target 的比较，移动左右指针
        if      (sum < target) lo++;
        else if (sum > target) hi--;
        else {
            res.push_back({nums[lo], nums[hi]});
            lo++; hi--;
        }
    }
    return res;
}
```

但是，这样实现会造成重复的结果，比如 `nums = [1,1,1,2,2,3,3]`，`target = 4`，得到的结果中 `[1,3]` 肯定会重复。

出问题的地方在于 `sum == target` 条件的 if 分支，当给 `res` 加入一次结果后，`lo` 和 `hi` 不仅应该相向而行，而且应该跳过所有重复的元素：

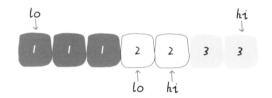

所以，可以对双指针的 while 循环做出如下修改：

```
while (lo < hi) {
    int sum = nums[lo] + nums[hi];
    // 记录索引 lo 和 hi 最初对应的值
    int left = nums[lo], right = nums[hi];
    if (sum < target)      lo++;
    else if (sum > target) hi--;
    else {
        res.push_back({left, right});
        // 跳过所有重复的元素
        while (lo < hi && nums[lo] == left) lo++;
        while (lo < hi && nums[hi] == right) hi--;
    }
}
```

这样就可以保证一个答案只被添加 1 次，重复的结果都会被跳过，可以得到正确的答案。不过，受这个思路的启发，其实前两个 if 分支也可以做一点效率优化，跳过相同的元素：

```cpp
vector<vector<int>> twoSumTarget(vector<int>& nums, int target) {
    // nums 数组必须有序
    sort(nums.begin(), nums.end());
    int lo = 0, hi = nums.size() - 1;
    vector<vector<int>> res;
    while (lo < hi) {
        int sum = nums[lo] + nums[hi];
        int left = nums[lo], right = nums[hi];
        if (sum < target) {
            while (lo < hi && nums[lo] == left) lo++;
        } else if (sum > target) {
            while (lo < hi && nums[hi] == right) hi--;
        } else {
            res.push_back({left, right});
            while (lo < hi && nums[lo] == left) lo++;
            while (lo < hi && nums[hi] == right) hi--;
        }
    }
    return res;
}
```

这样，一个通用化的 **twoSum** 函数就写出来了，请确保你理解了该算法的逻辑，后面解决 3Sum 和 4Sum 的时候会复用这个函数。

这个函数的时间复杂度非常容易看出来，双指针操作的部分虽然有那么多 while 循环，但是时间复杂度还是 $O(N)$，而排序的时间复杂度是 $O(N \times logN)$，所以这个函数的时间复杂度是 $O(N \times logN)$。

5.7.2　3Sum 问题

这是力扣第 15 题 "三数之和"：

给你输入一个数组 nums，请你判断其中是否存在三个元素 a, b, c 使得 $a + b + c = 0$，如果有的话，请你找出所有满足条件且不重复的三元组。

比如输入 nums = [-1,0,1,2,-1,-4]，算法应该返回的结果是两个三元组 [[-1,0,1],[-1,-1,2]]。注意，结果中不能包含重复的三元组，函数签名如下：

```cpp
vector<vector<int>> threeSum(vector<int>& nums);
```

这样，我们再泛化一下题目，不要仅针对和为 0 的三元组了，计算和为 **target** 的三元组吧，和上面的 **twoSum** 一样，也不允许重复的结果：

```cpp
vector<vector<int>> threeSum(vector<int>& nums) {
    // 求和为 0 的三元组
    return threeSumTarget(nums, 0);
}

vector<vector<int>> threeSumTarget(vector<int>& nums, int target) {
    // 输入数组 nums，返回所有和为 target 的三元组
}
```

这个问题怎么解决呢？**很简单，穷举呗**。现在想找和为 **target** 的三个数字，那么对于第一个数字，可能是什么？**nums** 中的每一个元素 **nums[i]** 都有可能！

确定了第一个数字之后，剩下的两个数字可以是什么呢？其实就是和为 **target - nums[i]** 的两个数字呗，那不就是 **twoSum** 函数解决的问题吗？

可以直接写代码了，需要把 **twoSum** 函数稍作修改即可复用：

```cpp
/* 从 nums[start] 开始，计算有序数组
 * nums 中所有和为 target 的二元组 */
vector<vector<int>> twoSumTarget(
    vector<int>& nums, int start, int target) {
    // 左指针改为从 start 开始，其他不变
    int lo = start, hi = nums.size() - 1;
    vector<vector<int>> res;
    while (lo < hi) {
        ...
    }
    return res;
}

/* 计算数组 nums 中所有和为 target 的三元组 */
vector<vector<int>> threeSumTarget(vector<int>& nums, int target) {
    // 数组得排序
    sort(nums.begin(), nums.end());
    int n = nums.size();
    vector<vector<int>> res;
    // 穷举 threeSum 的第一个数
    for (int i = 0; i < n; i++) {
        // 对 target - nums[i] 计算 twoSum
        vector<vector<int>>
            tuples = twoSumTarget(nums, i + 1, target - nums[i]);
        // 如果存在满足条件的二元组，再加上 nums[i] 就是结果三元组
        for (vector<int>& tuple : tuples) {
            tuple.push_back(nums[i]);
            res.push_back(tuple);
        }
```

```
        // 跳过第一个数字重复的情况，否则会出现重复结果
        while (i < n - 1 && nums[i] == nums[i + 1]) i++;
    }
    return res;
}
```

需要注意的是，类似 twoSum，3Sum 的结果也可能重复，比如输入是 nums = [1,1,1,2,3]，target = 6，结果就会重复。

关键点在于，不能让第一个数重复，至于后面的两个数，我们复用的 twoSum 函数会保证它们不重复，所以代码中必须用一个 while 循环来保证 3Sum 中第一个元素不重复。

至此，3Sum 问题就解决了，时间复杂度不难算，排序的复杂度为 $O(N \times \log N)$，twoSumTarget 函数中的双指针操作的复杂度为 $O(N)$，threeSumTarget 函数在 for 循环中调用 twoSumTarget，所以总的时间复杂度就是 $O(N \times \log N + N^2) = O(N^2)$。

5.7.3 4Sum 问题

这是力扣第 18 题"四数之和"：

输入一个数组 nums 和一个目标值 target，请问 nums 中是否存在 4 个元素 a，b，c，d 使得 a + b + c + d = target？请你找出所有符合条件且不重复的四元组。

比如输入 nums = [-1,0,1,2,-1,-4]，target = 0，算法应该返回如下三个四元组：

```
[[-1,  0, 0, 1],
 [-2, -1, 1, 2],
 [-2,  0, 0, 2]]
```

函数签名如下：

```
vector<vector<int>> fourSum(vector<int>& nums, int target);
```

都到这份上了，4Sum 完全就可以用相同的思路：穷举第一个数字，然后调用 3Sum 函数计算剩下三个数，最后组合出和为 target 的四元组。

```
vector<vector<int>> fourSum(vector<int>& nums, int target) {
    // 数组需要排序
    sort(nums.begin(), nums.end());
    int n = nums.size();
    vector<vector<int>> res;
    // 穷举 fourSum 的第一个数
    for (int i = 0; i < n; i++) {
```

```cpp
        // 对 target - nums[i] 计算 threeSum
        vector<vector<int>>
            triples = threeSumTarget(nums, i + 1, target - nums[i]);
        // 如果存在满足条件的三元组，再加上 nums[i] 就是结果四元组
        for (vector<int>& triple : triples) {
            triple.push_back(nums[i]);
            res.push_back(triple);
        }
        // fourSum 的第一个数不能重复
        while (i < n - 1 && nums[i] == nums[i + 1]) i++;
    }
    return res;
}


/* 从 nums[start] 开始，计算有序数组
 * nums 中所有和为 target 的三元组 */
vector<vector<int>> threeSumTarget(vector<int>& nums, int start, long target) {
    int n = nums.size();
    vector<vector<int>> res;
    // i 从 start 开始穷举，其他都不变
    for (int i = start; i < n; i++) {
        ...
    }
    return res;
}
```

这样，按照相同的套路，**4Sum** 问题就解决了，时间复杂度的分析和之前类似，for 循环中调用了 **threeSumTarget** 函数，所以总的时间复杂度就是 $O(N^3)$。

注意我们把 **threeSumTarget** 函数签名中的 **target** 变量设置为 **long** 类型，因为本题 **nums[i]** 和 **target** 的取值都是 $[-10^9, 10^9]$，**int** 类型的话会造成溢出。

5.7.4 100Sum 问题

在力扣上，**4Sum** 就到头了，**但是回想刚才写 3Sum 和 4Sum 的过程，实际上是遵循相同的模式的。**我相信你只要稍微修改一下 **4Sum** 的函数就可以复用并解决 **5Sum** 问题，然后解决 **6Sum** 问题……

那么，如果我让你求 **100Sum** 问题，怎么办呢？其实我们可以观察上面这些解法，统一出一个 **nSum** 函数：

```cpp
/* 注意：调用这个函数之前一定要先给 nums 排序 */
// n 填写想求的是几数之和，start 从哪个索引开始计算（一般填 0），target 填想凑出的目标和
vector<vector<int>> nSumTarget(
```

```
vector<int>& nums, int n, int start, long target) {

    int sz = nums.size();
    vector<vector<int>> res;
    // 至少是 2Sum，且数组大小不应该小于 n
    if (n < 2 || sz < n) return res;
    // 2Sum 是 base case
    if (n == 2) {
        // 双指针那一套操作
        int lo = start, hi = sz - 1;
        while (lo < hi) {
            int sum = nums[lo] + nums[hi];
            int left = nums[lo], right = nums[hi];
            if (sum < target) {
                while (lo < hi && nums[lo] == left) lo++;
            } else if (sum > target) {
                while (lo < hi && nums[hi] == right) hi--;
            } else {
                res.push_back({left, right});
                while (lo < hi && nums[lo] == left) lo++;
                while (lo < hi && nums[hi] == right) hi--;
            }
        }
    } else {
        // n > 2 时，递归计算 (n-1)Sum 的结果
        for (int i = start; i < sz; i++) {
            vector<vector<int>>
                sub = nSumTarget(nums, n - 1, i + 1, target - nums[i]);
            for (vector<int>& arr : sub) {
                // (n-1)Sum 加上 nums[i] 就是 nSum
                arr.push_back(nums[i]);
                res.push_back(arr);
            }
            while (i < sz - 1 && nums[i] == nums[i + 1]) i++;
        }
    }
    return res;
}
```

嗯，看起来很长，实际上就是把之前的题目解法合并起来了，`n == 2` 时是 `twoSum` 的双指针解法，`n > 2` 时就是穷举第一个数字，然后递归调用计算 `(n-1)Sum`，组装答案。

根据之前几道题的时间复杂度可以推算，本函数的时间复杂度应该是 $O(N^{n-1})$，N 为数组的长度，`n` 为组成和的数字的个数。

需要注意的是，调用这个 `nSumTarget` 函数之前一定要先给 `nums` 数组排序，因为

nSumTarget 是一个递归函数，如果在 nSumTarget 函数里调用排序函数，那么每次递归都会进行没有必要的排序，效率会非常低。

比如现在我们写力扣上的 4Sum 问题：

```cpp
vector<vector<int>> fourSum(vector<int>& nums, int target) {
    sort(nums.begin(), nums.end());
    // n 为 4，从 nums[0] 开始计算和为 target 的四元组
    return nSumTarget(nums, 4, 0, target);
}
```

再比如力扣的 3Sum 问题，找 target == 0 的三元组：

```cpp
vector<vector<int>> threeSum(vector<int>& nums) {
    sort(nums.begin(), nums.end());
    // n 为 3，从 nums[0] 开始计算和为 0 的三元组
    return nSumTarget(nums, 3, 0, 0);
}
```

那么，如果让你计算 100Sum 问题，直接调用这个函数就完事了。

5.8 一个方法解决最近公共祖先问题

读完本节，你将不仅学到算法套路，还可以顺便解决如下题目：

236. 二叉树的最近公共祖先（中等）	1644. 二叉树的最近公共祖先 II（中等）
1650. 二叉树的最近公共祖先 III（中等）	1676. 二叉树的最近公共祖先 IV（中等）
235. 二叉搜索树的最近公共祖先（简单）	

如果说笔试的时候经常遇到动态规化、回溯这种变化多端的题目，那么面试会倾向于一些比较经典的问题，难度不算大，而且也比较实用。

本节就用 Git 引出一个经典的算法问题：最近公共祖先（Lowest Common Ancestor，简称 LCA）。

git pull 这个命令我们会经常用到，它默认是使用 merge 方式将远端别人的修改拉到本地；如果带上参数 -r，就会使用 rebase 的方式将远端修改拉到本地。这二者最直观的区别就是：merge 方式合并的分支会看到很多"分叉"，而 rebase 方式合并的分支就是一条直线。但无论哪种方式，如果存在冲突，Git 都会检测出来并让你手动解决冲突。

那么问题来了，Git 是如何检测两条分支是否存在冲突的呢？

以 `rebase` 命令为例，比如下图的情况，我站在 `dev` 分支执行 `git rebase master`，然后 `dev` 就会接到 `master` 分支之上：

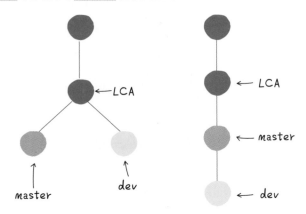

在这个过程中，Git 是这么做的：

首先，找到这两条分支的最近公共祖先 `LCA`，然后从 `master` 节点开始，重演 `LCA` 到 `dev` 几个 `commit` 的修改，如果这些修改和 `LCA` 到 `master` 的 `commit` 有冲突，就会提示你手动解决冲突，最后的结果就是把 `dev` 的分支完全接到 `master` 上面。

那么，Git 是如何找到两条不同分支的最近公共祖先的呢？这就是一个经典的算法问题了，下面我来由浅入深讲一讲。

5.8.1 寻找一个元素

先不管最近公共祖先问题，我请你实现一个简单的算法：给你输入一棵没有重复元素的二叉树根节点 `root` 和一个目标值 `val`，请你写一个函数寻找树中值为 `val` 的节点。

函数签名如下：

```
TreeNode find(TreeNode root, int val);
```

这个函数应该很容易实现对吧，比如我这样写代码：

```
// 定义：在以 root 为根的二叉树中寻找值为 val 的节点
TreeNode find(TreeNode root, int val) {
    // base case
    if (root == null) {
        return null;
    }
    // 看看 root.val 是不是要找的
```

```
    if (root.val == val) {
        return root;
    }
    // root 不是目标节点，那就去左子树找
    TreeNode left = find(root.left, val);
    if (left != null) {
        return left;
    }
    // 左子树找不着，那就去右子树找
    TreeNode right = find(root.right, val);
    if (right != null) {
        return right;
    }
    // 实在找不到了
    return null;
}
```

这段代码应该不用我多解释了，下面我基于这段代码做一些简单的改写，请你分析一下我的改动会造成什么影响。

> 注意：如果你没读过 1.6 手把手带你刷二叉树（纲领），强烈建议先读一下，理解二叉树前、中、后序遍历的奥义。

首先，我修改一下 return 的位置：

```
TreeNode find(TreeNode root, int val) {
    if (root == null) {
        return null;
    }
    // 前序位置
    if (root.val == val) {
        return root;
    }
    // root 不是目标节点，去左右子树寻找
    TreeNode left = find(root.left, val);
    TreeNode right = find(root.right, val);
    // 看看哪边找到了
    return left != null ? left : right;
}
```

这段代码也可以达到目的，但是实际运行的效率会低一些，原因也很简单，如果你能够在左子树找到目标节点，还有没有必要去右子树找了？没有必要。但这段代码还是会去右子树找一圈，所以效率相对差一些。

更进一步，我把对 root.val 的判断从前序位置移动到后序位置：

```
TreeNode find(TreeNode root, int val) {
    if (root == null) {
        return null;
    }
    // 先去左右子树寻找
    TreeNode left = find(root.left, val);
    TreeNode right = find(root.right, val);
    // 后序位置，看看 root 是不是目标节点
    if (root.val == val) {
        return root;
    }
    // root 不是目标节点，再去看看哪边的子树找到了
    return left != null ? left : right;
}
```

这段代码相当于你先去左右子树找，然后才检查 root，依然可以达到目的，但是效率会进一步下降。**因为这种写法必然会遍历二叉树的每一个节点。**

对于之前的解法，你在前序位置就检查 root，如果输入的二叉树根节点的值恰好就是目标值 val，那么函数直接结束了，其他的节点根本不用搜索。但如果你在后序位置判断，那么就算根节点就是目标节点，你也要去左右子树遍历完所有节点才能判断出来。

最后，我再改一下题目，现在不让你找值为 val 的节点，而是寻找值为 val1 或 val2 的节点，函数签名如下：

```
TreeNode find(TreeNode root, int val1, int val2);
```

这和我们第一次实现的 find 函数基本上是一样的，而且你应该知道可以有多种写法，我选择这样写代码：

```
// 定义：在以 root 为根的二叉树中寻找值为 val1 或 val2 的节点
TreeNode find(TreeNode root, int val1, int val2) {
    // base case
    if (root == null) {
        return null;
    }
    // 前序位置，看看 root 是不是目标值
    if (root.val == val1 || root.val == val2) {
        return root;
    }
    // 去左右子树寻找
    TreeNode left = find(root.left, val1, val2);
    TreeNode right = find(root.right, val1, val2);
    // 后序位置，已经知道左右子树是否存在目标值
```

```
    return left != null ? left : right;
}
```

为什么要写这样一个奇怪的 `find` 函数呢？因为最近公共祖先系列问题的解法都是把这个函数作为框架的。

下面一道一道题目来看。

5.8.2 解决五道题目

先来看看力扣第 236 题"二叉树的最近公共祖先"：

给你输入一棵**不含重复值**的二叉树，以及**存在于树中的**两个节点 p 和 q，请你计算 p 和 q 的最近公共祖先节点。

注意：后文我们用 **LCA**（Lowest Common Ancestor）作为最近公共祖先节点的缩写。

比如输入这样一棵二叉树：

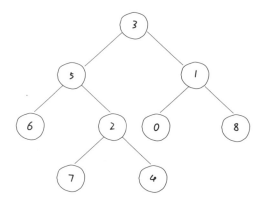

如果 p 是节点 6，q 是节点 7，那么它俩的 **LCA** 就是节点 5：

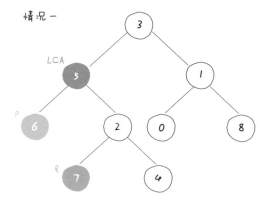

当然，**p** 和 **q** 本身也可能是 LCA，比如这种情况 **q** 本身就是 LCA 节点：

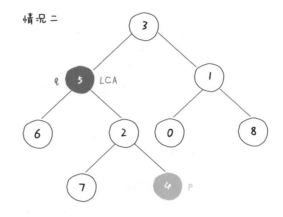

两个节点的最近公共祖先其实就是这两个节点向根节点的"延长线"的交汇点，那么对于任意一个节点，它怎么才能知道自己是不是 **p** 和 **q** 的最近公共祖先？

如果一个节点能够在它的左右子树中分别找到 p 和 q，则该节点为 LCA 节点。

这就要用到之前实现的 `find` 函数了，只需在后序位置添加一个判断逻辑，即可改造成寻找最近公共祖先的解法代码：

```
TreeNode lowestCommonAncestor(TreeNode root, TreeNode p, TreeNode q) {
    return find(root, p.val, q.val);
}

// 在二叉树中寻找 val1 和 val2 的最近公共祖先节点
TreeNode find(TreeNode root, int val1, int val2) {
    if (root == null) {
        return null;
    }
    // 前序位置
    if (root.val == val1 || root.val == val2) {
        // 如果遇到目标值，直接返回
        return root;
    }
    TreeNode left = find(root.left, val1, val2);
    TreeNode right = find(root.right, val1, val2);
    // 后序位置，已经知道左右子树是否存在目标值
    if (left != null && right != null) {
        // 当前节点是 LCA 节点
        return root;
    }
```

```
        return left != null ? left : right;
}
```

在 **find** 函数的后序位置，如果发现 **left** 和 **right** 都非空，就说明当前节点是 **LCA** 节点，即解决了第一种情况：

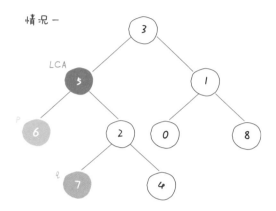

在 **find** 函数的前序位置，如果找到一个值为 **val1** 或 **val2** 的节点则直接返回，恰好解决了第二种情况：

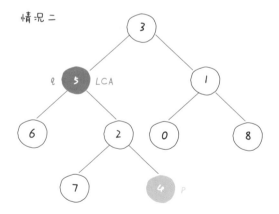

因为题目说了 p 和 q 一定存在于二叉树中（这一点很重要），所以即便我们遇到 q 就直接返回，根本没遍历到 p，也依然可以断定 p 在 q 底下，q 就是 **LCA** 节点。

这样，标准的最近公共祖先问题就解决了，接下来看看这个题目有什么变体。

比如力扣第 1676 题"二叉树的最近公共祖先 IV"：

依然给你输入一棵不含重复值的二叉树，但这次不是给你输入 p 和 q 两个节点了，而是给你输入一个包含若干节点的列表 **nodes**（这些节点都存在于二叉树中），让你算这些节点的最近公共祖先。

函数签名如下:

```
TreeNode lowestCommonAncestor(TreeNode root, TreeNode[] nodes);
```

比如还是这棵二叉树:

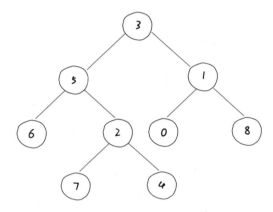

输入 nodes = [7,4,6],那么函数应该返回节点 5。

看起来怪吓人的,实则解法逻辑是一样的,把刚才的代码逻辑稍加改造即可解决这道题:

```
TreeNode lowestCommonAncestor(TreeNode root, TreeNode[] nodes) {
    // 将列表转化成哈希集合,便于判断元素是否存在
    HashSet<Integer> values = new HashSet<>();
    for (TreeNode node : nodes) {
        values.add(node.val);
    }

    return find(root, values);
}

// 在二叉树中寻找 values 的最近公共祖先节点
TreeNode find(TreeNode root, HashSet<Integer> values) {
    if (root == null) {
        return null;
    }
    // 前序位置
    if (values.contains(root.val)){
        return root;
    }
```

```
    TreeNode left = find(root.left, values);
    TreeNode right = find(root.right, values);
    // 后序位置，已经知道左右子树是否存在目标值
    if (left != null && right != null) {
        // 当前节点是 LCA 节点
        return root;
    }

    return left != null ? left : right;
}
```

有刚才的铺垫，你类比一下应该不难理解这个解法。

不过需要注意的是，这两道题的题目都明确告诉我们这些节点必定存在于二叉树中，如果没有这个前提条件，就需要修改代码了。

比如力扣第 1644 题"二叉树的最近公共祖先 II"：

给你输入一棵**不含重复值**的二叉树，以及两个节点 p 和 q，如果 p 或 q 不存在于树中，则返回空指针，否则的话返回 p 和 q 的最近公共祖先节点。

在解决标准的最近公共祖先问题时，我们在 **find** 函数的前序位置有这样一段代码：

```
// 前序位置
if (root.val == val1 || root.val == val2) {
    // 如果遇到目标值，直接返回
    return root;
}
```

我也进行了解释，因为 p 和 q 都存在于树中，所以这段代码恰好可以解决最近公共祖先的第二种情况：

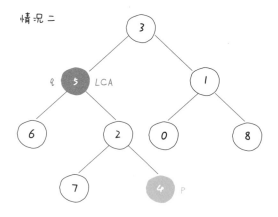

但对于这道题来说，**p** 和 **q** 不一定存在于树中，所以你不能遇到一个目标值就直接返回，而应该对二叉树进行**完全搜索**（遍历每一个节点），如果发现 **p** 或 **q** 不存在于树中，那么是不存在 **LCA** 的。

回想我在本节开头分析的几种 `find` 函数的写法，哪种写法能够对二叉树进行完全搜索来着？

这种：

```
TreeNode find(TreeNode root, int val) {
    if (root == null) {
        return null;
    }
    // 先去左右子树寻找
    TreeNode left = find(root.left, val);
    TreeNode right = find(root.right, val);
    // 后序位置，判断 root 是不是目标节点
    if (root.val == val) {
        return root;
    }
    // root 不是目标节点，再去看看哪边的子树找到了
    return left != null ? left : right;
}
```

那么解决这道题也是类似的，我们只需要把前序位置的判断逻辑放到后序位置即可：

```
// 用于记录 p 和 q 是否存在于二叉树中
boolean foundP = false, foundQ = false;

TreeNode lowestCommonAncestor(TreeNode root, TreeNode p, TreeNode q) {
    TreeNode res = find(root, p.val, q.val);
    if (!foundP || !foundQ) {
        return null;
    }
    // p 和 q 都存在于二叉树中，才有公共祖先
    return res;
}

// 在二叉树中寻找 val1 和 val2 的最近公共祖先节点
TreeNode find(TreeNode root, int val1, int val2) {
    if (root == null) {
        return null;
    }
    TreeNode left = find(root.left, val1, val2);
    TreeNode right = find(root.right, val1, val2);
```

```
    // 后序位置，判断当前节点是不是 LCA 节点
    if (left != null && right != null) {
        return root;
    }

    // 后序位置，判断当前节点是不是目标值
    if (root.val == val1 || root.val == val2) {
        // 找到了，记录一下
        if (root.val == val1) foundP = true;
        if (root.val == val2) foundQ = true;
        return root;
    }

    return left != null ? left : right;
}
```

这样的改造，对二叉树进行完全搜索，同时记录 **p** 和 **q** 是否同时存在树中，从而满足题目的要求。

接下来，我们再变一变，如果让你在二叉搜索树中寻找 **p** 和 **q** 的最近公共祖先，应该如何做呢？

看力扣第 235 题 "二叉搜索树的最近公共祖先"：

给你输入一棵不含重复值的**二叉搜索树**，以及**存在于树中**的两个节点 **p** 和 **q**，请你计算 **p** 和 **q** 的最近公共祖先节点。

把之前的解法代码复制过来肯定也可以解决这道题，但没有用到 BST "左小右大" 的性质，显然效率不是最高的。

在标准的最近公共祖先问题中，我们要在后序位置通过左右子树的搜索结果来判断当前节点是不是 **LCA**：

```
TreeNode left = find(root.left, val1, val2);
TreeNode right = find(root.right, val1, val2);

// 后序位置，判断当前节点是不是 LCA 节点
if (left != null && right != null) {
    return root;
}
```

但对于 BST 来说，根本不需要老老实实去遍历子树，由于 BST 左小右大的性质，将当前节点的值与 **val1** 和 **val2** 做对比即可判断当前节点是不是 **LCA**：

假设 **val1 < val2**，那么 **val1 <= root.val <= val2** 则说明当前节点就是 **LCA**；

若 `root.val` 比 `val1` 还小，则需要去值更大的右子树寻找 `LCA`；若 `root.val` 比 `val2` 还大，则需要去值更小的左子树寻找 `LCA`。

依据这个思路就可以写出解法代码：

```
TreeNode lowestCommonAncestor(TreeNode root, TreeNode p, TreeNode q) {
    // 保证 val1 较小，val2 较大
    int val1 = Math.min(p.val, q.val);
    int val2 = Math.max(p.val, q.val);
    return find(root, val1, val2);
}

// 在 BST 中寻找 val1 和 val2 的最近公共祖先节点
TreeNode find(TreeNode root, int val1, int val2) {
    if (root == null) {
        return null;
    }
    if (root.val > val2) {
        // 当前节点太大，去左子树找
        return find(root.left, val1, val2);
    }
    if (root.val < val1) {
        // 当前节点太小，去右子树找
        return find(root.right, val1, val2);
    }
    // val1 <= root.val <= val2
    // 则当前节点就是最近公共祖先
    return root;
}
```

再看最后一道最近公共祖先的题目吧，力扣第 1650 题 "二叉树的最近公共祖先 III"，这次输入的二叉树节点比较特殊，包含指向父节点的指针：

```
class Node {
    int val;
    Node left;
    Node right;
    Node parent;
};
```

给你输入一棵存在于二叉树中的两个节点 p 和 q，请你返回它们的最近公共祖先，函数签名如下：

```
Node lowestCommonAncestor(Node p, Node q);
```

由于节点中包含父节点的指针，所以二叉树的根节点就没必要输入了。

这道题其实不是公共祖先的问题，而是单链表相交的问题， 你把 **parent** 指针想象成单链表的 **next** 指针，题目就变成了：

给你输入两个单链表的头节点 **p** 和 **q**，这两个单链表必然会相交，请你返回相交点。

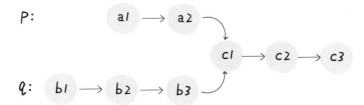

我们在 2.1.1 单链表的六大解题套路中详细讲解过求链表交点的问题，具体思路在本节就不展开了，直接给出本题的解法代码：

```
Node lowestCommonAncestor(Node p, Node q) {
    // 施展链表双指针技巧
    Node a = p, b = q;
    while (a != b) {
        // a 走一步，如果走到根节点，转到 q 节点
        if (a == null) a = q;
        else           a = a.parent;
        // b 走一步，如果走到根节点，转到 p 节点
        if (b == null) b = p;
        else           b = b.parent;
    }
    return a;
}
```

至此，5 道最近公共祖先的题目就全部讲完了，前 3 道题目从一个基本的 **find** 函数衍生出解法，后 2 道比较特殊，分别利用了 BST 和单链表相关的技巧，希望本节内容能对你有所启发。